高等职业教育宠物类专业教材

宠物驯养技术

CHONGWU XUNYANG JISHU

李凤刚　汤俊一　主　编

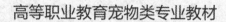
中国轻工业出版社

图书在版编目（CIP）数据

宠物驯养技术/李凤刚，汤俊一主编. —北京：中国轻工业出版社，2023.8

高等职业教育宠物类专业教材

ISBN 978-7-5184-0498-8

Ⅰ.①宠… Ⅱ.①李… ②汤… Ⅲ.①宠物—驯养—高等职业教育—教材 Ⅳ.①S865.3

中国版本图书馆 CIP 数据核字（2015）第 187701 号

责任编辑：马 妍

策划编辑：马 妍 责任终审：张乃柬 封面设计：锋尚设计
版式设计：锋尚设计 责任校对：吴大朋 责任监印：张京华

出版发行：中国轻工业出版社（北京东长安街 6 号，邮编：100740）

印 刷：北京君升印刷有限公司

经 销：各地新华书店

版 次：2023 年 8 月第 1 版第 6 次印刷

开 本：720×1000 1/16 印张：22

字 数：438 千字

书 号：ISBN 978-7-5184-0498-8 定价：43.00 元

邮购电话：010 – 65241695

发行电话：010 – 85119835 传真：85113293

网 址：http：//www.chlip.com.cn

Email：club@ chlip.com.cn

如发现图书残缺请与我社邮购联系调换

231161J2C106ZBQ

本书编写人员

主　编

李凤刚　黑龙江农业职业技术学院
汤俊一　黑龙江生物科技职业学院

副主编

孙凡花　黑龙江农业职业技术学院
吕海航　黑龙江生物科技职业学院

参编人员

王　东　黑龙江职业学院
刘　红　黑龙江农业职业技术学院
李　东　双城市职业技术教育中心学校
杨志东　公安部沈阳警犬（基地）学校
倪士明　黑龙江农业职业技术学院

主　审

杨宗泽　河北科技师范学院
陈志平　黑龙江省佳木斯市畜牧兽医局

根据国务院《关于大力发展职业教育的决定》、教育部《关于全面提高高等职业教育教学质量的若干意见》和《关于加强高职高专教育人才培养工作的意见》的精神，中国轻工业出版社与全国40余所院校及畜牧兽医行业内优秀企业共同组织编写了"全国农业高职院校'十二五'规划教材"（以下简称"规划教材"）。本套教材依据高职高专"项目引导、任务驱动"的教学改革思路，对现行畜牧兽医高职教材进行改革，将学科体系下多年沿用的教材进行了重组、充实和改造，形成了适应岗位需要、突出职业能力，便于教、学、做一体化的畜牧兽医专业系列教材。

《宠物驯养技术》是规划教材之一。目前宠物驯养技术方面的书籍，要么单纯作行为理论的讲授（国内），适合高等院校和研究使用，要么单纯以宠物技艺训练为主要内容（国外），适合宠物饲养爱好者使用，均无法适应目前高职高专宠物专业教学的需要。本书编写的初衷，主要是围绕高职教育的人才培养目标，紧密结合宠物饲养及训练的实际，力争做到理论适度讲解、突出技能训练的高职教学特点，在简要阐明动物行为基本理论的基础上，对宠物训练方法作重点讲授。充分体现了理论重点突出、训练技术规范、训练方法实用的特色。

全书以训练情境为主线，通过九个情境逐一展现。情境一主要讲授宠物训练的基础理论，如行为学的基本概念、基本行为类型和行为的生理学基础等。情境二着重介绍宠物的饲养与繁育技术。情境三主要讲授犬训练的必备基础知识。情境四精选了宠物犬的十二项基础训练科目、七项日常生活训练科目和七项表演技能训练科目，分单元进行讲授，对宠物犬的选购、犬训练中的问题行为及纠正方法也做了讲解，另外还简单介绍了工作犬的训练方法。情境五和情境六主要介绍宠物猫的饲养、繁育与训练。情境七介绍了观赏鸟的技艺训练。情境八对目前能够涉及的其他宠物的驯养作了概括介绍。最后情境九为精选的十个综合技能训练。

　　从每个情境的分单元看，在讲解理论或训练过程后都列有与本章重点内容紧密联系的数量适中、具有启发性的复习思考题；从每一个训练项目看，结尾都指出了该项目训练中的注意事项或易犯的错误。为了便于训练中的实际操作，在主要训练项目讲授的同时还配有图片或图示，既方便教师讲解，又方便学生自学；既可以培养学生扎实的基础理论知识，又突出、巩固了学生实际应用的能力。在保证科学性、实用性的基础上，力求反映新知识、新方法和新技术。

　　本书编写分工如下：情境一与情境四由李凤刚编写；情境二由王东编写；情境三与情境五由汤俊一编写；情境六由孙凡花编写；情境七中的单元一至单元三由倪士明编写，单元四至单元十二由吕海航编写；情境八由刘红编写；情境九由杨志东和李东编写。全书由李凤刚统稿，孙凡花、刘红协助绘图工作。

　　本书主要适于畜牧兽医类宠物专业师生使用，同时也可供宠物管理和宠物行为研究人员及广大宠物爱好者参考。

　　本书的编写工作得到了许多同行的支持和帮助，并引用了部分相关参考文献资料内容。河北科技师范学院杨宗泽教授和宠物专家陈志平对本书给予了精心审阅，在此一并表示诚挚的谢意。

　　由于时间仓促，编者水平有限，书中难免存在缺点和纰漏，恳请业内专家和广大读者批评指正。

编者

2015 年 5 月

目录 / CONTENTS

情境一　宠物驯养的理论基础

单元一　动物行为学概述 ………………………………………………… 1

一、动物行为 …………………………………………………………… 1

二、动物行为学研究的内容、目的和方法 ………………………………… 1

三、动物行为学的研究历史 …………………………………………… 2

四、动物行为学的现代进展 …………………………………………… 3

单元二　行为学的一些重要概念 ………………………………………… 4

一、反射 ………………………………………………………………… 5

二、本能 ………………………………………………………………… 6

三、动机 ………………………………………………………………… 7

四、刺激 ………………………………………………………………… 9

五、冲动 ……………………………………………………………… 12

六、情绪 ……………………………………………………………… 13

七、动性 ……………………………………………………………… 15

八、趋性 ……………………………………………………………… 16

九、横定向 …………………………………………………………… 17

十、释放行为的刺激阈值和空放行为 ……………………………… 17

思考与练习 ……………………………………………………………… 18

单元三　动物行为的类型 ……………………………………………… 18

一、领域行为 ………………………………………………………… 19

二、防御行为 ………………………………………………………… 23

三、食物行为 ………………………………………………………… 27

四、性行为 …………………………………………………………… 28

五、亲代抚育行为 …………………………………………………… 29

六、欲求行为和完成行为 …………………………………………… 33

七、本能和学习行为 …………………………………………… 35

八、睡眠行为 …………………………………………………… 38

九、动物的定向和导航 ………………………………………… 40

十、生物钟和生物节律 ………………………………………… 43

思考与练习 ……………………………………………………… 46

单元四　动物行为的生理基础 ………………………………… 46

一、动物行为的神经生理 ……………………………………… 47

二、动物的感觉和知觉 ………………………………………… 50

三、动物行为的内分泌基础 …………………………………… 55

思考与练习 ……………………………………………………… 60

情境二　宠物犬的饲养与繁育

单元一　养宠物犬的益处 ……………………………………… 61

一、犬在人类生活中的作用 …………………………………… 61

二、养宠物犬的益处 …………………………………………… 63

单元二　宠物犬的饲养管理技术 ……………………………… 64

一、犬场设计与犬舍布局 ……………………………………… 64

二、饲养设施、用品与用具 …………………………………… 65

三、犬的营养与饲料 …………………………………………… 66

四、宠物犬的管理 ……………………………………………… 70

五、宠物犬的基础护理 ………………………………………… 72

单元三　宠物犬的繁育技术 …………………………………… 75

一、性成熟与适配年龄 ………………………………………… 75

二、犬的配种 …………………………………………………… 76

三、犬的选配 …………………………………………………… 77

四、犬的妊娠 …………………………………………………… 78

五、犬的分娩及助产 …………………………………………… 79

情境三　驯犬基础知识

单元一　犬的行为与习性 ················· 82

一、犬的一般生理特点 ················· 82

二、犬的一般心理特点 ················· 87

三、犬的心理障碍 ················· 91

单元二　犬的情感表达 ················· 93

一、犬的吠叫 ················· 94

二、犬的身体语言 ················· 94

三、犬的气味表达 ················· 95

四、犬的情感表达 ················· 95

单元三　驯犬的生理基础 ················· 98

一、犬的感觉 ················· 98

二、犬的神经系统活动过程 ················· 102

三、犬的神经系统活动规律 ················· 104

四、犬的神经类型 ················· 106

单元四　驯犬的基本原理、原则和方法 ················· 107

一、驯犬的基本原理 ················· 107

二、驯犬的基本原则 ················· 109

三、驯犬的主要手段和方法 ················· 110

四、驯犬的程序 ················· 113

单元五　驯犬的时机、道具和命令 ················· 114

一、驯犬时机 ················· 114

二、驯犬用具 ················· 116

三、驯犬手势和口令 ················· 117

单元六　驯犬人的准备及犬良好性格的培养 ················· 118

一、驯犬人的准备 ················· 118

二、驯犬人与犬的关系 ················· 119

三、宠物犬良好性格的培养 …………………………………………… 121

思考与练习 ………………………………………………………… 122

情境四　宠物犬的训练

单元一　宠物犬的选购 ………………………………………… 123
一、购犬前的准备 ………………………………………………… 123
二、个体宠物犬的选购要点 …………………………………… 124
三、宠物犬的抓抱与运输 ……………………………………… 125

单元二　宠物犬的日常生活训练 …………………………… 126
一、树立驯犬人权威的训练 …………………………………… 126
二、依恋性的培养 ………………………………………………… 126
三、适应犬床的训练 …………………………………………… 127
四、安静休息的训练 …………………………………………… 127
五、呼名的训练 …………………………………………………… 128
六、颈圈（犬套）、缰绳及口套佩戴的训练 ……………… 128
七、散步的训练 …………………………………………………… 129

单元三　宠物犬基础科目的训练 …………………………… 130
一、"游散"的训练 ……………………………………………… 130
二、"前来"的训练 ……………………………………………… 131
三、"随行"的训练 ……………………………………………… 133
四、"坐下"的训练 ……………………………………………… 134
五、"卧下"的训练 ……………………………………………… 136
六、"站立"的训练 ……………………………………………… 139
七、"前进"的训练 ……………………………………………… 140
八、"返回原地"的训练 ………………………………………… 141
九、"缓速"的训练 ……………………………………………… 142
十、"衔来"的训练 ……………………………………………… 143
十一、"游泳"的训练 …………………………………………… 144
十二、"拒食"的训练 …………………………………………… 146

单元四　宠物犬表演技能的训练 ·· 147

一、与人握手表演的训练 ·· 147

二、接物的训练 ·· 148

三、"起立""作揖"和"转圈"的训练 ······························· 149

四、舞蹈的训练 ·· 149

五、钻火圈的训练 ·· 149

六、与驯犬人骑自行车表演的训练 ································· 150

七、谢幕的训练 ·· 151

单元五　其他工作犬的训练 ·· 152

一、警用犬的训练 ·· 152

二、猎犬的训练 ·· 155

三、牧畜犬的训练 ·· 158

四、导盲犬的训练 ·· 159

五、救生犬的训练 ·· 162

单元六　宠物犬的问题行为及纠正方法 ······························· 165

一、犬的问题行为 ·· 165

二、犬常见的问题行为及表现 ·· 165

三、典型问题行为的纠正方法 ·· 166

思考与练习 ·· 170

情境五　宠物猫的饲养与繁育

单元一　家猫概述 ·· 171

一、家猫的历史 ·· 171

二、养猫现状 ·· 171

三、猫的生理特点 ·· 172

单元二　宠物猫饲养前的准备 ·· 173

一、宠物猫的选择 ·· 173

二、饲养前的准备 ·· 175

单元三 宠物猫的繁育 ·········· 177

一、猫的性成熟与发情 ·········· 177

二、猫的选配 ·········· 178

三、猫的交配与妊娠 ·········· 178

四、猫的分娩与助产 ·········· 179

五、新生猫护理 ·········· 183

六、断乳后幼猫的饲养管理 ·········· 183

七、母猫的产后护理 ·········· 184

单元四 宠物猫的饲养管理 ·········· 184

一、宠物猫饲料的种类及营养价值 ·········· 184

二、宠物猫日粮的配制 ·········· 185

三、饲喂宠物猫应注意的问题 ·········· 186

情境六 宠物猫的训练

单元一 猫的习性及与人的关系 ·········· 188

一、猫的性格特点 ·········· 188

二、猫的生理习性 ·········· 191

三、人与猫之间的关系 ·········· 193

单元二 猫常见的行为 ·········· 196

一、猫的情绪变化与行为 ·········· 196

二、猫的磨爪 ·········· 197

三、猫与其他宠物的相处 ·········· 197

四、猫的攻击行为 ·········· 198

五、猫的几种异常行为及调教 ·········· 199

思考与练习 ·········· 200

单元三 宠物猫的训练基础与方法 ·········· 200

一、宠物猫接受训练的生理基础 ·········· 200

二、刺激与宠物猫的训练 ·········· 202

三、宠物猫训练的基本方法 ·················· 203

单元四　宠物猫的基本动作训练 ·················· 204

一、"建立友情"的训练 ·················· 204

二、散步的训练 ·················· 205

三、呼名的训练 ·················· 205

四、固定大小便的训练 ·················· 206

五、不吃死鼠的训练 ·················· 206

六、不上床的训练 ·················· 207

七、磨爪的训练 ·················· 207

八、不夜游的训练 ·················· 209

九、异嗜的纠正 ·················· 210

十、纠正猫错误行为的原则 ·················· 210

单元五　宠物猫的技巧训练 ·················· 211

一、"来"的训练 ·················· 211

二、"再见"的训练 ·················· 211

三、衔物的训练 ·················· 212

四、打滚的训练 ·················· 212

五、跳圈表演的训练 ·················· 213

单元六　宠物猫训练应注意的问题 ·················· 213

一、掌握训练的年龄和时机 ·················· 213

二、和蔼的态度与各种刺激结合 ·················· 214

三、由易到难，循序渐进 ·················· 214

四、提供安静的训练环境 ·················· 214

五、奖惩分明，注意诱导 ·················· 215

六、注意观察猫的性格和神经类型特点 ·················· 215

思考与练习 ·················· 215

情境七　观赏鸟的技艺训练

单元一　观赏鸟的繁殖 ·················· 217

一、鸟类的繁殖特点 ·················· 217

　　二、种鸟的选择 ································· 218

　　三、观赏鸟的人工繁殖 ····················· 219

　　四、观赏鸟的配对、产卵与孵化 ············· 221

　　五、观赏鸟的雌雄鉴别 ····················· 222

单元二　观赏雏鸟的饲养管理 ················· 223

　　一、亲鸟哺育 ····························· 223

　　二、人工哺育 ····························· 224

　　三、观赏雏鸟的饲养管理 ··················· 224

单元三　观赏成鸟的饲养管理 ················· 227

　　一、观赏鸟的饲养用具 ····················· 228

　　二、观赏鸟的饲养环境 ····················· 230

　　三、观赏鸟的饲料 ························· 231

　　四、观赏鸟的日常饲养管理 ················· 237

　　五、野鸟初驯 ····························· 241

单元四　驯鸟基础知识 ······················· 241

　　一、驯鸟的基本要求 ······················· 242

　　二、驯鸟的主要手段 ······················· 242

　　三、驯鸟的主要科目 ······················· 243

　　四、鸟不鸣叫的原因 ······················· 243

单元五　观赏鸟的基础训练 ··················· 243

　　一、驯熟 ······························· 244

　　二、出笼 ······························· 244

　　三、上架 ······························· 244

　　四、接食 ······························· 244

　　五、鸣唱训练 ····························· 245

　　六、说话训练 ····························· 246

　　七、手玩训练 ····························· 246

单元六　观赏鸟常见技艺的训练 ··············· 247

　　一、放飞 ······························· 247

　　二、空中叼物 ····························· 248

　　三、提吊桶 ····························· 249

四、开"锁"取食 ·································· 249

五、拉抽屉找食 ···································· 250

六、戴面具 ·· 250

七、叼物换食 ·· 250

八、鹤舞 ··· 251

九、狩猎 ··· 251

单元七 百灵鸟概述 ······················ 251

一、形态特征 ·· 251

二、生活习性 ·· 252

三、野外捕捉 ·· 253

单元八 百灵鸟的技艺训练 ·········· 254

一、"十三套" ·· 254

二、挑选雄鸟 ·· 255

三、价值及套口 ···································· 255

四、百灵鸟的评价 ································ 255

五、百灵鸟的驯养规律 ························ 256

六、常用的训练方法 ···························· 256

单元九 鹩哥的技艺训练 ·············· 258

一、鹩哥的形态特征和生活习性 ········ 258

二、鹩哥的选择 ···································· 258

三、鹩哥说唱的训练 ···························· 259

单元十 八哥的技艺训练 ·············· 259

一、八哥的形态特征和生活习性 ········ 259

二、八哥的训练 ···································· 260

单元十一 鸽子概述 ······················ 263

一、鸽子的起源 ···································· 263

二、鸽子的分类 ···································· 264

三、鸽子的生理特点与习性 ················ 265

单元十二 鸽子的技艺训练 ·········· 266

一、基本训练 ·· 266

二、放飞训练 …………………………………………… 268

三、竞翔训练 …………………………………………… 269

四、适应训练 …………………………………………… 271

五、应用训练 …………………………………………… 272

六、训练及竞翔中应注意的事项 ………………………… 277

思考与练习 ………………………………………………… 278

情境八　其他宠物的驯养

单元一　宠物鱼的驯养 ……………………………………… 279

一、金鱼 ………………………………………………… 279

二、热带海水观赏鱼 ……………………………………… 286

三、热带淡水观赏鱼 ……………………………………… 290

单元二　宠物龟的驯养 ……………………………………… 292

一、龟的生物学特性 ……………………………………… 292

二、水栖龟类 …………………………………………… 293

三、半水栖龟类 ………………………………………… 295

四、陆栖龟类 …………………………………………… 297

五、龟的驯养 …………………………………………… 298

单元三　宠物蛇的驯养 ……………………………………… 301

一、蛇的形态 …………………………………………… 301

二、蛇的种类 …………………………………………… 301

三、蛇的生物学特性 ……………………………………… 306

四、宠物蛇的饲养管理 …………………………………… 307

单元四　宠物蜥蜴的驯养 …………………………………… 308

一、蜥蜴的种类 ………………………………………… 308

二、蜥蜴的生物学特性 …………………………………… 309

三、宠物蜥蜴的饲养管理 ………………………………… 310

四、常见品种蜥蜴的饲养 ………………………………… 311

情境九　技能训练

实训一　犬行为（表情、情绪、动作）的观察……………………… 313

实训二　奖励、惩罚与犬行为的训练 ……………………………… 315

实训三　命令与犬行为的训练 ……………………………………… 317

实训四　犬配带牵绳的训练 ………………………………………… 318

实训五　犬的坐、立、卧与行走训练 ……………………………… 319

实训六　猫调教训练中刺激法的运用 ……………………………… 321

实训七　鹦哥的说话训练 …………………………………………… 323

实训八　八哥的语言模仿训练 ……………………………………… 324

实训九　捉鸽、握鸽、递鸽和接鸽练习 …………………………… 325

实训十　鸽子的放归训练 …………………………………………… 326

参考文献 ……………………………………………………………… 329

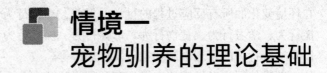

情境一
宠物驯养的理论基础

单元一 ｜ 动物行为学概述

一、 动物行为

动物行为指动物对外界环境的变化和内在生理状况的改变所作出的整体性反应。动物的行为通常表现为某种动作或运动形式，如跑、跳、游和飞等。当然，动物的行为多种多样，如鸣叫发声、变换身姿和颜色、散发某些气味、改变面部表情等，凡能引起其他个体发生反应的动作都属于动物的行为表现形式。有时动物的行为并不表现为明显的动作或运动，如一只蜥蜴静卧在阳光下，是正在吸取阳光热量；一只屹立在山巅上的雄羚羊看上去完全不动，却往往是在向其他个体显示它是该领域的占领者，这些也是动物的行为表现。前者是热调节行为，而后者则可称为炫耀行为。动物都睡眠，但行为上却表现各异，马、象、牛、鹿等站着睡，树懒、某些蝙蝠头朝下挂着睡，很多食肉动物卷曲着身子睡等，这些都是动物的睡眠行为。所以，动物的行为不仅仅是动物的动作或运动。动物在生活过程中会表现出各种各样的活动方式，这些活动方式是动物个体或群体对内外界环境条件变化所做出的有规律的、系统的适应性反应。总之，动物行为是一种运动变化过程，目的是使动物与生存的环境相适应，而且所有动物行为的产生都具有一定的遗传和生理基础。

二、 动物行为学研究的内容、 目的和方法

动物行为学是研究动物体在自然条件下的各种行为，即动物对外界环境和内

在环境变化的所有反应过程的科学。目前，动物行为学的主要研究内容包括：本能行为、学习行为、食物行为、母性行为、探究行为、性行为、群体的社会行为以及这些行为的生理机制和遗传发育规律等。

动物的行为对于维持个体生存和种族延续十分重要。人们通过对各种动物行为进行深入的比较研究，弄清行为的发生、发展规律及其调节因素，一方面可以在理论上为进化论提供证据，促进对人类自身演化历史的了解；另一方面，在实际应用上为提高动物生产性能提供适宜的环境，为宠物驯养提供科学的方法，为防治有害动物提供有效的措施，为饲养的宠物、有益动物和稀有动物的保护、培育、繁殖和合理利用提供科学依据。

动物行为的研究方法有许多种。例如，可以在自然状态下（野外）观察动物的活动情况，并建立相应的动物行为记录；可以在实验室条件下，通过模拟或干扰发生行为的动物与接收行为的动物之间使用的信号，然后分析刺激（引发）行为发生的主要因素；也可以在家养的环境下对动（宠）物的行为进行观察分析，为生产和训练提供帮助。

三、 动物行为学的研究历史

20 世纪以前，动物行为学的研究经历了一个缓慢发展的阶段，这一阶段是动物行为学的萌芽时期。早在旧石器时代，人为了生存就已经开始注意动物的行止规律了，随着动物家养的开始，人对动物的行为有了更多的了解。在人类文明时代的早期，古埃及人就尝试过人工孵卵；古希腊的亚里士多德更是开辟了观察、描述动物行为的新纪元。在他的论著中，记录了 540 多种动物的行为和生活史，对人类关于生命的认识产生了相当大的影响。17—18 世纪，研究动物行为的人更多了，开始了不同物种行为的比较研究和行为的理论探讨。如德国人约翰（Johunn Pernaller）研究了不同鸟的行为差异，包括采食、鸣叫、领地、筑巢、迁徙、育雏和季节性羽毛色彩变化等。法国的勒雷（Chorles George Lereg）对狼、狐的捕食行为及野兔的恐惧表现有过生动的描述，提出了动物依靠它们的记忆和生活经验能够聪明地生活。19 世纪动物行为研究的四大先驱是达尔文、摩根、法布尔和巴甫洛夫。达尔文《物种起源》的发表，对动物行为学的研究产生了深远的影响，而《人类的由来》一书研究比较了人与动物的本能行为，为科学地、客观地观察和研究动物行为开辟了道路。摩根则证明了我们可用更简单的思路去解释动物的动作，而不能拿人类的感情和标准去判断动物的行为。法布尔的重要贡献在于他是第一位在自然环境中仔细观察动物的科学家，并把自己的观察所得详细、清晰地记录下来，他花了大量时间观察昆虫的生活，说明了昆虫行为的复杂性。巴甫洛夫提出了条件反射这一重要概念，他发现经过训练的犬，能对一个原本不会发生反应的刺激产生行为反应，这一重要的实验揭示了动物学习过程的本质，这是一切动物训练的理论基础，开启了动物训练的新篇章。19 世纪末，劳埃德研究鸡的本能、学习、模拟行为，现代行为学中许多术语，如 Behaviour（行为）、Animal Behaviour（动物行为），都首次出现在他的论著中。

20 世纪是动物行为学迅速发展的世纪。霍布豪斯（Hobhouse）在 1901 年发现了猴及其他动物也能使用一定的工具（石头、棍、箱子等）得到食物；1906 年，动物学家詹宁斯（H. S. Jennings）对原生动物的行为进行了详细研究，编写了《原生动物的行为》一书，这是第一本专门论述动物行为的著作。海因罗特（Oskar Heinorth）在 1871—1945 年，对多种鸭、鹅的运动方式、解剖学特征、社会行为、鸣叫以及繁殖行为等进行了非常详尽的研究，并发现了灰雁从孵卵箱中孵出后的印记行为。他独自阐述的同源性学说，被认为是行为学诞生的真正标志之一。动物学家罗曼内斯（H. S. Reimarus）发展了达尔文的思想，并正式建立了比较行为学这一学科，为现代行为生物学奠定了基础。随后摩尔根（C. L. Morgun）、杰姆斯（W. James）以及劳埃波（J. Loeb）等都在方法、概念上对动物行为学的发展做出了贡献。1931—1941 年，欧洲著名的行为生物学家廷伯根（N. Tinbergen）和劳伦兹（K. Lorenz）在自然和半自然条件下对动物进行了长期的观察，发表了《社会性鸦的行为学》《鸟类环境世界中的伙伴》《关于本能的概念》《对雁鸭类行为的比较研究》等论文，建立了物种的行为图谱，发现了所研究的行为型的功能，提出了显示、位移、仪式化等许多新概念和新的研究课题。特别是"印记"这一术语，极好地说明了先天性和后天获得性行为的结合问题，在行为分析、行为生态方面做出了重要贡献。20 世纪 60 年代以来，随着人们对动物行为研究重要性的认识，有关的科研成果日益增多，动物行为学已成为生物学中极为活跃的分支学科。通过动物行为的研究，不但揭示了动物行为发生发展的规律及其功能，促进了行为生物学的发展，同时对其他学科（如分类学、生态学）也产生了很大的影响，而且对促进心理、生理、遗传、进化等学科的发展也起到了积极的作用。除了研究动物行为，还把研究内容从行为维系群体的作用，扩展到行为的个体发育进化史、行为的控制及社会性组织等方面。通过这些研究，使动物行为学发展成为涉及行为学、生态学、生理学、心理学、遗传学、进化论、社会学和经济学等多个领域的综合性学科。

四、 动物行为学的现代进展

近年来，动物行为学的研究获得了蓬勃的发展，主要是把动物行为与生命科学中许多分支学科相互渗透在一起，形成了许多新的研究领域，从不同的角度进一步完整、系统地阐述动物行为产生的原因、机制，行为的发生、发育、进化及与功能的适应等问题。动物行为学的分支很多，其中行为遗传学（用遗传学方法研究行为的遗传基础）与行为生态学（研究生态学中的行为机制，动物行为的生态学意义和进化意义）是最重要的两个分支。

（一）行为遗传学

行为遗传学是用遗传学方法研究行为的遗传基础。1960 年，美国学者汤普森（Thompson）编写了《行为遗传学》一书，宣布这一新学科的诞生。十年后，第一份专业期刊《行为遗传学》问世。1967 年，本泽尔（Benzer）第一个通过人工诱导和选择的方法得到了果蝇的行为突变体，为行为遗传学的研究开辟了道路。从此以后，行为突变体的研究很快在果蝇、线虫、草履虫、细菌及其他生物领域大量开展起来。目前，已在分子水平分析的基础上，进一步开展行为基因的分离、克隆和转移的研究。行为遗传学为动物行为学的研究开辟了一个新天地，对于阐明行为遗传的规律和机制都具有重要意义。

（二）行为生态学

行为生态学主要是研究生态学中动物行为的机制、动物行为的生态和进化意义，在理论及方法论方面是动物行为学中发展最快、最为活跃的领域。

行为生态学主要包括取食行为生态学、防御行为生态学、繁殖行为生态学、社会生态学、时空行为生态学（如栖息地的选择、定向和导航、巢域和领域现象等）以及行为生态学预测等内容。其中，社会生态学或社会生物学，近年来取得了突出的进展。劳伦兹（K. Lorenz）对鸟类社会行为的研究、廷伯根（N. Tinbergen，1974）对人类社会行为的研究，以及冯·符瑞西（K. Von Frisch）对蜜蜂社会行为的研究等，奠定了社会生物学的基础。1975 年，威尔森（E. O. Wilson）出版了《社会生物学》一书，系统地介绍了这门学科的观点、理论体系和研究方法。许多社会生物学把达尔文自然选择的概念应用于社会行为的研究，又把生态学、行为学、遗传学和进化论加以综合，提出了内在适合度和亲缘选择的新概念。这些新概念把动物社会行为的研究提高到了一个新的高度。

目前，动物行为生态领域正吸引着越来越多的科学家投入研究。尤其是关于行为经济学和进化稳定对策（ESS）的研究，正显示着强大的生命力。

我国关于动物行为的研究自 20 世纪 80 年代初开始，以李世安先生的《应用动物行为学》为起点。研究主要是描述性的和应用性的，理论研究方面的广度和深度与国外仍存在着一定的差距。但据已公开发表的有关论文和资料显示，我国在动物行为某些领域的研究及犬的训练方面也取得了一定的进展。

单元二 | 行为学的一些重要概念

每一个学科都有它专门的术语，动物行为学也不例外。动物行为学的术语有一些是沿用了日常的词汇，如学习、本能、动机；还有一些是由生理学等邻近学科移植过来的，如刺激与反应等，但它们在行为学中都富有特定的含义。不过，随着研究的进展和知识的积累，人们对动物行为的认识也在逐步深入，术语的概念也会随之发展。

一、 反射

动物对外界和内部所感受刺激的反应中最简单的反应形式就是反射。反射是指在中枢神经系统参与下的机体对内外环境刺激的规律性应答。它是借用了物理学中"反射"一词来表示刺激与机体反应间的必然因果关系。巴甫洛夫将动物的反射分为条件反射和非条件反射两种类型。

（一）非条件反射

非条件反射是动物生来就有的先天性反射，是动物维持生命最基本和最重要的反射活动。如哺乳动物生下来就会吮吸乳汁、就能呼吸，如动物生来就会搔痒、收缩、眨眼、喷嚏、呕吐等保护性行为等。能引起非条件反射的刺激称为非条件性刺激，如食物、触摸等，这种非条件反射行为等同于物种的本能行为。

（二）条件反射

条件反射是动物后天获得的，是动物在生活过程中，在一定条件下通过学习逐渐形成的。条件反射是在非条件反射的基础上建立起来的，它是动物适应环境的一种神经反射活动。条件反射是保证动物机体和周围环境保持高度平衡的高级神经活动，是动物在生存和繁衍过程形成的习惯和通过训练而培养起来的各种能力。条件反射是动物个体特有的反射活动，是动物高级神经活动的基本方式，是人、动物与环境之间相互作用的结果。形成条件反射的基本条件是条件刺激与非条件刺激在时间上的结合，即学习得到的行为。条件刺激与非条件刺激都属于动物的第一信号系统，而人类还有第二信号系统，即语言系统。但是两种信号系统工作的原理是一致的，都服从于条件反射形成的一般规律。

在大脑皮质的参与下，任何条件刺激与非条件刺激相结合，都可以形成条件反射。传统观点认为，条件反射是在条件刺激的皮质代表区和非条件刺激的皮质代表区之间多次的同时兴奋，发生了功能上的"暂时联系"而建立的，条件刺激在皮质引起的兴奋，可以通过"暂时联系"到达非条件反射的皮质代表区，于是引起本来不能引起的反应。条件反射建立之后，如果反复使用条件刺激而得不到非条件刺激的强化，形成的条件反射就会消退。在条件反射形成的初期，条件反射还出现泛化与分化的现象，这是大脑皮质可以实现复杂的分析与综合的基础。

反射行为都是短暂的（除少数例外，如幼小灵长动物攀附在母体上的抓牢反射等），并且，简单的行为对于同一种刺激总是以相同的方式发生反应；但对相对复杂的行为而言，同一种刺激并不一定得到相同的反应。这说明，行为反应虽然包括一些反射性行为，但反射并不能完全概括行为。

二、 本能

本能通常是指人类和动物不学就会的本领，是动物机体对外界刺激不自觉地、无意识地的反应。达尔文把本能看成是可遗传的复杂反射，是在物种进化过程中形成的。这种反射同动物的其他特征一起通过自然选择进化而来，已构成了整个动物遗传结构的一部分，是遗传决定的、不必学习便能做出的、有利于个体或种族生存与发展的适应行为。如幼小哺乳动物居高临下时的慎重表现，蜜蜂生来就会飞向花朵寻找花蜜的行为等。

对于本能的判定标准也各有不同。过去多用以下三项标准来判定：①不是学习得来的；②物种所特有的；③具有适应性。但高等动物的个体生活中很难完全排除学习的作用，所以在实际应用中并不能完全囊括。如猫捕鼠，虽然很多人认为是本能，但实验证明不是。

目前多数学者认为本能的判定标准：①本能行为都是由动物内部的一定状况决定的。比如，繁殖方面的本能便取决于体内性激素的水平。②本能行为只需一定的刺激来"引发"，在行为过程中并不需要刺激来维持，在进行方式上不受外因的影响。例如，孵蛋中的母鹅看到窝外边的蛋，会用喙的下部将蛋钩回到两腿之间。当这种本能行为被引发之后，即使中途把蛋拿走，钩取动作仍然会进行到底（见图1-1）。

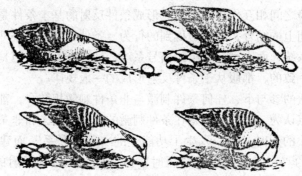

图1-1　抱窝母鹅钩回蛋的动作

本能对于寿命短和缺乏亲代抚育的动物来说更具有明显的适应意义。当春天一只雌性泥蜂从地下羽化出来的时候，它的双亲早在前一年的夏天就死去了，它必须同雄泥蜂交尾，然后开始在地下挖洞建筑巢室，再完成如外出猎物、麻醉猎物、带回巢室、产卵和封堵洞口等一系列的工作。所有这些工作都必须在短短的几周内完成，然后死去。这些工作完全依靠泥蜂的本能。

本能行为的表现形式，如同物种的形态构造一样，多数情况下在同一物种中都是固定一致的。但是，本能行为中也常常包含有可变的成分。如在上述母鹅钩回蛋的行动中，有时包含左右交替以避免蛋滚向一边的平衡动作，如果用圆柱形的假蛋替代，则只有钩取而没有左右交替的动作。这说明收回蛋的全部行为是由钩取动作与交替动作两个部分组成。前者由巢外有蛋造成的视觉刺激所引起，中途不管蛋是否仍然存在，行为引起之后就会一直进行到底，是不变的部分；后者由滚动中的蛋的运动轨迹造成的反馈刺激所决定，是可变的成分。

所以，许多复杂的本能行为往往都由两部分构成。一部分是先天固定不变的，决定动作发生的时间和力量；另一部分是对后天环境条件的反馈反应，用以控制动作的空间方向。

许多本能行为甚至复杂到由相互连接的一系列（多个部分）行为组成，形成行为链锁。行为链锁在社会行为中表现得更为明显。如在三棘鱼、海马和某些鸟类的求偶行为过程中，一方的每一步活动都会引发对方下一步固定的活动（见图1-2）。假如一方中途失去反应，将导致对方重复刚才的动作或者中断行为的进程。再如动物的繁殖过程包括求偶、交配、筑巢、育幼等一系列行为，其中，每种行为又有一系列固定次序的活动，如筑巢行为包括收集材料、搬运材料、筑造、整修内部等活动。这些行为序列和行为链的形成，一方面是由于要达成某些生物学目的需要许多行动的依次配合才能完成，另一方面也反映出这类遗传的行为在中枢神经系统中储备的层次性。比如，织巢鸟可以用树枝树叶编织一个非常复杂和完善精致的鸟巢，其复杂和精致程度用人手都难以完成。但对织巢鸟来说，它所依赖的就是那么几个固定行为型动作，生来就会，不用学习。

三、动机

一个动物在某一时间里表现什么行为，是由它所接受的外来刺激和它本身的动机两个方面的因素所决定。当周围环境发生变化的时候，动物的行为会发生相应的改变。如当主人走近时，正在睡觉的犬会醒来；当看到一只老鹰在空中盘旋时，正在啄食的鸽子会飞走。可见，外部刺激是引起动物行为变化的一类因素。但当周围环境不发生变化的时候，动物的行为也会发生改变。例如，给母鸡一个鸡蛋，母鸡有时会把蛋吃掉，但有时却表现为孵蛋。在这两种情况下外部条件都是一样的（一枚蛋），这种同一刺激下产生不同行为的原因就是动物动机的不同。因为在前一种情况下的母鸡正处于饥饿状态，取食欲望占上风；而在后一种情况下，母鸡的孵卵欲望占了上风。再如，对于同样的食

图1-2　三棘鱼的求偶行为

物（外界环境不变），饱餐和饥饿的两类动物所表现出的反应则完全不同，就像饥饿的动物一般不会去求偶，而处于性兴奋状态的动物往往不去采食一样，这些情况下决定动物行为改变（动物的行为发生与否）的原因在动物体内，这些原因就是动机。

简而言之，动机是一个动物在即将发生某一行为之前的内部状态。它是导致动物发生行为的内在原因的总和。动机形成于动物的内部，却是外来刺激、当时的生理状态、动物本身的遗传和后天经验所形成的个性等多种因素的集合。动物动机产生的因素主要有以下七种。

（1）内部刺激　例如血液中的渗透压和血糖浓度等能影响饮食动机。

（2）外部刺激　例如幼畜降生可以引发产后母畜的一系列母性行为。

（3）激素　血液中的激素水平能影响有关功能系统的行为反应，如性激素决定性行为。

（4）内源节律　即动物体内的生物钟，它可以控制一些动物的行为活动，使其只发生在一定的时间、时期或周期里。例如繁殖、迁徙、贮藏食物等行为有季节性规律，再如采食、饮水、鸣叫等行为都有时间性节律。

（5）成熟阶段　同一动物在不同年龄时对同样的刺激会有不同反应。如成年的草食动物一般不再喝奶等。

（6）既往经历　动物以往的经验对行为有潜在影响。如动物一旦被烧伤以后就学会了躲避火；动物吃了某种食物几小时以后生了病，以后就不会再吃这种食物。而且，动机强度与行为消失的时间呈正相关。如与上一次采食的时间间隔越长，采食的动机越强烈。

（7）中枢神经系统自动产生的兴奋也可以影响或产生某些自发行为。

上述各种因素是相互关联而非单独地对行为起作用。

产生动物行为的动机多种多样，动物的某些行为有时是由于身体的需要引发的，如营养需要会促成食物动机，营养失调往往引起异嗜；而有的动机与身体的舒适度或情绪有关，如休息、整理羽毛以及游戏等。但要想知道一个动物目前的动机究竟是什么，我们必须从动物行为前的状态和随后的行为发生过程两个方面来推断。单纯依靠在动物发生行为之前的状态往往难于断定。动物虽然没有语言，但它们的行为在某种意义上可以看成是一种"体语"，即用身体的姿态和动作表达意愿。所以，我们只有充分掌握动物的行为规律，才能理解动物行为的涵义。

动物在同一时刻可能存在多种动机，但却只能表现出一种行为，而不能两种（或多种）行为同时发生。此时发生哪种行为，取决于各种行为动机的强烈程度。例如，一只饥饿的犬会因食物的出现（给食）而从睡眠中醒过来，如果推迟给食时间，它就会继续睡下去。这表明，当食物出现的时候，犬仍有睡意（睡眠的内在动机仍然存在），只是此时取食的动机更为强烈。除了睡觉和吃食物的动机以外，此时犬还可能有散步等其他的动机，但与前两个动机相比散步的动机更弱，只有在满足睡眠和饱腹以后犬才有可能去散步。

假定这只犬在睡觉的时候具有吃东西和散步的潜在动机，如果没有食物，吃东西的动机不会表现为行为；而同时散步的动机也没有转化为行为的原因是这一动机不如睡眠动机强烈。因此，当动物进行某项活动的时候，此时动物并不是只有这一种活动的动机。另外，动物的任何行为都有其各自的潜在动机作为基础，动物某一时刻发生什么行为，取决于动物内部多种动机的状态与复杂的外部环境状况的有机结合。

动物在同一时刻虽然只能进行一种活动，但不同的动机却常常在体内发生冲突，导致动物表现出折衷行为。例如，当陌生人拿食物喂给一只鸽子时，鸽子常是为又想接近食物又想避开拿食物的人，导致外在行为是它走到一定的距离时，想继续接近，又想往后退，结果会停在那里不动，伸长脖颈去接近食物，但脚却尽量往后蹬，准备随时撤退。这是一种典型的折衷姿态（又想接近又想走开）。这种姿态在动物的行为中经常发生，根本原因就是两种不同动机内在冲突的外在行为表现。

四、　刺激

刺激就是环境对动物发生的作用。刺激是引起行为的外因，能影响行为的方向、行为反应的阈值及改变活动的准备等。

动物的行为是通过感受器接收外来刺激引发，经过神经系统整合，再由效应器把能量放大输出的结果。各种动物从自然界中感受到的刺激种类和范围差别很大。如犬嗅辨脂肪酸的能力比人高两万倍，蜜蜂能察觉紫外线，蝙蝠能接收超声波，响尾蛇能分辨5‰℃的温差等。凡是动物的感觉器官所能感觉到的环境，都是由对动物本身有生物学意义的刺激所组成，多数情况下是多种刺激的综合体现。

（一）刺激的分类

动物感受的环境刺激种类主要有化学（生物）性刺激、物理性刺激和辐射性刺激三类。

1. 化学（生物）性刺激

化学（生物）性刺激是动物最主要的刺激来源。哺乳动物对此类刺激非常敏感。主要是通过嗅觉、味觉及体内生理指标的变化来感知。包括气味、外激素、饥饿、口渴等。动物通过这些刺激去选择食物、逃避敌害、分辨异己、判定住处、区分性别以及识别老幼等。气味还是种间生殖隔离的屏障和种内协调两性繁殖时期的信号。

2. 物理性刺激

物理性刺激中，声音和接触是重要的。蛙和鸟类的鸣叫声会产生排斥同性和召集异性的作用。哺乳动物也能发出具有不同行为效果的叫声，比如求偶的叫声、威吓的叫声、报警的叫声、呼救的叫声等。触觉刺激也具有广泛的用途，对于初生家畜来说，触觉可能是出生后最先使用的。例如，仔猪、幼熊根据母亲的毛流方向便容易找到乳头的位置，当然母亲伸展前后肢所造成的触觉导向也起重要作用。

3. 辐射性刺激

辐射性刺激以光对动物的视觉刺激为主。因为鸟类的视觉发达，对光的视觉刺激异常敏感，能分辨同群或异群的个体，并且多以姿态表达行为信号。哺乳动物的视力不如鸟类敏锐，如犬是色盲兼远视，马的视野虽宽但距离感较差，绵羊在面对一长排围栏时很难发现中间的门。

动物虽然每时每刻都面临着大量的环境信息（各种辐射的、物理的、化学的和生物的），但是其中只有一小部分具有生物学意义。因此，动物并不总是采纳所有感官收到的全部信息，而是从这些刺激当中抽出最主要的部分予以反应，即有选择地对外界刺激做出反应。神经生理学者把这种现象称为"选通"。如在猫的脑中植入电极，从所记录的动作电位上看，猫在擒鼠的瞬间，听不到近处原有的节拍器响声。

外界环境信息能否获得"选通"，一方面取决于动物的感觉器官，另一方面取决于动物的中枢神经系统。前者称为外周性选通，后者称为中枢性选通。

外周性选通能够使来自环境的不必要的信息在感官阶段就被排除在外。不过，这种外围筛选的能力一般比较有限，只是在特殊的情况下，一些特化的动物（相对低等的动物）对于十分特殊的刺激才有反应，如雄蛾羽化后只生活很短时间，不吃不喝，唯一的行为是寻找雌蛾交配，所以只对同种雌蛾的性引诱气味发生反应；而壁虱只凭哺乳动物特有的酪酸气味搜寻寄主。

对于高等动物来说，感官筛选刺激不占重要地位。这是因为：①高等动物的信息来源十分复杂，动物往往要在综合各种刺激的不同细节及其相互关系的基础上发生反应，这是感官筛选所达不到的。②高等动物的一种感官往往担负不同功能系统的信息收集工作，如牛的眼睛既用于找草满足食物行为，又兼有注意敌害的防御作用，有时还靠它发现异性或寻找犊牛来完成性行为或母性行为。外周性选通的信息传入动物体内之后，必须经过中枢神经的精选，然后才能发生反应。目前对中枢选通的机制虽不十分了解，但可以肯定的是中枢对刺激是有选择和辨别能力的。例如，火鸡专对鸡雏的叫声发生母性行为反应，而对鸡雏的形象刺激不予理会，如果事前破坏了母火鸡的听觉，则会啄死刚孵出的小火鸡鸡雏。对于简单而又不易混淆的刺激发生特定的反应的特性，可能对物种的生存更为有利。

（二）信号刺激与关键刺激

1. 信号刺激

能引发对方行为的刺激称为信号刺激。

信号刺激对于收发信息的双方都有利益。信号刺激是在相互交流的系统中产生的，比如在种内的交往和信息传递，尤其在社会行为中表现较多。它可以是视觉的、声响的或化学的（如外激素），也可以是动作或姿态。劳伦兹（Lorenz）给信号刺激下的定义是：可被同类正常地当作信号予以接受和予以反应的一切形体结构或先天行为。简言之，就是能引起对象发生反应的（刺激）构造或行为。

信号刺激在社会行为中使用最多，如求偶行为或母性行为都是双方反应的。雄性必须识别出雌性以及了解它是否处于繁殖准备状态，然后才能表达求偶，而雌性也必须正确地应答。

社会性信号刺激，在进化中往往伴随着食物行为、性行为、进攻威吓等特定的行为而向简明化和仪式化演变。这种能被个体间相互理解的简化了的动作也称为"信号动作"或"表达行为"。表达行为不仅在系统发育进程中演变，在个体发育过程中也有变化（如成年与幼年的叫声不同）。这对于同种个体间的相互认识、两性结合、母子联系、显示领域等各方面都十分便利。

但是，信号刺激的概念偶尔也适用于异种之间的关系。例如昆虫的拟态，鸟类的报警，水貂、狐狸、黄鼬的放臭等情况，都属于种间关系。

许多攻击行为和性行为的信号刺激起着种族隔离作用，尤其在近缘物种共居的地方更为重要。身体上的信号刺激常常是在雄性或可以折叠的器官上发展起来，如公鹿的角，雄性鸡、鸭、火鸡、孔雀的尾羽，蝶蛾翅上的眼斑等。

2. 关键刺激

在有些行为学书籍中，信号刺激与关键刺激常被当作同义词使用，其实，两者有所不同。关键刺激是只能被动物的接受方引发反应的刺激。关键刺激是一种偶然随机的外来因素，它可以是某种单纯的效果（如音响、颜色、臭、味……），也可以是复合的形象（如猛禽型的短颈长尾或头部与身体的比例关系）。廷伯根（Tinbergen，1973）曾用不同形状的模型掠过鸡雏或鹅雏的上方，以观察其逃避反应。结果能引发逃避行为的模型，都具有短颈的特征。用另一相似的模型向相反的方向移动时，也得到同样效果。这一试验说明短颈是肉食性猛禽类的共同特征，是引发逃避行为的关键刺激。区分信号刺激和关键刺激的核心是，关键刺激只是对接受信息的一方有生物学效应，而信号刺激则是双方都有反应。

（三）刺激的累加和超常刺激

1. 刺激的累加

能引起某种行为的刺激往往不是一种而是多种。它们有时单独起作用，有时合起来发生作用。当能引起某种行为的刺激合并使用并可以增强吸引力时就称为刺激的累加。比如，鸟类蛋的大小、颜色、斑点都对吸引抱蛋发生影响，并可以累加起来，增强对雌鸟的吸引力。

这种刺激的累加增效现象，不仅表现在不同刺激对同一刺激物可以产生累加增效现象，也表现在同一种刺激的次数累积方面。总之，各种刺激的效果在一定范围内取决于所有各单项有效刺激值的总合，但总效果不是简单的相加，各种刺激值之间可以互相补替或促进。

2. 超常刺激

超常刺激是指比天然的刺激更为有效的刺激形式。超常刺激实质是一种刺激积累的特殊现象。在自然界里就不乏超常刺激的实例，如海鸥喜欢孵大蛋或者蛋数较多的窝；杜鹃等寄生产卵的鸟雏更易受到养父养母的优待。

在自然选择的持续作用下，刺激信号变得日趋明显。同时，由于自然淘汰的制约使这种变化也会适可而止。

超常刺激的原理今天已广泛地运用于我们日常生活中，如我们所看到的广告和商品宣传等。在动物生产中的运用也随处可见。

（四）刺激的引发机制

动物在其环境中生活，必须不断地对感觉系统输入的信息加以辨认、解释以至储存，只有适当的刺激才能引发出一定的行为。行为的引发机制就是对引起特定行为信息的收集、选通和整理过程。按其属性可分为先天决定和后天决定两种。

1. 先天性引发机制

先天性引发机制可以引发动物的一些定型行为，如本能活动，可以看作是经遗传在中枢神经系统中编码的行为。引发这类行为反应所需要的刺激都是先天决定的。这类刺激与行为之间的关系是对应的，如同钥匙开锁的关系，所以都是"关键刺激"。廷伯根认为，当刺激达到一定的生理状态时高层的中枢先开始活动，这时下层中枢仍处于抑制状态，必须得到特定的关键刺激才能解除抑制，表现出该阶段固有的反应，与此同时又复活下一层次的中枢。如此便构成了连贯的行为序列。动物在没得到关键刺激时会发生向往刺激的欲求行为，得到关键刺激之后才使抑制解脱而发生行为。这种解除抑制的机制便是先天性的引发机制。

2. 获得性引发机制

有些先天性引发机制受经验的修饰而扩大了反应的范畴。这种通过带有后天学得成分的关键刺激而引发行为的，便属于获得性的引发机制。例如，幼小动物的"跟从行为"反应就属于此类。劳伦兹用小鹅实验证明，人工孵化的小鹅，在生后没有母鹅可跟随时，会追随它所看到的其他动物，甚至跟一只气球。这说明，引发跟从行为的刺激，可以是后天提供的学习的对象。

廷伯根把动物行为发生的基础称为"行为机构"，他认为动物个体产生行为时必定有三个步骤，即信息的传达、信息的处理和结果的输出。

五、 冲动

冲动是导致某种行为的内部状态和外在刺激的复合刺激。

冲动也可以看作是一种有持续力的刺激，它能使动物在达到目的以前始终保持活动，达到目的后冲动才会消失。冲动消失后生理要求随之下降，原来的刺激物不再引起反应。不过这种不反应只是暂时的，并且只限于对某一种行为。冲动有许多种类，如食物冲动、性冲动、攻击冲动等。

1. 冲动发生的条件

产生冲动的条件有外部刺激和动物的内在心理两个方面。从形态结构上看，某些种类有机体的神经系统十分简单，只由少数细胞和联结纤维构成。在其生物体内，由感官刺激引起的冲动运动是不规则的。但是，特定的感觉纤维（由于它们的位置或其他的原因）更经常地受到外部的刺激，直接的结果是运动纤维的相应发展，即与感觉纤维直接联结的运动纤维得到了发展。这种联系一旦建立就不会消失而且代传递。但从动物的心理研究可以看出，这一过程似乎是情绪对活动逐渐加以限制，而这些活动反过来会引发出情感，情感与情绪再一起进入复杂的联想状态。当然，联想不能遗传。但因神经系统中相应的物理联结从一代传到另一代，个体的冲动活动就像对构成情绪基础的中枢兴奋的反应一样具有反射性，正如它对外部感官印象（它们对感觉的效果是相似的）的反应一样。在长期的遗传发展过程中逐步获得的感情联想可能从一开始就以这种方式存在，而且，即便通过个体的实践，也很少取得进一步的发展。

2. 冲动、表达与情绪

在冲动活动和表达活动之间并没有明显的界线划分。每种冲动活动都是一种结果，同时也是一种情绪的表达。受到食欲驱使的动物扑向它的猎物，表现出一种受情绪支配的心理状态。在表达活动中，外部活动没有特定的目的，所以表达活动是冲动活动的雏形。但积极的情绪会直接过渡到冲动和冲动活动本身，冲动与情绪的关系和冲动活动与表达活动的关系是相同的。但普遍的动物冲动都是在情绪发生前很早就已经发生，如摄取食物的冲动、性冲动、报复冲动、保护冲动等都是情绪的最初形式。所以说情绪是变得复杂的冲动，是两种不同动机的内在冲突造成的。

六、 情绪

情绪是在将要发生一系列本能活动之前的酝酿准备，它是可以体验的心理现象，又是具有器官变化的生理现象。例如喜、怒、恐惧、痛苦等一时性的强烈感情状态等。情绪本身具有如下特点。

1. 情绪属于先天的反应模式

在同一种情绪状态下同种动物表现同样的行为。如失明的动物虽然没有模仿机会，但情绪表现与正常者无异。不过，情绪在一定程度上也会受后天因素的影响，如年龄变化的影响以及学习的作用等。

2. 情绪是动物体内的变化过程

动物处于情绪状态时，身体会发生显著的变化。主要表现在：①动物的学习能力下降；②植物神经系统的活动有显著改变（如被毛竖立、瞳孔扩大、血压升高、脉搏加快、血液分布改变、呼吸加速、腺体分泌增加等）；③随意肌的活动失灵。由此可见，动物的情绪是一种客观现象。而且，越是高等的动物，能引起其情绪反应的刺激越多，这可能与它的辨识能力有关。

3. 哺乳动物的情绪主要表现为姿态的改变

有些哺乳动物有表情肌，尾、耳、眼富于表情。如马的两耳（达尔文把马的耳朵称为马心理的镜子）指向一个方向表示注意，迅速移动表示不安，贴伏表示敌意。而马尾高举表示兴奋紧张，收紧表示恐惧，激烈摆动表示不安、不快或难以忍受等。

4. 情绪特征的变化始终伴随着生理变化，而且这些变化依据特定情绪的强度和特性表现出相应的差异

情绪的表达除通过表象表现以外，在遗传上也十分重要。通过它们，我们能了解情绪与外部随意活动发展的关系。情绪与外部随意活动的关系类似于情感与内部意志过程的关系。意志向外部随意活动的过渡与情感向情绪的过渡是平行的。但是，不是每一种情感都能发展成意志，同样，也不是每一种情绪都必然导致一种随意的活动。例如人对情绪的控制，对于道德上和理智上成熟的意识来说是十分自然的，这种情绪的控制体现在可以把情绪与外部随意活动分离开来。而对野蛮人和动物，任何一种情绪都会毫无阻碍地转化为活动，即使它们有被动抑制，但是情绪的内部张力也始终会在活动中谋求释放。动物与人的情绪根本的差别在于它们并不是有意识地去产生任何一种确定的结果，只是情绪的纯粹表达，而这些表达仅仅代表了一种特定的内部感情状态，是真实无意识活动的初始状态。

5. 在正常的情绪表达中存在着模仿活动

就特定的情绪性质而言，它们是最为独特的。从生理学角度考虑，模仿活动与面部感觉器官的一些明确的反射运动相对应。如口部的各种模仿活动（这些活动对于感情状态的表达十分重要）与不同的味觉刺激（如酸、苦、甜等）之间建立起来的反射关系。当"尝到酸味"时嘴唇向两侧拉开，在嘴唇和舌（舌对酸是特别敏感的）之间形成更大的空间。而在"尝到苦味"时舌后部和鄂部之间分得很开，因为这两个部位对苦味最为敏感。所以，所谓"酸相"和"苦相"都有赖于某些反射运动，它们的作用是防止某些味道不好的物质与对此十分敏感的器官或部位相接触。而"甜相"则恰恰相反。舌是对甜味很敏感的部位。"甜相"表情存在于一种吮吸运动之中，这是为了让舌头尽可能与甜味物质完全接触。总之，所有这些运动都有赖于某些神经纤维和神经细胞的联结，而反射运动则逐渐受制于调节过程。在动物幼年生活中，模仿活动要比它们成年后更加扩散和不明确。例如，口部运动不但伴随着一般的脸部扭曲，而且还往往伴随着身体其他部分的运动。但是，对这些刺激而言，模仿活动不仅是对特定感觉的反应，

即目的性反射，同时也是内部情绪的表达。无论哪种不愉快的刺激，都将以"酸相"和"苦相"表现出来（模仿）。"苦相"表情随着轻蔑、憎恶和厌烦的不同程度而变化；"酸相"在哭泣时达到高潮，既可以表示心理的紊乱，又可以表示肉体的痛苦和感情的障碍。于是，面部表情变成符号性的并成为一种心理状态的反应。当然，表情和产生这种表情的感官刺激或多或少与情绪相关联。所有的情绪都伴随着感官情感的变化，尽管这些感官情感只在情绪十分强烈时才可以清楚地被感知。这些模仿活动意味着来自肌肉的动觉，反过来又产生感官情感的变化，当动物表现出"酸相""苦相"或"甜相"时，我们不能单纯地认为动物是在品尝某种酸性物质、苦性物质或甜性物质。因为当这些刺激产生影响时，反射运动就会伴随而至，于是动物的模仿感觉与感知味觉时的表情会产生融合。

6. 每一种感官情感的兴奋均伴随着身体的变化

在所有的变化中，有些运动（也就是感情色彩类似于情绪的那些运动）相对于其他运动来说会逐渐取得优势。取得优势的运动反过来会限制其他运动的强度，这与反射运动逐步受到限制的过程相似。模仿活动和模仿活动过程中的感官情感与情绪和心境的多样性相比，数量极少。它们只表示特殊感情状态所属的一般种类，可是，它们仍然会有一定的变化。正像不同的面部表情可以叠加或改变一样。然而，随着情绪变得越来越强烈，模仿也就变得越来越不确定了。

这些模仿活动充当了情绪和心境表达的手段，但不能视其为真正的反射，因为反射的前提是感官刺激的运作。但可以用"冲动的"运动来表示，因为"冲动"是诱导适合于特定精神状态下身体状况的意识努力，而反射毋须涉及任何一种意识过程。在冲动中，这样的过程似乎是一个必要的条件，或作为外部运动的前提，或与外部运动同时发生。我们不能将符号性意义归于纯反射功能的模仿活动，因为运动首先是冲动的，然后才是反射的。从未尝过甜酸苦味的新生儿，能相当正确地做出相应的模仿动作。当新生儿啼哭时，便出现"酸相"和"苦相"，二者或交替或同时出现。在新生儿尚未将其嘴唇贴上母亲的乳房时，它已能做出吮吸动作，从而表现出"甜相"。经过几周，新生儿已能发展出笑的模仿动作，这是愉快的、心理兴奋的标志。

这些现象十分清楚地表明，人类婴儿出生之际便具有情感和情绪，甚至在生命的初期阶段，情绪已通过活动得以表达（这些活动的感情特征与情绪本身的感情特征有关）。

七、 动性

动性是指动物对刺激所做出的一种随机的或无定向的运动反应，其反应强度随刺激强度的变化而变化，结果将导致身体长轴没有特定的定向。动性可以分为直动性和调转动性两种形式。

1. 直动性

最简单的动性类型是直动性，即在一定的刺激强度范围内，动物的运动速度与刺激强度之间表现为一种简单的比例关系。例如，一个在黑暗中完全不动的昆虫，当受到微光刺激时便开始微动或开始准备活动，当光强度逐渐增加到一定阈值时，昆虫便活跃起来，光强度进一步增加，昆虫的活动性也随之增加，但当光强度达到上限阈值时，昆虫的活动反而停止。这一现象表明，在光强度的上限和下限阈值之间，昆虫的反应强度和光强度呈直接的线性关系。

2. 调转动性

调转动性的特点是随着刺激强度的变化动物随机转向的频率也发生变化，这种大量的随机性定向反应决定着动物有一个总的运动方向。这种定向方式可帮助动物停留在有利的刺激源部位，避免进入不利条件区域。例如有负趋光性的涡虫，总是随着光强度的增强而增加调转频次，随着光强度的减弱而减少调转频次，结果是避开强光区、趋向弱光区、聚集在黑暗处。

八、趋性

趋性是接近（＋）或离开（－）一个刺激源的定向运动，是指通过动物体的长轴直接指向刺激源的一条直线。趋性是一种很有效的定向手段。通常，向刺激源方向的运动称为正趋性，向刺激源相反方向的运动称为负趋性。例如，小动物的向光行动（称正趋光性）或背光行动（称负趋光性）。趋性对于低等生物的生存具有重要意义。

依据刺激的类型，趋性可分为趋化性、趋氧性、趋光性、趋触性、趋渗透压性、趋湿性、趋地性、趋电性、趋温性、趋流性（指气流、水流等）、趋音性等多种类型。

调转趋性或斜趋性是趋近或离开刺激的定向反应，其定向机制是有规律地交替偏离刺激源的过程。如昆虫在通过一个刺激区时总是左右摆动身体的前部，以便使感受器能够均匀地接受来自刺激源的刺激，但其总的运动方向始终是趋近或离开刺激源。

趋性的另一个机制是趋激性，它的特点是沿直线趋近或靠身体两侧具有成对的感受器离开刺激源，它们可将等量的刺激强度传到中枢神经。如果一侧眼所接受的光刺激强于另一侧眼，那么动物身体就会向这一侧偏转，直到使两侧眼所接受的光强度保持平衡。甲虫的趋光机制实验就能说明这一现象。如果把一只具有正趋光性的甲虫放在一个圆盘中，圆盘前方设有单一光源，在这种情况下，甲虫很快就会朝光源直线爬去，当圆盘缓慢沿顺时针方向转动时，甲虫的身体就会连续向左做补偿性转动。如果使甲虫的一只眼致盲，甲虫就会连续朝光源方向转动，直到使视觉正常的眼看不到光为止。若光源来自上方，甲虫就会不停地朝正常眼方向转动。

趋性属于定型反应，是本能行为中最简单的一种。菜粉蝶幼虫受芥子油气味的吸引而在十字花科植物中觅食的行为是正趋化性，而哺乳动物的复杂觅食行为因夹杂大量学习成分而不被视为趋性行为。动物的趋性行为在生产实践中也被广泛利用。如黑暗中利用光灯捕蛾就是利用蛾类的正趋光性，而避蚊油则利用的是蚊虫对某些化学物质的负趋化性。

趋性行为是指在单向的环境刺激下，动物的定向行动反应。趋性行为是动物为适应环境而被自然选择所保留下来的，是可以遗传的性状。

九、 横定向

横定向是指动物身体与刺激源方位保持一个固定不变的角度。横定向对于保持动物的基本定向体位是非常重要的，很多自由游泳的水生昆虫就是靠腹光反应或背光反应来保持它们的正常体位。

横定向有时与动物的运动有关，有时与运动无关。例如，很多昆虫的背光反应或腹光反应就常常与运动无关。与运动有关的最常见实例就是光罗盘反应（又称太阳罗盘定向），它可以帮助动物导航。由于动物的运动方向常常与光源保持一个固定的角度，有几个简单实验可以说明这种定向。如果用一个黑盒子把一只正在运食回巢的蚂蚁扣住，扣住的时间要足以使太阳明显改变方位，然后再将蚂蚁放出，此后蚂蚁的爬行路线将会明显偏离原来的方向，而偏离的角度则刚好与太阳移动的角度相等。同样，如果让一只靠太阳罗盘定向的蚂蚁看不到太阳，并用镜子把太阳反射到另一个位置，此时蚂蚁也会相应地改变它的运动路线。

太阳、月亮和星星都是动物常用的定向参照点，因为它们距离遥远，这使得动物在沿着直线长距离移动后仍能与它们保持固定的角度。如果光源很近，动物沿着直线走很短的距离，光线的入射角（入视网膜）就会发生变化，此时动物只有朝向光源不断转体才能保持固定的角度，夏天夜晚的飞蛾总是绕灯光旋转飞行就是这个道理。

自然界中的动物通常会接受来自各种类型的刺激（比实验室里复杂得多），因此动物行为反应也是综合多种刺激后做出的，并对各种刺激有一定的兼容性。如生活在叶丛中的动物通常都会有负趋地性和正趋光性，而栖息在土壤中的动物则具有趋触性、负趋光性和正趋地性。

十、 释放行为的刺激阈值和空放行为

动物行为表现往往都是行为释放，如取食行为、交配行为等。动物的行为是靠外界刺激释放的。刺激强度的大小会决定动物某一行为的发生与否，这就用到阈值一词。所谓阈值，就是指释放一个行为所必须具有的最小刺激强度。低于阈值的刺激不能导致动物行为的释放。在简单反射中，阈值的大小是固定不变的；但在复杂行为中，阈值则受各种环境刺激和动物生理状况的深刻影响。当动物的

一种行为更难于释放的时候，我们可以说是阈值提高了；当一种行为更容易释放的时候，也可以说是阈值下降了。

复杂反射的阈值大小受到以下两种影响因素。

（1）完成某一行为后时间长短对这种行为的再次出现有显著影响。例如，刚交尾过的动物对于刺激或是没有反应或是反应很弱。

（2）长时间未发生的行为非常容易释放，释放这种行为的刺激会更简单和较少特异性。例如犬的衔物摆头行为，犬科动物利用这种行为可以轻易地扭断猎物的脖颈，使其失去反抗能力，如果没有天然猎物，那么很多犬也能释放这种行为；猫的捕食行为不仅可以针对一个猎物，也可以针对一个球或其他易于滚动的物体；动物园或实验室中长期被隔绝的动物，它们释放行为的阈值会下降，尤其是繁殖行为。

动物的空放行为是指在极端情况下，阈值的降低可以导致行为的自发产生，这种无刺激的行为释放被称为空放行为。例如，最令人信服的事例就是织巢鸟的筑巢行为，饲养在鸟笼中的织巢鸟在得不到任何筑巢材料（如草茎）或代用物的情况下也完全可以表现出类似筑巢的行为动作。

思考与练习

1. 什么是动物行为？动物产生各种行为的目的是什么？研究行为的意义是什么？

2. 什么是条件反射？条件反射对动物的训练有什么作用？

3. 什么是动物的本能？本能判定的标准是什么？

4. 什么是动机？其产生的因素有哪些？

5. 什么是冲动？简述冲动、情绪和表达的关系。

单元三 | 动物行为的类型

动物行为的分类方法有很多种。可以按因果关系分类，可以按行为在动物间所行使的功能分类，可以按发生学的观点分类，也可以按行为所获得的途径分类。目前，动物行为的分类多是用行为在动物间所行使的功能划分。

按动物行为在动物间所行使的功能将动物的行为分为领域行为、防御行为、捕食行为、繁殖行为、亲代抚育行为、欲求行为、完成行为、本能行为和学习行为九种。学习和掌握动物的各种动物的行为类型是宠（动）物训练及训练中使用不同方法的理论基础。

一、领域行为

动物个体、配偶或家族的活动通常都只是局限于一定的区域范围。如果动物对这个区域实行保卫、不允许其他动物（通常是同种动物）进入，那么这个区域或空间就称为它（它们）的领域。动物这种占有领域的行为称为领域行为或领域性。

领域行为是种内竞争资源的方式之一。占有者通过占有一定的空间而拥有所需要的各种资源。有些领域是暂时的，例如大部分鸟类都只是在繁殖期间才建立和保卫领域。但有些领域则是永久的。动物建立领域多数只是排斥其同种个体的进入。因为同种动物的资源需求相同，排斥其他同种个体的进入能够减少竞争，而领域占有者可以占有更多的资源，这种领域行为称为种内领域行为。有些资源可能对一个性别特别重要而对另一个性别不那么重要，这种情况将会导致在物种内形成特定性别个体的领域。如雌性灰色鼠为了独占食物资源常排他性地占有一个领域而不允许其他个体进入，但雌鼠与雄鼠的巢域却常常发生重叠。但是当不同物种之间的资源利用方式相似时，领域行为也发生在不同物种之间，这种领域行为称为种间领域行为。

（一）巢域、核心域和领域

1. 巢域和核心域

巢域是动物进行正常活动的整个区域。在巢域中往往还有一个动物更加经常集中活动的小区域，动物的大多数活动都发生在这里，这个集中的活动区就称为核心域。在某些情况下，巢域就是营巢地周围的区域或者是食物和水源的所在地。虽然不同动物的巢域可以重叠，但核心域却很少重叠。

2. 领域

领域是指由个体、家庭或其他社群单位所占据的并积极保卫不让同种其他成员侵入的空间。领域内包含占有者所需要的各种资源。

3. 领域的主要特征

领域的主要特征有以下三点：①领域是一个相对固定的区域（可随时间而有所变动）；②领域是受到占有者积极保卫的；③领域的利用是排他性的，即它是被某种动物的个体或群体所独占的。不同动物个体（或群体）的领域一般来说是不重叠的，如果重叠也是少量的和暂时性的，重叠区可以被两个领域的占有者所利用，但是利用的时间不同。

（二）领域的保卫与标记

1. 领域的保卫

保卫领域的方式很多，动物保护领域的所有行为都称作动物的领域行为。动物多是通过视觉性（包括姿势）、声音性和嗅觉性的行为向入侵者宣告其领域范围，或以威胁、直接进攻的方式驱赶入侵者。动物通过领域行为占有一定领域的特性称为领域性，脊椎动物和无脊椎动物都具有领域性。脊椎动物中以鸟、硬骨鱼、蛙类、蝾螈、蜥蜴、鳄鱼和绝大多数的哺乳动物为最多，尤其以鸟类的领域行为最发达，分布也最普遍；在啮齿动物和猿猴中，群体领域比较常见。很多无脊椎动物也有领域，如昆虫中的蜻蜓、蟋蟀、各种膜翅目昆虫、蝇类和蝶类等。占有和保卫领域的目的主要是保证食物资源、营巢地及其自身的安全，从而获得生存、配偶和养育后代的机会。

2. 领域的标记

一个领域的占有者自己必须知道领域的边界在哪里，同时也必须让其他个体知道自己所占有的领域，这需要标记行为来完成，标记领域的方式主要有以下四种。

（1）视觉标记 领域的占有者常常借助一些明显的炫耀行为来让其他动物认清自己的领域。动物的一些特定姿态、特有的运动以及身体上一些醒目的标志都可以作为向其他动物发出的信号。

（2）声音标记 鸣叫的动物常常用声音来标记自己的领域，最常见的是鸟类的鸣叫。鸟类建立领域后，鸣叫的频率显著增加，这种行为可把其他鸟类拒于领域之外。另外，海豹、吼猴、长臂猿和猩猩的叫声也可以传播得很远；青蛙和蜥蜴能凭声音认出各自的领域；某些鱼类，也用声音标记领域。

动物除了用声带、鸣囊和其他发声器官发声外，还可以利用别的发声方法来标记领域，如啄木鸟用喙敲击树木，多种鹬类可以利用外侧尾羽发出特殊的响声，一些螃蟹的敲击和振动行为等都具有标记领域的功能。

用人为的方法把领域的主人移走，并在该领域内播放这种动物的叫声录音，可以证明动物的叫声的确具有保卫领域的功能。如果把大山雀从它们的领域中挪走，一般在 8~10h 以后，领域就会被别的大山雀占有，但是如果挪走后播放它的鸣声录音，那么虽然 20~30h（夜晚不算）过去了，它的领域仍无其他山雀占领。采用这种播放鸟叫录音的方法，可以在整整一个季节内阻止其他鸟在某一地区建立领域。

有研究证明，鸟类会唱很多首歌曲比只会唱几首歌曲，更有利于保卫自己的领域。原因可能是多种多样的鸣声可以使入侵者产生一种错觉，感觉那里已经有几只鸟而不是一只，因此不敢轻易侵入。有时，鸟类鸣声的多变性也是衡量它作为配偶和领域保卫能力高低的一个标志。

（3）气味标记 嗅觉发达的哺乳动物经常用尿、粪便、唾液及特定的腺体分泌物等有气味的物质来标记它们的领域。用尿、粪便、唾液标记领域的功能是附带的；用特定的腺体分泌物来标记领域的功能是专用的。如河马用排放粪便的方法标记领域；几种有袋类动物和啮齿动物用唾液标记；一些犬科和猫科动物、犀牛、原猴亚目的猴和某些啮齿动物则用尿标记领域；而印度黑羚和奥羚等很多有蹄动物用眶前腺所分泌的气味物质来标记它们的领域。另外，多数犬气味标记物具有双重功能，除了标记领域外，还具有建立路标的作用，给动物指示方向，以防迷路。领域面积越大，这种功能就越重要。

（4）领域的电标记　很多鱼类都具有由特殊的肌肉组织所组成的发电器官，因此能够放电。通常，所产生的电流是用于捕食、防卫和定向（可改变周围电场），特别是在混浊的水中。很多鱼类能够用放电来标识它们的领域，不让同种的其他鱼侵入。

3. 不同领域标记的特点

气味标记的优点首先是领域的占有者可以不出现而达到保卫领域的目的，这样就避免了和入侵者的直接战斗。而且，气味标记所冒的风险比其他任何视觉和听觉标记都少。其次是气味标记的有效期比其他任何标记方式都长，这种标记方式特别适合于暂时重叠领域的标记。声音标记的优点是个体间存在着广泛的差异，因此有利于相邻个体间的相互识别，可以大大减少在已建立领域的邻里之间发生战斗，以便把主要精力用来对付那些更有威胁的新来者。视觉信号标记领域的优点是可以马上显示领域的位置，这种方式在短距离内最为有效。

在有些情况下，标记行为可以同时完成两种功能，即驱逐其他雄性个体和吸引同种雌性个体。如很多鸟类在春天占有领域后便频频地鸣叫并持续很长一段时期，直到找到配偶为止，此后它们的叫声便显著减少；一些青蛙和蟾蜍的鸣叫声也具有吸引异性和驱赶其他雄性个体的作用。

有时领域行为与动物的生殖活动无关。例如，迁徙鸟类的越冬领域就与生殖没有直接关系。但是对于不营迁徙的鸟类来说（如山雀），冬天占有的领域直接关系到下一个生殖季节生殖的成功与否。

动物为占有和保卫领域所付出的代价是巨大的，不仅要花费时间、消耗能量，甚至丧失生命（只是发生在第一次占有时）。一般情况下，由于动物对领域内的情况比较熟悉，领域内资源丰富，所以是动物比较安全的隐蔽所。但有时占有领域的动物更容易遭到捕食，如雄性的非洲羚羊在建立了生殖领域以后，反而为捕食动物增加了捕食机会。

对各类动物的领域性、领域大小、领域动态、领域行为和领域标记方式，以及领域与环境因素间的关系等方面已有很多研究，文献十分丰富。

如领域面积随领域占有者的体重而扩大。因为领域大小必须以能保证供应足够的食物资源为前提，动物越大，需要资源越多，领域面积也就越大。

领域面积受食物品质的影响。食肉动物的领域面积较同样体重的食草动物大，并且体重越大，这种差别也越大。其原因是食肉动物获取食物更困难，需要消耗更多的能量，包括追击和捕杀。

领域行为和面积往往随生活史尤其是繁殖节律而变化。例如，鸟类一般在营巢期中领域行为表现最强烈，领域面积也最大。

（三）领域的类型和大小

动物领域的类型、大小因体重、食物品质及繁殖规律的不同而存在较大的差别。

1. 领域的类型与大小

（1）生殖和取食领域　动物要在领域内求偶、交配、营巢和取食，领域面积大。

（2）生殖领域　动物只在领域内进行生殖活动，而主要取食活动不在领域内，领域面积较大。

（3）群体求偶和交配领域　这种领域只供求偶和交配用，如求偶场，领域面积小。

（4）提供全部所需资源的领域　面积最大。

2. 领域的大小同资源状况有关

食物密度越大，所需领域的面积也就越小。如专吃花蜜的太阳鸟、夏威夷蜜鸟和各种蜂鸟的领域大小与领域内可供采蜜的花朵数目存在着密切的关系；红松鸡领域的大小同它所喜食的食物——嫩绿枝条的密度及石楠营养成分的含量呈反比；在刺蜥属的蜥蜴中，领域大小和食物数量之间也存在着一种相似的反比关系，而且可以通过给食的方法来控制领域的大小；生活在海边盐性草地的一种雀，其领域面积为（8781±2435）m^2，而生活在非盐性草地的同一种雀，其领域面积只有（1203±240）m^2，两者相差 7 倍多，区别就在于领域所能提供食物的量不同。

3. 领域的大小有时同性别有关

如雄刺蜥所能保卫的领域面积约比同等大小的雌刺蜥大一倍。

4. 领域的大小与个体的大小有关

因为个体大比个体小所需要的资源更多，所以就需要有较大的领域。如食肉动物的领域比同等大小的食草动物的领域更大。

5. 领域的大小与种内和种间竞争有关。

（四）生殖领域中雌雄动物的关系

在生殖领域中，雌雄各负其责。一般情况下，雌性动物主要从事生殖活动，而雄性动物则承担着保卫领域的任务。但在很多一雌一雄为配偶的动物中，雌性动物也参加保卫领域的工作，如鹩哥和几种莺。因为鸣禽的雌鸟和雄鸟在生态上有明显分化，所以在鸣禽中雌性动物的攻击目标大都只限于其他的雌性动物。在雌雄分开的个体领域中，雌性动物自然要靠自己的力量来保卫领域，如红松鼠。在一雄多雌的动物中，雌性动物承担着保卫领域的主要任务，以防其他雌性动物入侵。

（五）领域行为的生物学意义

动物的领域行为具有十分重要的生物学意义，具体表现在以下几方面。

（1）减少个体或群体之间的冲突，即攻击行为的发生。

（2）当资源有限时，能够保证占有者有足够的食物、水源等。动物占领的领域如果太大，当然对其他的竞争者不利，但对领域的占有者则可能更加不利，因为保卫领域所付出的代价会急剧增加。所以，动物所占有和保卫的领域的大小，一般是以能够充分满足它们对各种资源的需要为标准的。但是，领域的占有者并不能精确地知道在它们领域内的资源量究竟有多大，可是它们又必须在生殖季节开始时就占据拥有足够资源量的领域面积，而这些资源又都是在很久以后的关键时刻才需要利用的。在这种情况下，动物往往是依据历年最坏的年份来决定占有领域的大小，这样，在一般年份就不会发生资源短缺，后代便能顺利成长起来。

（3）在繁殖季节，可以避免其他同种个体的干扰，有利于求偶、交配、育幼等。动物占有领域的最初目的只是为了吸引配偶，所以领域的大小不一定和食物的数量有明显的关系。事实上，很多鸟类都是在领域以外寻找食物的。

（4）熟悉占有地区，有利于躲避敌害和寻找食物。领域的占有者要比入侵者占有多种竞争优势。因为在领域内，占有者比入侵者更熟悉情况（如知道最好的觅食地和隐蔽场），并已经同邻近的生物建立了一种稳定的相互关系。对入侵者来说，它不熟悉入侵领域的情况，也很难精确地了解领域的价值，因此就缺乏战斗的意志。领域的主人为经营自己的领域已经付出了不少的代价（时间和能量）。如果轻易放弃自己的领域，它就不得不花费同样多的代价去建立另一个领域，因此，它必须坚决捍卫自己的领域。

一般来说，同一物种的个体会利用相同的资源，因此常用建立领域的方法排斥其他个体对资源的利用。有时不同物种也利用同一资源，这种情况将会导致形成种间领域。

二、防御行为

在自然界中，动物的捕食现象时刻都在发生，因此动物必须拥有捕食和防御的双重本领。防御行为就是动物保护自己、防御敌害的行为。一切能够减少来自其他动物伤害的行为，都是防御行为。

防御行为的功能是有限的，动物借助于防御行为只能相对降低遭捕食的风险而不能完全避免被捕食。动物的防御行为主要分为两种类型，即初级防御和次级防御。初级防御和次级防御的概念只适用于种间防御而不适用于种内，同种个体之间的防御与次级防御有很多相似之处。

（一）初级防御

初级防御是指不论捕食动物是否出现均存在的防御方式，它可以减少与捕食者相遇的可能性。初级防御包括穴居或洞居、隐蔽、警戒色和拟态四种类型。

1. 穴居或洞居

很多动物在地下营造巢穴，过着穴居或洞居的生活。这种生活（防御）方式使捕食动物很难发现它们，但也给它们带来了觅食和寻找配偶的困难。动物通常用两种办法解决这一难题：第一，终生都生活在地下的动物（如蚯蚓和鼹鼠等）往往具有极特化的习性和食性；第二，选择相对安全的时间到地面生活。如野兔于清晨和夜晚来到地面觅食和寻找配偶，而在易被捕食动物发现的日出时间则隐藏在洞穴中。

2. 隐蔽

隐蔽实质上就是利用外表颜色的变化实现防御。

(1) 固定的保护色　很多动物的体色与环境颜色很相似，因此不易被捕食动物发现，这种体色称为保护色（不过，猛兽也有类似情形，如虎的条纹与草莽中光线的亮处、暗处的条纹相似，但其目的是利于隐蔽捕食）。如草丛中的绿色昆虫，水中的鱼类背深腹浅（从上方和下方看，都不易发现）等。

(2) 随着季节和背景的变化而变色　季节性变色最明显的是北极地区的哺乳动物和鸟类，它们每年随季节的变化可变色两次。夏季时银狐、雷鸟和雪兔是褐色的，此时它们在岩石和稀疏的植丛中栖息和觅食，但到冬季时，它们会全身变白，与雪浑为一体，所以它们在两个季节都能隐蔽自己。有些动物随着（或利用）所处的背景颜色的变化而变色。如很多种类的蛾，白天静伏在与体色相同的树干上一动不动，一到晚上则飞出觅食和进行生殖活动，天亮前再飞到和自己体色相同的地方，把自己重新隐蔽起来。而凤蝶和大菜粉蝶的幼虫，在绿叶丛中化成的蛹呈绿色，而在棕色植叶丛中化成的蛹是棕色。这种变色能力以软体动物，尤其是头足类动物最强、速度最快，包括乌贼、章鱼和鹦鹉螺。它们在极短的时间内，体色和斑纹就可以变得与背景色完全一致，不仅天敌难以看到它们，其猎物也发现不了它们。

（二）次级防御

次级防御是指动物在捕食者出现之后运用的所有防御方式，它可增加与捕食者遭遇后的逃脱机会。次级防御主要有十种类型，即回缩、逃遁、威吓、假死、转移攻击者的攻击部位、反击、臀斑和尾斑信号、激怒反应、报警信号和迷惑捕食者等。

1. 回缩

回缩是洞居或穴居动物最重要的次级防御手段。如野兔一遇到危险时，便迅速逃回洞内；管居沙蚕遇到危险时立即缩回到自己的管内；有壳、有甲的动物遇到危险时把身体缩入壳内（软体动物和龟鳖）；有刺动物遇到危险时滚成球或将刺直立起来保护软体部位等。而"狡兔三窟"则是回缩（次级防御）中的精典。

因动物回缩时自身暂时也无法取食，更无法知道捕食动物是不是已经走开，所以，对于无关刺激做出回缩反应时，对动物本身往往是不利的。所以，很多动物对各种简单刺激都已经习以为常，不会轻易做出回缩反应。

2. 逃遁

很多动物在捕食者接近时往往采取跑、跳、游泳或飞翔等方式迅速逃离。逃遁路线可以为直线运动，或为不规则运动，有的动物逃跑的同时还运用其他的对敌手段。

3. 威吓

来不及逃跑或已被捉住的动物往往采用威吓手段进行防御。威吓行为最常采用的有两种方式。一是膨胀身体，即把身体上的毛或羽毛直立起来（多种禽类）、皮肤褶外展（蜥蜴）、张开鳃盖（鱼）或胀大喉囊（军舰鸟）等。二是展示进攻的武器，尽量把攻击的利器让对方看到，同时伴随着一种意向性的攻击动作（不一定攻击）并配合特定的色型炫耀，如闪亮的色彩和大眼斑等。从动机角度分析，威吓行为是攻击和逃跑（害怕）动机的混合物，是两种动机支配下的折衷行为。在动物界，威吓行为也很常见。例如，犬在受到攻击无路可逃时会露出牙齿；螃蟹遇到攻击时会高举大螯示威；蟾蜍在受到攻击时，会因肺部充气而使身体膨胀起来，给人一种身体很大的虚假印象；灯蛾会突然展开双翅，将腹部的红色或黄色斑点暴露出来，同时还从胸部排出一种难闻的黄色液体，以此提醒捕食动物，如若攻击猎物，自己也会吃苦头；螳螂遇到危险时，会把头转向捕食动物，翅和前足外展，把翅和前足上的鲜艳色彩暴露出来，同时还靠腹部的摩擦发出像蛇一样的嘶嘶响声，这种威吓行为常常可以把准备捕食的小鸟吓跑。

威吓行为在自然界中从无脊椎动物到脊椎动物的各个类群都能见到。威吓行为在可以达到战斗行为效果的同时，还可以避免双方受伤或死亡。

4. 假死

有些捕食动物只攻击运动中的猎物，所以，很多猎物遭到攻击时，会突然假死以逃避捕食者的攻击。如很多甲虫都有这个本领，蜷缩其足，掉到地上，蜘蛛、负鼠科的哺乳动物等也有假死行为。通常，这些动物只能短时间地保持假死状态，之后便会突然飞走或逃走。动物的假死也是根据环境条件的不同而改变的。如宽吻鳄在陆地有动物接近时，它会发动攻击，但在水中受到触碰时它会保持假死。

5. 转移攻击者的攻击部位

转移攻击的部位是动物避害的另一种方式。它能诱使捕食动物攻击其身体的非要害部分而逃生。例如，眼蝶的翅上有一个小眼斑，非常明显，以吸引捕食动物的攻击，而使身体的头等要害部分躲开攻击；很多蜥蜴在受到攻击时都会主动把尾巴脱掉，断尾还在跳动，引诱捕食者去捕捉，而蜥蜴趁机逃跑，然后再生出一个尾巴。

6. 反击

一个动物在受到捕食者或同种个体攻击时的最后防御方法，就是利用一切可用的武器（牙、角、爪等）进行反击。而且大部分动物在被捕捉后都会进行反击。有些动物的角和棘刺是反击捕食者的主要武器，如三刺鱼的背刺和侧刺在正常情况下是平放的，这样不会妨碍它游泳。但它一旦被捕食者抓住，刺就会直立起来，扎伤捕食者的口部，迫使捕食者不得不把它放弃。但不是所有的角都是反击用的，如雄鹿的角虽然也可用于反击捕食者，但多数情况下鹿角是用于种内竞争的。动物的反击也不是都能成功，如当一只鼠被一只猫逼得走投无路时，即使反击也很难获得成功。

7. 激怒反应

激怒反应是指捕食动物出现时猎物群体的激动情绪及其所表现出的行为反应。这种反应虽然也可以导致对捕食者发动直接攻击，但在更多情况下是在向附近的同种或不同种的其他个体传递捕食者到来的信息。鸟类常常靠叫声把其他个体的注意力吸引到它处于危险的所在地，并能诱发种内和种间的激怒反应。一个具有激怒反应的动物群体常常能够成功地驱逐和击退捕食者的进攻，从而减少它们自身及其后代所面临的风险。例如灰喜鹊和喜鹊等很多集体营巢的鸟类就是靠激怒反应而获得安全的。也有人认为，成鸟的激怒反应可使幼鸟保持安静和不动，从而减少它们遭到捕食的机会。

8. 报警信号

当捕食者接近一个猎物群体时，群体中的一个或多个个体往往会向其他个体发出报警信号，报警信号可以是视觉信号、听觉信号或化学信号。报警信号即有在面对攻击者时召唤同伴的作用，也有警告同伴躲入安全场所的作用。在有些情况下报警行为对信号发送者及其亲属都有利；在另一些情况下则只对群体中所有的信号接受者有利，使它们能及时避开捕食者的攻击。

有些鱼类对受伤的同种个体释放出的化学物质具有逃避反应，如某种鱼的皮肤破裂后就会从皮肤细胞中释放出一种报警物质。嗅到这种化学物质的同种鱼类就会迅速跑开，然后隐藏起来或减少活动。研究者一度认为化学报警物质是这种鱼所特有的，但后来发现镖鲈和虾虎鱼等其他鱼类也能释放用于报警的化学物质。在多数情况下，只有结群生活的鱼类才有这种防御方式。

9. 迷惑捕食者

当捕食者攻击猎物群体中的一个个体时有可能产生犹豫，或是由于几头猎物同时奔跑而受到迷惑。捕食者的犹豫不定哪怕只是瞬间，对猎物的逃生也十分有利。如鸟群对猛禽捕食时所作出的反应。当猛禽接近时，鸟群中的个体会在树丛中保持不动并全都发出尖声鸣叫，这种特殊的尖声鸣叫，对捕食的猛禽来说是很难定位的，Miller 认为，它的功能是迷惑或分散猛禽对鸟群中任一特定个体的注意力，使猛禽很难选中一个攻击对象。显然猛禽对这样一个鸟群的攻击成功率要低于对一只独居鸟的攻击成功率。Miller 在描述猛禽面对一个猎物群体时的两难处境时写道"注意力越是分散，捕食失败的可能性也越大"。

动物的防御行为有时不止一种，而是多种形式的结合运用。如猪鼻蛇的防御行为就有多种选择。猪鼻蛇栖息于沙地，是一种体型较大的无毒蛇，当最初受到干扰时它会采取威吓姿态，即头部和身体的前三分之一变扁向两侧扩张，使它看起来很大，接着便蜷曲成夸张的 S 形姿态并发出嘶嘶声响，但当受到进一步刺激时，它便会放弃威吓并开始剧烈地扭动身体和排粪，接着便张着口吐着舌盘曲成一团装死，一旦捕食者对这具"僵尸"失去了兴趣，它便会慢慢恢复原态并逃之夭夭。

三、 食物行为

食物行为包括一切与获得食物和处理食物有关的活动，目的是满足动物自身或同种个体对食物的需要。动物的食物行为是由一个系列组成的，包括搜寻食物、捕捉食物、对食物的加工处理和吞食等多个阶段。食物行为系列中首先是寻找和发现食物。动物去发现食物的方式多种多样，有的是单纯利用感觉器官，而多数高等动物是走出去寻找；有些动物则采取等待和伏击的方法，如生活于地下洞穴中的蜘蛛，总是静伏在洞底，当有猎物经过洞口时，突然出击抓住猎物；而海底鱼类用发光的触须引诱小鱼，然后突然张开大口吞食。

动物也"以食为天"，但在觅食、取食、乞食、贮食、捕食、反捕食的过程中，也时时处处上演着动物界的悲喜剧。如"螳螂捕蝉，黄雀在后"，如"狮吃羚羊，鹫待残羹"等。植食性动物常为觅食而丧生于食肉动物口中，而大熊猫采食能量很低的竹叶，每天大约要花费 14h 以上。

（一）动物的采食方式
动物的采食方式大体可以分为以下五类。

（1）过滤采食 指在游泳中通过抽吸和过滤从水中获得食物。此类动物全部是在水中生活。

（2）寄生采食 指将捕食和营巢结合起来的，在寄主体内吃住合一的采食方式。如寄生虫等。

（3）捕猎采食 是哺乳动物中常见的捕食方式，多为肉食动物采用。如猛禽、猛兽等动物依靠利齿锐爪，敏锐的感觉，矫健的体魄，扑杀、穷追或相互合作来完成。捕猎行为，近似攻击行为而更为复杂，它包括漫长而复杂的寻找，公开或隐蔽地接近猎物，通过接近、捕杀和进食等许多程序完成。

（4）游牧采食 多是除幼龄动物以外，植食动物采食的方式，需要走出去采集食物。

（5）杂食类 是食谱较广的杂食动物的采食方式，如灵长目、啮齿类、北美棕熊和猪等。

（二）动物的食性
动物的食性大体上可以分为以下三类。

（1）单食性动物 只吃一种食物，如一些寄生虫。

（2）寡食性动物 只吃几种少数食物，如大熊猫、树懒、松鼠、蜜蜂等。

（3）多食性动物 大多数动物都属此类。

食性的不同各有利弊，而且食性在人工驯养的条件下也可以逐渐改变。

（三）动物采食行为中的其他现象

（1）乞食行为　主要指幼小动物向双亲要求提供食物的姿态、动作和声音。如雀形小鸟中许多种类，只要感受到巢的震动，就会伸长脖颈张大嘴去乞食。银鸥的雏鸟完全依赖双亲吐出嗉囊中的食物来喂养，它饥饿时，用喙去啄亲鸟喙上的一个红色斑点，这时亲鸟就会吐给它吃，吃饱时乞食行为就随之消失。乞食行为有时也发生在成年的动物中，但多是通过乞食来求偶。

（2）贮食行为　有些动物在食物丰富的时候，把食物贮藏起来，以供短缺时食用。金仓鼠是贮存粮食的能手，冬日找到它在田野里的洞穴，可挖出多达数公斤的粮食；在自然条件下，它有强烈的贮食倾向，尽管有时贮存量足够过冬了，但它还无休止地贮存。松鼠在夏日会把鲜蘑菇挂在树枝上晾晒，以备冬日之需。渡鸦在掠食后，常常把瘦肉吃掉，把肥肉贮存起来，因为脂肪含热量多。狮、虎等大型猫科动物也有贮食的习惯。在食物数量随季节变动很大的地区，动物的贮食行为更常见。

四、 性行为

有性繁殖的动物达到性成熟以后，在繁殖期两性之间会表现出一系列的特殊行为，最终导致精子和卵子的结合，产生新的生命。在此过程中，一系列与繁殖有关的行为统称为动物的性行为（也称为繁殖行为）。性行为主要包括雌雄两性动物的识别、占有繁殖的空间、求偶、交配及保持配偶关系等，动物的性行为的结果是使动物能够产生后代。因此，种类繁多的动物才能世世代代生存至今。在性行为中求偶是前提，交配是焦点，生产是目的。

性行为的目的是生儿育女、繁衍后代，是动物生活中极其重要的行为，与食物行为一样是动物最基本的本能行为。但食物行为以满足个体生存为目的，而性行为则是种族繁衍的需要。

（一）求偶

在有性生殖活动中，求偶是很重要的行为。求偶的方式各种各样，有的可以持续几小时，甚至几天。求偶时或作出一些令人注目的奇异动作，或展示鲜艳的色彩，或发出复杂的声音，以吸引未来的配偶。家鸭的雄性个体，追随母鸭后面，有节奏地把头弯向侧后方，喙指着翅膀，以引起母鸭的注意。因为家鸭起源于绿头鸭，绿头鸭的雄性个体，头颈有蓝绿色闪光的羽毛，翅膀上也有蓝绿色的羽，这个动作就是从梳理羽毛演变来的，家鸭仍保留这个求偶动作。雄孔雀比雌性的羽色漂亮，尤其是长长的彩色尾羽，于是"孔雀开屏"时把尾羽竖成扇面，向雌性展示。黄鹂的雄性个体只在春末夏初鸣声婉转动听，用以吸引雌性个体，过了这个时期，鸣声会变得直而粗哑，不再动听。高等动物多数为雄求雌，但昆虫等一些低等动物，如蛾类的雌性在繁殖时通过放出外源性性激素吸引雄性。

求偶行为的生物学作用在于：①吸引同种的异性并排斥同性的异类；②确认对方的性动机状态和能力；③抑制对方的攻击或逃避冲动；④促进对方的性行为动机。

高等动物的求偶多是雄性为主导，雌性处于被求的对象。

求偶的表现形式也多种多样。除了鸣唱、舞蹈、炫耀，还有贡献食物、筑巢材料（多数的鸟类），也有追逐、威吓、捕咬（鸽子用追逐威吓、犬用捕咬）的，还有雌雄双方在交配前接吻等众多方式。目的是达到交配成功，繁衍后代。

（二）交配

由于动物的进化程度及种类的不同，交配形式也多种多样。

哺乳动物和鸟类属于体内受精，两性结合必须有身体和性器官的接触，所以也称为"交尾"。低等动物的交配多是体外受精（多数的鱼类），或使用贮精囊（蜜蜂），所以无需异性个体身体接触。

动物完成交配行为必须满足三个条件。

1. 性对象必须能相互准确识别

性行为信号是相互识别的最重要手段。因为不同物种间的杂交个体不能再产生后代，即使是近缘杂交产生的后代也不能继续繁殖（如骡子）。性对象通过性行为信号相互识别，最重要的意义是可以节约遗传资源。

2. 必须消除种内争斗趋势

不是终生配偶的动物，不同个体相互靠近时会增加攻击的倾向，异性间也不例外。而求偶过程中包括视觉（颜色、光、姿态和动作等）、嗅觉（气味）和听觉（鸣声）等一系列性行为，这些行为有助于消除攻击的倾向。

3. 同步完成性器官的结合

交配同步实质包括动物体内性状态和性器官结合同步两个方面。动物体内性状态的同步多是决定于日照的变化；而性器官的同步是在体内性状态同步的基础上靠交配前的一系列性行为来完成。

交配的目的是完成精子与卵子的结合，产生新的后代。

五、 亲代抚育行为

亲代抚育行为（也称母性行为）是指亲代个体对后代的一系列护理行为。主要包括供给食物、御寒、清理脏物以及防御敌害等。鸟类的孵化和哺乳类的哺乳等都属于亲代抚育行为。

动物一旦产卵或产仔，就会面临亲代抚育的问题。在动物界，亲代抚育并不是一个普遍存在的现象，因为亲代抚育所付出的代价往往会超过从中所获得的好处。亲代抚育的主要好处是可提高后代的存活机会；但代价却是要消耗资源，在保卫后代时还会增加自身遭到捕食的风险，但亲代抚育对物种的生存和延续是非常重要的。

（一）亲代抚育的提供

纵观整个动物界，如果亲代抚育只由双亲中的一方完成的话，那么提供亲代抚育的往往是雌性而不是雄性。关于这一现象，目前存在三种假说。

1. 父亲身份难认定假说

如果一个雌性动物产下了一个受精卵或是生下了一只幼崽，那亲子之间肯定是母子或母女关系，子女体内肯定有 50% 的基因是来自母亲，但父亲却难以确定。特别是在体内受精的情况下，父子关系的认定就更困难一些，因为往往雌性动物的交配对象不止一个。因此雄性个体亲代实施抚育的投资风险比较大，这就导致了父爱的进化弱于母爱的进化。

2. 配子释放顺序假说

双亲中，谁提供亲代抚育是由卵子和精子的释放顺序决定的。在很多动物中，两性交配之后常有一性离去，留下另一性照料后代。在体内受精的情况下，雌雄交配后是雌性将受精卵留在子宫内，生产后（雄性已离开）只能由雌性照料后代，因此提供亲代抚育就只能是雌性个体。这是多数哺乳动物的亲代抚育方式。再如，在体外受精的情况下，雌性个体通常是在雄性个体排精之前先排卵，并在排卵之后离去，把护卵的任务留给雄性个体去完成。但是配子释放顺序假说对于很多具有亲代抚育行为的鱼类是难以解释的，因为雄鱼的排精和雌鱼的排卵几乎是同时进行的，在这种情况下，雌雄双方承担亲代抚育的概率应该是相等的，但在所研究的 46 种鱼类中，由雄鱼承担亲代抚育的占 36 种，明显超过了理论预测的 23 种。此外，有很多种类的蛙也是如此，雄蛙在雌蛙产卵之前先在雌蛙巢中排精，可抚育也是由雄性来完成。

3. 幼体关联假说

这一假说的要点是，由于雌性个体是携卵者，因此当后代出世后它便处于最有利于为后代提供帮助的位置。父亲不可能直接控制后代的出生，当后代出生时，它甚至还不知去向。即使它能够提供帮助，而且也能从这种帮助中得到遗传上的好处，但由于它不在后代身边，亲代抚育行为也就无从谈起。

从总体上看，哺乳动物中由雌性完成亲代抚育的更多，鱼类和两栖类动物中雄性占绝大多数，而鸟类中二者比例相差不大（也有双方合作的）。

（二）亲子识别

亲子识别的主要功能是为了防止把亲代抚育错投给非亲幼体。

1. 营群居生活的物种比独居物种亲子识别能力更强

营群居生活的物种中，亲代抚育错投的风险更大，因此这些物种的亲子识别功能特别发达；而独居物种的双亲除了自己的子女之外是很难再遇到其他非亲幼体，因此亲代抚育错投的可能性很小。

通过对一个群居物种（岸燕）和一个独居物种（毛燕）的比较研究发现，一种是群居的岸燕，另一种是独居毛燕，两种燕子虽不属于同一个属但却属于同一个科，但是两种燕子的亲子识别有着明显差异。岸燕的幼燕发出的叫声都各有其特点，而毛燕的幼燕发出的叫声区别不明显。因为群居岸燕的洞口十分密集，幼燕是很容易飞错洞口的。当岸燕的幼燕出巢时，双亲仅凭幼燕叫声就能识别自己的后代，并能毫无错误地把食物喂给它们，对于落在其洞口附近的陌生幼燕则加以驱逐。毛燕在整个进化过程中都是独居的，它们把食物错喂给其他非亲幼燕的机会几乎没有，因此它们对亲生子代的识别能力不强。如把两窝毛燕中的幼燕互相调换了位置，结果两对双亲很容易就接受了外来的幼燕，甚至它们也能很容易成为幼燕的养父母。

2. 地面营巢动物比在悬崖峭壁上营巢动物的亲子识别能力更强

原因在于二者把亲代抚育错投给其他非亲幼体的风险不同，有人对两种有密切亲缘关系而且都是群居的银鸥和三趾鸥进行了研究。银鸥是在地面营巢的，它们的幼鸥出壳几天后就能跑动，因此成年鸥很容易遇到和接触不是自己子女的幼鸥。试验中把两窝出壳 4d 或 5d 以后的幼鸥互换了位置，结果两窝幼鸥的双亲都不接受外来的幼鸥并对它们进行攻击。与此相反的是，巢营造在悬崖陡壁边缘上的三趾鸥，巢中的幼鸥稍有不慎就落到海水中，所以它们的本能行为就是呆在原地不动，一直蹲伏在巢中。把它们两个巢中幼鸥互换后，成年鸥对陌生的外来幼鸥都予以接受，哪怕外来幼鸥的年龄比自己的子女大得多或小得多也不在意，甚至把鸬鹚的幼鸟放到它的巢中，它们也能接受。

（三）不同动物的亲代抚育行为

纵观整个动物界，亲代抚育工作通常是两性都参加的，但雌性承担的工作比雄性更多。有时甚至完全由雌性承担，只有极个别的物种完全由雄性来承担。

1. 无脊椎动物的亲代抚育行为

在无脊椎动物中，原始的亲代抚育形式只是把卵产在安全隐蔽的地点，更进步的一种形式是除了把卵安置在安全地点外，还要为新孵出的幼虫储备必要的食物，以便幼虫一孵化出来就有食物。昆虫的亲代抚育行为多是处在这样的进化阶段，如独居的沙蜂，雌沙蜂先猎取一只昆虫将其麻醉后带回事先挖好的洞穴中，然后在猎物（多为鳞翅目幼虫）体内产一粒卵，最后用小石子把洞口封堵。但当幼虫孵出之后，只有极个别雌性个体在一段时间内为幼虫喂食。

而进化到蚂蚁、胡蜂和蜜蜂这些比较高等的社会性昆虫时代，其亲代抚育行为超越了沙蜂。它们不仅直接喂养幼虫，而且能够抑制第一批幼虫的性发育，以便使它们能够帮助自己的母亲喂养第二批幼虫，这就使昆虫社会中出现了永久性的非生育等级（即工蚁和工蜂等职虫）并导致了昆虫社会的进一步演化。

2. 鱼类的亲代抚育行为

鱼的亲代抚育主要表现在对受精卵的照料和供养上。在鱼类中可以看到亲代抚育行为近于完整的演化序列，从没有亲代抚育到高级复杂的亲代抚育的各种形式，但行为的复杂程度往往取决于鱼类的生殖模式。

鳕鱼常由雄鱼和雌鱼组成混合的生殖群，它们同时向开阔水域排卵和排精，卵和幼鱼得不到任何亲代抚育。而稍复杂一点的鳟鱼和鲑鱼，雄鱼和雌鱼在产卵和受精之前先配对，然后由雌鱼在溪底挖一个含有沙砾的产卵穴，雌雄鱼都在其中产卵和排精。

有些鱼是体内受精的，排出的是受精卵，这比体外受精排出未受精卵的鱼类要进步一些，如鲤形目中的很多种类就是这样，相应的进化结果就是产卵量较少。但是，伴随着产卵量或产仔量的减少，鱼的生殖风险会进一步加重，而亲代抚育行为也会得到加强。很多硬骨鱼和草鱼是胎生的；鳖的胚胎是借助于各种不同的机制获得营养的，既可以贮存在卵自身的卵泡中，也可由雌鱼的子宫提供（如角鲨），这些鱼类的亲代抚育行为都是非常完善。

鱼类亲代抚育行为的进化趋势从一个分类群内可以看得更加清晰。通过对镖鲈属中14种鱼进行的研究表明，产卵量与亲代抚育行为的发达程度呈反相关关系，即亲代抚育行为越发达产卵量就越少，而发达的亲代抚育行为几乎完全是由雄鱼承担。

3. 两栖动物的亲代抚育行为

两栖动物的亲代抚育行为也是多种多样。由于两栖动物的卵没有坚硬的保护性外壳，所以必须经常保持湿润，它们亲子抚育的主要任务就是防止卵脱水干燥，也就是要有永久性的水源。

两栖动物的亲代抚育行为大体可分为两种。

一种是在卵发育的早期雄蟾对卵进行守卫。如产婆蟾把卵产在陆地上，然后把卵挤压在自己用后足形成的三角形空间内，雄蟾使卵受精后便用后腿插入卵团将卵取过来，置于自己腰部周围携带，在卵发育期间，雄蟾将会选择最好的温度和湿度条件以确保卵团不干燥。卵孵化之前，雄蟾会返回池塘将后足浸入水中直至孵出蝌蚪。负子蟾的雄蟾则是把卵推入雌蟾背部的组织内，卵一直在皮肤袋内发育。尖吻蟾也把卵产在陆地上，并由雄蟾守护一定时间，孵化前雄蟾将每一粒卵都吞入口中，并靠适当的运动把卵送入声囊，直到孵化。

另一种是幼体完全在雌蟾生殖道内发育。在蝌蚪阶段，尾部的血管可使母体输卵管血循环与蝌蚪血循环之间进行营养传递，这种结构很像是哺乳动物的胎盘。（有些蝾螈也是胎生的，但对母子循环系统之间的气体交换没有如此完美的适应。）这些时候的亲代抚育行为则完全由雌蟾来完成。

4. 爬行动物的亲代抚育行为

爬行动物的雌雄个体之间很少成对生活在一起，领域行为不发达（蜥蜴科、鳄科除外）。爬行类动物通常是体内受精，但受精卵滞留在雌性生殖道内的时间有长有短。大多数爬行动物是卵生的，但也有少数卵胎生和胎生的种类。爬行动物的亲代抚育行为差别很大，鳄鱼比较发达，而龟鳖目亲代抚育行为不发达。

鳄鱼的亲代抚育行为发达。主要表现在它不但能建很复杂的巢，而且巢的类型也因地点的不同而有所不同。如尼罗鳄的亲代抚育行为更为复杂，卵产在沙岸上由雌鳄挖的洞穴中，产卵后雌鳄一直守在巢的附近，直到蛋壳出现裂缝和小洞为止，此时小鳄用叫声把雌鳄吸引过来帮助打开巢洞，雌鳄用嘴咬住小鳄，把它们一个个带到水边，并在小鳄长达几周的早期发育期间守在它们附近。

龟鳖目的亲代抚育行为不发达。只是选择巢位、挖掘巢洞和把已产下的卵覆盖起来。

蛇类的亲代抚育行为有两种主要的方式：①卵在母蛇体内孵化，然后把小蛇产出，出生后的小蛇很少受到照料；②产大量的卵，除了选择巢位和覆盖卵之外，几乎不再有任何亲代抚育。但雌蟒蛇和眼镜蛇例外，它们常蜷卧在卵上为卵的孵化加温并守护卵。

蜥蜴中的蛇蜥和石龙子有守护卵的行为，雌性石龙子还常常把分散的卵收集起来，使它们重新合为一窝。沙漠黄蜥的卵是在雌蜥体内发育的，而且在卵膜和输卵管壁之间所建立的联系，很像是一个原始形式的胎盘。这是爬行动物胎生的一个特例。

5. 哺乳动物的亲代抚育行为

哺乳动物中雄兽与雌兽一对一地组成单配制家庭的种类很少，只占整个哺乳动物的4%左右。由于雌性个体有专门为胎儿发育提供场所和营养的子宫、为幼崽发育提供营养的乳腺，因此先天决定着雌性将会更多地参与亲代抚育工作。所以，多数哺乳动物幼崽的发育和生存完全靠母亲维持，只是在某些类群中，雄性和其他家庭成员参与不同程度的亲代抚育工作。

哺乳动物的亲子抚育行为可以细分为以下三种类型。

第一种是鸭嘴兽和针鼹等卵生的动物。针鼹把卵产在一个袋内，小针鼹长到一定大小后便被独自留在巢中，雌鼹则定期回来哺乳；鸭嘴兽在巢中产卵，幼崽孵出后雌性用乳汁喂养，全部亲代抚育工作都是由雌性承担。

第二种是大袋鼠科中的袋鼠。袋鼠产出的幼兽发育程度极差，它从尿生殖窦中爬出后便进入乳头区，遇到一个乳头后便开始一个长长的乳头附着期。全部有袋类动物都是由雌性承担亲代抚育工作。

第三种是真兽亚纲。真兽亚纲产出的幼崽，其发育程度要比有袋类好得多。它们没有乳头附着期，只是断断续续地吸乳，直到断乳为止。幼崽早期的营养完全靠母亲供应，但雄性和其他家庭成员也参与一定的抚育工作。

六、 欲求行为和完成行为

动物的行为或简单或复杂，但复杂行为通常可以明显地分为两个阶段，即欲求行为阶段和完成行为阶段。在欲求行为阶段，动物表现为积极地寻找和探索目标，一旦找到目标，欲求行为结束并开始完成行为，最终完成该行为的生物学目的。如一只家鼠在饥饿时会变得非常活跃，到处寻找食物，这就是欲求行为期；

一旦找到了食物便立刻采食，采食本身是完成行为。如果食物充足使它吃饱，欲求行为就不再发生，直到下一次饥饿出现。否则，欲求行为将重新开始。

（一）欲求行为

欲求行为也称为寻找行为，是动物对内部刺激的反应，是完成行为目的的前导部分。欲求行为能够导致完成行为的产生，有利于满足机体的需要，但欲求行为本身并不能减少动物的欲望。因此，欲求行为不存在特定反应疲劳，它可以被重复释放。

欲求行为的复杂程度差别很大。有时欲求行为仅仅是一种简单的定向活动（如趋性），但多数情况下，欲求行为是由一系列复杂的行为序列所组成，而且持续时间较长。如鸟类的迁飞和鱼类的洄游，其行为过程极其复杂，持续时间有时可长达几个月。动物的这种迁移行为也是一种欲求行为，而到达繁殖地或产卵地进行繁殖或产卵才是目的（完成行为）。

欲求行为的程序有较大的灵活性，而且能表现出学习能力。例如，家鼠能够记住通向食物的路线，并在下一次觅食时重走。在实验室里，人们可以教会家鼠在迷宫中认路或者踏杆取食，这种学习行为也是欲求行为的一种形式，并在一定程度上丰富了欲求行为。

（二）完成行为

完成行为是完成某一行为目的终止阶段的行为活动。完成行为是相对比较简单又非常定型的行为序列。完成行为历时较短，往往是老一套的行为模式。完成行为会使该行为系统的生物学目的得以实现，如解除饥饿和完成受精等。完成行为会导致动物的欲望下降，使该行为系统在此后的一段时间内不再发生（下一次什么时候需要将随种类的不同、行为的目的不同而异）。也就是说，完成行为的结束会使诱发欲求行为和完成行为的刺激阈值大大增加，甚至使两种行为的刺激暂时消失。

（三）欲求行为与完成行为的关系

（1）欲求行为是完成行为的前提，完成行为是欲求行为的最终目的。如采食，首先是动物饥饿，先由机体内部的生理条件发生变化产生内部刺激，再由内部刺激引发动物产生觅食行为（欲求行为），欲求行为就是去寻找食物或捕获动物的过程，找到食物后（欲求行为完成），就会导致完成行为的产生，即进食。当动物吃饱后，机体的需要得到满足，觅食的目的完成，整个行为结束。整个行为过程包括觅食与进食。即采食行为＝觅食行为（欲求行为）＋进食行为（完成行为）。

（2）一次欲求行为不一定会导致完成行为的出现，但最终会（除极特殊情况外）出现完成行为。因为欲求行为同该行为系统的生物学目的没有直接关系，而完成行为刚好相反。因此，欲求行为的方式和次数是随具体情况而变化的，例如，饥饿的动物一次捕猎（欲求行为）失败后必须再次进行捕猎，直至捕获猎物饱腹（完成行为）为止。

（3）欲求行为和完成行为有时没有明确的界限。如乌鸦的筑巢行为。筑巢从寻找大树枝构筑巢基开始，接着是收集小树枝构筑巢壁并涂上软泥，最后是在巢里铺上细草和毛羽。若把整个巢的建成看做是筑巢行为的最终目的，那么我们很难明确区别这一过程中哪些是欲求行为，哪些是完成行为。可以把寻找每一个树枝看成是欲求行为，而在巢内安放树枝看成是完成行为；或者把找到一个适用的树枝看作是完成行为，因为找到树枝后就会暂时停止寻找。但是，把树枝衔回巢的行为就无法纳入其中。

七、 本能和学习行为

在一般情况下，较高等动物（这里指在进化中处于环节动物以上的动物）适应环境主要有两种方法。

首先是靠神经系统先天的正确反应，这种反应是动物通过遗传获得的部分。如蜜蜂生来就有飞向花朵和寻找花蜜的行为趋向。通常人们就把这种先天反应称为本能。达尔文是第一个科学地给本能行为下定义的人，他把本能看成是可遗传的复杂反射，这种反射是同动物的其他特征一起通过自然选择进化而来的。如蜘蛛结网、蜜蜂造巢、鸟类营巢孵卵、哺乳类动物幼仔的吮吸乳汁等都是遗传的，是生来就会不需要后天学习的行为，而且这种本能在个体之间没有差异。

其次是靠后天的学习。学习是动物在成长过程中借助于经验的积累而改进自身行为的努力。动物在实践中可以判断什么样的反应对自己最为有利，并能据此改变自己的行为。

本能和学习都能使动物的行为适应环境。前者是在物种进化过程中形成的，而后者是在个体发育过程中获得的。事实上，较高等的动物除具有自己的本能行为以外，都具有一定的学习能力。例如，雄鸟婉转的歌声一方面以先天的本能为基础，一方面也需要听其他雄鸟歌唱和自己不断地练习学唱。但是，所有鸟类（已研究过的）的报警鸣叫以及对报警鸣叫所做出的反应都是先天的，都是本能，而种内个体间不同的鸣叫声都是后天学习得来的。自然选择有利于这种先天反应的保存。如果这种本能反应也必须通过学习而获得，那么动物很可能就会在学习过程中丧命。

（一）本能行为

本能对于那些寿命短和缺乏亲代抚育的动物更重要、更具有明显的适应意义。例如大马哈鱼，每年从鄂霍次克海游到我国东北的黑龙江和松花江产卵。雌鱼在江底靠鳍鼓动扒出一个窝坑，然后产卵，雄鱼向卵上排出精液，受精后用沙土覆盖。完成这一系列行为之后，精疲力竭的亲鱼随波逐流而下，相继死亡。当受精卵孵化出仔鱼时，仔鱼将无法见到它们的双亲。仔鱼在河水中过冬，春天到来时游回大海，在海中长成，然后又会沿着双亲产卵的路线，溯流而上回到江中，在双亲生产的地点"生儿育女"。

鸟类的孵卵也是如此。母鸡产蛋之后，就会也现"抱窝"（孵蛋）的本能，表现为体温升高、不爱进食、趴在窝里不肯出来，即使身下没有蛋也照孵不误。尤其是动物园中的候鸟，虽已无法迁徙，但到了迁徙季节，仍会在笼中躁动不安。这些都是动物的本能行为。

但是面对纷繁复杂不断变化的环境，动物单靠本能来生活不可能完全适应，因此，必须在本能的基础上学会学习。

（二）学习行为

学习行为是动物借助于个体生活经历和经验，使自身的行为发生适应性变化的过程，是高等动物生存中最重要的行为之一。学习可以使动物对环境条件的改变做出有利于生存的反应。学习行为是后天的行为，因此个体之间差异较大。

1. 学习行为的特点

学习前后，对相同刺激会产生不同的行为反应；学习后的行为可以是部分改变（重新建立起刺激－反应联系），也可以是完全改变（原来对某一刺激有反应，学习后不再表现出反应）。

2. 学习最敏感期

学习最敏感期通常是发生在动物发育的早期（因为动物的成熟期不同，可能是出生后的几天、几周、几个月甚至是几年之内）。因为动物幼年时期是与双亲和家庭其他成员生活在一起的时期，更容易从它们那儿学到本领和经验。如海雀的雏鸟在卵壳内时，就能与亲鸟互通信息，成鸟对来自卵内雏鸟的叫声也能作出应答，所以雏鸟在出壳前就能识别双亲的叫声，并能把这种叫声与相邻其他鸟的叫声区分开来。这样，小海雀一出壳就与自己的双亲建立了紧密的联系，就会更有利于在集群中生活。

3. 学习行为对于长寿物种更重要

学习的好处是使动物对环境的变化有较大的应变能力，因为长寿物种学习后应用的时间更长，所以更为重要。

4. 动物的学习能力各有不同

首先，身体大小与学习能力有关系，因为高度发达的学习能力需要有相应的脑量作基础，而小动物的脑量不可能很大。另一方面，自然选择能使同等大小的动物具有不同的学习能力，以适应它们各自不同的生活方式。例如，膜翅目昆虫和双翅目昆虫的大小和寿命都差不多，但膜翅目昆虫除了具有很丰富的本能行为外，还具有极强的学习能力（尽管是属于简单的类型）。蜜蜂在短短三周的采食期就能学会辨认巢箱的方位，熟悉各种蜜源植物的空间配置，它们在一天中经常变换采食地点，好像它们知道每一种花在一天的什么时刻产蜜量最大。双翅目昆虫则完全不同，尽管有很多人曾试图通过试验证实它们有学习能力，但从未获得过令人满意的结果，虽然双翅目昆虫也能表现出某种类型的驯化，但驯化的成功主要是依靠对食物、隐蔽场所和异性的遗传反应。

(三) 动物的学习类型

动物学习的类型可以划分为很多种，但在动物行为学中常用的主要有以下几种类型。

1. 印记

印记是指幼小动物能记住亲体的形态、气味、声音或出生和活动地区的行为现象。印记是早成性动物发育早期的一种学习类型（如孵出就能随亲鸟行动的鸟，生下就能随母兽行动的兽类），它只发生在动物早期生活的一个短暂的时期内。幼龄动物出生后，通常首先看到自己的母亲，并在以后相当长的一个时期中紧紧跟随母亲行动。在绿头鸭的实验中，孵出的小鸭子在出壳后的 10~15h 内不让其看到双亲，它会追随第一个看到的移动物体移动。以后两个月内都会把这个移动的物体当作亲鸟一样依附和跟随。许多鸟和哺乳动物的幼龄动物都是靠印记行为与双亲生活的。

2. 模仿

模仿是通过观察和仿效其他个体的行为，而改进自身技能和学会新技能的一种学习类型。很多鸟类都能通过模仿得以学会其他鸟类的鸣声、其他动物的叫声，甚至能学会人的语言，如鹦鹉、八哥、乌鸦、梓鸟、园丁鸟和琴鸟等。有人分析琴鸟的鸣声中有多达 80% 是模仿来的，包括多种动物的叫声、乐器声和噪声等。不同地域的同种鸟群之间，甚至还有自己种群的方言、土语，这些也是通过互相学习而来的。再如把幼犬和成年猫养在一起，犬也会像猫那样用爪子洗脸，也能学会捉老鼠，让犬和人生活在一起，犬也能学会人的一些举动，至于猩猩、猕猴等高级灵长类动物更是模仿的专家。

3. 玩耍

动物的玩耍也是一种学习行为。玩耍还有助于发展群体的凝聚力和确立个体在群体中的地位，很多肉食动物的优势等级就是在幼兽玩耍时确立的。之所以称为玩耍，是因为这种活动没有明显的生物学功能。玩耍是在既没有障碍需要克服，又没有天敌需要躲避，也没有猎物需要猎取的情况下，跑跳撒欢、友好打斗，而且多是对成年动物行为的模仿，但自由度更大、更夸张、次序更随意。玩耍在哺乳动物的幼崽中特别明显，猫犬狮虎、牛马羊鹿、猴猿狒狒，莫不如此。

4. 习惯化

习惯化是指当刺激连续发生或重复发生时，反应所发生的频率和持久性会渐次衰退。动物在习惯的同时也能学会技能，习惯化是一种简单的学习类型。如偷食田中谷物的雀类，起初会被安放在田间的稻草人吓跑，但久而久之，它就习惯了，不再害怕了，甚至会在饱餐之后歇在稻草人的身上梳理羽毛。更进一步甚至跳跳蹦蹦，唱起歌来，引别的鸟来一起饱餐。习惯化的适应意义是显而易见的，如果动物对无害的刺激总是重复地作出反应，那么就会浪费许多时间和能量。动物总是习惯于对自己无害的生物和环境，而不会习惯与对自己有害的凶猛动物相处，因为，动物对有害的刺激不会产生习惯化。

5. 条件反射

条件反射是高级神经活动的基本方式，是脑的高级功能之一，它是在非条件反射的基础上建立起来的。建立条件反射的过程就是学习的过程。

条件反射与获取食物和防御敌害等紧密相联。例如取食，引起有关取食的反射不仅包括食物的味道，与之相联系的食物的颜色、形态、存放地的场景等都可成为食物的信号，引起动物与取食有关的反射。同样，当天敌伤害动物本身或其同伴时，敌害的形态、气味、叫声、步行声、折断树枝声等也会成为敌害伤害性刺激的信号，这些信号都能引起动物避敌或准备战斗的反射，使御敌的本领大大提高。动物通过条件反射可以学会很多本领。

最复杂的条件反射是操作式条件反射。如将鸟放在实验箱内，当它偶然地用喙啄到预先设置好的杠杆上时，就喂它食物，以强化（鼓励）这一动作，如此重复多次，鸟就会自动啄杠杆而取得食物。条件反射还可以再复杂化，如亮灯后鸟啄杠杆则喂食，不亮灯时啄杠杆则不喂食，最终会形成亮灯—啄杠杆—吃食的条件反射。由于这种条件反射要操作才能学会，故称操作性条件反射。马戏团里许多动物的表演训练就是如此。

操作性条件反射形成的过程说明，动物对工具的使用也是在先天本能（非条件反射）的基础上经过学习而获得的。如秃鹫能用石块把厚壳的鸵鸟蛋砸碎而取食；加拉帕戈斯群岛的啄木地雀，能使用仙人掌的刺或小棍把藏在树皮下或树洞里的昆虫取出来食用；缝叶莺会用植物纤维缝叶为巢；射水鱼可以吞水后瞄准水面植物上的昆虫，喷射强劲的水流击落昆虫而吞食；海獭可以仰卧水中以石块砸碎软体动物的贝壳而食其肉；黑猩猩能用木棍挖食植物可食的根，或捅白蚁窝吃白蚁，拿棍棒去钩取食物，甚至把箱子摞起来爬上去摘取天花板上挂着的食物。

八、 睡眠行为

睡眠是指动物长时间处于不动状态，对外界刺激反应迟钝或完全没有反应的现象，是广泛存在于动物界的一种行为。行为学家曾研究过很多脊椎动物在自然状态下的睡眠习性，其中包括睡眠状态本身和每一种动物特有的睡眠活动，生理学家则着重研究睡眠的控制机制。

（一）动物睡眠行为的特点

1. 不离开睡眠地点

有些动物的睡眠时间很短，但大多数动物的睡眠都要持续几小时以上，在此期间动物保持不活动状态。动物在睡眠中一般要进行多次姿势调整（特别是恒温动物），幼小动物可在睡眠中吸吮乳汁，反刍动物可在睡眠中进行反刍，甚至各种无意识的修饰活动也可在睡眠期间发生，但是所有的动物在睡眠过程中不会离开它们的睡眠地点。

2. 反应阈值增加

反应阈值增加表现为深度睡眠中的动物对外界刺激或是没有反应或是反应迟缓。但是，睡眠中的动物仍然保留着对环境刺激的辨别能力，而且对刺激的反应比苏醒时有更大的选择性。如一条正在睡觉的鱼，有时可以把它拿在手里，甚至把它拿出水面后它才开始挣脱。最胆小的动物往往也最难把它们从睡眠中惊醒，因为它们平时最易受到攻击，所以它们必须选择最安全的睡眠地点，才会保证在睡眠时免受攻击。但并不是所有的动物睡眠都很深，很多食草哺乳动物睡眠很浅，它们对哪怕是很小的危险都很警觉，并能做出迅速而强烈的反应。

3. 睡眠的可逆性

睡眠同昏迷、麻醉和药物所引起的沉睡状态不同，它很容易被强烈的刺激惊醒，并恢复到清醒状态。一般认为，入睡和苏醒都有特定的神经控制机制在起作用，这些机制对体内的生理条件和外界刺激都能做出反应。变温动物从睡眠中醒过来的速度比恒温动物要慢得多，因为它们的体温在睡眠时可以大大低于最适体温。

4. 睡眠姿势

各种动物的睡眠姿势是很不相同的，但是同一种动物的睡眠姿势通常是不变的。如在室外的犬，蜷曲着身体睡觉，在室内往往伸展着身体睡觉。这说明睡觉姿势常常与环境温度有关。每一种动物的睡眠姿势同它们的解剖学和生理学特点以及所处的环境特点最相适应。

5. 睡眠的节律

有些动物晚上睡觉，有些动物白天睡觉，还有一些动物白天晚上都睡觉，只是在黎明和黄昏时活动。大多数动物都在一天的某一特定时刻睡眠。一般说来，动物的睡眠时间总是选择在环境最不利和食物最短缺的时候。如大多数鸟类在黑暗中是看不见东西的，不能进行正常活动；很多爬行动物在夜晚时体温下降，也不能有效地进行活动，它们此间只能选择睡眠。对陆生动物来说，昼夜交替是影响动物睡眠节律的主要因素，但是在海洋里（特别是沿岸带），影响动物睡眠节律的最重要因素很可能是潮汐现象。

（二）动物睡眠的持续时间

各种哺乳动物在人工饲养条件下平均每天的睡眠时间（0～20h），差异很大。这种巨大差异是很难用这些动物之间的生理差异来解释的。这种差异主要取决于各种动物不同的生活方式。

1. 食性和进食量不同，睡眠时间不同

食草动物食物中养分浓度低，进食间隔较短，每天必须花费大量时间进食，睡眠时间必然减少；而肉食动物食物的营养浓度高，每天只需花很少的时间取食就能满足能量需要，所以用于睡眠时间就长。如负鼠以营养丰富的腐肉、昆虫、

果实和谷物为食，每天只用很少的时间取食，同时，它们选择的睡眠地点又十分安全，因此一天可以睡19h。

2. 动物随生活环境的改变，睡眠时间也有所不同

很多动物的活动都受环境条件的限制，使它们每天有很多时间不能从事任何活动。如许多鸟类的夜视力不好，夜晚无法飞行，只好睡觉，所以夜长则睡眠时间也长。温度的变化也能对动物的活动起限制作用，特别是对一些小型陆生爬行动物，因为它们的体温是随着环境温度的变化而变化的。

（三）睡眠的进化

在本质上，人和哺乳动物的睡眠现象与其他脊椎动物及某些无脊椎动物（如软体动物和昆虫）的睡眠现象非常相似，这表明在动物的进化史上，睡眠现象的发生可以追溯到很远。

哺乳动物和鸟类在睡眠时都有特定的脑电活动形式，而爬行动物却与正常活动（非睡眠状态）没有明显的不同。这主要是由于爬行动物的脑与哺乳动物、鸟类的脑在形态学上有着明显差异。因此，在它们之间很难找到一个统一的睡眠标志。事实上，爬行动物睡眠时和活动时的脑活动是相似的，而且在很多方面是与哺乳动物非睡眠时的脑活动相似。因此，要想知道爬行动物是不是在睡眠，主要应当采用行为学的标准。如避役每天在太阳落山时都回到一个树枝上，整个夜晚都显示出一种特定的姿态，眼球回收，这是睡眠的一个明显行为标志。其他无脊椎动物也有类似现象，特别是软体动物（如头足类）表现非常明显，这说明睡眠已经历了很长的进化过程。

九、 动物的定向和导航

动物的迁移能力十分惊人。例如，信鸽能从几百里外准确无误地飞回来；王蝶每年也会从近千公里以外的加拿大飞往墨西哥越冬；大海龟能远游几千里，每隔三年仍回到原来栖居的海滩上产卵；北极燕鸥每年要在南北极之间进行长达数万公里的环球飞行等。动物之所以能够做到这些，是因为动物具有定向和导航机制。不同的动物有不同的定向和导航机制，而一种动物也可能具有几种不同的导航机制，当其中一种机制失灵时就会启用其他的备用机制。目前已知的动物用作定向和导航的有地标、天体、地磁场、嗅觉、电和电场等多种机制。

（一）利用地标定向和导航

很多动物都能利用地标找到它们回巢的路，如泥蜂狩猎、蜜蜂采蜜后都是利用地标回巢。地标在动物定向中十分重要，如果移动地标就能改变动物的定向。例如，训练蜜蜂沿着一排树在蜂巢和采食点之间的飞行，然后将树进行移位，蜜蜂仍会沿着移位后的树飞行，但其飞行方向已经改变了，这说明这排树就是蜜蜂定向的地标。动物利用地标导航的系统与多种感觉系统相关，而这些感觉系统的相互关系是十分复杂的。

（二）利用天体定向和导航

1. 利用太阳定向和导航

有些动物在离巢和返巢时可以把太阳作为一个参考点，使自己的移动路线与太阳保持一定角度。我们知道黑蚁是利用太阳进行觅食定向的，在利用镜子所做的反射实验中，如果不让蚂蚁看到真实的太阳，而是用一面镜子从不同的方向把太阳反射给它，那么它的移动路线就会发生改变，其移动后的路线与镜中的太阳所保持的角度与真实太阳一样。

动物利用太阳定向会因太阳在天空的明显位移而变得复杂起来，太阳的平均移动角速度是15°/h，因此对于那些靠移动路线与太阳保持固定角度来导航的动物来说，每过1h其移动路线就应当校正15°。虽然做短途旅行的动物，不需要调整它们移动路线的方位，但如果在长时间移动中利用太阳定向和导航的动物就必须补偿太阳的移动。为此动物必须能够感知时间的长短（动物的时间感知是靠生物钟完成的）并能准确调整它与太阳方位的角度。例如，上午9时向南飞行的鸟需与太阳方位保持左45°，但下午3时太阳已移动了大约90°，动物此时仍要保持飞行方向不变，就必须与太阳方位保持右45°。实验证明，多数鸟类都能补偿太阳的移位。

2. 利用星星和星空定向和导航

很多夜晚迁飞鸟类的一个重要提示就是星星，这是 Franz 和 Eleonore Sauer（分别在 1957 年和 1961 年）研究发现的。在德国秋天的夜晚，他们让一直饲养在室内、从未见到过星空的几种莺科鸣禽看过星空后放飞，结果所有的鸟都执着地向南飞去；而在春天重复这一实验时，它们却改为向北飞去，这一实验证明了夜晚的星空对鸟具有导航作用。接下来他们又做了一系列的实验。首先把笼养鸟带入不莱梅天文馆，通过人为操控夜空，让天文馆的夜空与外界的自然夜空保持一致，结果鸟的定位方位与当年当季的自然迁飞方向是一致的；接下来让天文馆的整个星空旋转，实验的鸟则不断按照天文馆星空的新方向定向，而当天文馆的穹隆被灯光照亮，人工模拟星空消失时，鸟的活动也失去了方向性而开始变为随机移动。同时，他们发现，在实验中即使月亮和其他行星未被投射，鸟也能准确定向。这一系列的实验充分揭示了夜晚迁飞鸟类的导航是由星星和星空决定的。

3. 同时利用太阳和月亮定向和导航

击钩虾和跳钩虾都生活在海岸线附近，为躲避中午干热的阳光常钻入潮湿的沙中，在早晨的阳光还来不及把它们晒干之前就必须退回到海岸线附近的潮湿沙滩上，在下午湿度较高时又会钻出来在沙滩上到处活动，并能深入内陆数百米远。这种定向移动白天是靠太阳导航的，而夜晚则靠月亮。目前已知只有少数动物可以同时靠太阳、月亮定向和导航。

（三）利用地磁场定向和导航

地磁场在不同的位置其磁力的强弱和方向是不同的，这种差别就形成了一个个地磁路标，鸟类通过感应地球磁场的极性作为自己的导航工具。很早以前，人们就推测在鸟类迁徙过程中的定向和导航可能与磁场有着某种联系，目前已有大量的证据表明，鸟类能够通过地磁场来确定自己的绝对位置和相对位置。如德国科学家在候鸟的必经地模拟了一个虚假的地球磁场，结果路经此地的夜莺竟根据人造磁力线改变了飞行的方向。再比如，信鸽即使在阴天也能正常返巢，但给信鸽的头上加上一块具有特定极性的人工磁铁后，它的飞行就不能进行正确的定向。鸟类可能是通过眼部视网膜内的色素、上喙处结晶状类似磁铁矿的组织等感知地球磁场的强度和方向的。

（四）利用嗅觉定向和导航

生活中我们常见到犬科动物在和主人徒步离开家的途中会不时的在路边某处排尿，作为气味标记，这是典型的嗅觉定向导航。实践证明鲑鱼洄游逆流而上进行迁移时靠的也是嗅觉定向。

（五）利用电和电场定向和导航

鲑鱼、鲱鱼和金枪鱼等鱼类具有电感受能力，电信号对于它们具有多种潜在的利用价值，如发现并捕食动物等。另外，由于电鱼是生活在视觉不太起作用的浑浊水中，只能利用电感觉能力探测周围的环境。电鱼制造的电场会因周围存在的物体而改变，良导体（如动物）会使电力线汇聚在一起，绝缘体（如石块）会造成电力线发散。电鱼靠感知电场的变化而了解它周围的环境状况（见图1-3）。

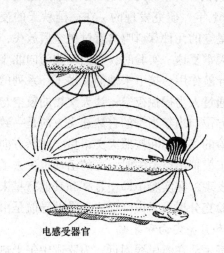

电感受器官

图1-3　电鱼的电感知过程

（六）利用声音定向和导航

蝙蝠、鲸类、海豚以及少数几种鸟类可以利用声音进行定向和导航。蝙蝠在飞行中搜寻猎物时，不断发出一系列的高频声脉冲（即超声波，频率通常在10~200kHz，但人类无法感知）并分析回波获得声学图像，从而而感知周围环境

（见图1-4）。

图1-4　蝙蝠的回声定位

十、　生物钟和生物节律

（一）生物钟的概念和特征

每种生物的活动周期是由许多重复单位所组成的，这些重复单位称为周期，完成一个完整周期所需要的时间就是节律期，如果将人的一天定为一个周期，那么这个周期的节律期就是24h。生物钟是指生物体生命活动的内在节律性，它是生物体内的一种无形的"时钟"，由生物体内的时间结构序所决定。

生物的内在节律性（生物钟）有以下几个特征。

（1）对环境温度变化极不敏感，不管环境温度如何变化，生物节律周期总能保持稳定。如招潮蟹无论是在6℃、16℃或者26℃的温度下，其24h活动节律不变——白天体色变暗，夜晚体色变浅。

（2）生物钟通常不会受代谢毒物或者抑制剂的影响。虽然这些物质能阻断细胞内的生物化学通路，人们可能认为某些毒物（如氰化钠）可以改变生物节律的节律期，但事实并非如此。

（3）生物节律即使在缺少环境诱因时也能自我保持正常的周期性。

（4）生物节律可被环境中的定时因素所启动或重新启动。这是因为动物的内在节律常常逐渐偏离外在的周期性，所以动物必须借助环境中的某些因素来校正体内的生物钟，使它的内在节律与环境周期保持同步。

（二）动物生物节律的类型

1. 日节律

日节律是指以24h为单位表现出来的动物机体活动一贯性、规律性的变化模式。动物行为的日节律是对昼夜各种环境条件（如光照、温度、湿度、食物和天敌等）变化的一种综合性适应。因此，各种动物的昼夜活动节律都具有各自对外界环境综合适应的特点。大多数动物的特定行为都在每天的一定时段内发生，例如，吉娃娃犬晚上到一定时间就会困倦而睡眠；蝙蝠和家鼠在夜晚活动，而鸣禽和蝶类则在白天活动。

生物钟在蜜蜂采蜜时表现的异常完美。花朵分泌花蜜是有节律的，总是在一天的某些时间能分泌更多的花蜜，因此生物钟会让蜜蜂在花朵分泌花蜜最多的时候去拜访花朵。这就意味着蜜蜂能用最少的付出采集最多的蜜量。

2. 潮汐节律

潮汐是因为月球引力引起的海水涨落现象，两次低潮间的时间间隔为12.4h。生活在潮间带的很多动物都具有与潮水涨落相一致的活动周期，这就是潮汐节律。例如牡蛎在涨潮时开壳取食，退潮时闭壳以防干燥；招潮蟹低潮时从洞中爬出觅食和求偶，高潮到来前退回洞内等待被海水淹没。当把它移入实验室内使其远离潮汐变化时，其行为仍能保持原有的节律性，活动与不活动每隔12.4h交替一次，这12.4h正是两次高潮之间的间隔期。对很多种蟹来说，潮水上涨所引起的温度下降是一种定时因素（也称定时器），它决定着一个新活动周期的开始时间。

3. 半月节律

半月节律一般是指以14d为一个周期的生物节律。例如生活在美国加利福尼亚近岸海水中的银汉鱼（一种小鱼），是唯一一种在陆地上产卵的海鱼，其生殖活动就与半月节律同步。

4. 月节律

从满月到满月的间隔时间是29.5d，相当于月球绕地球一圈的时间。有些生物的生物钟可使它们的某些活动发生在这一周期的特定时间。如海洋多毛类矶沙蚕的生殖规律总是29.5d一次，而且种群中所有的个体在同一时刻排放配子，这样做可以增加其配子在海水中受精的概率。

5. 年节律

地球环境的季节变化是很明显的，特别是在温带地区，随着白天的缩短和温度降低，动物会对寒冷气候的到来做好准备，这种行为受年生物钟的调控。例如黄金鼠的越冬实验表明，在温度和光周期不变（12h光照和12h黑暗相交替）的实验室条件下，黄金鼠无法知道冬天的开始或者春天的到来，但它仍会与往年大约相同的时间进入冬眠，即使是在3℃的持续低温和永久黑暗的实验室内出生的个体，仍然表现出活动期和冬眠期相交替的年节律。

6. 短周期节律

短周期节律的特点是节律周期很短，通常是几分钟到几小时不等。例如有些白天活动的小哺乳类动物，如草原田鼠，每次取食活动后接着便是一个休息期，每次取食与休息间的周期为 20~120min 不等，通常每次活动为 12~20min，然后是休息期。

（三）生物钟的特性

1. 生物钟在恒定条件下有自运节律

凡是受生物钟调控的节律，其特性之一就是在没有环境诱因的情况下其周期节律仍能继续下去。但在相对恒定的实验条件下，动物活动的节律期很难与环境周期变化完全保持一致，通常不是稍长一点就是稍晚一点。也就是说当动物处于相对恒定的环境条件时，其节律期的长度通常就会偏离在自然界所观察到的长度。例如仓鼠在实验室相对恒定的条件下，自运节律周期每晚都稍有延长。

2. 生物钟的自运节律期很稳定

生物钟的特性之一就是精确性。如果把动物置于相对恒定不变的环境条件下，那么动物活动的自运节律在连续多日的观察记录中确定下来，经多次测定所获得的数据通常都是极为一致的，其准确性甚至是惊人的。例如飞鼠的生物钟在没有外部时间信息的情况下，一天的误差只限于几分钟之内。自运节律期的日变异量通常不会多于 15min，绝不会超过 1h。

3. 生物钟靠环境周期校正

随着外界环境的变化，生物钟每天都要调时。例如，如果饲养在持久黑暗条件下的家鼠的自运节律期是 24.25h 的话，那么它的生物钟就得每天调时 15min，以便使其活动能够在每天最适当的时间发生。

4. 生物钟的温度补偿

在环境温度发生巨大变化的情况下生物钟仍能保持其精确性，例如在田间采食的蜜蜂，它们的生物钟的走时从不会因温度变化而受到影响。这种定时机制来源于细胞化学。对温度效应的这种不敏感性表明生物钟会以某种方式补偿温度的影响。

（四）生物钟对动物的适应意义

1. 哺乳动物冬眠的适应意义

冬眠是动物越冬的方式之一，是动物对冬季低温和食物缺乏的适应。冬眠节律最明显的适应价值是使冬眠动物不必去面对冬季的生存问题，也不必再去寻找食物或与其他动物进行食物竞争，而且在严寒的冬季也免去了保持体温和适应巢位的难题。冬眠动物都是在早春交配，以便使其后代在下一个冬季到来之前得到充分发育。所以当动物从冬眠中苏醒时生理系统已做好了生殖的准备，而这些内在的生理变化显然是靠生物钟来调节的。

2. 鸟类和其他动物迁移行为的适应性

动物越冬的方式之二是迁徙，这种行为在鸟类中居多。它们通常会成群结队地飞往南方过冬，如大雁等。此外，一些鱼和哺乳动物也会在冬天到来的时候进行迁徙，如一些蝙蝠和鲸类等。迁徙显然也是靠生物钟来调节的。

3. 蜜蜂定时采食的适应性

利用生物钟调控动物行为的另一个好处是可使动物的行为与那些无法直接感知的环境因素保持同步。例如蜜蜂采蜜时总是每天定时离开蜂箱，而到达蜜源时总是花蜜最多的时段。可是蜜源地通常离蜂箱很远，蜜蜂的视觉和嗅觉此时根本无法判断，所以出巢采蜜的时间完全由生物钟决定。

4. 利用生物钟测时和定向

动物有时需要利用生物钟确定现在是什么时间，这种信息对于预测环境变化或保持行为与环境周期同步是非常必要的。生物钟可以连续测定一段时间的长短。连续测定一段时间的长短对于动物的时间补偿定向是极为重要的。例如当蜜蜂的一只侦察蜂借助于舞蹈动作把相对于太阳的正确飞行方位传递给其他工蜂时，由于太阳是一个移动的参照点，所以侦察蜂在找到花蜜时不仅应当知道是在什么时间，而且也必须知道自找到花蜜以来经历了多长时间，蜜蜂体内的生物钟将会提供这种时间信息，这对于利用太阳作为罗盘进行定向的动物是很关键。

思考与练习

1. 按动物与动物间行使的功能，可以将行为划分为哪九种行为类型？
2. 动物的领域标记有几种方法？领域行为有什么生物学意义？
3. 哺乳动物的亲代抚育行为和学习行为各有几种类型？
4. 简述欲求行为与完成行为、本能与学习的关系。
5. 动物完成交配的三个条件是什么？
6. 简述生物钟对动物的适应意义。

单元四 | 动物行为的生理基础

多数情况下，动物的行为同时受到外部环境因素和内部生理因素的双重调控。如饱食者即使见到最喜爱的食物也不会去吃；非交配季节中的动物，对异性伴侣没有兴趣。但是动物常常会在完全没有外来刺激的影响时出现某些行为。如苍蝇翅翼上沾了尘屑，它会通过刷翼的动作进行清除（有外部因素），这是正常的行为；而没有翅翼的苍蝇，也会经常作出刷翼的行为（无外部刺激）。所以除外部刺激外，动物的内部生理因素与行为及其进化也有着密切的关系。调控行为的生理因素包括神经系统和内分泌系统两个方面，而在神经系统中，大脑对行为调控及进化更有意义。

一、 动物行为的神经生理

每一个动物都会不断接受来自环境的各种刺激。为了生存的需要，动物除了具有接受各种信息的感受器以外，还必须通过中枢神经系统、效应器以及内分泌系统对外界刺激做出适应性反应。

动物神经系统的结构和特性在进化过程中经历了很大的变化，伴随着这种变化，动物的行为也经历了巨大而复杂的变化。因此，研究动物的行为就必须了解动物神经系统。也正是由于进化程度的不同，各种动物的神经系统的结构和功能也不尽相同。

（一） 动物神经系统的进化

神经系统是动物在进化过程中为了接受外来信息、在体内传送和整合信息而发展的专门组织和结构，它使动物的感应有了特定通路。神经系统的变化只对多细胞动物的进化和动物行为的复杂化、多样化有意义。

按着生理学的分类，动物的神经系统由高到低可以分为简单的神经系统、辐射对称的神经系统、两侧对称的神经系统和脊椎动物（高级）的神经系统四种类型。

1. 简单（网状）的神经系统

简单的神经系统仅存在于多细胞和腔肠动物。单细胞动物不具有神经系统的有形结构，但它们具有大多数细胞都具有的感应性，表现为刺激从细胞的一点到另一点的波状传递。

神经网是最早出现的神经组织，它的功能是在细胞之间传递信息。它是腔肠动物特有的神经组织。但很多高等动物的局部仍保留着某种形式的神经网，如脊椎动物肠壁中的蠕动收缩就是通过神经网实现的一种扩散传导。神经网看上去就是神经纤维的一种随机排列，网内的神经元之间通过突触连接。但是腔肠动物神经网中的突触与其他动物神经系统的突触不同，它是非极化的，冲动的传导是全方位的，即从某一点开始的冲动可传至神经网中的大多数神经元。腔肠动物的神经网只能调控比较简单的行为，如姿势的改变、采食反应等。但这种神经网对于局部化反应的调控是最方便、最快捷的选择，因为感应器和效应器之间的距离很近，反应无需中枢神经系统作为中介。比如在海星的背部生有很多小螯肢，它能阻止很多小生物在其背部定居，而这些小螯肢的活动就是由局部的神经网调控的。当然，这种神经系统对环境的适应能力，在所有的神经系统中是最差的。

2. 辐射对称的神经系统

辐射对称的神经系统与网状神经系统相比较有两种进化成果：一是神经元在功能上有了分工，各自执行不同的功能；二是神经元的排列更加有序，形成了神经束和整合中心。辐射对称的神经系统是海星和海胆所特有的。在海星的中央部位有中央神经环并有神经束通向每一个腕内，在每一个腕内都有由感觉神经元和运动神经元组成的网络（称为神经丛）。辐射对称神经系统与网状神经系统相比，动物的行为变得更复杂和具有更多的可变性。

海星只有外周感觉和运动神经元的反应是反射式的，其他反应都是在辐射对称神经系统控制下，由中央神经环介入而产生的整合行为。海星通过感觉神经元—中间神经元—运动神经元的传导通路实现了腕之间的协调运动，完成这种协调运动必须要有中间神经元和中央神经环的参与。可见在辐射对称的神经系统中，增加了感受器和肌肉效应器之间的距离，兴奋和抑制的交替促使了腕的伸缩从而导致了运动，行为进一步复杂化。比如把海星背朝下放，它自己会翻转过来，如果在它下面放一只蛤，它会打开贝壳获取其中的食物。

具有辐射对称神经系统的动物还进化出了一些较特化的感受器，可接受触觉、味觉和各种化学刺激。虽然海星及其亲族的行为反应比以前的动物具有了更大的多样性和更强的可塑性，但这种神经系统对环境的总体适应能力仍然处于较低的水平。

3. 两侧对称的神经系统

环节动物、软体动物、节肢动物和脊椎动物都具有两侧对称的神经系统。具有两侧对称神经系统的动物通常有头尾（前后）之分，而且身体分节。这种神经系统的进化发展大体经历了以下阶段。

首先是感觉器官和神经系统的复杂化和多样化。感受器对某些昆虫的空间分布和寻找配偶起着非常重要的作用。如雄蟋蟀利用摩擦发声建立自己的领域和吸引异性，雌蟋蟀头部则具有专门收听这种声音的感受器。大多数昆虫都具备了结构极为复杂的视觉感受器（这种感受器又称复眼，复眼没有晶状体，只是由很多独立的光感受器——单眼的简单复合，每个单眼都只感受所视物体的一个点，而总体图像是由很多点镶嵌而成的）。头足类软体动物则进化出了与脊椎动物眼睛十分相似的视觉器官。

其次是形成了有关节的骨骼系统。无脊椎动物是外骨骼，而脊椎动物是内骨骼，而在骨骼系统进化的同时是效应器（肌肉）系统的变化、肌肉的神经支配和控制方式的进化。进化的结果是使动物身体各部分的运动更加协调，使动物对外界刺激的反应更迅速、更精确。

第三，两侧对称的神经系统使动物的神经过程及行为的控制进一步中枢化，两个彼此独立但又相关的变化都与中枢化进程有关。在蚯蚓体内，各神经束联合成了一条腹神经索，每个体节内来自感受器的感觉神经元进入了神经索，而从神经索发出的效应器神经元则进入了肌肉系统，虽然该系统仍保留着局部调控机制，但已增强了身体中各体节之间的协调活动。

很多无脊椎动物的神经组织是集中在前一体节的神经节中，由于具有头尾的动物通常是向前方移动的，所以大量的信息是来自前方，因此神经中枢往身体前部（头区）集中便成了进化的必然趋势。要想成功地监视外部环境就需要有更多种类和更多数量的感受器，而对这些外来信息的整合则需要有更大更复杂的神经节，其结果是神经组织越来越集中于身体前部的体节，并在此基础上形成了神经中枢。

4. 脊椎动物的神经系统

脊椎动物神经系统的进化特征主要表现在以下几个方面：①中枢神经系统进一步集中和增大；②神经元之间建立了多方面的相互关系；③脑形成，包括神经系统前区体积和结构的变化，这种变化最终导致了大脑的进化。

脊椎动物所特有的很多行为都与神经系统的这些变化有关。首先，脊椎动物行为型的复杂程度和行为反应的可塑性都超过了其他动物类群；其次，由于神经系统结构和神经元本身形态的改变，使脊椎动物的反应速度要比无脊椎动物更快，虽然有些无脊椎动物的个别反应并不比脊椎动物慢（如蟑螂的逃避反应等）；第三，大脑的形成和脑量的增加使信息存储量大大增加，处理过程更加复杂，反应也更加准确。

脊椎动物神经系统的这些特征对于动物的行为产生了很大影响。比如，存储过去的经验肯定会对未来的行为有影响；而脑形成以后更是能使动物把过去、现在和未来可能发生的事件联系起来。

脊椎动物神经系统另一个重要特征是边缘系统的进化。边缘系统由隔片、扣带回、下丘脑、杏仁核、海马和穹隆等组成。因为该系统的很多功能都和嗅觉有关，所以边缘系统又被称为嗅脑。边缘系统通常与那些需要获得满足的行为有关，如性行为、取食行为和情感活动等。

（二）神经系统的基本结构单位及其功能

1. 神经元是神经系统的基本结构单位

神经元的主要功能是在生物体内的神经系统中传送信息。神经元虽然有很多不同的形态，但基本结构相似。典型的神经元是由带核的胞体、轴突和树突组成，轴突末端有线状的突触突起，而树突则由胞体发出。胞体的位置、树突的种类和数量依神经细胞的类型不同而有很大变化。

2. 电脉冲是神经系统传递的基本手段

神经系统内的通信靠的是电脉冲的传送。传送大致分为两个阶段：①电脉冲在神经元内的移动；②电脉冲从一个神经元传送到另一个神经元。

3. 神经系统中的信息传递

在神经元内部，电脉冲从树突传送到轴突末梢是依靠离子穿透细胞膜的移动。当刺激到达神经元一端的树突时会产生电脉冲，电脉冲会导致钠、钾和氯离子膜透性的改变，离子浓度的变化就会改变神经元细胞膜内外的电势，膜离子平衡的变化也会引起相邻区域的类似改变，这样，电脉冲就会沿着神经元传播（在不应期内带电离子的正常静态平衡又得到恢复，另一个刺激在短暂的不应期内不会引发电脉冲）。电脉冲可从一个细胞的轴突末梢传到另一个细胞的树突，而导致突触神经递质被释放到突触间隙，这些神经递质会影响树突膜的穿透性，从而引发一个上面所描述过的电脉冲。电脉冲就是以这种方式从一个神经元传递到另一个神经元。神经递质是神经元释放的一种化学物质，它在突触处发挥作用，可促进或抑制电脉冲的传导。

4. 电脉冲的定向传递特性

神经元的活动是很独特的，首先，每个神经元不是处于兴奋状态就是处于非兴奋状态，电脉冲的发生是一种全或无现象。神经电脉冲的强度是没有梯度变化的，它的传递过程对所有神经元都是一样的。在绝大多数生物的神经系统中，电脉冲沿神经元的传递是定向的，即脉冲只能在一个方向上通过突触接点。神经元的这些特性可减少传递中的模糊性。

5. 刺激性质和刺激强度的表达

在神经传递的过程中，之所以能够表达刺激的性质，主要是因为不同类型的环境信息只能被不同的感受器所感受的结果，而且会沿着各自分离的神经通路，到达中枢神经系统不同的部位进行解码和解读。由于不同类型的信息有不同的通路和整合系统，这样就避免了听觉刺激、视觉刺激和触觉刺激等刺激之间的混淆。刺激强度的表达有两种方法：①同一个神经元靠短暂的不应期可以不断重复兴奋状态；②携带同一信息的几个神经元可以同时处于兴奋状态。因此，同一个信息可以被一个神经元的兴奋解读，也可以同时被几个神经元的兴奋解读。

二、 动物的感觉和知觉

（一）动物的感觉及感受器

1. 动物的感觉

感觉是动物把环境刺激或能量（如声、光、热和机械力等）转变为电脉冲的过程。对外部刺激的感觉通常是发生在身体表面，为了能接受环境信息并对其做出反应，动物已进化出了许多具有特异性的感觉器官，其中，动物身体内部的感觉器官称为内感受器，而身体外部的感觉器官称为外感受器。

动物的内感受器存在于肌肉内，这类感受器和器官可提供肌肉张力、身体位置和外部条件的信息。

动物的外感受器也有很多种。如某些鱼类的发电器官和感觉系统，蝙蝠飞行和觅食时使用的回声定位系统（它可以发射高频脉冲并用特化的耳接受回波），以及鸽子定向时用来感受地磁力的特殊系统等。

2. 感受器对动物的行为及生存有着非常重要的意义

例如，电鱼栖息在热带非洲一些多泥沙的混浊河流里，在那里靠视觉导航非常困难，因此在鱼体后部的特殊器官能不断发出很弱的电脉冲流，电脉冲流返回后，在头部的感受器就可以感受到身体周围电场的微弱变化。电鱼靠电场受到干扰和对称性受到破坏而觉察电场中移动的和不动的物体，因此电鱼能在混浊的水体中自由活动。

在生物的感觉和传递刺激的每一个通路内，都能把刺激的各个方面译为神经电码。如视觉刺激包括颜色、偏振化、外形图像和移动等；机械感受包括对体表压力的感受、对空气及水中振动和震颤的感受（如蝙蝠的超声波和海洋哺乳动物的声呐）、对重力和身体位置平衡的感觉等，鱼类的侧线监测水的流动也是如此。

高等动物可以对水中化学物质产生味觉，对空气中化学物质产生嗅觉。另外，有些高等动物还有电感受器（电鱼、鲨鱼和鳐）和化学感受器。

3. 动物的感觉系统及其感觉能力因动物种类的不同而有很大差异

要了解动物如何从环境中接受和处理信息，不但要了解动物的感觉系统是如何工作的，也要了解进化对感觉系统形成的影响以及这些感觉系统的特点。

（二）动物的各种感觉功能

1. 听觉

所有脊椎动物，听觉都依赖于内耳的瓶状囊，其发展的最高形式是耳蜗，它是来自与平衡有关的系统，包括传递振动的液体和毛细胞，毛细胞不但可以感觉到液体的流动，而且可以把能量转化为神经脉冲。哺乳动物内耳中的感受器对于平衡和听力都很重要，功能与鱼类的侧线系统相似。

鱼类的毛细胞群位于管内或皮肤下陷的通道内，这些毛细胞可以感受鱼体周围水的流动和低频振动。在最原始的鱼类中，毛细胞分布在整个鱼体表面而不是集中于侧线处。

蝙蝠不是唯一能听到高频超声波的动物。除了蝙蝠至少还有 23 种动物能够听到超过人的听力上限大约 20kHz 的声音。包括黑猩猩在内的几种动物能听到 30kHz 上下的声音，有很多小哺乳动物的听力范围可高达 90～120kHz。海豚和海豹可以发出和听到水下高达 180kHz 上下的声音，即使海豹水外听力的上限只有 22kHz 左右。但是，由于声音在水中的传播速度是空气中的 5 倍，同时还由于其他一些因素，哺乳动物在水中和空气中的听觉是不同的，在这两种介质中的高频限难以进行比较。

无脊椎动物只有节肢动物才有听觉，特别是昆虫。昆虫有多种不同的感觉机制，如感受压力的腔与感受振动的毛、触角和其他的身体外延器官等。有几种甲壳动物和蜘蛛也有听觉，其中有些种类还可以发声用于通信。

从发展的角度看，脊椎动物和无脊椎动物专门的听觉器官和对振动的感受器官，是起源于对接触和振动的一般感受。感受器通常是身体的机械感受器，但也包括肢体上各种毛、触角和触须上的专门检测器。很多动物（包括较低等的无脊椎动物）都对地面或水内的低频振动具有感受能力。生存介质的这种振动常被多种动物所利用，包括多种蜘蛛、腔肠动物、软体动物、大多数生活在地下的动物（如蚯蚓、蜗牛）和哺乳动物等。

2. 视觉

视觉也依赖于振动能，但振动的波长要短得多，而且传递过程也不相同。视觉的基础光仅为电磁谱上的一个狭带。光是从外层空间达到地球表面仅有的两种类型电磁能之一（另一种是雷达波），其他波长都被地球大气层过滤掉了，因此生物在进化过程中将自己的视觉调谐到光波并不是一种巧合。

光的波长极短，还不足 1/1000mm，因此光与物质的相互作用是在分子水平上，而生物的光感器必须含有能感光和吸收光的色素或光化学物质。不同生物对光的感受性和它们感光器官的类型有很大不同，但大多数动物对光都很敏感。原生动物具有光化学物质或感光的细胞器，并具有分散的光感觉。眼虫（一种鞭毛虫纲原生动物）在鞭毛附近的眼点内有 40~50 个橙红色的颗粒体，遇光后它会膨胀并影响鞭毛打动的方向。腔肠动物、环节动物和其他无脊椎动物也都有位于体内外各处的感光细胞。软体动物、节肢动物和脊椎动物则具有各种各样的眼结构，有些眼甚至是具有聚集成像的透镜。不同结构的眼所看到的东西可能很不相同，但是动物接受的光感是怎样在体内加工的目前尚不清楚。

3. 嗅觉与味觉

嗅觉和味觉这两种化学感觉是动物界中普遍存在的。对很多动物来说，各种化学物质对其生活极为重要，化学感觉几乎是它们认识整个外部世界的唯一来源。每一个动物个体至少都有一定的化学感觉，即使是最简单的单细胞动物也必须有选择地摄入分子食物，并在化学环境中选择适合于它们生存的环境。动物利用对各种分子的感觉可以发现和找到食物，同时也有利于避开不利环境和有毒物质。各种化学物质还常常用于通信，如性吸引、领域标记、报警或趋避等。但是，很多动物的感觉与人的感觉有很大不同，这不仅表现在对各种化学物质的敏感性上，而且也表现在感官的特化、感受器位置的变化和感受特定化合物的特异性上。如很多水生生物和一些节肢动物的感受器分布在全身表面或足上、触角上及远离口和"鼻"的其他结构上。

味和嗅觉的传导机制与其他感觉不同，它取决于物质分子的构型和特性。由于这两种感觉的对象是化学性质，所以感觉器官表面必须是湿润的且具有溶解性，而且化学感觉还涉及分子的运动、特定感觉细胞与具有适当刺激特征分子相遇的概率。在进化过程中感受器与其所接受的物质分子之间匹配越好、感受面积或感受器的数量越多，这样物质分子被感受到或被检验出的机率也就越大，当然，这种机率也会随着被感受物质分子浓度的增加而增加。

（三）动物的知觉

信息一旦编码为电脉冲，它便能在动物整个神经系统进行传递。知觉是动物对感觉信息分析和解读的结果。最简单的神经系统中几乎没有解码发生；在无脊椎动物中，这一解码过程是神经节和神经束的功能；而在脊椎动物中则是中枢神经系统的功能。动物对特定刺激产生知觉的方式与它所接受的感觉信息的类型、自身神经系统的结构和永恒编码在其神经系统中的过去经历有关。

在研究不同类群动物感觉和知觉世界的时候，既需要做生理测定，也需要做行为测定。当我们把电极置入神经束时，就可以记录到当提供刺激时是不是引发了神经脉冲。如把电极置入龟的耳蜗并在龟耳附近播放声音时，就能获得一个听觉阈值的结果，即龟对于空气传送的 200 ~ 400Hz/s 的声音最为敏感。

每一种动物都是靠自身特有的感觉系统接受来自环境的信息输入，同时还要靠神经系统对感觉系统所接受的信息进行分析和解读。其实，所谓动物的客观世界或环境在很大程度上是由动物的感觉和知觉决定的。

我们探讨各种动物的感觉和知觉能力，必须考虑到动物的反应能力和行为型，而研究任何一种动物的行为都必须深入了解动物的感觉系统及其知觉世界。

（四）感觉与行为

人们通常认为动物有五种感觉能力，即听觉、视觉、嗅觉、味觉和触觉，但实际上动物的感觉能力不仅限于此，而且就任何一种特定的感觉能力来说，在不同的动物中也有很多变化。

1. 感觉与行为进化

动物对不同环境条件的感觉，使之产生不同的行为，从而形成不同的生活方式。自然选择使动物的行为和感觉会随着环境条件的变化而发生变异并不断进化。由于环境条件的变化，使感觉和行为一方发生变化的同时也会引起另一方的变化，或者双方同时发生变化。嗅觉敏锐而视力很弱的动物，在夜晚活动可能比白天活动具有更强的存活力和生殖力。在夜行性动物中，自然选择可能有利于它们发展极好的嗅觉能力，而在日行性动物中则更有利于发展各种类型的视觉器官。一种环境条件，在利于某些感觉能力进化的同时就一定会抑制或不利于另外一些感觉能力的进化。例如，在无光或几乎无光的地方（如洞穴、泥水或深水中），视觉的发展会受到抑制；在良导体的水生环境中有利于电感觉器官的发展，而在陆生环境中则相反。这些原则适合于动物所有的感觉或任何感觉的某一特定方面。

2. 感觉自身可以发射出能量

很多动物感觉系统所利用的能量往往是由动物本身发出的。有时动物自身发出能量，然后再靠这些能量去感知环境或环境中的某一种成分。例如蝙蝠常发出叫声，然后再收听其回声；电鱼制造电场，然后再检测电场内其他物体的变化。

声音在水下传送时，只有遇到密度与原来介质不同的介质时才会反射回来。大部分生物组织是由水组成的，因此它们主要是传导而不是反射水下的声音，这种组织对声呐来说是"看不见"的。很多鱼类声呐的回声反射，是来自它们体内的气泡和骨骼而不是它们的身体表面，这些利用声呐的动物（如海豚）有类似"X射线视觉"。它们甚至能够"看到"它们幼仔消化道内的气泡，而这实际上是听到了由气泡反射回来的回声。

有些水生昆虫还可以利用水面的波浪。鼓甲能快速在水面旋转并能检测出子波返回的变化，鼓甲的感觉细胞位于触角基部第二节的细毛上，它能觉察到小至

4×10^{-7} mm 的波纹，即小于百万分之一毫米。当这些特殊的感觉毛被剪除时，它就难以确认周围障碍物的方位，也就难以回避这些障碍物了。鼓甲的旋转是间歇性的，在两次旋转之间就是在等待旋转波遇到障碍物之后返回的子波。

有很多生物能够发光，但只有少数深海鱼类和其他一些海洋生物能用自身发出的光为自身的活动照明。萤火虫和有些深海动物的发光是为了达到通信的目的，另有一些生物发光的功能目前还不十分清楚。但是这些可以发光动物的眼睛极为特化，对光线也极为敏感。

3. 动物的感觉可以利用多个感觉通道输入信息

对于任何一个特定的行为或感觉功能来说，只有很少的动物是依赖于一种单一的感觉方式，即使是像身体定向这种简单的情况（即感知身体哪端向上或向下）通常都会利用多个感觉源的输入。大多数脊椎动物的定向是平衡器官、半规管及相关结构、身体各部重量的感受输入、各种肌肉的伸张以及视觉等综合作用的结果。对鱼来说"上"通常是它们环境中最明亮的地方，因为日光是从水体表面射入水中的；而如果室内的水族箱光线是从侧面射入的，那么鱼体背面就会朝着最强的光照面倾斜，但这种倾斜很难做到完全彻底，而只是倾斜一定的角度，或是对来自视觉和来自半规管的感觉输入加以折衷。人体定向部分决定于人的水平觉，如果水平面发生了难以觉察的缓慢的变化，那我们的定向感觉就会发生变化。

4. 感觉输入往往会有一定的冗余

动物的感觉输入信息多数被浪费，只有极少数能被利用。偶尔的某些输入被排除，并不会对动物的行为和生存造成影响，但如果所有的输入都被排除或某个重要感觉被排除，那就会给动物带来严重的问题。如平衡紊乱或头晕目眩等，甚至在极端情况下定向觉全部丧失等。如在飞行中，当云层、雨雪或类似障碍物遮蔽了地平线或旋转运动打乱了惯性觉的时候，就会发生这种情况。当内耳受损或发生疾病时也会产生眩晕。

（五）神经系统发育与行为的变化

动物的行为会随神经系统的发育而变化。对一个正在发育的动物来说，行为与神经系统状况之间的相关性在胚胎发育期间表现得最明显。

1. 神经系统的变化是构成新行为的基础

以鲑鱼胚胎发育期间的神经和行为发育为例，鲑鱼胚胎的第一次运动是心脏的微弱颤动，紧接着就是背部肌肉系统的活动。可是，心脏最初的抽动和背部肌肉活动都发生在神经系统形成之前，因此这些活动都是肌源性的，搏动是始于肌肉自身。直到胚胎发育的中期，主要的运动神经系统才出现在脊髓中，然后运动神经元与前部肌肉相连接，使胚胎具有了弯曲的能力。随着身体两侧和不同地点神经联系的发展，胚胎首次表现出了类似游泳的波状运动。随后，躯体的感觉系统开始发育并与皮肤相连接，胚胎就能对接触刺激做出运动反应了。最终，形成支撑两侧鳍和颚运动的神经回路，这些形态结构开始进行独立和协调的运动，使神经与行为继续进行发育（事实上此时的幼鲑尚未完成孵化）。

2. 动物发育期间行为消失时神经回路不一定消失

虽然有些过时行为一旦消失，神经回路也随之消失或发生永久性改变，但与小鸡孵化相关的各种行为消失后却没有发生神经回路消失的现象。在正常情况下，孵化行为在小鸡的生命中只出现一次，通常是在孵化末期的 45～90min 内。孵化时小鸡靠一系列固有的本能动作从蛋壳中挣脱出来，这些动作包括上体旋转和头与足的冲击。但是把已出壳多达 61d 或更多天的小鸡重新放回到一个人造的玻璃蛋壳内并记录它们的行为和肌肉运动时发现，被放入玻璃蛋中的 2min 内，所有年龄的小鸡所表现出的行为，在数量和质量上都很像是孵化行为。这表明这些行为在孵化以后并未消失或发生永久性改变，显然，孵化行为的神经回路即使在孵出若干天后的小鸡中仍然保留着它的功能。

三、 动物行为的内分泌基础

内分泌系统和神经系统都属于反馈系统，它们都是动物与环境相互作用功能的关键组成部分，而且对动物的适应也极为重要。一般说来，神经系统对于动物体的内外事件可以做出更快速和更专一化的反应，而内分泌系统的反应则较慢且较为泛化。特别是脊椎动物，在行为的进化过程中很多变化都是源于内分泌系统，而内分泌系统调节动物行为的唯一途径就是激素。

（一）激素

激素是由身体各处特化的无管腺体或神经系统内的神经分泌细胞的神经元所分泌的化学物质，后者又称神经分泌物。前一类激素完全靠循环系统传送，而神经分泌物或沿着神经轴突或在血液中传送。两者都是输送到各种靶标器官的信息物质，都对生物的生长、代谢、水分平衡和生殖等各种生理过程产生影响。

（二）内分泌系统的组成及分泌的激素

1. 脑下垂体

脑下垂体位于脑腹面的下丘脑附近并与几个中枢神经系统的结构密切相连。脑下垂体和下丘脑紧密相连，共同形成了神经和内分泌系统之间的重要桥梁，这个桥梁对于这两个控制系统之间的整合是极为重要的。在脑下垂体中，神经垂体主要是由来自下丘脑的神经元组成，而腺垂体则靠下丘脑 - 垂体门静脉系统与下丘脑相连。脑下垂体产生的促激素影响着其他内分泌腺，同时也产生直接起作用的激素。由垂体各个部位所释放的促激素都是肽类，肽是由氨基酸链组成的。

2. 其他内分泌器官

其他内分泌器官主要包括甲状腺、松果体、肾上腺、胰腺和生殖腺等，它们位于身体的不同部位。来自肾上腺、精巢、卵巢和胎盘的激素属于类固醇激素，这类激素都有碳环结构并带有附加的侧链。

（三）内分泌物对动物行为的影响原理

1. 脑下垂体的几种分泌物对脊椎动物的行为和生理机制起着调控作用

催产素和升压素是下丘脑神经元生产的并储存在神经垂体神经终端的两种激素，它们作为神经分泌物被释放到血液中。催产素的作用是刺激子宫收缩，有助于交配后精子在雌性生殖道内的移动，而且也有助于分娩期间驱动胎儿；催产素也能刺激乳汁从乳腺中泌出。升压素则影响着肾脏的生理功能并可改变尿液浓度，从而有助于调节水分平衡。例如，高浓度尿液的排泄和身体水分的贮存，是很多沙漠哺乳动物的生理和行为对环境高度适应的重要手段，如骆驼和沙鼠等。

2. 垂体中叶分泌促黑激素

促黑激素可以影响很多脊椎动物的行为，特别是对鱼类、两栖类和爬行类动物的染色体或色素细胞中色素颗粒的浓度和分布的影响极其明显。如果没有促黑激素，色素颗粒就会呈集团分布，促黑激素的刺激会导致颗粒的分散和颜色改变。如成年雄三刺鱼正常情况下体侧呈灰白色，但当两条雄鱼在领域边界进行炫耀的时候，促黑激素的释放会引发色素颗粒的散布，鱼体两侧就会呈现亮蓝色。脊椎动物的颜色变化可以作为通信信号或者在特定的背景下使动物达到隐蔽的效果。

3. 腺垂体分泌的四种激素也可间接影响动物的行为

促卵泡激素、促黄体素和促肾上腺皮质激素是可以影响其他内分泌腺的促激素。在雌性动物中，促卵泡激素和促黄体素可影响卵巢中卵的成熟周期、性接受力和妊娠。在雄性动物中，促卵泡激素和促黄体素可控制精子的生成和雄激素的分泌。而促肾上腺皮质激素可以影响肾上腺皮质类固醇激素的生产和分泌。第四种是多存在于鸟类和哺乳动物腺垂体中的促乳素。促乳素对亲子抚育行为非常重要，它可以影响哺乳动物乳汁的生产和鸟类嗉囊乳的累积；在某些两栖动物中也曾发现过促乳素，它的功能可能是促使其迁往有水的地方进行生殖。

4. 脑内的松果体可分泌多种激素

包括褪黑激素、吲哚胺、蛋白质和多肽。对动物行为研究来说，最重要的是褪黑激素，它可以调节哺乳动物的生殖及年内生殖活动的格局。

5. 生殖腺分泌雄激素、雌激素和孕激素

由垂体分泌物激活后，生殖腺中的精巢可以分泌雄激素，卵巢可以分泌雌激素，胎盘可以分泌孕激素。如在妊娠期间胎盘所分泌的孕激素对维持妊娠起着关键作用。这些激素不仅影响着动物的生殖、亲子抚育和群聚行为，而且也决定着动物某些起到通信信号作用的第二性征的发育。

另外，来自肾上腺的肾上腺素和去甲肾上腺素在突发的压力反应中起着重要的调节作用。而肾上腺激素还与保持水分平衡、维持新陈代谢和电解质平衡有着密切关系。

所有激素作用的专一性都取决于靶标组织中感受器位置的专一性，对于肽和类固醇激素来说也是这样，不论靶标组织属于其他内分泌腺还是不属于内分泌组织。在任一特定时刻，血流中的各种激素都可能传送很多信息。但对生理和行为有影响的激素只有在与相应的感受器位置相接触的时候才能发挥作用，因此精巢分泌的雄激素必须借助于血流传送到身体各处，才能通过脑中的靶标组织影响精囊的生长、精子的发生、第二性征的变化和动物行为。

（四）内分泌腺及神经内分泌物间的反馈与互作效应

1. 内分泌腺之间以及它们与靶标组织之间的反馈与互作

很多内分泌腺的分泌活动都具有反馈性质，即具有反馈循环。脑垂体分泌的促卵泡激素、促黄体素是受释放因子调控的，后者来自于下丘脑并流经下丘脑 - 垂体门静脉系统，此后促卵泡激素（FSH）和促黄体素（LH）被送入血液输送到精巢，并在那里激活生精小管的精子发生过程，使间质细胞产生和释放睾酮。反过来，睾酮又会进入血液传送到副性腺和下丘脑，特化的下丘脑感觉细胞是构成身体内稳定机制的一部分，而且不断地监测着血液中各种化学物质的浓度，其中包括睾酮及其代谢产物。当一个动物受到阉割时，它的睾酮含量就会下降，但同时促卵泡激素的浓度会增加。在这种情况下如果动物的行为发生了变化，这种变化应归于睾酮浓度的下降还是促卵泡激素浓度的增加或其他原因，这是关于激素影响行为研究的难点之一。

2. 循环状态的睾酮浓度影响着下丘脑向脑垂体分泌释放因子的量

循环状态的睾酮浓度与下丘脑向脑垂体分泌释放因子的量之间也是一种反馈关系。当血液中睾酮浓度增加时，下丘脑释放因子的分泌就会减少。相反，当血液中睾酮浓度下降时，经由下丘脑 - 垂体门静脉系统分泌到腺垂体的释放因子就会增加，同时也可以引起促卵泡激素和促黄体素输出的增加。

3. 促卵泡激素、促黄体素和雌性生殖激素、雌激素和孕激素之间也存在着反馈关系

这种反馈可用雌性哺乳动物的发情周期加以说明。在发情周期开始时，下丘脑刺激脑垂体释放促卵泡激素和促黄体素，此时促卵泡激素浓度最大。促卵泡激素和促黄体素再刺激卵巢中卵泡的生长并由卵泡产生雌激素，当血液中的雌激素含量达到高峰时（标志着卵泡的成熟），雌激素就会对脑垂体发生负反馈效应并减少促卵泡激素的释放。但雌激素对促黄体素却会产生正反馈效应，随着雌激素浓度的增加，脑垂体会释放更多的促黄体素，从而使促黄体素成为脑垂体分泌最多的激素。在自发排卵的哺乳动物中，卵泡成熟后，卵大约是在促黄体素浓度达到高峰时被释放。孕酮与促黄体素之间是负反馈的关系，因为成熟的卵泡在促黄体素和促乳素的持续影响下，分泌雌激素和孕酮，但孕酮在血液中浓度的增加会对脑垂体产生负反馈效应，而后者则会导致促黄体素释放逐渐减少。

肾上腺皮质激素和肾上腺素也存在类似的反馈循环。

4. 反馈原理对于了解激素的相互作用及其对行为的影响十分重要

各种动物在其生殖生理和内分泌方面是有所不同的，但对哺乳动物来说，雌

性个体通常是在发情周期时才接受雄性个体的求偶和交配，这一过程主要是受两种卵巢类固醇激素的影响。动物复杂的生理和行为变化是几种内分泌通道中的激素交互作用的产物，这些行为与生理的变化均与反馈系统有关。

反馈循环也受环境中各种因素（如日照长度）的影响，因为环境因素往往可以改变或决定激素的含量。对于激素或内分泌物的相互作用来说，增效作用和拮抗作用是非常重要的两个概念。如雌激素和孕激素都影响脊椎动物的性行为，但是它们共同存在时这种作用会比二者单独存在的总和更强，这种效应称为增效作用，雌鼠的性接受能力常常取决于这两种激素的增效作用。与此相反的是，有些激素当它们一起在血液中进行循环时起着拮抗作用，即一种激素所起的作用刚好与另一种激素相反。

（五）激素的激活效应

激素是行为表达和表现的触发器，具有启动作用。激素的激活效应按反应速度可分为直接激活效应和间接激活效应。当激素的分泌能引起一个快速反应时就是一种直接的激活效应，而间接的激活效应则需要更复杂的刺激与激素的分泌程序。激素激活组织并使组织发生反应多发生在生物发育期间，如动物的性分化和身体组织的生长格局都受着激素的调控。

1. 激素与动物体色的变化

促黑激素可影响动物体色的变化。例如当两条鱼在其领域边界相遇并发生竞争时，它们身体的颜色就可能加深。而处在春季和秋季换毛期间的短尾鼬，它的被毛在激素的作用下要经历季节性的颜色变化。春季来临时，随着促黑激素的分泌量增加，新生的棕色毛会取代冬季的白色毛；秋季即将结束时，促黑激素的释放将受到松果体分泌的褪黑激素的抑制，此时正在发育的体毛是没有颜色的，于是短尾鼬的毛又重新恢复到冬季的白色。短尾鼬毛颜色的季节变化与环境的背景色配合得十分巧妙，所以它不但具有行为上的意义，同时也具有功能上的意义，即不易被自己的猎物察觉也不易被自己的天敌发现。促黑激素对两栖类和爬行类身体颜色的改变也起着重要作用，促黑激素影响两栖类和爬行类体色变化的一个重要特征就是变化的速度极快，常常是在几秒钟之内完成。

2. 激素与昆虫羽化

羽化是指昆虫变态过程中从蛹演变为成虫的过程，这是激素调控的另一种激活效应。很多蛾类都是在一天的特定时间羽化。羽化激素是由脑中的神经分泌细胞生产的，对羽化过程起着关键作用。如果在变态即将结束时把羽化激素注入蛹内，羽化行为就可能在一天的任一时刻发生。但从很多被切除了脑的蛾也能成功地完成羽化的现象可见，羽化激素虽然对于完成羽化来说并不是绝对需要的，但若没有羽化激素的参与，羽化过程就不能协调进行，羽化过程中的某些活动（如特有的腹部动作和成虫出现后的展翅）就不会发生。

3. 激素与动物的第二性征

激素除了对行为有直接的激活效应外，还可以影响动物的第二性征。阉割后公鸡的鸡冠（第二性征）会明显减小。雄猫射尿通常是一种领地的标记行为，一旦精巢被摘除，射尿行为也就随之终止。在这两个实例中，第二性征（公鸡的鸡冠）和与性别相关的行为（射尿）所发生的变化都与激素的变化有关。改变后动物的通信行为将大受影响。

4. 激素与动物的攻击行为和性行为

当环鸽受到阉割时，它的攻击行为、求偶行为和交配行为就会大大减弱。如果往阉割后的环鸽下丘脑特定部位注入睾酮丙酸盐，上述行为就会恢复正常水平，这些实验证实了睾酮对性行为和攻击行为的激活效应；同时也说明，特定的脑区可以被影响性行为的睾酮所激活。

（六）激素的组织效应

激素的组织效应是在生物发育期间表现出来的，如动物的性分化和身体组织的生长格局等都会受激素的调控。对斑马雀、荷兰猪、鼠、猴及其他动物所进行的研究清楚地表明，某些激素对动物早期发育时的性别分化有着重要影响。对哺乳动物的研究主要集中在生殖激素的组织效应，因为这些激素影响着以后成年个体的性行为和攻击行为；对一些鸟类的研究则主要涉及生殖激素对以后性行为的组织效应。在自然界中，激素表现在动物行为上的组织效应实例很多。

1. 激素对性行为和攻击行为的影响

如果雄鼠在出生后的 4 ~ 5d 内被阉割，那么在它发育到成年期时就不再有正常的性行为。如果当这只被阉割的雄鼠发育到成年时再向其体内注入雌激素和孕激素，那么它的行为表现就和雌鼠无异。例如它会做出脊柱前凸的动作，这是雌鼠接受雄鼠爬跨时的动作。如果雄鼠发育成熟后再阉割，那么注入雌激素和孕激素就不能引发它表现出雌鼠的性行为。

关于激素对雌性个体行为组织效应的影响还曾用豚鼠和赤猴做过研究。在妊娠期间用雄激素处理过的雌性个体，其雌性后代具有雄性化的外生殖器（阴道口较小，阴蒂肥大等），其性行为也类似雄性个体。

2. 甲状腺和肾上腺激素的影响

甲状腺和肾上腺激素对动物的行为同样具有组织效应。去除了甲状腺的大鼠常表现为呆小病，即生长缓慢、性成熟推迟和神经系统发育减缓。此外还表现为活动变慢和学习能力减弱。去除了甲状腺的大鼠即使在婴儿期每天用这些激素处理几分钟，长大后的成年鼠对一些刺激反应也依然比较迟钝。

3. 激素对无脊椎动物行为的影响

无脊椎动物的很多生命过程都与激素对行为的组织效应有关。例如当昆虫的蛹羽化为成虫时或昆虫进行周期性蜕皮时，就涉及某些特定激素对行为的组织效应。昆虫变态的最后一个阶段称为羽化，而旧皮换新皮的过程称为蜕皮。在蜕皮程序中有三种与蜕皮有关的行为，即寻找适于进行蜕皮的栖点、有利于脱掉旧皮的特定动作和新表皮伸展紧贴全身。这一程序的各个阶段都受昆虫体内羽化激素浓度的影响，激素效价的改变以及这些改变的时间性是影响动物行为程序的激活效应。

4. 蜕皮激素和保幼激素对动物行为的组织效应

蜕皮激素和保幼激素是无脊椎动物的常见激素，它们相互作用控制着昆虫的生长和变态。当血中保幼激素浓度很高而且有蜕皮激素存在时，昆虫就会继续生长和分化，但不会蜕皮发育到成虫期。如果只有蜕皮激素单独起作用，就会诱导昆虫进行蜕皮、发生变态并发育到成虫阶段。对一些昆虫的研究还表明，昆虫的发育分化和性器官的成熟与生殖激素也有着密切的关系。

（七）激素与神经系统的关系

内分泌产生的激素与中枢神经系统及动物的行为之间是相互影响的。作用的途径主要有三个方面。一是激素作用于感觉系统，改变输入的感觉信息；二是激素作用于神经中枢；三是激素作用于效应器。但是激素对三方面的作用各有侧重。如甲状旁腺、胰腺、肾上腺、脑垂体及生殖腺分泌的激素，主要是作用于效应器，直接促进或抑制组织的新陈代谢和行为活动。脑垂体所分泌的促性腺素和促乳激素及其他激素，对动物的生殖行为、性行为、母性行为、择食行为及其反应强度和形式等都有重大的影响，同时也与动物的正常生长发育、两性行为差别等有直接相关。

内分泌活动对动物的生存至关重要，但内分泌系统的活动，只有同中枢神经系统的活动相互联系，并在中枢神经系统的主导和调节下，才能使动物达到适应生存条件的目的。

从进化过程看，内分泌系统与神经系统也是相互关联进化起来的，而且体液因素的存在比中枢神经系统还早。在高等动物身上，内分泌腺的结构和功能的进化是很有限的，而中枢神经系统，特别是高级部位却有了高度的发展。其中有些神经细胞或神经元，已改变成为产生一定化学物质的神经分泌细胞，它们丛生成腺体，既与神经相接，又与血管相连。例如，脑下垂体就是由神经组织与上皮组织融合而成的，并与丘脑相连接。它所分泌的激素，对全身的腺体起着原发性的调节与控制作用。

思考与练习

1. 动物有哪四种神经类型？脊椎动物神经系统有哪些特点？
2. 简述激素与神经系统的关系。
3. 动物常见的感觉功能有哪几种？简述嗅觉与视觉的功能。
4. 什么是激素？简述垂体分泌的四种激素的主要功能。
5. 举例说明激素的组织效应和激活效应。

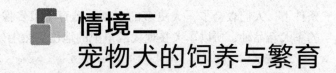

情境二
宠物犬的饲养与繁育

单元一 | 养宠物犬的益处

家犬大约在一万多年前由古狼演化而来，此后一直同人类一起生活工作。因地域及人们使用目的（狩猎、放牧、警卫、战争、伴侣、导盲和观赏等）的不同，在进化或选育中形成了不同的品种或品系。随着人类都市化的加快，大量的犬作为宠物进入了千家万户。

一、犬在人类生活中的作用

人类养犬、驯犬、用犬，已有近万年的历史。从原始社会帮助人类狩猎开始，到近代帮助人们完成许多复杂艰险的任务，犬对人类社会的贡献巨大。

犬聪明伶俐，行动敏捷，嗅觉、听觉灵敏，记忆力强，服从指挥，能征善战，对敌人凶猛、对主人忠诚，这些先天遗传的优秀品性，经过人们科学的训练，得到了充分的发挥。

1. 军犬

军犬可以在枪林弹雨中浴血奋战。根据主人的指挥，或把伤员拖出战场，或携带炸药炸毁敌人的坦克、战车、碉堡，更能帮助战士完成许多难以想像的艰险工作，在战争中发挥了十分重要的作用。所以，第一次世界大战，德军动用了3万多条训练有素的军犬参战；第二次世界大战，德军投入了更多的军犬，而苏军参战的军犬也有6万多条。第二次世界大战结束以后，世界各国都很重视军犬在战争中的作用，纷纷投入巨资和人力从事军犬的研究、培育和训练。在现代战争条件下，人们教会了军犬更多的本领，培育了很多像"中国昆明犬"一样优秀的军犬新品种，所以军犬在现代战争中的地位仍然十分重要。

2. 警犬

在和平年代的今天，人们利用犬异常灵敏的嗅觉和服从主人指挥的本性，选择其中特别优秀的个体进行严格的科学训练，教会它们专业警务本领。如在海关缉毒查私中，训练有素的警犬发挥它们异常发达的嗅觉侦察作用，把包装严密、异常隐蔽的海洛因、可卡因、大麻、鸦片等毒品搜查出来。美国佛罗里达州的一只 1969 年出生的缉毒犬，能用异常灵敏的嗅觉同时区分出 16 种不同毒品的气味；一只叫"将军"的"德国黑背"缉毒犬，从 1974 年到 1976 年参与缉毒 220次，协助警方捕获贩毒分子 220 人；洛杉矶警察局的一只"德国黑背"缉毒犬，1986 年协助警方捕获毒贩 253 名；美国得克萨斯州警察局的两只警犬协同作战，一年中破获贩毒案件 700 余起，缴获毒品价值 2 亿多美元。中国海关的缉毒工作近年来日益繁重，经过专门训练的犬，在缉毒活动中也发挥着越来越重要的作用。

经过严格科学训练的专门从事刑侦执勤的警犬，能准确地嗅出汽油、柴油、橡胶、木板、钢铁、各种香料和各种毒品的气味，把它们准确地找到或区分，用以刑侦和搜救。根据主人的命令进行现场嗅侦作业的警犬，用犯罪现场作案人遗留在凶器等物品上的气味或留在地面踪迹上的细微气味作"嗅源"，可以跟踪或追捕逃犯。警犬还可以利用它异常灵敏的嗅觉功能进行气味鉴别，在众多供鉴别的人群中把真正的罪犯找出来。在地震、火灾等遇险群众的搜寻过程中也能发挥重要作用。所以说，警犬已成为公安人员侦破疑难案件和抢险救灾中的得力助手和可靠工具。

3. 猎犬

经过专门训练用于狩猎活动的犬称为猎犬。猎犬利用异常灵敏的嗅觉器官不仅可以嗅出野猪、狼、野兔、野鸡等各种野生动物的不同气味，还可以根据它们在地面活动留下的气味踪迹把猎物找到。由于猎犬有灵敏的嗅觉和发达的听觉、视觉，在山林、荒野、河谷等草枯木落的狩猎现场，经常能比猎人能更先发现猎物。借助猎犬的搜索驱赶，可以把隐藏的野兽赶到旷野处，给猎人创造更多的射击条件和猎捕机会，狩猎效果更好；在寒冷的季节，猎犬能找到击落水中的水禽，也能找出被打伤躲藏起来的鸟兽。另外，当猎人遭遇到豹子和野猪等大型的凶猛动物时，如有猎犬伴随，猎犬的灵敏嗅觉，能从空气中嗅到野兽的气味，可以提前发现并用吠声向主人报警；关键时刻还会舍身与野兽拼搏，给主人创造射击或自救的机会。

4. 宠物犬和伴侣犬

宠物犬和伴侣犬是令人喜爱的动物。宠物犬体形娇小、体态可爱、灵敏聪明、善解人意。如北京宫廷犬、法国贵妇犬、西施犬、腊肠犬等，它们会看主人的脸色行事，能做出作揖、打滚、握手、衔拾等动作，逗人开心，解人寂寞，对饲养者尤其是老人和儿童的身心健康十分有益。

综上所述，虽然犬的品种、用途各有不同，但犬对人类社会的贡献是多向的、持久的、巨大的。

二、 养宠物犬的益处

地球上我们人类与很多物种共存，但人与宠物犬之间的关系比与其他动物的关系更为密切。其主要原因是人把宠物犬视为伴侣，所获得的回报主要是这种关系本身，而很少涉及经济利益。

人们饲养宠物犬的益处很多，如身心健康、生活环境与生活品质的改善等。归纳起来主要体现在以下几方面。

1. 回归自然

生活在现代都市中的人们，饲养宠物犬实质上是将犬当作人和自然之间的媒介，相互沟通，从而产生一种回归自然的感觉。

2. 寄托情感

现代人过分注重物质利益，人际关系日益淡漠，饲养宠物犬可以作为一种精神寄托。众所周知，许多美国人爱犬成痴，他们与犬同吃同睡，亲密程度超过一般的家庭成员。据美国动物医院协会的调查发现：有近一半的妇女将感情寄托于宠物而非丈夫；8%的人自认为是犬的爸爸或犬的妈妈；1/3 的人在电话里与犬讲话，几乎所有的人都与犬讲过话，2/3 的人带犬看医生的次数多于自己就医。

3. 玩赏

随着现代社会工作效率的提高、生活节奏的加快，人与人的关系逐渐疏远，人们转而向动物寻求安慰，使得人与犬的关系比过去更加亲密。养宠物犬最初是从欣赏开始的。很多人喜欢犬乖巧玲珑的性格、俊朗美丽或个性十足的外表，陶醉于为其清洁和梳理时的母性回归的温馨感受，甚至于为它购置精致的衣裤、可爱的铃铛、布置温暖的小窝等，使人们充分享受饲养宠物犬的乐趣。

4. 交流

养宠物犬是一种交流。当你用"宝宝"或"贝贝"这样的称谓呼唤着你的爱犬时，它就会用温顺的目光静静地注视着你；当你劳累了一天拖着疲惫的身体打开屋门的一瞬间，你的爱犬会欢快地跑来迎接你。在你快乐的时候它欢畅，在你郁闷的时候它沉默，这些来自于心底里的交流，可以弥补人与人之间沟通的不足。

5. 伴侣

拥有宠物的老人生活更愉快、寿命更长。一方面饲养宠物犬为老年人的日常生活平添了生活的乐趣，可以减轻他们的孤独感。另一方面，对于平时活动很少的老人的身体健康也很有利。第三，抚摸家养宠物（犬占大多数）可以降低血压，拥有家养宠物的老人在心脏病发作时幸存的可能性会有所增加，去医院看病的次数则明显减少。在经历过一些不幸事件的老人中，这一点尤其明显。宠物犬的饲养还有助于慢性疾病患者和残疾人的康复。饲养宠物犬对于儿童（尤其是独生子女）的健康成长也十分有益，因为儿童天生就喜欢小动物，与小动物玩耍游戏可以成为他们生活内容的一部分。当儿童在抚摸和拥抱小动物的嬉戏中，会有一种被接受、被陪伴的感觉，这样就会使儿童获得心灵慰藉，缓解紧张的心理。当他们给宠物犬喂食、梳毛、洗澡、遛犬及打扫犬房时，则会培养他们的爱心，体验到一种责任感，同时也从宠物的"回报"中获得了一种被爱和被尊重的感受。这样不仅培养了儿童的自信心、耐心及自制力，更促进了他们自我意识的发展。另一方面，现代许多单身族将犬视为爱侣的现象也比较普遍。

6. 服务

犬与人为伴，建立了感情，犬对自己的主人有强烈的保护心。对残疾人来说，犬是非常得力的"护理员"。许多医学院发现，残疾人跟犬相处，不但能保持健康的精神状态甚至可能恢复功能。对眼障的人来说，犬是"眼睛"；对耳障的人来说，犬是"耳朵"，对行动障碍的人，无论是在室内，还是在街道上，经过专门训练的犬，能带着主人像正常人一样活动。在郊区和农庄，犬是保卫安全和生产的助手（如放牧）；经过训练的犬，也是城市和农村家庭里帮助看护小孩和老年人的助手。例如在家里没有人，老人若突然摔倒昏迷时，犬就能打电话拨叫急救中心援助；犬还可以从水中、地震的废墟中、失火的房子或车下救人；而在公安、海关等要害部门，犬帮助追捕罪犯、检查毒品或走私物品的例子更是不胜枚举。

单元二 | 宠物犬的饲养管理技术

一、 犬场设计与犬舍布局

1. 犬场址选择

选择饲养宠物犬的场地，必须符合犬生理特点和生活习性，应根据养殖数量、犬的品种种类和生长发育阶段而有所区别。同时也要因地制宜，经济实用，还要考虑交通方便，有利于人员管理等综合因素。具体选择条件应注重：地势要高燥向阳、无噪声干扰、地下水位较低、饲料来源就近方便；必须符合防疫程序的要求，远离居民区、公路、铁路、畜禽养殖场和化工厂等。

2. 犬舍布局

规模化饲养宠物犬时，犬舍布局应有利于饲养管理程序和防疫程序的落实和实施。宠物犬规模化饲养场宜实行"三区制"，即饲养区、管理区和工作区。

饲养区是犬的休息、活动、繁殖的场所，应在饲养区内分设种犬舍（可分为种公犬舍和种母犬舍）、产仔舍、幼犬舍及兽医室。工作区包括饲料调制间、仓库、饲料加工间、配电室、车库等；管理区包括办公室、食堂、宿舍、接待室等。污物处理场必须设在场区外下风处，以减少空气污染。对于规模较小的犬场，各区、各舍可简化合并，以减少占地面积和基本投资费用，但必须符合防疫要求。

3. 犬舍类型

各类犬舍要根据饲养数量的多少或发展规模的大小，实行东西走向，南北并列方式设计和布置。

犬舍分群养犬舍和单养犬舍。群养犬舍适合于幼犬、母犬和备用犬的饲养。一般每群 7~8 只犬。其优点是犬能得到充分的运动，管理也比较方便。缺点是不便控制疾病，不便于喂食，易发生咬架、争食，轻者影响生长发育及健康，重者造成伤残和死亡。单养犬舍适合于妊娠母犬、分娩和哺乳的母犬、种公犬及大型犬的饲养。

4. 犬舍面积

应根据犬的种类、生产目的和生理阶段确定犬舍面积。大型种犬舍的使用面积以 $8~10m^2$ 为宜，其中犬的住舍以 $3m^2$ 为宜，运动场面积不少于 $5m^2$；犬舍的高度不低于 2m，中间隔墙高度不低于 1.6m，产仔犬舍住舍面积不少于 $4m^2$。室内养的玩赏犬应在室内固定地方安置一个小犬笼，犬笼以金属制成为好，大小要适宜，要让犬的四肢伸缩自如，里面铺上报纸、旧布或毯子。冬季犬舍最好安置在阳光充足的地方；炎热的季节，要注意洒水降温或开窗通风，不要让犬过于闷热。

二、 饲养设施、 用品与用具

饲养宠物犬要有必备的设施和用具，供饲养人员使用和宠物犬日常生活需要，设备和用具分常用设施和辅助工具两类。

1. 常用设施

（1）犬床　犬床多由木板铺成，一般是将犬床铺在犬窝的水泥地面上，犬在木床上休息，用以保持犬的温度和清洁卫生，减少皮肤病的发生。冬季在犬床上铺上垫草能保持窝内温暖。母犬舍的床铺上垫物即可作产仔室。

（2）产仔箱　产仔箱多为长方体，边长 0.8m，高 0.2m，内铺干净麻袋或柔软垫草。产仔箱前面设一个半圆形，高度 0.1m 的开口，供仔犬自由出入。

（3）保定架　又称固定架。保定架用木板制成，木板长、宽各为 1m，在木板上按犬的体形打通十余个孔，供穿绳绑犬用。下方接较粗木方，并在木方四端，设两条木方长腿，以固定木板牢固不动。

（4）犬夹子　是用来抓犬并暂时固定犬头的装置。用较粗钢筋加工制成，长把与夹子连接处有一活动轴节，可调整夹子的开口大小。

（5）浴池（盆）　犬在炎热的夏季喜欢洗澡。规模化饲养宠物犬时，供犬在夏季高温时防暑降温和清洁身体。浴池长20m，宽3m，深1m左右即可，池中水要经常换新，保持水质清洁。家养宠物犬要准备浴盆。

（6）颈套、犬绳　颈套是套住犬颈部的皮带，便于抓犬和带犬出舍、出游。犬绳拴在颈套上供拴犬和牵犬时使用。

（7）食盆、水盆　供犬采食和饮水的用具。一般采取铝制，轻便易洗涮，不易碎。必须每日清洗干净。

2. 辅助工具

如规模化饲养宠物犬场的推粪车、食桶、喷雾器等，家养宠物犬的金属毛刷、清扫用具等。

三、犬的营养与饲料

（一）犬的营养需要

宠物犬与所有的动物一样，要维持生命活动，其日粮中必须含有蛋白质、脂肪、碳水化合物、矿物质、维生素和水分六大营养要素。

1. 蛋白质

蛋白质是维持生命所必需的第一营养要素。犬的机体组织中20%以上由蛋白质组成，蛋白质是犬生命活动的基础。组成蛋白质的基本单位是氨基酸，氨基酸的种类与数量决定其营养价值，犬的必需氨基酸有组氨酸、精氨酸等。饲料中如果缺少必需氨基酸，幼犬生长缓慢，成年犬趋于衰弱、繁殖率降低。因此，生产中不仅要注意蛋白质的数量，还要注意蛋白质的品质。一般成年犬蛋白质的需要量为每千克体重每天4～8g，生长发育中的犬为9.6g。

2. 碳水化合物

碳水化合物是犬维持体温和进行各种活动所需能量的主要来源。碳水化合物不足，会使犬血糖浓度降低，出现痉挛、知觉丧失、皮肤苍白、出汗等各种神经系统的病症；同时动用体内的脂肪，甚至蛋白质来供应热能，这样犬就会消瘦，不能进行正常生长和繁殖。反之，则形成脂肪在体内蓄积，影响犬的体形、运动和执行任务等。幼犬对碳水化合物的需要量约为每千克体重每天17.6g，成犬略低。

3. 脂肪

脂肪是能量和必需脂肪酸的重要来源。适量添加脂肪可增加食物的适口性，促进脂溶性维生素的吸收。脂肪中的必需脂肪酸对于犬的健康、皮肤、肾脏功能及生殖非常重要。犬的必需脂肪酸包括亚油酸、亚麻酸和花生四烯酸，它们都是不饱和脂肪酸。成年犬的脂肪需要量约为每千克体重每天1.2g，生长发育犬为2.2g。

4. 矿物质

矿物质是犬骨骼牙齿的主要成分，是构成犬机体组织细胞及许多酶、激素和维生素的重要元素，也是参与体内维持酸碱平衡和渗透压等代谢活动的基础物质。犬必需的矿物质有钙、磷、铁、铜、钴、钾、钠、氯、碘、锌、镁、锰、硫、硒等。大多数矿物质的代谢是相互关联的，彼此之间需要保持适当比例。如钙和磷的比例以（0.2～1.4）:1 时利用率最高，每千克体重每天需要食盐165mg 等。

5. 维生素

犬需要添加的主要维生素有维生素 A、维生素 B_1、维生素 B_2、维生素 C、维生素 E、维生素 D 等。缺乏维生素 A 会使犬患干眼病，繁殖受到影响，幼犬生长发育受阻。缺乏维生素 D 时成年犬可发生软骨病，幼犬可患佝偻病。缺乏维生素 E 时母犬受胎率下降，出现死胎和产弱仔现象；犬的白肌病、黄脂肪病的发生都与维生素 E 的缺乏有关；在夏季天气炎热季节，要增加维生素 E 的添加量。母犬在妊娠期缺乏维生素 C，可使胚胎死亡率增高，造成胚胎隐性吸收、产仔数下降、新生仔犬发生红爪病。维生素 B_1 缺乏时，犬食欲减退、皮毛粗乱、共济失调、痉挛和麻痹，同时若再大量饲喂富含脂肪饲料，容易诱发酮病。维生素 B_2 缺乏时，犬的神经功能障碍、被毛脱落、褪色、皮肤发炎；仔幼犬发育及被毛生长受阻；母犬发生性周期紊乱、空怀、易流产，同时体内代谢过程受阻。

6. 水

成年犬每千克体重每天应给予 100mL 清洁饮水；幼犬为 150mL 饮水。应全天给犬供水，自由饮用。

（二）犬的饲养标准

犬对各种营养的需求因品种、生理阶段的不同而有所区别，如生长阶段日粮的代谢能为 14.64kJ/g，妊娠和哺乳阶段则为 16.32kJ/g。当日粮的能量水平发生变化时，蛋白质的需要量也会随之变化。比如日粮消化能为 17.06kJ/g 时，蛋白质的需要量为 19.1%；日粮消化能为 20.63kJ/g 时，蛋白质的需要量为 27%；日粮消化能为 23.71kJ/g 时，蛋白质的需要量为 32.6%。

美国 NRC 犬的饲养标准是：每千克日粮（干物质 90%）中，蛋白质含量20%，脂肪 4.5%，亚麻油酸 0.9%，钙 1.0%，磷 0.8%，钾 0.5%，食盐 1.0%，镁 0.04%，铁 54mg，铜 6.5mg，锰 4.5mg，碘 1.39mg，硒 0.10mg；维生素 A 4500IU，维生素 D 450IU，维生素 E 45IU，维生素 B_1 0.9mg，维生素 B_2 2.0mg，维生素 B_6 0.9mg，维生素 B_{12} 0.03mg，泛酸 9.0mg，烟酸 10.3mg，叶酸0.16mg，生物素 0.09mg。

（三）犬的饲料

犬是肉食动物，但家养的宠物犬经过人类的长期驯化已经变成了杂食动物，所以可以选择的饲料种类很多。目前在宠物犬的饲养中，既有喂给单一饲料的也有喂给多种单一饲料混合的，同时也可饲喂全价犬粮。其中以优质的全价犬粮最好。

1. 动物性饲料

犬是食肉动物，日粮中添加一定比例的动物性饲料是十分必要的。但动物性饲料成本高，饲养时可根据不同饲养时期和饲养目的合理添加。动物性饲料在日粮中配比一般为 10%～20%，或提供日粮蛋白质总量的 30% 即可。常用动物性饲料有各种畜、禽肉及内脏、血粉、肉骨粉、鱼粉、杂鱼、乳粉和鸡蛋等。

（1）肉类及副产品　各种畜禽肉只要新鲜、无病、无毒，均是犬最可口的饲料，加入适量的钙、磷、牛磺酸、维生素 A、维生素 D、骨粉及血粉或禽类内脏后就可以配制成优质的犬饲料。畜禽屠宰的副产品也是犬良好的动物性饲料，在日粮中可占动物性饲料的 40%～50%。但被污染或不新鲜的肉类及副产品必须经高温、高压后熟喂，对病畜禽肉和来源不明及疑似被污染的肉类及副产品，必须经过兽医检查或高温无害化处理后方可饲喂。难产死亡及注射过催产素的动物肉严禁饲喂给繁殖期种犬。

（2）鱼类饲料　鱼类饲料蛋白质含量高，不饱和脂肪酸和脂溶性维生素（维生素 A、维生素 E）丰富，鱼骨、鱼肉、鱼刺几乎全能被犬所消化吸收，是犬理想的食物。新鲜的海杂鱼蛋白质消化率达 87%～90%，适口性强，可生喂。但淡水鱼和部分海杂鱼的肌肉中含有硫胺素酶，对饲料中的硫胺素具有破坏作用，长期饲喂，会出现食欲减退、消化功能紊乱等症状，严重时可以产生胃肠炎或胃溃疡等疾病甚至致死。另外，鱼体内多有寄生虫，应尽量熟喂。

（3）蛋类　包括各种禽蛋、毛蛋等。蛋黄富含维生素 A、维生素 D、维生素 E 和维生素 B_1，对犬生殖器官的发育、精子和卵子的形成以及乳汁分泌都具有良好的促进作用；蛋壳是很好的钙来源；但蛋清中含有一种抗生物素的蛋白，能破坏 B 族维生素，应熟喂。但是蛋类缺乏维生素 C 和碳水化合物，应与其他饲料搭配。

（4）乳制品　鲜乳在 70～80℃ 下经 15min 消毒后方可食用，酸败变质的乳坚决不能食用。全脂乳粉用开水按 1：（7～8）稀释食用。但乳缺乏铁和维生素 D，应另外补充。少数犬对乳制品有抵触情绪，食用易引发泻痢。

在日粮中，比较理想的动物性饲料搭配比例是：畜禽肉 10%～20%，肉类副产品 30%～40%，鱼类 40%～50%。

2. 植物性饲料

植物性饲料是犬的主要日粮，其种类多，来源广，价格低廉，可占日粮的70%～80%。常用的植物性饲料有谷物类、瓜果蔬菜及块根块茎类，谷物饲料包括玉米面、米糠、面粉、大豆、豆饼、小米和大米等，瓜果蔬菜及块根块茎类包括白菜、菠菜、冬瓜、南瓜、红薯、马铃薯和胡萝卜等。

（1）谷物　谷物类饲料中，淀粉含量高达 70%～75%，能量丰富，可作为犬的基础饲料。但其他营养成分偏低，而且犬的吸收利用率较低，因此应搭配蛋白质含量高的其他饲料，并粉碎熟化后饲喂。

（2）豆类及饼粕 豆类及饼粕类饲料是犬植物性蛋白质的重要来源，但豆类及饼粕类饲料中均含有一定量的脂肪，喂量过多会引起消化不良。因此，豆类及饼粕类饲料一般占日粮中谷物类的20%为宜，最大用量不超过30%。

（3）瓜果蔬菜及块根块茎类 常见的有白菜、油菜、菠菜、甘蓝、胡萝卜、萝卜、南瓜、嫩苜蓿、野菜及水果等，是维生素 E、维生素 K、维生素 C 和可溶性无机盐的主要来源。叶菜的维生素和矿物质含量丰富，日粮中可占10% ~15%（质量比），其中瓜果类可占总量的30%。蔬菜不宜生吃，最好水煮，要熟而不烂，以达到消灭寄生虫、减少农药等残留和保护维生素的目的。

3. 矿物质添加剂

添加矿物质可补充动、植物性饲料中矿物质的不足。添加骨粉、贝粉可补充犬对钙、磷的需求；添加食盐可补充犬对钠、氯的需求；添加硫酸铜、硫酸亚铁、亚硒酸钠等制剂，可补充相应的矿物质。

4. 维生素添加剂

维生素是犬机体代谢过程中所必需的营养素，需要添加的维生素主要有维生素 A、维生素 B_1、维生素 B_2、维生素 C、维生素 E、维生素 D 等。维生素 A 可通过在日粮中添加胡萝卜、动物肝脏及鱼肝油来补充；B 族维生素可通过添加酵母来补充；维生素 C 主要来源于水果和蔬菜；维生素 E 主要来源于青绿饲料、植物油和小麦芽。也可以提供人工合成的复合维生素制剂。

5. 全价犬粮

高品质的全价犬粮全面考虑了犬的品种、年龄、体型、生理阶段等多种因素，配方科学、适口性好、营养全面、饲喂方便，容易被消化吸收，是饲养宠物犬的最佳日粮。全价犬粮一般分为干型、半湿型和罐装饲料。

（1）干型饲料 干型饲料含水量低于15%，有颗粒状、饼状、粗粉状和膨化饲料，这种饲料不需冷藏就可长时间保存，但饲喂时要提供充足的饮水。

（2）半湿型饲料 含水量为20% ~30%，一般做成小饼状或粒状，密封包装，本身有防腐剂，不必冷藏，但开封后不宜久存。

（3）罐装饲料 含水量为74% ~78%，主要用鱼、肉和各类产品作原料加工制成各种犬食罐头，常见的有全肉型和肉加谷类的完全膳食犬粮，该类饲料营养成分齐全，适口性好，是最受欢迎的犬饲料。

目前，我国仅有少数生产全价犬粮的企业，质量良莠不齐。国外品牌质量略好，但价格昂贵，需慎重选择。

6. 处方犬粮

大型犬业公司针对目前犬的各种代谢疾病推出了更具有针对性的处方犬粮，用于诸如消化不良症、关节发育不良、肥胖、高血压、毛色不亮或疾病康复等。

处方食品并不能单独作为药物用来治疗犬的疾病，但能维持和调理康复犬所需的营养和需求，有效地配合医治过程中犬的康复。

四、 宠物犬的管理

（一）犬的日常管理

1. "四定" 原则

定时、定量、定温、定位是养宠物犬的基本原则。定时、定量可使犬形成条件反射，提高饲料消化率，减少消化道疾病的发生。成年犬每天早晚各喂饲 1 次，幼犬可加喂 1 次或 2 次，喂料量相当于体重的 20% ~ 30%。料温以 40℃ 最佳；食盆和水盆位置相对固定。

2. 注意饮水

饮水要清洁充足，以减少传染病、寄生虫病及消化系统疾病的发生。冬季定时提供温水，避免犬饮用冰渣水；夏季天气炎热，应自由饮水。

3. 饲料全价

全价日粮是科学养犬的基础。多种饲料的搭配，特别是动、植物性饲料的合理搭配，可满足犬不同生理阶段的营养需要。动、植物性饲料都要加工熟制粉碎后饲喂；骨粉等碱性饲料和维生素等酸性饲料，要在临喂前拌入并立刻饲喂，以避免营养遭受破坏。

4. 适当运动

适当运动有利于幼犬生长发育和种犬的繁殖。每天运动 1 ~ 2 次，每次运动 30 ~ 40min。但饲喂前后和临产前应避免激烈运动。

5. 卫生消毒

经常打扫，定期消毒，保持犬舍（床）的卫生与干燥，以减少和预防寄生虫病及传染病的发生。犬舍（床）要每半个月消毒一次，配种前、产仔前都要对犬舍（床）及相应设施进行必要的消毒，建议在产仔前对产房及产床采用火焰消毒。犬舍可用火焰消毒与化学消毒结合进行，运动场可用化学消毒药消毒。常用的消毒液有 10% ~ 20% 漂白粉乳剂、3% ~ 5% 来苏儿溶液、0.3% ~ 1% 农乐（复合酚）溶液、0.3% ~ 0.5% 过氧乙酸溶液等。对于墙壁、门窗进行消毒时，喷洒完之后，要将门窗关好，隔一段时间再打开门窗进行通风，最后用清水洗刷，除去消毒液的气味，以防止刺激犬的鼻黏膜，从而影响其嗅觉。对于患病犬而言，要彻底清换犬舍（床）的铺垫物，用过的铺垫物应当集中焚烧或者是深埋。水槽、食槽每周消毒 1 次，可以煮沸 20min，也可用 0.1% 高锰酸钾水、0.1% 新洁尔灭或 2% ~ 4% 的烧碱浸泡 20min，然后用净水清洗。每次喂饲前都要清洗食槽，避免病从口入。犬换毛期间，更要加强清扫工作，避免犬在采食及饮水时误食犬毛，造成消化道梗塞。

6. 防寒防暑

犬的汗腺不发达，怕热，犬舍要通风良好，舍顶应使用隔热材料，舍的周围最好有遮阳设施。犬虽然比较耐寒冷，但在冬季犬舍也要有较好的保温条件，以减少维持体温的能量消耗，降低饲养成本。夏季舍内温度以 21～24℃ 为宜，最好不超过 30℃；冬季保持在 20℃ 为好。

7. 加强检查

在日常管理中，要经常观察犬采食、粪便及活动情况，定期进行检查，及时发现问题，解决问题。

8. 防疫驱虫

青年犬和成年犬每年要接种五联苗 1 次，驱虫 4 次。仔幼犬分别在 30 日龄、45 日龄、60 日龄和 3 月龄接种五联苗各 1 次，在 45 日龄和 4 月龄各驱虫 1 次。

（二）犬的四季管理

1. 春季管理

春季是犬发情、交配、繁殖和换毛的季节，也是病毒、细菌和寄生虫的繁殖季节。对发情公母犬要加强看管，防止走失、乱配，防止公犬因争配偶斗架受伤，一旦出现伤情应及时处理。对换毛犬要勤梳理被毛，除去脱落的浮毛、皮屑和污垢，保持皮肤清洁，防止因皮肤不洁引起疼痒或擦破皮肤发生感染，引发疥癣等皮肤病。每天刷落的毛发要烧掉，从而杀灭其中可能存在的寄生虫和虫囊。洗澡不宜太勤，以免刚替换的新毛受损。春天犬的消化能力还没有完全恢复，不宜饲喂过多，以免引起消化系统疾病。春天也是犬传染病多发的季节，要定期对犬舍和运动场彻底清洗并进行消毒；定时对犬进行驱除体内外寄生虫；及时接种狂犬病、犬瘟热、细小病毒等疫苗，贯彻"防重于治"的原则。

2. 夏季管理

夏季是蚊、蝇、跳蚤、虱子滋生的季节，也是犬最易患病的季节，所以，一定要做好防病、防蝇、防蚊、灭虱和防暑降温工作。夏季犬处在高温高湿的环境中，由于犬汗腺退化，散热困难，尤其是在南方的梅雨季节极易中暑，所以一定要防暑降温。犬舍要选择在通风良好、比较阴凉的地方；避免犬在烈日下活动，一般在早、晚外出散步。经常给犬洗温水澡，定期药浴，防止跳蚤、虱子的滋生。夏季饲料易发酵、变质，容易引起食物中毒，因此喂犬的食物要新鲜，要经过加热调制；喂量要适当，不剩余；发酵变质的食物要倒掉，避免中毒；犬的食具用后要充分洗净，并定期消毒。

3. 秋季管理

秋天也是犬发情、交配、繁殖的季节，又是脱夏毛、长冬毛的季节。在管理上除与春季管理的防乱配、防走失、防斗伤一致外；还要根据犬类秋季的生理特点，及时梳理和清洁被毛，以促进冬毛的生长；秋季气温下降，早晚较凉，昼夜温差大，还要防感冒。秋天又是犬类新陈代谢最旺盛的季节，为了增加体脂储备过冬，犬的食量大增，而且性情活跃，因此秋天应给予营养价值高的食物，以消除夏季疲劳，做好过冬准备。

4. 冬季管理

我国北方的冬季天气寒冷，管理的重点是防寒保温、预防呼吸道疾病和某些传染病。为防止寒流侵袭犬体，入冬前的犬舍要堵住一切透风口，防止贼风侵入，也可以挂上风雪帘，防止寒冷气流和冰雪直接威胁犬体；犬床要加厚垫草，以保持犬体温度。冬季南方有的地方气温在0℃左右，有的在零上几度，这样的低温、潮湿环境使犬更容易患病，特别是皮肤病和寄生虫病，要引起足够的重视。如果周围环境温度低，机体受寒冷空气袭击，或因管理不善，忽略了防寒保温，运动后被雨淋风吹或犬舍潮湿等，都会引起风湿病、感冒、鼻炎，严重者可以继发支气管炎、肺炎等呼吸道疾病。预防感冒的有效措施是防寒保温，防贼风，垫草要加厚、经常更换并保持干燥，同时还要注意天气变化，避免疾病的发生。另外，在天晴日暖的时候，应增加户外运动，增强犬的体质，提高抗病能力。多晒太阳不仅可以取暖，阳光中的紫外线还可以消毒杀菌、增加维生素D并促进钙的吸收，有利于骨骼的生长发育，防止仔犬发生佝偻病。

冬季也是犬瘟热、细小病毒病、犬传染性肝炎、犬冠状病毒等传染病多发的季节。为了控制传染病的发生与传播，要做好消毒工作，消除传染源，切断传播途径，增强机体的抵抗能力。犬舍消毒的消毒药剂型，北方最好使用生石灰，慎用液体消毒剂，以免因药液冻结影响消毒效果；南方气温高，应用液体消毒剂喷雾消毒效果良好。也可以根据以往经验自行选择剂型。

五、 宠物犬的基础护理

对犬做基础护理最好从幼犬开始，此后逐渐习惯。在初期护理时要同时给予奖励。为犬做基础护理不仅能建立信赖关系，对于犬的健康管理也十分重要。

1. 清洁前的准备工作

（1）健康检查　梳毛前检查犬身上是否有皮屑、皮肤病和外伤，在此基础上为犬选择适合的宠物香波和清洁方式。若皮肤病较轻，可选择药浴，若病症较严重应去医院就诊。但注射疫苗的1~2周内不能进行洗浴。

（2）梳理犬毛　清洁前首先应梳理犬毛，应先选择合适的针梳按从下往上从后往前的顺序一层层将毛结梳开，再用排梳慢慢的将被毛全身梳理一遍，使犬身上的毛结全部打开。毛结较严重者可用手慢慢撕开，再用针梳将毛结一点一点的梳开；特别严重者可以用开结刀。但是，开结刀易对被毛和皮肤造成伤害，使用时要注意力度的轻重，尽量减少对毛发的损伤。

（3）清理耳道　清理前首先用手揉一揉耳根，确认没有奇怪的声音、恶臭后，再将耳朵反过来，在耳廓上撒上耳毛粉，用手轻揉耳根部，使耳毛粉和耳毛充分的融合，再顺着毛流用手指拔除耳廓处的耳毛，耳内的毛用止血钳轻轻地拔除。要注意少量多次，减少犬的疼痛感。清理后，用棉签蘸上洁耳水，仔细地擦出耳内的污垢和水分。倒洁耳水时要适量，以免引起耳道疾病。

（4）清洗眼睛　点眼药水是为了让眼睛形成保护膜，可以减轻如浴液、沙尘等进入眼睛后的刺激。眼药水也分为普通洗眼水和药用洗眼水，要注意区分。在点眼药水时要将犬的头向上轻轻抬起，快速将眼药水从旁边滴1~2滴进入眼睛，然后用医用棉球把多余的眼药水擦掉。在滴眼药水时要注意手的动作，应将手从犬头部后侧绕到犬的正面进行滴眼药水的动作，不要将手在犬的眼前越过头顶，以免引起犬的紧张。对于泪腺较为发达的犬应用洗泪腺的药水进行擦拭，以保持局部清洁。

（5）剃腹底毛　让犬自然站立，轻轻提起犬的前肢，用1mm刀头的电剪剃犬的腹底毛。在剃腹底毛时应与腹部皮肤保留一点空隙，母犬应剃到倒数第3对副乳，剃成"U"形。公犬剃的时候要注意生殖器，剃到倒数第2对副乳，呈倒"V"形即可。

（6）剃脚底毛　将犬的脚掌反过来，用拇指和食指握住脚尖，撑开脚趾，用1mm刀头的电剪将脚垫外的毛和趾缝间的毛剃净，放下犬肢，将脚面修剪成圆形，同时将最大脚垫后的毛用排梳梳好，将多余的毛修剪整齐。

（7）剃肛门毛　将犬的尾巴轻轻向上拎起，用1mm刀头的电剪将肛门周围的毛剃净即可。

（8）剪趾甲　犬的趾甲分为白色趾甲和黑色趾甲两种。白色趾甲一般分为三到五刀剪，第一刀从血线上面一处剪掉（血线就是白色趾甲的犬放在明亮处看到的一条红色的线），第二到五刀是将犬的趾甲修圆。黑色指甲要一点一点的修剪，当断面中心看到甲芯潮湿时就要停止，最后用锉刀将指甲磨平。若不小心将趾甲剪出血，应用食指将甲断层面按住，然后撒上止血粉轻压一会即可。

（9）选择浴液　在做清洁之前，首先要了解犬的皮肤、毛发，犬的皮肤pH和人类不同，要使用味道较轻、香料和刺激性较少的浴液，以免引发犬的皮肤病，最好使用犬的专用香波。目前市场犬用浴液品种繁多，如药用的、白毛犬专用的、红毛犬专用的、长毛犬专用的等等，对于不同种类的犬要选择其合适的浴液。另外，犬的浴液在使用时需要稀释，不同种类的浴液稀释比例不同，按照说明书上的要求稀释即可。对于毛发较干燥的长毛犬，清洗时可滴加1~2滴的樱花草油。

2. 清洁

（1）挤肛门腺　犬肛门两侧的皮肤下有一对肛门腺，每条腺或每个囊由一个小管道通向肛门部分，里面积聚了可发出浓烈臭味的分泌液体。挤肛门腺的目的是为了把肛门腺内的残余物挤出，避免产生恶臭。操作方法如下：

①在宽敞的环境里用剪刀或推子清理肛门周围的毛发；

②戴上胶皮手套，站在犬的旁边，必要时让别人帮助保定，将尾巴向上提

起，用能吸水的棉花或杀菌纸盖住肛门；

③如果以肛门为中心，肛门腺约在相当于时钟5时至7时之间的位置。将拇指放在肛门一侧，食指在另一侧，轻轻挤压直到堆积物喷出；

④如果腺体已经被阻塞一段时间，分泌物会像牙膏一样挤出，而不是喷出，通常只需轻轻地挤压便可流出来，也可将食指和拇指放到腺体下面稍靠后的部位，轻轻向上、向外挤压。

（2）洗澡

①干洗：干洗适用于短毛而且底毛较多且不太脏的犬。干洗剂是一种粉末，这种粉末可以去除毛皮上过量的油脂，让毛皮的颜色更鲜明。使用时把干洗粉撒入犬的毛发里，用梳子梳即可。

②水洗：先要调节好水温、安抚好犬，再将犬放入浴盆内，并给犬只一个适应的过程。水温可用手背去感觉，人适宜即可。犬身要求洗、冲各两次，最后洗头和清理耳道。清洗过程是：先用花洒将犬的全身淋湿，然后从背部开始涂上稀释后的沐浴剂，按背、颈、肩、腰、胸、脚、臀、尾的顺序用手指肚按摩搓揉。第一遍清洗要选择去污力强的洗毛水，短毛犬可以揉搓，但不要用指甲挠犬的皮肤，以免产生皮屑。长毛犬要顺着毛发的生长方向洗，毛发比较厚的犬只一定要洗透、冲透。犬腹部的皮肤很柔软却很易脏，可以试着用海绵来清洗。第二遍清洗要选择优质的、刺激性小的洗毛水，顺序与第一遍相同，最后清洗犬的头部，因为犬可能会害怕且头部湿后会甩水。洗净全身之后，很快用清水冲洗一遍，顺序是从头到脚，从上到下。第二遍冲洗干净后，使用护毛素。护毛素至少要在犬只身上停留3min以上，若同时加以轻轻地辅助按摩，效果更好。有些护毛素稀释后不再需要冲洗，有些需要冲洗干净，要注意区分。尽量避免沐浴水（液）进入犬的眼睛，如果流入眼睛，要立刻用大量的水冲洗，并点上眼药水。洗澡前要在犬的耳道里塞棉花，松紧程度以犬不能甩出为宜，以防耳朵进水，洗后将耳道内的棉花球取出，最后再清理耳道。

（3）吹干 可以先用手拧干水分，多半犬都会自行甩干身体，然后用吸水毛巾用按压的方式擦干水分，长毛犬要顺毛擦，但先要将耳朵、鼻子、眼睛和整个头部的水分擦干。耳朵和眼睛等能看到的地方用棉花棒擦拭干净，耳道内可用滴耳剂，不但使犬感觉清爽且可预防耳炎。犬身要用吹风机吹干，不然容易结毛球，也容易感冒。冬季洗澡会有返潮的现象，过一会可再用温风吹一遍。完全吹干后要再梳一次毛，使毛发光亮柔顺，还可以促进血液循环及新陈代谢。长毛犬可以选择一些垂顺的产品进行护理。

3. 用品消毒

为了防止有皮肤病的犬洗澡造成皮肤病复发或其他疾病的传染，每条犬洗澡美容后都应将用品进行消毒处理。清洁浴池、美容台，吸水毛巾以及其他护理工具应用84消毒或用酒精棉球擦拭。

单元三 | 宠物犬的繁育技术

一、 性成熟与适配年龄

1. 性成熟

犬的性成熟是指生殖器官基本发育完全，具有明显的第二特征和正常的性行为，能产生成熟的生殖细胞，并能完成配种和受孕时的年龄。

犬的性成熟受机体内分泌功能的控制，犬性成熟期的早晚受犬的品种、个体、性别、环境条件、饲养管理等因素的影响。一般而言，小型犬性成熟较大型犬早，如小型犬的性成熟期为 6 ~ 10 月龄，大型犬为 8 ~ 14 月龄。公犬的性成熟期一般稍迟于母犬，如大型犬的公犬性成熟期一般为 12 ~ 14 月龄，母犬一般为 9 ~ 12 月龄。

2. 发情及发情季节

发情是指母犬生长发育到性成熟时所表现的周期性性活动的现象，是一种特殊的生理状态，发情的母犬表现出一系列生理和行为上的变化。如母犬卵巢上有卵泡发育和排卵，生殖道有充血、肿胀和排出黏液等变化；行为上表现为兴奋不安、食欲减退并出现求偶活动等。母犬多在春秋两季发情，但也有不同，平均一年 2 次。表现出发情活动的这一时期称为发情季节，只有在发情季节内的母犬才能排卵和配种受胎。公犬没有明显的发情季节。

3. 适配年龄

适配年龄是犬一生中第一次进行配种利用的最适年龄。公犬的适配年龄在性成熟期之后，接近体成熟的年龄。中小型犬的适配年龄一般为 12 ~ 18 月龄，大型犬为 2 岁左右，一些名贵纯种犬的适配年龄应更晚一些。母犬到达适配年龄的体重约占其成年体重的 75%。确定犬配种适龄应根据其品种、年龄、体重和健康状况等灵活掌握。

初配年龄过早，犬身体的骨骼、肌肉及某些器官还处在较快的生长发育过程中，此时配种，不仅影响身体的生长发育，还易造成成犬的个体变小、早衰、缩短寿命，母犬的产仔数少、多产弱仔及仔犬成活率低等不良后果。

4. 繁殖功能停止期

母犬的繁殖功能停止期是指老龄母犬的发情活动停止，不能排卵和繁殖后代时的年龄。正常情况下，母犬的繁殖功能停止期为 10 岁左右。

母犬的繁殖力是随年龄的老化而逐渐下降的。母犬初生时卵巢中卵母细胞的数量可达 70 万枚，性成熟时有 25 万枚，5 岁时剩 3 万多枚，10 岁时只剩 500 多枚。

母犬繁殖年限的长短，因品种、饲养管理情况、健康状况、利用水平等不同而异。一般犬的繁殖年限为 7～8 年，但个别犬在 20 岁时仍能发情配种。

二、 犬的配种

配种是将公犬的精液导入雌犬的生殖道中，使卵子和精子相遇受精产生下一代的过程。犬的配种方法分为自然交配和人工授精两种。

1. 自然交配

自然交配又称本交，是指公犬和母犬发生的直接交配。常见的有自由交配和人工辅助交配两种方式。犬的交配一般以自由交配为好，个别犬需要人工辅助交配。但无论采用哪种方式，其公、母犬必须是经过选定的，并由专人负责，做好交配记录。

自由交配是指公、母犬的交配是在没有人为帮助时进行的。即把公犬牵入交配场地让其和母犬自然交配，一般较顺利，表现自如。

由于公、母犬交配后，精子和卵子是在输卵管内相遇受精。因此，交配时间决定了精子和卵子能否在输卵管内及时相遇。母犬交配的最佳时间是在其阴道出现流血后的第 9～11 天。为提高受胎率和产仔率，可采用交配 2～3 次（又称复配）的方法，如果发情鉴定准确，交配 1 次也可以保证受胎。

人工辅助交配是指借助于人的辅助使公、母犬完成交配的配种方式。

交配前应让公、母犬彼此熟悉和调情。母犬交配后，阴户外翻明显，证明已交配成功，若阴户自然闭合，则说明没有交配成功。对公犬来说，交配大体上经过勃起、交配、射精、锁结、交配结束等过程。母犬在交配过程中往往处于被动地位，配合公犬完成交配。

2. 自然交配的注意事项

（1）公、母犬的繁殖年龄　公、母犬初配年龄以体成熟为基础，即以母犬 1.5 岁、公犬 2 岁为宜，应防止未成熟犬过早配种繁殖。超过 8 岁的公犬已进入老龄期，一般不再作为种用。

（2）公犬的交配频率　公犬交配时，爬跨次数较多，交配持续时间较长，体力消耗大，所以公犬要有优良的种用体况，旺盛的性欲，不能过肥或过瘦。一只公犬在一年中的交配次数不能超过 40 次，在时间上要尽可能均匀地分布，并要注意控制公犬的配种次数及频率。两次交配间至少要间隔 24h 以上，否则会降低精液品质，不利于母犬的受胎。

（3）母犬的繁殖次数　青壮年母犬若身体健康、强壮，在确保母犬不喂养太多仔犬的前提下，每年可以繁殖 2 次，但以两年三次为宜。

（4）交配时间和地点的选择　交配时间以清晨公、母犬精神状态良好时为最佳。交配场所应选择在固定场地或公犬的饲养地，以免受到陌生环境影响而加重交配的困难。交配场所应安静，避免外界不良刺激对自然交配的影响，必要时可进行人工辅助。

（5）其他注意事项　在进行辅助交配时，对咬公犬或咬人的母犬应带上口笼，交配中要防止母犬坐卧，避免挫伤公犬阴茎。因犬的交配特殊，锁结的臀部触合状态持续时间较长，不能强行使它们分开，应等其交配后自行解脱。每次交配后，应让公、母犬分别回犬舍休息，不可将犬随意拴在外边，以免感冒或发生意外事故。

3. 人工授精

人工授精是指人工采集公犬的精液并经检查和处理后，再用器械将之注入到发情母犬的生殖道内使其妊娠的配种方法。

人工授精作为一种先进的、科学的繁殖技术，对于犬的繁殖与改良具有重要意义，犬人工授精有以下众多的优越性。

①能提高优秀种公犬的利用率。

②能改变引种方式和保种方式。

③能提高种犬质量，加快育种进度。

④能提高母犬受胎率。

⑤能防止疾病的传播。

⑥能解决某些配种上的困难。

三、 犬的选配

选配是人们有意识、有计划地选择公、母犬的配对，以组合后代的遗传基础，达到培育或利用良种的目的。在育种工作中，选配是选种不可替代的，它能创造必要的变异，使理想的性状固定下来，并把握变异的方向。种犬的选配主要有同质选配、异质选配和近交三种方式。

1. 同质选配

同质选配是选用性能或体形外貌相似的优秀公母犬相配，以期获得相似的后代。同质选配能使基因纯合，降低杂合子基因型频率，加强犬群的同质化，使优良性状得以保持和巩固。但需要注意的是：①同质选配要防止具有相同缺点的公母犬相配；②同质选配需要的世代间隔较长；③同质选配必须与后代的选择相配合才能巩固性状和扩大优良群体。

2. 异质选配

异质选配包括两个含义：一是选择不同优良性状的公母犬相配，以期获得兼有双亲优点的后代。如选用胆大凶猛的公犬与猎取欲望强的母犬相配，以求获得胆大、衔取兴奋的受训犬；另一种情况是选择同一性状但优劣表现不一的公母犬相配，以达到改良犬群品质的目的。如选用体格高大的公犬与体形相对较小的母犬相配，使后代的体形得到改良。

异质选配能综合双亲的优良特性，丰富后代的遗传基础，提高犬群的生活力和适应性，产生新的变异。它一般用于品种培育的初期，或改良停滞不前甚至性能退化的犬群。

同质选配和异质选配不能截然分开。在一次选配中某项性能是同质的，而另一项性能可能是异质的。如选配的公母犬体形匀称，但胆量不一，这对体形而言是同质选配，就胆量而论是异质选配。在育种过程中，同质选配和异质选配要交替使用，互为条件，同质选配可稳定遗传性，为异质选配奠定基础；异质选配的后代应通过同质选配来巩固新的性状。

3. 近交

具有较近的亲缘关系的犬双方相配就称为近交。畜牧学上所谓的近交是指双方追溯到共同祖先的总代数不超过六代的个体间交配。

近交具有其特殊的用途：一是能固定优良性状，使基因达到纯合，几乎所有的育成品种都采用过近交；二是能揭露有害基因，犬的不良性状往往是隐性基因决定的，通过基因的纯合，有害基因得到表达，可淘汰其不良个体，从而提高了犬群优良基因频率；三是能保持优良个体的血统，进而保住了犬群的优良特性；四是能提高犬群的同质性。

为了防止近交衰退的出现，必须正确运用近交饲养管理，进行血缘更新，做好选配工作。

4. 选配前的准备

选配前要充分了解犬群的情况、系谱结构、形成历史，掌握各种犬的性能、成绩及后裔品质等基础情况。实践证明，原来配种组合能产生良好效果的予以维持，采用"重复交配"对其群体品质提高有积极作用；如果种犬尚无后裔成绩，可参照该种犬的全同胞或半同胞中良好配对的种犬成绩进行。选配前还要明确每头种犬要保持的优点和要克服的缺点，做到有的放矢。

四、 犬的妊娠

妊娠是指母犬从卵子受精开始到胎儿及其附属物排出体外为止的复杂生理过程，在此过程中胎儿与母体均发生一系列的生理变化。

1. 妊娠期

妊娠期是指母犬妊娠全过程所需要的时间。通常以母犬最后交配日到分娩日这段时间为妊娠期。

犬的妊娠期一般为58~63d。但妊娠期受品种、遗传以及环境条件的影响会有所不同。而且，母犬的年龄、胎儿的性别、受孕的季节及营养状况对妊娠期也有一定影响。一般青年犬比老年犬妊娠期长；母犬怀雄性胎儿比怀雌性胎儿的妊娠期略长。

2. 妊娠诊断

妊娠诊断就是根据母犬妊娠后所表现出的各种变化征状来判断是否妊娠，以及妊娠的进展情况。

临床上早期妊娠诊断的意义较大，对确诊已经妊娠的母犬，要加强饲养管理，保证母犬的健康和胎儿的正常生长发育，防止流产，预测分娩日期，以便做好产仔准备。对未妊娠的母犬，可以及时进行检查，找出未孕的原因，采取相应的治疗或管理措施，从而提高母犬的繁殖效率。

目前犬妊娠诊断的方法主要有外部观察法、触诊法和超声波诊断法三种。

（1）外部观察法　母犬妊娠20d左右，表现食欲增加，被毛光亮，性情温顺，行动迟缓。随着妊娠时间的推移，以上变化逐渐明显。妊娠35~40d，可以看到腹围明显增大，体重迅速增加，排尿次数增加，乳腺逐渐胀大，甚至可以挤出乳汁；妊娠50d后在腹侧可见"胎动"，在腹壁可用听诊器听到清脆、频率快的胎儿心音。外部观察法并不是准确和有效的方法，常作为早期妊娠诊断的辅助方法。

（2）触诊法　触诊法是隔着母体腹壁触诊是否有胎儿和胎动的方法，腹壁触诊到胎儿者即可诊断为妊娠，但触不到胎儿时不能否定妊娠。此法可用于妊娠早期（配种20d后）的诊断，是妊娠诊断中最实用、最可靠的方法之一。

妊娠20~23d时，子宫角增粗，能隐约感觉到子宫内胎儿的存在；妊娠24~30d时，可以清楚地摸到子宫角内胎儿的散在性分布，胎儿之间有明显的距离；妊娠30d后，胎囊体积增大、拉长、失去紧张度，胎儿位于腹腔底壁，很难摸到子宫角；妊娠40d后，子宫体积增大，仅能摸到增粗的子宫角，仔细触摸可感觉胎儿的形状；妊娠50d后，隔着腹壁可感觉胎动，并可听诊到胎儿的心音；妊娠55~60d，胎儿增大，很容易触诊到。

（3）超声波诊断法　通过线型或扇型超声波装置探测胚泡或胚胎的存在来诊断妊娠的方法。即将犬仰卧或侧S保定，剪掉下腹部被毛，在探头及探测部位充分涂抹耦合剂，使探头与皮肤紧密接触。

①多普勒诊断法：根据母犬子宫动脉、胎儿脐静脉或脐动脉的血流，以及胎儿心跳搏动反射的超声信号，来判断母犬是否妊娠；此方法的诊断准确率随妊娠的进程而提高，在妊娠36~42d时为85%，从妊娠第43天到分娩前可达100%。

②B型超声波诊断法：B型超声波诊断法是通过在荧光屏上显示子宫不同深度的断面图，来判断胎儿的有无、存活或死亡。在配种后的第18~19天就可诊断出来，在第28~35天是最适合的诊断期，在第40天后，可清楚地观察到胎儿的身体情况，甚至鉴别胎儿的性别。此种方法用途最广。

五、 犬的分娩及助产

（一）分娩预兆

随着胎儿发育成熟和分娩期的临近，母犬的生理功能、行为特征和体温都会发生变化，这些变化就是分娩预兆。根据分娩预兆可大致判断分娩的时间，从而有利于做好对母犬分娩的接产工作。一般犬的分娩多在凌晨或傍晚进行。母犬的分娩预兆主要表现在以下三个方面。

1. 生理变化

（1）乳房　分娩前乳房迅速膨胀增大，乳腺充实，乳头突出并变为粉红色。大部分母犬在临产前 1h 有乳汁分泌（有些在分娩前 2d 可挤出乳汁，极少数可在分娩前 1 周就有乳汁）。

（2）产道　子宫颈在分娩前 1～2d 开始肿大、松弛；阴道壁松软，阴道黏膜潮红，阴道内黏液稀薄、润滑；外阴部和阴唇肿胀明显，呈松弛状态。

（3）骨盆韧带　临近分娩时，骨盆韧带开始变得松弛，臀部坐骨结节处明显塌陷。

2. 行为变化

（1）精神状态　临产前，母犬表现精神抑郁、徘徊不安、呼吸加快，并伴以扒垫草、撕咬物品、发出低沉的呻吟或尖叫，同时出现造窝、对陌生人的敌对情绪增强等行为，初产母犬的表现尤其明显。

（2）食欲状况　多数母犬在分娩前 24h 内表现为明显的食欲下降甚至拒食。但也有极个别母犬临产前食欲表现正常。

（3）排泄状况　分娩前粪便变稀，排尿次数增加，排泄量减少。

3. 体温变化

大多数母犬在分娩前 9h 体温会比正常体温降低 1℃以上。当体温开始回升时，就预示着即将分娩。

（二）分娩

分娩是母犬借子宫和腹肌的收缩，将胎儿及胎膜（胎衣）排出体外的过程。分娩过程可分为开口期、胎儿产出期和胎衣排出期三个阶段。实际上开口期和胎儿排出期之间并没有明显的界限。犬的开口期一般为 3～24h。分娩过程的三个阶段有明显的种间差异。整个分娩期是从子宫阵缩开始至胎衣排出为止。

（三）接产与助产

母犬一般能自然分娩，无需人为助产。但由于各方面因素的影响，有些母犬往往不能完全独立地完成分娩，需要人为地帮助其进行分娩。当母犬发生分娩异常时，应及早进行助产，可避免母犬和仔犬受到危害。

1. 接产的准备

在临近分娩前要做好接产准备，以便随时帮助母犬解决分娩过程中的异常情况，确保母犬顺利分娩。接产的准备工作主要有四个方面。

（1）产床或产箱的准备　在产箱内应放上松软的垫料，在产前 2d 应将产箱放在母犬舍内。

（2）接产器材和药品的准备　如水盆、水桶、擦布、脱脂棉、结扎绳、常用外产科器械、一次性注射器、体温计、听诊器等。常用的助产药品有 75% 酒精、2% ~5% 碘酊、催产素、强心剂等。

（3）接产人员的准备 接产人员应受过接产训练，熟悉犬的分娩规律，在接产前做好消毒工作，指甲剪短磨光，并注意做好自身防护。

（4）分娩母犬的准备 用消毒液擦洗母犬的外阴部、肛门尾部及后躯，再用温水擦拭干净。如果是长毛品种的犬，应将阴门周围的长毛剪掉。

2. 接产

接产应在严格消毒的条件下进行。一般情况下，母犬可正常分娩，但如果出现母犬不撕破胎膜、母犬产力不足、胎儿过大或产道狭窄，以及胎向、胎位、胎势不正时要及时实施人工助产。

3. 抢救假死仔犬

当产出的胎儿因呼吸道进入羊水造成窒息而假死时，必须在 1min 内进行抢救。抢救的方法，一是将胎儿倒提起来，轻轻拍打胸腹部；二是将胎儿口鼻中的黏液用擦布擦干净，再用酒精刺激鼻孔。若以上两种方法都不奏效，则应做人工呼吸。具体做法是将仔犬仰卧，两手握仔犬的前两肢，有规律地来回摆动，确认仔犬有呼吸后，将其放入 39℃ 的温水中，洗净其身上黏液并擦干，然后放回母犬身边。

此外，在母犬分娩时，还应注意观察母犬咬断脐带的动作，发现母犬有"食仔癖"时，应及时制止。母犬产后吃胎膜是正常现象，它具有催乳作用，但吃的太多会引起胃肠的消化障碍，一般吃 2 ~ 3 个即可，剩余的胎膜应将其移走。分娩后，如阴道内仍有较多的鲜红色排泄物流出，可以认定为产后出血不止，应及时进行止血处理。

4. 助产

（1）难产的分类 一般说来，凡是已到临产期不能顺利分娩，推迟后仍不能顺产者，都可确诊为难产。犬的难产多数发生在初产。助产前应通过阴道内检查子宫颈扩张程度、胎位及胎儿是否存活，或通过 X 射线检查胎儿的大小、数量以及胎位等，以便更好地进行助产。

（2）助产

①药物助产：发生难产时首先使用雌激素松弛子宫颈并使子宫肌层致敏，其次肌肉或静脉注射催产素使子宫收缩，在母犬阵缩配合下将胎儿娩出，同时静脉点滴葡萄糖溶液以增强母犬体力。此法常用于解决产道狭窄和产力不足的问题。但药物助产的前提是必须对胎儿的个数、胎向、胎位、胎势等情况已充分了解。在产道狭窄或胎向、胎位、胎势不正时，随意使用催产素，有导致子宫破裂的危险。因此，药物助产法需谨慎使用。

②剖腹产：母犬发生难产时，经药物助产或其他必要的助产方法无效时，应进行剖腹产。只要确诊为难产，剖腹取胎术宜早不宜迟。

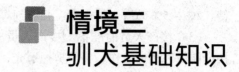

情境三
驯犬基础知识

　　随着社会进步，各种场所都能见到带宠物犬的人。但是"养犬不用驯"的观念影响了目前大多数宠物犬的素质，经常出现犬不听指挥甚至伤人的事件。其实，训练犬和教育儿童的道理一样，"玉不琢不成器"。但训练犬与教育儿童也有不同点，如我们无法和犬交谈，无法用语言告诉它们什么样的行为正确，不正当的行为将会造成什么样的后果等。所以，唯一有效的办法就是通过训练让犬学会理解人的意愿，并根据人的意愿作出正确的反应。

　　优秀品种的犬，自幼开始经过科学的训练后，先天遗传的优良素质会被充分地开发出来，能学会更多的技能或本领，从而成为一只优秀的犬。它们不但可以帮助人去工作，同时也会给人们带来更多的乐趣。即使是遗传不很优秀的犬种，经科学的训练以后，也会成为一条比较好的犬。

　　但是，驯好一条犬，不仅需要了解犬的生理、行为方面的诸多特点，还必须坚持正确的训练原则，遵循一定的训练程序，使用行之有效的训练方法，利用专业的训练工具，这样才能最终达到预期的训练目的。

单元一 | 犬的行为与习性

一、 犬的一般生理特点

犬在进化中形成了许多独有的生理特点，主要有以下几方面。

（一）耐寒怕热

犬科动物只有爪垫上有少量的汗腺，散热能力差，因此对炎热十分敏感；而绝大多数犬全身都长着又长又密的毛，所以不怕寒冷。犬散发体热的方式是张口伸舌，依靠唾液蒸发水分。所以夏季须把犬养在阴凉通风的地方，训练和工作尽量选在清凉的早晨或太阳落山后的傍晚。防暑降温是夏季养犬的大事，长毛犬更要预防中暑。

（二）食性与消化特点

在动物分类学上，犬属于食肉目。犬的祖先以捕食小动物为生，偶尔也用块茎类植物充饥。犬被人类驯养后，食性也逐渐发生了变化，变成以肉食为主的杂食动物，但全素食也可以维持生命。即使如此，它们仍保持着以肉食为主的消化特性，这一点从犬的牙齿及胃肠等部位的解剖结构就可以证明。犬上下颌各有一对尖锐的犬齿，体现了肉食动物善于撕咬猎物的特点，犬的臼齿也比较尖锐、强健，能切断食物。但犬不善咀嚼，因此，犬吃东西时"狼吞虎咽"，很少咀嚼。

因为犬的食管壁上有丰富的横纹肌，呕吐中枢发达，所以吃进毒物后能引起强烈的呕吐反射，把吞入胃内的毒物排出，这是犬的一种比较独特的防御本领。犬的唾液腺发达，能分泌大量唾液，湿润口腔、食管及食物，便于咀嚼和吞咽，唾液中还含有溶菌酶，具有杀菌作用。在炎热的季节，犬依靠唾液中大量水分的蒸发帮助散热，借以调节体温。

犬胃似梨形，胃液中盐酸的含量为 $0.4\% \sim 0.6\%$，在家养动物中居首位；盐酸能使蛋白质膨胀变性，便于分解消化，因此，犬对蛋白质的消化能力很强，这是犬肉食习性的基础。

犬的肠管较短，一般只有体长的 $3 \sim 4$ 倍，而同样是单胃的马和兔的肠管为体长的 12 倍，所以犬在食后 $5 \sim 7h$ 就可将胃中的食物全部排空，比草食或其他杂食动物都快得多。犬的肠壁厚，吸收能力强，这些也是典型的肉食特征，容易和适宜消化肉类食品。

犬的肝脏比较大，相当于体重的 3% 左右，分泌的胆汁有利于脂肪的吸收。

但犬的排粪中枢不发达，不能像其他家畜那样在行进状态下排粪，所以要给它一定的排便时间和地点。

以上特点决定了犬可以很好地消化吸收蛋白质和脂肪，但因咀嚼不充分和肠管短，不具发酵能力，所以对粗纤维的消化能力差。因此，给犬饲喂蔬菜时应切碎、煮熟，不宜饲喂整块、整棵的高纤维食物。

（三）犬的感觉功能

1. 嗅觉极其灵敏

犬的嗅觉灵敏度位居各种家养动物之首，对酸性物质的嗅觉灵敏度要高出人类几万倍。

（1）犬的嗅觉感受器官是嗅黏膜内的嗅细胞　嗅黏膜位于鼻腔上部，表面有许多皱褶，其面积约为人类的 4 倍。嗅黏膜内有 2 亿多个嗅细胞，为人类的 40

倍，嗅细胞表面有许多粗而密的绒毛，这些绒毛扩大了细胞与气味物质的接触面积。气味物质随吸入的空气到达嗅黏膜，使嗅细胞产生兴奋，沿密布在黏膜内的嗅神经传到嗅觉神经中枢，从而产生嗅觉。犬灵敏的嗅觉主要表现在两个方面：一是对气味的敏感程度，二是对气味的辨别能力。犬对气味的感知能力可达分子水平。如当 $1cm^3$ 含有 9000 个丁酸分子时，犬就能嗅到，而在一般情况下每立方厘米的空气中约有 268 万亿个丁酸分子。犬感受丁酸的浓度极限为 8.86×10^{-6}。有人将硫酸稀释到 1.0×10^{-6} 时，犬仍能嗅出。犬辨别气味的能力也相当强，它可以在诸多的气味当中嗅出特定的味道。经过专门训练识别戊酸气味的犬，可以在十分相近的丙酸、醋酸、羊脂酮酸等混合气味中分辨出戊酸，优秀的警犬能辨别 10 万种以上的不同气味。

（2）犬的嗅觉在其生活中占有十分重要的地位　犬识别主人、鉴定同类的性别、发情状态、母仔识别、辨别路途与方位、寻找猎物与食物等都是通过嗅觉来完成。犬在认识和辨别事物时，首先表现为嗅的行为。如我们扔给犬某种食物时，犬总是要反复地嗅几遍之后才决定是否吃掉。遇到陌生人时，犬总要围着陌生人嗅其气味，有时未免使人感到毛骨悚然。犬根据留在街角的味道信息就可以知道曾经出现过哪些人和物。有人说犬的生活完全依赖鼻子，虽然有些绝对化，但以此来强调嗅觉对犬的重要性也不为过。

（3）犬敏锐的嗅觉被人类利用到众多领域　如警犬能够根据犯罪分子在现场遗留的物品、血迹、足迹等进行鉴别和追踪。即使这些气味在现场已经停留了一昼夜，如果犯罪现场保护完好，警犬也能鉴别出来。再如人穿过的雨靴，虽经3 个月之久，警犬也能嗅出穿靴的人。缉毒犬能够从众多的邮包、行李中嗅出藏有大麻、可卡因等毒品的包裹。搜爆犬能够准确地搜出藏在建筑物、车船、飞机等处的爆炸物。救援犬能够帮助人们寻找深埋于雪地、沙漠及倒塌建筑物等处的遇难者。

2. 听觉灵敏

犬可以分辨极低分贝和高频率的声音，而且对声源的判别能力也很强。据测试，犬的听觉是人的 16 倍，它可以区别出节拍器每分钟振动数为 96 次与 100 次、133 次与 144 次的区别，人类根本不具备这样的分辨能力。晚上，犬即使睡觉也保持着高度的警觉性，依靠灵敏的听觉对半径 2km 以内的各种声音都能分辨清楚。立耳犬的听觉要比垂耳犬更为灵敏。犬听到声音时，由于耳与眼的交感作用，有注视音源的习性。这一特征，使猎犬、警犬都能够准确地将接听到的声音用注视行为为主人指明目标，以追踪和围攻猎物。犬对于人的口令或简单的语言，可以根据音调和音节的变化建立条件反射，完成主人交给的任务。犬完全可以听到很轻的口令声音。过高的音响或音频对犬是一种逆境刺激，使犬有痛苦、惊恐的感觉，以致产生躲避甚至逆反行为。只有为了禁止或纠正犬发生的错误行为时才可以用较严厉的口令。

3. 视觉较差

犬眼的调节能力只及人的 $1/5 \sim 1/3$。犬对物体的感知能力主要取决于该物体所处的状态。犬只能看清 50m 之内的固定目标，但对运动的目标，则可感觉到 825m 远的距离。但犬的视野非常开阔，单眼的左右视野为 $100° \sim 125°$，上方视野为 $50° \sim 70°$下方视野为 $30° \sim 60°$。犬对前方的物体看得最清楚，由于头部转动非常灵活，所以，基本上可以做到"眼观六路，耳听八方"。

犬是色盲。在犬的眼里，世界就如同黑白电视里的画面一样，只有黑白亮度的不同，而无法分辨色彩的变化。导盲犬之所以能区别红绿信号灯，是依靠两种颜色灯的光亮度不同加以区别的。犬对灰色浓淡的辨别力很细微，依靠这种能力，能分辨出物体明暗的变化，产生出立体的视觉映像。犬视觉的另一个特征是暗视力比较灵敏，在微弱的光线下也能看清物体，这说明犬仍然保持着夜行性动物的特点。

4. 味觉迟钝

位于犬舌上的味觉器官是味蕾，但因味蕾数量很少，所以味觉迟钝。吃食物时，犬很少咀嚼，几乎是在吞食。因此，犬并不能通过细嚼慢咽来品尝食物的味道，而主要是靠嗅觉来感知食物的气味，味觉只是起辅助作用。因此，养犬的食物要特别注意气味的调理。

(四) 犬的睡眠

犬没有固定的睡眠时间，一天 24h 都可以睡，有机会就睡。但比较集中的睡眠时间是在中午 11：00—13：00 时和凌晨 2：00—3：00 时。且犬每天的睡眠时间长短不一。犬睡觉总是喜欢把嘴藏在两个前肢的下面，这是对鼻子加以保护，同时也能保证鼻子时刻警惕四周的情况，以便随时作出反应。从年龄上讲，年老和年幼的犬睡眠时间较长，中青年犬的睡眠时间较短。犬一般处于浅睡状态，浅睡时呈伏卧的姿势，头俯于两个前爪之间，经常有一只耳朵贴近地面，稍有动静即可惊醒；犬沉睡时的姿态为侧卧，全身展开来，样子显得十分酣畅，进入沉睡状态的犬不易被惊醒。犬睡眠时不易被熟人和主人惊醒，但对陌生的声音却很敏感。犬睡觉被惊醒后，常显得心情很坏，对惊醒它的人非常不满，刚被惊醒的犬有时甚至连主人也认不出来。所以它的不满有时也会对主人发泄，如向主人吠叫等。犬得不到充足的睡眠时，工作能力会明显地下降，失误也会增多。睡眠不足的犬，常常表现为一有机会就卧地，不愿起立，常打哈欠，两眼无神，精力分散的状态。

(五) 犬的行为基准

(1) 犬用视觉及距离判定安危　犬能够判断出自己所处环境的安全状态，而眼睛便是它们衡量安全系数的尺度。一般来说，犬对陌生人都持有不同程度的戒心，而判定陌生人的威胁程度，主要是比较与自己视线的高低及与自己距离的远近。对方越高大，距离越接近，犬的戒备程度便越高；如果对方是小孩，或是蹲下来的成年人，那么犬的戒备程度便会大大降低，这是犬天生的行为本能。当陌生人一靠近，自上而下的压迫感会使犬不安，若采用低姿势，它便会接受你，如果同时将眼睛的高度放的更低些，犬就会更安心。

（2）犬的弱点在右边和下腹部　犬会保护右侧，当被逼得走投无路时，会让自己的右侧靠墙，而将左侧面对敌人，这种习性是犬与生俱来的本能。犬让人看或摸它的下腹部时，是向对方示好、顺从或投降。犬的群体中也有一定规则，它们决不攻击倒下露出下腹部的对手。犬朝天躺着睡觉时，表示它对周围的环境、动物等都很放心和信任。

（3）犬喜欢人甚于喜欢同类　这不仅是由于人能照顾它，给它吃住，更主要的原因是犬在与人为伴的过程中建立了感情。犬对自己的主人有强烈的保护意识，很多事例都能说明犬的这一品性。

（4）犬喜欢追捕，有时甚至杀死小动物　如犬喜欢追逐兔、猫、羊等，甚至追咬人类。但人利用犬的这种特性，可以让它承担驱赶羊群、牛群和保护人类自己等工作，变害为利。

（5）犬具有领地习性　犬自己占有一定范围，并加以保护，不让其他动物侵入。它们利用肛门腺分泌物使粪便具有特殊气味，把趾间汗腺分泌的汗液用后肢在地上抓划，作为领地记号。

（6）犬嫉妒心和虚荣心非常强　当你把注意力放在新来犬身上，忽略了对它的照顾时，它就会愤怒，不遵守已养成的生活习惯，变得暴躁和具有破坏性。而当它办一件好事，或做一些小技巧活动，你拍手赞美它、抚摸它，它就会心满意足。同时犬也有羞耻心，如做错了事或被毛剪得太短，就会躲在什么地方，直到饿了才出来。

（7）犬的记忆力强　犬会始终记得曾经和它亲密相处的人或动物以及自己住过的地方。但也有人认为犬是靠感官灵敏性，来识别熟人的声音和认识地方的。

（8）犬喜欢嗅闻　包括嗅闻领地记号、新犬、食物、毒物、粪便、尿液等。狗在外出漫游时，我们常常看到它不断地小便或蹲下大便，把它的粪便布撒路途。因为犬是依靠这些"臭迹标志"行走的。

（9）犬生病时会本能地避开人类或者同类　犬生病时常常躲在阴暗处去康复或死亡，这是一种"返祖现象"。犬的祖先都是群居生活，犬群中若有生病或受伤的个体，别的犬会杀死它，以免犬群受到连累。犬主人或饲养员要时刻留意，发现有犬生病应及时诊治。

（10）犬不喜欢酒精、怕火　在兽医院给犬打针时，在擦酒精前，犬会很安静、听话，但是在擦酒精后，犬嗅到了酒精的味道，马上会毛发直立、咆哮不安。狗怕火，因此凡是冒烟的东西，它都不喜欢，如划火柴、吸烟等。

二、 犬的一般心理特点

犬经过长期进化，在生理上已形成的固有特性在长期的家养条件下会发生一定的变化。同样，作为高等哺乳动物，犬在心理上的许多特点在家养条件下也会发生一些变化。所以我们不但要掌握犬的生理特性，同时也必须掌握犬的心理特点及其变化，并以此为基础，通过严格的管理和科学的训练才能使犬更好地为人类服务。

（一） 忠诚、怀旧与依恋意识

1. 忠诚意识

犬是人类最忠诚的朋友，但犬在一定时期内往往只忠诚一个主人。主要表现在犬对自己生活的环境从不挑剔，无论富贵贫穷。但当给犬更换主人时，犬会非常伤感，常常表现为眼球湿润、情绪低落，甚至几日不食，这是犬对原主人的感情难以割舍的表现，也是犬对主人忠诚的体现。因为只忠诚一个主人，所以很长时间以后，再看到原来的主人时，仍表现异常的兴奋；因为只忠诚一个主人，所以犬可以不远万里（在灵敏的嗅觉及视觉帮助下）回到原主人的家。因此，在购入新的宠物犬后，主人要用心观察犬，给犬以更多的关爱，从关心犬的生活环境及合理地调整食物开始，与犬慢慢建立感情，使犬逐步淡忘过去，慢慢地接受新主人，从而安心的在新环境里生活。

2. 怀旧与依恋意识

当人类远离故土，来到一个陌生的环境时，总有回忆过去、思念亲人的意念，这种留恋故土的心理状态，在心理学上称为怀旧依恋心理或回归心理。犬也具有这种心理，而且回归欲望比人更为强烈。犬极强的归家能力，就是犬怀旧依恋心理的最好体现。犬之所以要回家，实质是要回到主人身边，犬是希望回到在主人爱抚照料下的单纯环境。如在 1927 年夏，波士顿郊外的希奇先生，带着四岁的德国牧羊犬哈佛特来到洛杉矶，由于种种原因在途中哈佛特走失了。6 个月后，哈佛特却回到了波士顿。据推测，哈佛特绕行了大约 8000 公里，横跨了整个美国大陆才艰难地回到家中。犬回归欲望的强弱与其对主人的感情依恋程度有很大的关系。一般感情越深，依恋心理越强，回归的欲望也就越强。我们在引进成犬时，应考虑到犬的依恋心理，应详细向原犬主问明犬的生活规律；引进后，更要努力与犬建立感情，转移其怀旧的注意力。

犬对主人的依恋心理，也是忠诚于主人的心理基础。

（二） 群体意识

犬在群居时有"等级制度"和主从关系。建立这样一种秩序便可以保持群体的稳定，避免因为食物、生存空间的争夺而引起恶斗。同时犬的群体是一个社会，是多个个体的集合，形成群体的重要条件就是成员的群体意识。群体意识不仅体现在每个成员受集体的保护，同时也表现为每个成员对集体的忠诚。当个别成员受到威胁时，它会受到集体中其他成员的一致保护；同样，当群体遭遇危险的关头，个体成员也会毫不犹豫地挺身而出。集体是靠全体成员的彼此维护而存在的。

许多动物都具备这种群体意识，而犬遗传的群体意识尤其强烈。当它们与人类结成伙伴关系时，这种与生俱来的群体意识，便体现为保护主人及家族不受侵害的本能，并常常以意想不到的方式表现出来。

犬有可能偷吃邻居家的鸡，但绝不欺负同它养在一起的鸡。因为对犬而言，邻居家的鸡是美食，而自家的鸡却是伙伴。欺负自家（群体内）的伙伴，会引起众怒，会为群体中的其他成员所不容，尤其会得罪群体中的头号人物——自己的主人。犬对这一点非常清楚，这就是犬群体意识的具体体现。

（三）争宠邀功与自我表现意识

两头猎犬在一起追捕猎物时，往往你争我夺，互不相让，有时甚至暂时放下猎物进行内战，以决高低。两头猎犬都想为主人获取猎物，这是犬争宠邀功心理的外在行为表现，目的是为了邀功以获得奖赏。警犬追逐罪犯，猎犬跑遍山野寻回猎物，参展的宠物犬使出全部看家本领，犬的这些表现，并不是因为犬有为主人尽心竭力工作的思维，仅仅是出于本能的表现，目的是借此在同类中炫耀自己、满足它的自我表现意识。犬的这种心理活动提示我们，要经常使用表扬鼓励、奖励美食等手段，促使犬更好的完成训练和工作任务。相反，在同时饲养多条犬时，不要明显地关心一条犬，必须平等对待，否则，犬之间就可能发生争斗，不便管理。

（四）顺位与篡位意识

犬有群体意识，属于群体动物。但在群体中犬本身处于什么地位，犬的答案非常明确。在一个家庭中，它们通常认为自己的顺位就排在男主人后面，同男主人生活在一起的其他人（小孩、妇女）都排在自己的后面，因为犬只服从自己尊敬的强者，而男主人在生理和心理上的特点，都有利于他们扮演这种角色。至于女主人或者主人雇来的饲养员等人，尽管给它喂食喂水、清理梳毛，却往往缺少统治者的威严。当然，女主人及其他家庭成员如果了解犬的习性和心理，在犬犯了错误或不服管教的时候，不让步、不恐惧，那么，她（他）们的威信便自然而然地会建立起来，甚至顺位可以排在男主人之前。同时，犬对主人的服从也不是绝对和始终如一的，有时它们甚至会露出想当老大的意识，即犬的篡位意识。所以，如果主人对犯有过错的犬采取迁就或纵容的态度，它们就会认为人比自己软弱而失去服从性，进而想去支配对方。

（五）悔过意识

做错了事的犬，在主人的严厉面孔和训斥语调面前，往往会表现出低头垂耳，目光虔诚，一副可怜后悔的样子。有的犬还会躲到隐蔽处，企图逃避主人的惩罚。这种表现就是犬的悔过意识，悔过意识也是犬的本能。

（六）占有心理与领地保护意识

犬有很强的占有心理。在占有心理的支配下，常表现出领地行为，即自我保护领地的特性。特别是产仔后，母犬的领地意识更加强烈。正因为如此，犬才具有保护公寓、家园、财产及主人的行为。犬表示据为己有最常用的方法是排尿作气味标记。在关养多头犬的犬舍内，犬会依其顺位各自占据一定的空间，即使犬舍只是一块十分狭小的场地，也一定有其各自固定的睡觉场所。犬的占有心理有时还表现在，在人类看来并无用处的东西，犬也会加以收集并据为己有。如犬常将木棒、石头、树枝等衔入自己的领地啃咬、玩耍等。

犬十分重视对自己领域的保护。对自己领域内的各种物品，包括犬主人、主人家园及犬自己使用的东西均有很强的占有欲。正因为如此，养犬看家护院才非常有效。配种期间的公犬，不让其它动物接近它与母犬的居住地，说明公犬对母犬也存在占有心理。

犬的领地意识一般只限于主人家庭周围的地区。当它走出自己守卫的范围以外时，领地意识就会弱化甚至消失。如果搬到一个新地方，犬需要经过10d左右才能建立起新的领地范围。但是，在犬建立新的领地势力范围期间，必须严加管制，以免追逐人或咬人。因为有些犬在此期间，会因恐惧而咬人。

犬的占有心理常导致犬与犬之间争斗。但犬对主人的占有心理，可以使护卫犬面对敌人英勇搏斗，保护主人。

（七）好奇心理

在犬的生活中，对人、物和外界环境等都有强烈的好奇心。犬的好奇心是本能的探求反射活动。犬在好奇心的驱动下，会利用其敏锐的嗅觉、听觉、视觉、触觉等感觉去认识世界，获得经验。每当犬发现一个新的人或物体时，总是用好奇的眼神注视，表现出明显的视觉好奇性，然后嗅闻、舔舐，甚至用前肢翻动，进行认真的研究。犬每到一个新的环境，也必须探究一番。好奇心促使犬乐于奔跑、游玩，增强了体质；好奇心使犬了解了更多的事物，有助于犬智力的增长；在好奇心的驱动下，犬还可以表现出模仿行为和求知的欲望。这种心理为专业科目的训练提供了极大的帮助。犬在好奇心的驱动下进行的模仿学习是一种很重要的训练手段，其训练基础便是充分利用幼犬的好奇心理。幼犬通过模仿，能从父母那里很快学会牧羊、狩猎等许多本领。再如没有交配经验的年轻公犬，通过模仿可以很快掌握交配要领。

（八）嫉妒心理

犬顺从于主人，忠诚于主人，但犬对主人也有一个特别的要求，即希望主人只关心它自己。而当主人在感情的分配上厚此薄彼时，往往会引起犬对受宠者的嫉恨，甚至因此而发生争斗，这是犬嫉妒心理最明显的表现。这种嫉妒心理同时会有两种外在行为表现，一是对主人冷淡，二是对受宠者施行攻击。

在犬的家族中，因争斗而形成的等级顺位维持着犬的社会秩序。主人宠爱其中某一头犬，这是主人的自由。但是对犬群来说，则有其固定的程序，即只能是地位高的犬被主人宠爱。若地位低的犬被主人宠爱，则其他的犬、特别是地位比它高的犬，将会作出反应，有时会群起而攻之。这也是犬嫉妒心理的行为表现。因为在犬的意识中，每头犬都希望能得到主人的关爱，并且总想独占。有些动物心理学家也认为，这是犬将主人作为领域一部分的行为表现。但无论如何，犬在自己的主人关心其他犬时，总是表现出不愉快，这种现象在主人购进新犬时表现得更为明显。如在新的仔犬购进后，原来的犬总有较长的一段时间不高兴，甚至威吓或扑咬新来的犬。

由于犬存在嫉妒心理，所以，在自己的犬面前切勿轻易对其他犬及动物表现出明显的关切，以免引发不必要的矛盾甚至意外。但是，利用犬的嫉妒心理训练雪橇犬等集体项目时效果很好。

（九）复仇心理

犬具有复仇心理。犬是依据嗅觉、视觉、听觉等感觉，将曾经恶意对待自己或主人的对象牢记在大脑中，在适当的时机实施复仇。复仇时的犬近乎疯狂，而且复仇在犬与人之间和犬与犬之间的表现是一致的。犬会选择对方生病、身体虚弱等易于复仇时进行复仇，有时在对方死亡之后还要实施。如台湾安先生所养两条母犬"塔奴"与"迪娜"，曾因顺位之争而结目成仇，后来安先生只好将两条犬分开。三年后，塔奴因病死亡，安先生带着迪娜去看时，迪娜一路上警觉四周的变化，在接近塔奴住所时，突然冲进去，嗅嗅躺倒的塔奴，随后猛地咬住喉管。这大概是对三年前遭受严重攻击的复仇。另外，某些凶猛强悍的狼犬，甚至会对为它治过病的兽医怀恨在心，伺机报仇。但是，犬的这种心态对扑咬科目的训练是有帮助的，由于助训员首先成了犬的敌人和复仇的对象，这样可以提高训练效果。复仇心理对那些凶残地对待犬的人也是一种威胁。

（十）恐惧心理

心理学家与行为学家通过观察发现，犬对火、光、死亡及某些声音都有恐惧心理。比如，未经训练的犬对雷鸣及烟火等自然现象有明显的恐惧感；在听到剧烈的声响时，犬首先表现出惊愕，接着便逃到它认为安全的地方（如屋檐下或房间里）或钻到狭小的地方伏地贴耳，表现出胆颤心惊的模样，直至声音消失后才能平静下来。怕光的犬也很多，这是犬将自然现象中的雷声及闪电两者联系起来的结果。大多数犬都讨厌火，但对火并没有达到恐惧的程度，如德国一头4岁的母犬会用脚踩灭有火的烟蒂。犬最强烈的恐惧是死亡。如犬对地震和其他自然灾害的恐惧感及日常生活中对移动的大型机械的恐惧等。恐惧是犬野生状态下残留的心理状态，是犬先天的本能，但这种心理可以通过训练得到一定程度的转变。

要克服犬的恐惧心理，必须从幼犬时就开始适应音响、光、火等各种刺激的训练，因为幼犬阶段的环境锻炼对克服犬的恐惧心理是至关重要的。对幼犬进行环境锻炼在一定程度上会减少甚至消除犬的恐惧心理。

对主人的恐惧有时会导致犬撒谎，有时撒谎的手法还很高明。如一头有寻找垃圾堆物品习性的犬，受到主人的惩罚后，如果突然听到主人呼叫它时，而此时正在垃圾堆处的它不会直接走到主人身边，而是先往相反的方向跑，然后才回到主人身边。这是在隐瞒自己错误的行为，是表示它不在垃圾堆处而是在相反方向的某地。这个事例说明犬因为害怕主人的惩罚而逃跑，但强烈的服从心理又迫使犬回到了主人身边。

犬对孤独也有天生的恐惧感。当犬失去了主人的爱抚，或长时间见不到主人，或进入了一个陌生的没有任何玩伴的环境，往往会因孤独而产生恐惧，表现为意志消沉，烦躁不安。如在运犬时，将犬关在一个四周闭合的木箱中，犬会大闹不已，因为犬感到了和外界的隔绝，由孤独而产生恐惧。犬孤独抑郁的心理状态有时会引起犬的神经质、自残及多种异常行为的发生。所以，在对犬的饲养管理和训练使用的过程中，应保证有足够的时间与犬共处，以免犬因孤独产生恐惧心理。

（十一）卫生意识

犬是讲究卫生的动物，有定时、定位大小便的习性。犬多选择在每天起床后、吃食前后或傍晚时排便。在室内养犬可以训练它们在上述时间，到庭院固定的地点排便或到住室厕所排便；也可以每天定时牵犬到野地散游时排便；还可以利用犬的这种习性训练定位排便。训练时可使用定位排便诱导剂，使犬固定排便地点。犬的卫生意识还表现在冬天喜欢晒太阳，夏天喜爱洗澡。但家养宠物犬洗澡的次数太多会导致患皮肤病和增加犬的体力消耗，从而影响犬的健康。

极少数的幼犬有"尿失禁"现象，这是应激引起的条件反射，并不意味着犬没有卫生意识。尿失禁一般可分为两种情况：一种是惊吓性撒尿。幼犬惊吓性（顺从屈服）撒尿是指每次一接近幼犬，幼犬即蹲踞下来并撒尿。此行为源自动物无安全感或受到威胁与惊吓，它采取了顺从臣服的姿势蹲踞下来，但同时因惊吓而撒尿，并形成了反射性反应。对犬惊吓性撒尿，如果采取惩罚措施，它将更加恶化，所以必须采取安抚的办法改正。另一种是兴奋性撒尿，有些幼犬一兴奋就无法控制而排尿，惩罚会使幼犬转成惊吓性撒尿，使问题更为恶化。最好的处置办法就是置之不理，犬长大后，问题会自然解决。另外安排幼犬在可以排尿的地方游戏，也是一种很好的解决办法。

三、 犬的心理障碍

犬的训练是对犬的神经反应过程施加影响，使其形成特定能力（条件反射）的过程。在训练过程中，由于受各种刺激的作用，犬可能形成我们期望的能力，但也可能出现一些不符合我们要求甚至与我们期望相反的行为习惯。在这些不良行为习惯中，有些有相当大的顽固性，这种现象就是犬在训练中出现心理障碍的结果，简称犬的心理障碍。犬在训练中产生心理障碍，主要是训练人操作不当造成的。如果能够在训练前预见可能造成犬出现各种问题的可能，在训练中加以注意，就可以防止犬心理障碍的产生。

（一）犬心理障碍的分类

1. 恐惧

皮肤感受阈值低的，即对刺激耐受力较低的犬，如果主人施加刺激过度，犬易产生恐惧心态。犬恐惧心态表现为：两耳横分，逐渐往后贴，甚至把尾夹于两后腿之间。犬恐惧心理的短期表现是对某种有特殊意义的信号（刺激）表现敏感；长期表现是对刺激的抑制和刺激施加者的恐惧心理。

2. 戒备

戒备是犬在较长期的恐惧心态条件下形成的条件反射。这种条件反射是逐渐形成的，戒备的主要对象是某种特定的环境、科目或某一训练参与者，表现为对特定刺激的担心，在执行某一口令时总是提心吊胆。犬的戒备心态对正常训练有很严重的负面影响。但驯犬人可以通过观察，结合犬以往的训练找到并消除刺激来源。

3. 厌倦

厌倦是指犬对于环境中单调而频繁的一系列刺激（并不一定是机械刺激），或对其身心有疲劳作用的刺激产生的一种情绪。犬表现为消极地应付、被动地逃避或无意识地打哈欠。如当命令犬衔取时，犬可能看着物品而不衔，听到口令后反而注视主人等。

4. 矛盾

矛盾是指犬对命令反应不果断，表现为迟疑或犹豫。从犬的表现来讲，犬的厌倦心态更多强调犬的厌烦状态，而犬的矛盾心态则表现为无所适从的状态。如在训练犬的"前来"科目时，犬听到口令后，意欲前来，却表现得不是非常果断。此时助训员采用假打和真刺激相结合的办法效果会很好，同时也会提高犬对主人的依恋性。

5. 依赖

犬的依赖心态是经过较长时间的训练才会出现的，并且往往是在犬的矛盾心态下进一步发展起来的。如在工作犬训练中，有的犬在进行"鉴别"时会观察主人的表情与反应，这是犬依赖心理最为明显的表现。

犬在训练中出现心理障碍，可能是典型的某一种心态体现，也可能是几种心态的综合表现，而且在训练中还可能不断地变化，所以我们必须在训练前预见犬可能出现的问题，防止犬心理障碍的产生。

（二）防止和消除犬的心理障碍的方法

防止和消除犬的心理障碍主要有主动参与法、对比消除法、替代刺激法、正强化法和转换注意法五种方法。

1. 主动参与法

主动参与法可以防止犬产生各类心理障碍。如在培养犬的衔取欲和占有欲时，如果助训员参与到同犬"抢夺"衔取物品的过程，就会使犬的兴趣被调动起来，改变单调活动，消除犬的厌倦心态。主动参与法在其他科目的训练中也可以广泛应用。

2. 对比消除法

在复杂环境中训练，犬会有很大的外抑制过程。因为一个定量的机械刺激，在动物机体中所产生的抑制或消极作用要用几个定量的正强化缓解后才能相抵消。对比消除法就是减少犬对环境的敏感性，直到恢复到正常的水平。对比消除法也可以看作是减敏反应。

3. 替代刺激法

替代刺激法就是在犬对主人产生恐惧心理的一段时间内，不能再给犬刺激或者减小对犬刺激的方法。对感受阈值低的犬，即使必须使用机械刺激，也最好由助训员协助施加。由助训员配合主人对犬施加机械刺激，使犬对助训员产生恐惧而导致靠近主人，从而增强对主人的依恋。

4. 正强化法

助训员不仅可以对犬施加刺激，也可以对犬进行正强化。在训练"扑咬"科目中，为消除犬的恐惧心态，特别是对初训犬，助训员的试探性进攻和仓惶逃窜对犬会形成极大的强化，助训员逃跑的背影对树立犬的扑咬信心有极大的作用；助训员甚至可以在犬咬住护袖时拍摸犬的头部以示表扬。对于犬的正强化，还可以创造性地使用许多方法。如驯犬员训练犬随行时，以人口中含食物，诱使犬抬头再吐给它的办法，使犬注视人的面部等。

5. 转换注意法

有时为了完成特定的训练任务或进一步提高犬的作业能力，需要加强训练的强度和时间。此时既要延长犬的作业强度和时间，又要使犬保持良好的状态，就需要采用转换注意法对训练的安排进行调整。比如在传统的训练犬搜毒时，犬经过十几分钟的搜索会有疲劳表现，这时不妨让助训员用其他物品吸引犬，使犬从繁重的嗅觉分析过程中暂时解脱出来，对助训员的物品注意，甚至产生攻击行为，会加快呼吸和血液循环，这样，犬的兴奋性就会重新提高起来，从而继续保持作业效果，避免了犬厌倦心态的产生。

训练中训练人主动预防犬出现心理障碍是最有效的方法，只有犬出现心理障碍后才需要利用助训员弥补。

单元二 | 犬的情感表达

犬虽然不能像人一样说话，但是犬可以通过吠叫、动作、姿态等许多体语来表现感情和意愿，通过这些方式实现与人或同类的交流。在这些方式中，最主要的表达方式就是吠叫。

一、 犬的吠叫

吠叫是犬的本能。犬的吠叫类型通常与其所属的种类相一致，但同一品种中的每只犬的吠叫也有一定的区别。优秀驯犬员不仅能分辨出灰猎犬和比格犬声音的不同，也能分辨出其所饲养的每一条犬的声音。实质上，只要注意倾听犬所发出的声音（吠叫声），仔细观察犬的表情与动作，人就可以大致猜测出犬所要表达的情感。

1. 犬通常只在其势力范围内吠叫

比如陌生人进门或要靠近犬舍时，犬就会奋力地发出吠叫声；而两只犬在路上碰面时，一般都不吠叫。

2. 小型和大型犬的吠叫有所不同

一般小型犬的吠声高而尖锐，而且喜欢乱叫；大型犬的吠声粗而低沉，而且性情较沉着，通常不会乱叫。犬的吠叫与警戒心是一条看门犬所必须具备的条件。犬会看家，它看见陌生的人立刻吠叫不停，这是犬的语言，叫声是报警，它要唤醒同伴注意，同时告诉主人要提高警惕；叫声还是一种示威，带有助威和恐吓的作用。同类之间相距很远的时候，也用叫声互通信息。

3. 犬显示强者时会咆哮或低吟

犬对于弱者表示权威时会咆哮，如猎犬追捕猎物时，最容易发出这种声音，表示权威和发出恐吓。而犬在相互攻击或表示愤恨的时候，会发出呻吟声，这也是一种表示厌恶或愤怒的声音。

4. 犬在示弱时会哀叫、哼哼或发出鼻音

当犬被欺凌时会发出"噢呜——噢呜"的哀叫声；当幼犬离开母犬、感到寒冷或生病时，会发出一种哼哼的高调声音；当犬悲伤的时候，会发出鼻音，表示"悲哀"或"难过"。

二、 犬的身体语言

犬在表达情感时，除了吠叫之外，眼、耳、口、尾巴的动作以及全身的姿态动作，都代表不同的感情和意义。

1. 犬的眼睛能体现其心情的变化

犬生气时瞳孔张开，眼睛上吊，变成可怕的眼神；悲伤和寂寞时，眼睛湿润；高兴的时候，目光晶亮；充满自信或希望得到信任时，目光坚定且不会将目光移开；受压于人或者犯错误时，会轻移视线；不自信时，会目光闪烁不定。

2. 犬的耳朵、尾巴能表现情感

当犬的耳朵有力地向后贴时，表示它想攻击对方；而当耳朵向后轻摆时，表示高兴或是在撒娇。

3. 犬的尾巴也能正确表达感情

犬尾巴摇动，表示喜悦；尾巴垂下，意味危险；尾巴不动，显示不安；尾巴夹起，说明害怕。

4. 犬的全身动作与情感表达

犬表示自己的愤怒时，目射凶光、龇牙咧嘴、发出喉音、毛发竖立、尾巴直伸，与它愤怒的对象保持着一定距离。如果它前身下伏，后身隆起，做匍匐状，就是要发起进攻了。犬用沉默来表示自己的哀伤，哀伤时低垂脑袋，无精打采，或可怜巴巴地望着主人，或躲到角落静卧。犬用跳跃来表达它的喜悦。犬会"笑"，犬笑时嘴巴微张，露出牙齿，鼻上蹙起皱纹，眼光柔和，耳朵耷拉，嘴里发出哼哼的叫声，身体优美地扭动着，并摇尾巴。犬用身体的颤栗表示恐惧。犬在恐惧时，全身毛发直立，浑身颤栗，同时尾巴下垂，或者夹在两腿之间。

犬不懂得人类的语言，我们看到的犬能听懂人类的口令是学习的结果。在驯犬的过程中，我们应该了解犬的语言，以便在驯犬的过程中和犬良性互动，收到事半功倍的效果。

三、 犬的气味表达

犬的嗅觉是了解世界、完成各种任务最重要的功能。幼犬从一生下来就知道如何使用嗅觉找到母犬的乳头，不用过多久就可以区别母犬和其他犬的不同体味。

犬通过特殊的气味进行交流。这些气味信息除了代表着性方面的详细信息（性别、是否处于发情期）外，还包括是否妊娠、是否临产等信息。犬在生气、恐惧或非常自信等不同状态下会释放不同的激素，犬龄的大小也可以从散发的气味信息中得以区别。

犬喜欢嗅闻东西，包括嗅闻领地记号、新的犬、食物、异物、粪便、尿液等。犬在外出漫游时，几乎是依靠"嗅迹标志"行走，不仅用尿，而且还会用粪便来为自己的领地或其他重要地方做标记。

犬的领地习性就是利用肛门腺分泌物使粪便具有特殊气味，用趾间汗腺分泌的汗液和用后肢在地上抓划，作为领地记号。犬会经常在人身上蹭，在人身上留下自己的气味，从而确认这个人是属于其集体中的一员。

四、 犬的情感表达

犬的情感世界非常丰富，它与人一样也有喜悦、愤怒、悲伤、恐惧、警觉、寂寞等。犬的表情变化很丰富，其喜怒哀乐可以通过全身各部的变化毫不掩饰地表现出来。犬的表情变化与人类相比虽显简单，但也必须通过仔细观察才能掌握。比如犬高兴的时候耳朵下垂，愤怒时耳朵也下垂；尾巴也是这样，高兴时摆动，愤怒时也摆动，而高兴和愤怒几乎是两种完全相反的情绪变化，这时我们就必须借助于犬的叫声、眼神及身体其他部分的状况来综合判断。我们只有了解并读懂犬的情感，才能科学、合理地饲养管理和训练好自己的爱犬。

1. 喜悦

犬表示喜悦的声音和姿态多种多样。

（1）不停地摇尾跳动，身体柔和地扭曲，全身的被毛平滑不竖起，与人亲近，用前腿踏地或者尾巴使劲地左右摇摆，或在主人四周向高处跳跃，耳朵向后方扭摆，眼睛炯炯有神，发出甜美的鼻音。

（2）有的犬在喜悦的时候发出的吠声是一种明快的"汪汪"声，吠叫声短促、快速，声调高而尖，像在愉快地哼唱歌曲，大型犬还可能把前腿抬起，或去舔主人的脸。

（3）过分喜悦时幼犬可能会尿失禁，但这种情况随着年龄的增长会逐渐消失。

（4）有时候犬会先用脚推挤脸部以摩擦鼻子，用胸部摩擦地面，或者用前脚揉搓脸部从眼睛到耳朵的部分，然后背部朝下，这也是一种表示内心满足、喜悦及放松的方式。

（5）犬有时还会轻轻地张开嘴巴，鼻内发出"哼哼"声或发出一种细小的呜咽声，同时垂着舌头"哈哈"地喘着气，慢慢地摇尾巴，喉咙中发出轻微的"呜呜"声或发出轻快的"汪汪"声，有时甚至不停地舔主人的手和脸，以表示其愉快、兴奋，对人表示好感。

（6）有时候犬趴下来，把头枕在前脚上，眼睛半张半闭发出叹气的声音，尾巴放得比水平线还低，但是离腿部仍远，这也表示犬的心情愉悦。如果尾巴高伸摆动，耳朵竖起，头部摆动，身体拱曲，有时还伸出前爪，表示与人亲热，要求玩耍。

（7）犬的嘴部放松微笑，表现为鼻上堆满皱纹，上唇拉开，露出牙齿，舌头隐约可见或略盖过下排牙齿，眼睛微闭，目光温柔，耳朵向后伸。

（8）犬在喜悦、撒娇的时候，最典型的姿势是前腿向前伸展，臀部抬起，把脚搭在主人的膝上或在主人面前挥舞脚掌，头部靠近地面或钻进主人的手中，同时用鼻子发出"呵呵"的声音。在请主人宽恕而撒娇时，则会把尾巴垂下来。而在它想得到什么，或者要催促主人和它一起玩而撒娇时，会轻轻地摇动尾巴，不再垂下去。既自信又要对主人撒娇时的犬会将尾巴举起，微微朝背部弯曲。

（9）犬在向人或者其他动物示好时，表现为嘴微笑着向后咧，同时配合着安详的眼神、向后倾的耳朵以及翻卷的舌头。也可能会转过身将屁股靠在主人身上，头与人之间保持一定的距离，这种姿势正好能使主人轻抚它的背。

2. 愤怒

犬在愤怒时，全身僵直变硬，四肢伸开直踩地面，背毛直立、倒竖散开，身体放低，尾巴陡伸、直伸或轻微地摇动，鼻上提，上唇拉开翻卷露出牙齿，两耳竖立朝向对方并与人保持一定距离，同时发出威胁性的"呜呜"声。如果两前肢下伏，身体后坐，则表明即将发动进攻。

3. 悲哀

犬在哀伤时头垂下，两眼无光，向主人靠拢，并用乞求的目光望着主人，有时卧于一角，变得极为安静。如果犬摆动尾巴，身体平静的站立，两眼直视主人则表示等待、期望。如果头部下垂，耳朵靠拢，躯体低伏，则表示对主人的屈从和敬畏。犬在悲伤的时候，吠声就会不稳定，由鼻部发出"咕咕"的叫声，同时低垂尾巴，前脚猛抓地面，以求救的姿势摩擦主人的身体，呈现一副倾诉的姿态，希望得到主人的接近，以"诉说"自己的哀伤、痛苦和不幸。如果后腿仍然直立，而尾巴微微前后摆动，意味着"不是很舒服"或"有点悲伤"。

4. 警觉

犬在警觉的时候，头部高扬，尾部摇晃，耳朵会竖立起来，嘴里会发出"汪汪"的吠声。在外敌接近的时候，会发出连续的"汪——汪——汪"的吠声，吠叫声变得低而短，两次吠叫的间隔时间变长，而且发出连串的吠声（每次3~4声），中间有稍微停顿，音量较低，这是一种表示不确定的报警信号。此时只是出于兴趣，尚无敌意。当叫声急速，音量稍高时，才是最基本的吠叫警告。若是有两只互不相识的犬靠近，它们多会避免目光接触，不直接走向对方，而是绕到侧面再接近，这样可以避免直接刺激或激怒对方，引发打斗。人站立时由上往下看犬、摸犬，也会让犬感到威胁。所以在与陌生犬接触时，最好先放低身子，让它消除警戒。如果此时犬声音的频率提高了，发出的"汪汪"声短促而强烈时，说明犬比较激动，是在表示戒意和警告，则不能靠近。当犬闭嘴发出压抑的鼻息，同时头部指向声源，则表示有陌生人或动物走近，或什么地方有可疑的声音。

5. 遇到威胁

当犬遇到威胁时，犬会轻柔、低音调的吠叫。如果同时皱着鼻子，龇牙咧嘴，毛发耸立，这是警告对方使之走开，但仍留了一点余地（退路）给对方。如果唇部卷起，露出部分牙齿，但嘴巴仍然闭着，同时从喉、齿间发出低声怒吠，这是对威胁一方发出进一步升级的信号。另外，当犬坐着，一只脚微微举起，也是代表威胁和压力的信号，但是此时多伴随着犬自身的不安全感。当威胁者进一步接近时，吠叫声变得更快，音调稍高且尖细，上下颌猛咬。如果威胁者到身边时，则犬的吠叫声更加厉害。当犬的吠声从较大声变低沉，同时牙齿外露，即代表咬斗开始。也有些犬当肩部的毛竖起时，就开始咬斗。也有些犬先吠叫，唇部向上卷，露出门牙，鼻子上方皱起，嘴巴张开一部分，然后再龇牙咧嘴，毛竖起后开始咬斗。但犬攻击前最危险的表情是唇部上卷，不仅露出所有的牙齿，还包括上排牙龈，鼻子上方出现皱纹，这是犬准备发动暴力攻击的主要信号。如果遇到这种情况时，千万不能转身就跑，因为转身就跑可能会引发犬追逐攻击的反应，此时应该将目光微微朝下，稍微张开嘴巴，然后慢慢退后。

6. 恐惧

犬在恐惧的时候，因程度不同会把尾巴下垂或夹在两腿中间，身体缩成一团，耳朵向后伸，全身被毛直立，两眼圆睁，浑身颤抖，呆立不动或四肢不安地向后移动。有时也会躲在屋角或主人身后，以减少被伤害的面积。若耳朵同时也扭向后方呈睡眠状，则表现出极端地恐惧。另外犬的尖叫声也是恐惧（害怕或者伤痛）的表现。

7. 寂寞

犬在寂寞的时候，全身松弛而瘫软，像打哈欠一样发出"啊啊"的冗长且不间断的吠叫。若吠叫间隔较长，表示孤单、需要伙伴。因为犬有强烈的群居欲望，当单独留在家里时，往往会因寂寞而害怕。表现为吠叫、嚎叫、惊慌失措甚至随地大小便。有些单独留在家的犬感到寂寞时，会把主人摸过或用过的东西搜罗到一起，将主人的气味环绕起来形成一座屏障，若东西太少不足以形成一个保护圈时，犬就会把它们撕咬成碎片铺开。

8. 犬不舒服（受伤或生病）时会发出轻柔的低吠

这种声音经常可在兽医院里听到，这种吠声通常是表示犬觉得疼痛。一只屈服的犬置身于具有威胁的陌生环境中，或幼犬在寒冷、饥饿或沮丧时，也会发出这种吠叫。另外犬低低的、拖长的呻吟哀叫声，也表示不舒服、不满意、不耐烦，但同时也有恳求同情与关照之意。

单元三 | 驯犬的生理基础

一、 犬的感觉

训练犬的目的是形成良好条件反射，而形成良好条件反射主要依赖感觉器官对刺激的反应，所以在犬的训练过程中涉及最多的是犬的感觉。犬的生理感觉器官非常发达，这是长期进化的结果。在犬的感觉中，痛觉与生存关系最密切，而视觉在信息获得方面最重要。

（一）犬的感觉分类

1. 一般分类法

犬的感觉可以分特殊感觉（视觉、听觉、味觉、嗅觉和前庭感觉等）、表面或皮肤感觉（触压觉、温觉、冷觉、痛觉）、深部感觉（肌梭、肌腱及关节感受器所传入肢体的位置感觉、肌肉负荷感觉）、深部压觉和内脏感觉（内脏痛觉、饥饿、恶心等感觉）。表面感觉及深部感觉又合称为躯体感觉。

2. 感受器分类法

根据刺激来源及感受器的解剖学位置，可将感受器分为外感受器、距离感受器、本体感受器和内感受器。

（1）外感受器 接近皮肤并作用于体表的环境变化信息的感受器。

（2）距离感受器 如眼、耳、嗅觉等感受较远的环境变化信息的感受器。

（3）本体感受器 位于肌肉、肌腱、关节的感受器以及前庭感受器（也可将前庭感受器除外），感受身体在空间运动和位置的变更，向中枢提供信息。

（4）内感受器 包括各种内脏感受器，如分布在血管系统内的压力感受器、化学感受器，分布在胃肠壁内感受张力和收缩的机械感受器等。

（二）犬感受器的生理特征

1. 感受器的适宜刺激

感受器是进化过程中的产物，是高度特化了的器官或组织。大多数感受器对特定形式能量变化的敏感度特别高。例如，皮肤温觉感受器对辐射热很敏感，听觉感受器对声音非常敏感。但辐射热不能引起听觉感受器的活动，声音也不能引起温觉感受器的兴奋。

2. 感受器的阈值

要使感受器兴奋，刺激必须具有一定强度，包括刺激强度、刺激时间和刺激面积等。能引起感受器兴奋的最小刺激强度称为阈值或阈强度。除具有一定强度外，刺激还必需持续一定时间，引起感受器兴奋所要求的刺激作用最短时间称为时间阈值。而对于皮肤触觉感受器来说，机械刺激必须有一定作用面积才能引发触觉，这可以称为面积阈值。在研究感受器对于 2 个不同强度刺激的辨别能力时，还有辨别阈。研究感受器的不同阈值，对于了解感受器的特性和感觉过程的机制具有很重要的意义。由于各种感受器的适宜刺激性质不同，因而阈值也不相同。

3. 感受器的换能作用

感受器在刺激作用下发生兴奋，将刺激的能量转化为神经冲动或其他活动的过程称为感受器的换能作用。换能作用有以下六个特点：①电位只在刺激作用于感受膜区域时才发生；②不传播，只对邻近部分发生电紧张效应；③在一定限度内随刺激强度的增减而升降电位幅度，即转为沿着轴突传播的神经冲动，并表现出一种梯度性；④在刺激持续地作用下，电位往往逐渐降低，即发生适应；⑤无潜伏期；⑥不易受局部麻醉药物的影响。

4. 感受器的适应

具有一定强度的短暂刺激很容易引起动物的感觉。相反，长时间的延续刺激会使感觉减弱、消失，出现抑制过程。抑制过程产生的原因是刺激作用于感受器一段时间之后，感觉纤维冲动发放的频率逐渐下降的结果，这一现象称为感受器的适应。

如当使用压觉及痛觉刺激训练犬时，犬会因为作用次数的增多而产生适应或耐受力增强的现象，这就要求在训练中不断调校刺激的强度，才能取得较好的训练效果。

5. 感受器的反馈调节和信息的相互作用

感受器接受适宜刺激产生神经冲动，沿着神经通路向中枢传递信息。但是从信息产生的起点到中枢神经系统执行感觉分析功能的高级部位，一般更换 3~4 次神经元，信息在传递的过程中不是经历一条笔直的道路，而是经常受到来自大脑高位的影响和调制。有实验证明，听觉和味觉等系统的感觉冲动甚至在感受器部分就受到中枢神经系统不同部位的反馈调节。躯体感觉信息在脊髓背角、延脑脊柱神经核、丘脑都能受到其他中枢部位活动的影响。听觉信息在到达丘脑内侧膝状体时，明显地受到听区皮层下行影响的抑制。感觉信息在中枢传递过程中可能受到来自同类或不同类的信息的影响，这是信息之间的一种相互作用。这种相互作用的结果，往往导致一种抑制现象的发生。

（三）犬感觉的传入途径

（1）外周的感觉神经感受器兴奋后产生的冲动通过感觉纤维传至中枢。除了头部，全身起源于皮肤、肌肉、关节和内脏的感觉纤维集聚之后都进入脊髓。如果一处的皮神经被切断，则其所支配的相应皮肤区域在不同程度上丧失感觉。但是失去感觉区域的界线并不十分明显，因为相邻近的皮神经和被切断的神经所支配的范围有某种程度上的重叠。

（2）脊髓的感觉传入通路。脊髓是躯干、四肢和一些内脏器官发出的感觉纤维经过或终结的部位。这些传入的感觉纤维又可称为初级传入纤维，它们的细胞体都位于背根的脊神经节内。初级传入纤维由背根（后根）进入脊髓后，可与同节段的神经元发生突触联系，构成脊髓反射弧，产生相应的反射活动。但是其中大量的纤维发出侧支进入脊髓的背柱上行，或终结在脊髓背角，更换神经元交叉至脊髓对侧，组成不同的传导束上行。当然，来自皮肤的感觉纤维也能直接终止在前角运动神经元，而来自内脏的感觉纤维能够直接终止在灰质侧角的节前交感神经元上，分别形成脊髓反射弧和交感反射弧，行使初级反射活动的功能。

（3）脊髓每一节段的背角神经元数量众多。这里的每个神经元都可能与来自多方面的向中纤维形成突触，同时也能发出许多轴突分支和其他神经元发生联系。这样，外周感觉信息即可以在这个神经元上聚合，又可经过这个神经元辐散。当然，终结在背角神经元上的既有兴奋性突触，也有抑制性突触，两突触在这里调解各种向中的感觉信息。

（4）躯体感觉冲动在脊髓内主要经由两条位于白质内的传导束上传，即背柱和前外侧索。

（5）脊髓的脊柱含有背根粗髓鞘纤维（Ⅰ、Ⅱ类）的直接分支。这些纤维都由躯干、四肢的皮肤、肌肉、关节和内脏处的低阈值机械感受器发出。除了从肌肉发出的纤维，所有上升纤维到达延髓处，都终结在背柱核（薄束核和楔束核）内更换神经元，然后形成传导束，交叉到延髓对侧并继续上行到丘脑终结。内侧丘系是躯体感觉系统的主要传导束。由于这个传导束中来自深部感受器的纤维分支占多数，主要传导深部感觉，所以又称深部感觉传导束。

（6）组成前外侧索的轴突主要来自一对背角神经元，这一束的上行终结点是脑干的网状结构和丘脑。如果背柱传导的信息是以来自深部的低阈值的机械感受器为主，那么前外侧索传导的信息是来自身体浅部的机械感受器（包括压力和触觉感受器）上的温度感受器和一部分深部本体感受器，所以又称浅部感觉传导束。

（7）头面部感觉的传导途径具有特殊性。头面部以及部分内脏感觉主要由脑神经传入脑干及间脑（但嗅觉信息进入前脑）。在十二对脑神经中，第一类是只由感觉纤维组成，传导特殊感觉器官或感受器的向中冲动；第二类是由支配头面部肌肉的运动纤维组成，控制相应肌肉的运动；第三类是既有感觉纤维，又有运动纤维组成的混合神经，执行两性质不同的功能。犬的头面部感觉较身体的其他部位有更高的敏感性。因此，犬在训练中，不宜在头面部给予过多的刺激，防止产生被动行为。

（四）犬的躯体感觉和内脏感觉

躯体感觉最重要的是皮肤感觉。犬皮肤内主要以机械感受器为主，感受器的向中纤维一般都具有髓鞘，直径为 $5 \sim 12 \mu m$，传导速度为 $30 \sim 70 m/s$，属于 II 类纤维。所以当刺激作用在感受器后的几毫秒时间内，兴奋的信息即可进入中枢，转入分析和反应过程。犬皮肤感受器适应的速度与感受器的敏感程度有关，越是敏感的感受器适应得越快。但犬并不能对与生命攸关的刺激产生适应，比如痛觉。

（1）压觉感受　压觉刺激的是慢适应感受器，压力持续多久放电就延续多久，而且放电的频率与压力的强度有关。因刺激作用的时间不同、刺激的强度不同，放电的频率也会发生相应的变化。

（2）触觉　对有毛皮肤，毛囊内的感受器不是感应毛的位移程度多少，而是对毛的运动或者是对毛运动的速度起反应。用细棒轻轻拨动手背的几根毛，使其向一面倾斜而不触及皮肤，此时就会发现只有当毛发生运动的时候才会引起触觉，如果停止拨动而仅仅使毛保持弯曲，触觉就会很快消失。

对无毛皮肤，感受器输入的信息与下压皮肤的速度有关。如以小棒压凹皮肤，当下压的速度不同时，放电的频率随下压的速度增大而增加，如果停止小棒下压运动，即使小棒仍压在皮肤上，这类感受器也没有放电反应。

（3）振动觉　感知振动是一类快适应感受器，它们能对皮肤振动的位移起反应。这类感受器的特点是，对于每一次刺激只产生一次放电，而与刺激强度的大小和刺激时间的长短无关。

（4）温度感觉　皮肤具有两种温度感觉，即温觉和冷觉。皮肤有特殊的感受冷和热的"冷点"和"温点"，这些点上只是对冷和热产生感觉。根据测定主观反射时的结果可以知道，冷觉比温觉传导快。利用选择性阻断神经纤维传导的方法可以证明，冷觉和温觉是分别独立存在的不同感觉。冷觉与温觉有以下四个特点。

①分布在全身，但各处密度不同，冷点比温点多。如前肢每平方厘米皮肤分布有冷点13～15个，而温点只有1～2个；前额每平方厘米皮肤分布有5～8个冷点，而缺少温点，故对冷敏感而对热不敏感。

②温度感受器感觉纤维传导速度低于20m/s，有些纤维的传导速度低至0.4m/s。

③在20～40℃，经过一定时间即产生适应。即温度高于40℃或低于20℃时才会产生恒定的热感觉或冷感觉。

④在恒定皮肤温度下，维持放电。其放电频率的高低与皮肤温度有关，当皮肤温度变化，放电的频率也随之变化。

⑤对非温度刺激不敏感。每单根感觉纤维只与一个或少数温点或冷点相连。温度刺激所产生的感觉强度取决于接受刺激部位的面积，温度作用于躯体的面积越大，被兴奋的感觉点越多，产生的感觉也越强，即温度感觉具有空间综合的特性。

（5）痛觉　痛觉分为躯体痛及内脏痛。躯体痛在犬类常表现为明显的外在行为，如吠叫、躯体和四肢移动等。但犬内脏产生痛觉时，由于没有适当的表达方式，人不容易及时知晓。但犬在内脏疼痛时也有一定的行为表现，如行为迟缓、反应迟钝、食欲不振等。

（五）中枢的作用

犬的感受器所接受到刺激的本质是多种多样的，有化学的、辐射的和机械的等。而所有的刺激（内外界信息）由感受器传到中枢神经系统后，大脑皮层对进入的刺激进行高度分析和综合。这样就能保持犬机体与生存环境之间的统一，并能协调有机体本身各部活动的统一。而脑的皮层下部各级中枢的主要功能，只是保持犬机体本身各部活动的统一，即主导着先天性的本能活动。而皮层下部各中枢是在不同等级上协调犬的身体和内脏的活动，其中较高级的部分也具有协助大脑皮层，保持有机体与外界环境统一的联系功能，其活动是低级神经活动。犬的神经系统结构及其功能的复杂化，决定了犬能以较为完善的方式适应面临的非常多样而又经常变化的生存环境，这就使训练工作犬成为可能。

二、犬的神经系统活动过程

1. 兴奋和抑制的活动特征

兴奋和抑制是一切神经活动的两个基本过程。反射活动的实现，也是中枢神经系统内兴奋过程与抑制过程相互作用的结果，表现为某些反射的出现和另一些反射的抑制。所以反射活动的特征，是由中枢神经系统内部的兴奋过程与抑制过程的矛盾特殊性所决定的。

（1）中枢兴奋过程的特征　在每一个反射活动中，中枢神经系统内的兴奋过程都必须以神经冲动的形式从一个神经元通过突触传递给另一个神经元。因此，兴奋过程通过突触时的传递特征就成为反射活动的特征。

①单向传递：在中枢内兴奋传递只能由传入神经元向传出神经元的方向进行，而不能逆向传递。这种单向传递是由突触传递的特性所决定的。

②中枢延搁：从刺激感受器起至效应器开始出现反射活动为止所需的全部时间，称为反射时。反射时减去感受器发生兴奋及神经冲动在传入神经及传出神经上传导所需的时间，并减去效应器潜伏期所需时间，所余时间就是中枢延搁时间。兴奋通过中枢部分较慢，这是因为兴奋越过突触要耗费较长的时间。兴奋通过一个突触需 $0.5 \sim 0.9\text{ms}$。因此，在一个反射弧中，通过中枢的突触数越多，中枢延搁所需的时间越长。

③总和：由单根传入纤维传入的一个冲动，一般不能引起反射性反应，但却能引起中枢产生阈下兴奋。如果由同一传入纤维先后连续传入多个冲动，或许多束传入纤维同时传入冲动至同一神经中枢，则阈下兴奋可以总和起来，达到一定水平就能发放冲动，引起反射活动，这一过程称为兴奋的总和。

④后放：中枢兴奋由刺激引起，但当刺激的作用停止后，中枢兴奋并不立即消失，反而会延续一段时间，这就是中枢兴奋的后放（后作用）。

（2）中枢抑制过程的特征　中枢抑制过程的特征多与中枢兴奋过程类似。如中枢抑制过程的发生也需要外来刺激的作用，产生抑制过程的刺激增强时，抑制也会加强；抑制也能总和，当多个抑制的刺激同时作用时，抑制就加强；抑制也有后放作用，在产生抑制的刺激停止后，抑制也能维持一定时间。中枢抑制过程的发生比兴奋过程更为复杂。

2. 兴奋过程和抑制过程互相交替

整个中枢神经系统活动的基本过程是相同的，即兴奋过程和抑制过程的互作交替。这两种神经过程是动物内部存在的过程，也是神经细胞所固有的特性。当有机体的整体或部分由不活动变为活动，或是从较少、较弱的活动变成较多、较强的活动时，就表明相应的神经产生了兴奋增强的过程；而当有机体的整体或局部从活动的状态变为不活动的状态，或是从活动多、活动强变为活动少、活动弱时，则表示神经出现了抑制过程。在化学变化上，兴奋过程和分解代谢有关；抑制过程可能与合成代谢有关。如动物在睡眠状态下（即抑制占主导时）大脑的合成代谢占优势。

犬的活动增强或减弱的过程，在犬的日常饲养中表现是较明显的。犬在清晨活动表现精力充沛，这就是一种兴奋活动的过程。此时，犬形成条件反射的速度快，训练会有较好的效果。

3. 兴奋过程和抑制过程的关系

中枢的兴奋过程和抑制过程是同一神经活动的两个侧面，是对立统一的关系。即兴奋与抑制既相互排斥又相互依存。通过互相作用而共处于一个系统中。这一关系与神经细胞的基本特性（既能发生兴奋，又能发生抑制）完全一致。在中枢神经内，不同的刺激在同一时刻总有一些细胞发生兴奋，有一些细胞发生抑制，抑制与兴奋也可以交替发生相互转化。兴奋与抑制不仅在同一细胞本身可以相互转化，而且能在同一中枢内和不同中枢（包括皮层上下各级中枢）之间发生。即当某一中枢兴奋（抑制）提高时，常同时引起另一相关中枢发生（兴奋）抑制。

三、 犬的神经系统活动规律

在犬的大脑皮层中所产生的兴奋和抑制过程，并不是静止的、孤立的，而是互相影响、互相转换的。正是由于它们在时间和空间上有规律的运动和互相作用，才使犬的行为能适应错综复杂而又多变的外界环境。这种运动和互相作用有两个基本规律，就是扩散集中和相互诱导。

1. 扩散集中规律

扩散集中规律的表现就是在大脑皮层的任何一个部位，由于刺激作用所引起的兴奋或抑制过程，都不会停留在原发点上，而是由近及远地向周围扩散，其扩散的范围越大，影响也就越广。它所产生的影响作用，既可以加强相同的神经过程；又可以同化比它弱的相反的神经过程。扩散开来的这一神经过程，当达到一定的距离之后，因兴奋或抑制的本身力量减弱，或是遇到比较强而相反的神经过程时，就会保持暂时的平衡或立即开始向原发点集中。扩散和集中的发生及其扩散的范围，取决于这一神经过程本身的强度和它周围的情况。往往由于某些刺激所引起的神经过程较强，就能同时在它的周围诱导出很强的相反过程，从而限制它不再向外扩散。但神经过程扩散的速度要比集中的速度快。

（1）兴奋过程的扩散和集中 条件反射形成的本身，就是大脑皮层兴奋过程的扩散和集中。由于条件刺激结合非条件刺激的作用，使皮层产生的两个兴奋点同时向周围扩散，于是两者就接通了起来。在接通的初期，由于兴奋过程扩散的范围比较大，所以，其他任何刺激只要落到这一范围内，都可以发生与条件刺激一样的效果，产生泛化现象。但是，随着条件反射的日益巩固和分化抑制的发展。扩散开来的大面积的兴奋过程就逐渐集中，兴奋就被局限在严格限定的范围之内。这时，除了相应的条件反射外，其他刺激就被分化开来，不再出现泛化现象。

（2）抑制过程的扩散和集中 在犬的管理和训练中，经常遇到抑制过程的扩散和集中现象。如把犬拴在一个清静的地方，由于外界刺激影响较少，犬就很快的闭上眼睛打起盹来。这是因为单调的环境条件引起了大脑皮层的抑制，这一过程开始扩散而逐渐引起了犬的睡眠，这时如果训练员马上叫犬的名字，犬就立刻醒来，抑制过程就立刻集中并转为兴奋。正确认识神经过程的扩散与集中规律，对于训练犬非常重要。不仅使我们在训练中能够正确理解所出现的各种现象，而且可以根据这一原理，采取适当的训练方法更好地建立条件反射，加快犬能力的形成。

2. 相互诱导规律

神经过程的另一种运动规律是相互诱导。相互诱导是指在大脑皮层内，由于一种神经过程的发生，引出与它相反且较强的神经过程的现象。诱导的产生与神经过程的集中关系密切，某一神经过程的集中就引起诱导现象的出现，被诱导出来的神经过程就迫使原来扩散的神经过程向回集中，并把它限制在适当的范围内。大脑皮层的兴奋和抑制过程借助于诱导的作用，一方面能够互相加强，另一方面也能彼此制约。因而，使大脑皮层组成了有明确界线且极复杂的结构，既有许多集中的兴奋点，又有许多集中的抑制点。所以，犬能够对某些刺激精确地产生兴奋性反应，而对另外一些刺激，则产生抑制性反应。

在大脑皮层中，诱导既可以出现在某一神经过程原发点的周围（同时性诱导），又可以出现在这一神经过程原发点的本身（继时性诱导）。诱导现象是两种对立过程中的不稳定现象，是短暂的，当两者的关系稳定后，诱导现象就会消失。

大脑皮层的诱导规律表现为两种形式，即正诱导和负诱导。

（1）正诱导　在抑制过程发生的同时或消失之后，在原发点的周围或原发点上出现较强的兴奋过程，称为正诱导。比如，犬在早晨兴奋性很高就是一种继时性的正诱导。由于犬的大脑皮层神经细胞经过一夜睡眠的抑制之后，重新恢复了兴奋过程。这时的兴奋过程，比发生抑制之前的兴奋程度还要高，因此犬在早晨训练时，会表现得很兴奋，训练的效果也好。当犬训练过度而产生了超限抑制，犬就不兴奋了，就必须停止训练。但是经过 1~2d 休息之后再进行训练反而比以前更好了，这也是一种继时性的正诱导。对于某些兴奋性不是很高的犬，可以根据抑制后可以增强兴奋性的诱导规律加以训练。

（2）负诱导　在兴奋过程发生的同时或消失之后，在原发点的周围或原发点上出现较强的抑制过程，就是负诱导。在训练犬追踪的过程中，可以看到负诱导现象。

在大脑皮层兴奋和抑制过程这一运动规律的基础上，形成的既复杂又精细的分析与综合活动，是犬产生各种行为、适应各种生存环境的生理基础。也就是说，犬大脑的高级神经活动是由扩散、集中、正诱导、负诱导规律的兴奋和抑制活动构成的。

四、 犬的神经类型

在训练犬的过程中，发生条件反射的活动情况在不同犬的身上是有很大区别的。就是在日常活动中，犬的表现也是有差别的：有的活泼、有的安静，有的胆大、有的胆小。造成这些个体表现不同的原因虽然是多方面的，但主要与犬的高级神经活动有关。

1. 犬的神经类型及其特征

犬的神经类型是依据类型的强度、均衡性及灵活性这 3 个特点来区分的。神经过程的强度，是指大脑在产生兴奋和抑制时，活动能力的范围和大小。有些犬可能已有较强的兴奋过程，而抑制过程表现微弱，有些犬则相反。兴奋与抑制过程的均衡性，是指两者的强度对比是否平衡，或是哪一方面占优势。兴奋与抑制过程的灵活性，是指两者的相互转换是否容易和迅速。

根据犬神经过程的强度、均衡性和灵活性，把犬分为 4 种神经型。

（1）强而不均衡型（兴奋型） 这种犬的特点是兴奋过程相对的比抑制过程强，因而两者不均衡。其行动特征是攻击性很强，总是不断地处于活动状态，通常表现为精力充沛、活动力强，在训练中容易形成兴奋性的条件反射。这类犬在训练时要求主人有较好的控制犬的能力、较高的训练技巧和坚强的毅力。

（2）强而均衡活泼型（活泼型） 这种犬的特点是兴奋和抑制过程都很强，而且均衡，同时灵活性也很好。其行动特征是很活泼，对一切刺激反应很快，动作迅速敏捷。在条件反射活动方面，不论是兴奋性或是抑制性的条件反射都容易形成。这类犬反应快、身体活动灵活自如，无论作为宠物犬还是工作犬，活泼型的犬都是非常受人欢迎的。正因如此，这类犬形成错误的条件反射也快，所以在训练活泼型犬时，必须提前设计好训练方案，以保证训练质量。

（3）强而均衡安静型（安静型） 这种犬的特点是兴奋和抑制过程都很强，而且均衡。虽然有较强的忍受性，但灵活性不好。其行动特征与活泼型的犬完全相反，表现极为安静。在条件反射活动方面，不论是兴奋性还是抑制性的条件反射，形成都比较慢，但形成后却很巩固。安静型犬是很好的家庭宠物犬或陪伴犬。如果用作工作犬，主人则应该有足够的耐心来训练。与兴奋或活泼型犬相比，训练速度要慢些。但如果从事气味鉴别等训练，其能力一旦形成，会非常稳定。

（4）弱型 这种犬的特点是兴奋和抑制过程都很弱。大脑皮层细胞工作能力的限度很低，很容易产生超限抑制。行动经常表现为"胆怯"和"颓废"。

除了上述 4 种单一的神经型外，还有很多混合型的犬。犬的神经类型是犬的行为方式在不同个体上的具体表现。不同神经类型的犬，在兴奋性、性格、学习能力等方面也有所不同，主要原因是神经活动的个体差异。

2. 神经型与被动防御

如前所述，弱型犬的行动往往表现有被动防御反应，但是，有被动防御反应的犬不一定就是弱型的。因为犬的被动防御反应与其神经过程的功能特性有着密切而复杂的关系。真正的弱型犬，由于神经过程的弱性，对于外界环境的微小刺激都表现的难以忍受，它的一切行动都受到极大的抑制。但是，犬的被动防御反应不完全是由于神经过程的弱性所决定的。比如，有的犬虽然对某些刺激也表现明显的被动防御反应，但从它们所完成的训练和养成的能力来看，却完全不是弱型犬所能做到的。这种情况多是由于训练的影响或该犬所处的环境条件造成的。生活在狭隘、局限、没有自由的条件下，或曾经受过某种意外刺激的强型犬有时也能表现出来。

有较强被动防御反射的犬，多半训练潜质不高。但是判断一条陌生的犬是否为弱型，需要较长的时间。因为有的犬的神经类型表现得较为复杂，可能在陌生人面前表现极度被动，熟悉后才会表现出真正的行为特征。所以，在选择训练犬的过程中，不能因为初步的印象不佳而错过具有良好训练潜质的犬。

3. 神经型的形成条件

犬的神经型的形成是先天遗传和后天个体生存环境的共同影响决定的。我们要特别重视先天特性的优劣，以便选择良种犬进行繁殖，为训练提供优质犬。同时，也要强调外界环境对于神经型的改变的作用。如果能提供良好的环境，辅以较好的体力锻炼，犬会因为活动力的增强而发展为更为活跃的神经类型；如果给犬更多的关爱，让犬有更多安全感和健康心理发育的条件，也能在一定程度上塑造出较好的神经类型。因为神经型并不是一成不变的，神经过程的强度、均衡性、灵活性都可以经过一定的训练趋于完善，尤其是未成年犬，由于神经型还没有完全稳固下来，对它们施以正确的管理和科学的训练更具有极其重要的意义。

正确理解和运用犬的高级神经活动类型的理论，可以使我们能够挑选到适合要求的犬来进行饲养和训练，同时，也可以根据犬不同神经类型的特点，采用相应的刺激方法，从而收到良好的驯犬效果。

单元四 | 驯犬的基本原理、原则和方法

一、驯犬的基本原理

驯犬是依据条件反射学说，根据犬的品种优劣，运用不同的外界条件刺激，使犬的大脑神经形成各种牢固的条件反射，使它们掌握各种本领的过程。

犬的大脑能形成很强的条件反射，这是训练的根本依据。但是，在训练中必须根据犬的反射强度和类别，有针对性地进行训练。

犬的条件反射与人的思想活动不同。犬听到"过来"的口令马上跑到主人的身边，"过来"作为声音条件对犬的大脑神经产生了刺激，犬会立即做出跑到主人身边的"反射"，但这不是犬的思想行为，犬听不懂"过来"是什么含义。对犬来说，只是对声音刺激做出相应的条件反射（固定的行为应答）。

1. 反射活动

根据反射活动形成的过程，可将犬的反射活动分为非条件反射和条件反射两种。

（1）非条件反射　是犬不需要学习、生来就会的，是在进化过程中建立和巩固起来的、并能遗传给后代的反射。如咀嚼、吞咽、防卫、进攻、躲避等。

（2）条件反射　是后天获得的，是犬为适应不断变化的条件通过学习形成的反应。条件反射不是定期和经常的，而是依刺激条件的存在而发生，一旦条件不存在，反射强度也会下降。例如一只训练有素的警犬，如果不能保持训练强度，甚至不再训练，那么在执行任务时会变得笨拙；一只掌握了各项表演技能的宠物犬，如果主人长时间疏于管教和训练，犬的表演能力及记忆力会很快下降，再次训练或表演时的难度就会加大。

2. 建立和强化条件反射

训练犬学会各种本领的过程就是形成条件反射的过程。如让犬坐下，必须一面摆姿势一面发出"坐下"的命令，反复训练一段时间后，犬自然会把"坐下"的语言信息和相应的姿势联系起来，形成反射。在训练犬建立和强化条件反射的过程中，应注意以下几点。

（1）必须将条件刺激与非条件刺激结合使用　条件反射是条件刺激与非条件刺激结合的结果，没有非条件反射，条件反射是不能形成的。如"衔东西"是犬的一种本能，属于犬的非条件反射，是建立条件反射的基础，在训练中，只要配合适当的衔取物（如塑料、书本、碟盘）和口令"衔"，就可训练出符合训练科目要求的"衔东西"动作来。

（2）条件反射在先，非条件反射在后　条件反射的建立依赖非条件反射和条件反射的结合，但在具体运用时，应该先使用条件反射，后使用非条件反射。比如，训练作揖时，要先说"作揖"，然后再用手合起来做作揖的手势，这样犬再听到"作揖"的命令就知道该怎么做。

（3）掌握刺激强度　掌握刺激强度就是既不能用同一强度刺激不同的犬，也不能用不同的刺激强度来刺激同一条犬。有些反应灵敏的犬训练起来很快，刺激强度可以弱，有些反应较慢的犬则需加大刺激强度。再如用忽高忽低的语调或者用忽快忽慢的语速来训练同一条犬，会让它不知所措。

（4）掌握适宜的刺激时机　只有在犬身体状况良好、环境条件适宜时进行条件反射训练才能建立良好的条件反射。如果犬生病或疲劳，犬的注意力根本不集中，训练不但没有效果，甚至会发生犬攻击人的后果。再如犬刚吃过食物，对食物的诱惑力不强，这时再用食物刺激训练的效果就不好。应选择犬饥饿时进行。训练时应同时加强爱抚、拥抱、赞许等动作刺激进行配合，效果更好。

二、 驯犬的基本原则

驯犬的基本原则有两项，即诱导鼓励和强迫禁止。诱导鼓励包括美食、抚摸、赞许声音和"散游"等，强迫禁止主要使用动作和声音刺激。

1. 诱导鼓励原则

（1）食物诱导是犬服从的重要手段。驯犬时用美味食物作诱饵，是诱导鼓励犬执行主人的命令、完成训练科目、学会必备本领常用的有效手段。诱导犬去完成任务时给予美食，是用鼓励相引诱；受训犬完成了训练科目后主人给予美食，是奖励和巩固。这样既可以巩固犬已形成的条件反射，又能巩固犬已经学会的本领。

但食物诱导只有在犬饥饿时效果才最好。有的犬喜欢肉食，训练前应该将肉预先切成小块，每次少给一点；有的犬爱吃糖果，这种奖励食品携带和使用更方便。给犬肉食或糖果等食物奖励时，要先让犬看看、嗅嗅，这样能增强犬执行命令的积极性。给犬食物奖励时还要结合手势鼓励、命令鼓励和口令鼓励，使犬已经形成的条件反射得到巩固。

食物奖励的优点：①犬在肉饵的诱导下，会积极地学会训练科目；②利于发展主人与犬之间的亲密关系。

食物奖励的不足：①只有在犬饥饿时，奖励的效果才最好；②单纯使用这种方法，不能教会犬全部的训练科目，必须结合口令和手势命令。

（2）"散游"是受训犬在紧张的训练后，放松大脑神经最好的奖励方法，也是巩固所学科目最好的手段。犬在接受训练时，它的大脑中枢神经往往处于高度的紧张状态，训练时间稍久，中枢神经就会由兴奋转入疲劳。此时如果继续强迫训练，中枢神经就会由疲劳进入抑制，势必产生拒训行为。而一旦出现拒训行为，往往需要较长时间的休息才能恢复训练。因此，一旦受训犬的大脑神经由紧张兴奋转入疲劳，应马上停止训练，带犬"散游"，使犬放松紧张的大脑神经和消除神经疲劳。"散游"不但使犬的大脑神经放松，也是对已学会科目进行巩固的最好手段，受训犬很乐于接受"散游"奖励。对受训犬进行"散游"奖励，最好是在某一科目训练结束时进行。

2. 强迫禁止原则

驯犬的另一项重要原则是强迫禁止原则。强迫原则是禁止犬做不该做的动作，阻止犬的不良行为，强迫犬接受主人的训练，去完成它必须完成的动作，学会必须学会的科目和本领。强迫禁止原则必须因犬而异，根据犬的不同素质采取不同的强迫手段，才能收到预期的效果。实施强迫禁止原则，常采取以下的手段。

（1）强迫性的声音刺激　驯犬人向受训犬发布"不"的口令，是对犬常用的声音听觉刺激法。在发布阻止性的强迫口令"不"的时候，声音要严厉，面部表情要严肃，使犬从主人的音调和表情方面理解主人的禁令。

（2）强迫性的机械刺激　对受训犬采取强迫性的机械刺激，也是驯犬常用的禁止手段。如用力拉动犬绳，是向受训犬发布禁止超越主人、阻止犬攻击人或其他动物的命令。主人用手压迫犬的腰，是向犬发布"蹲下"的强迫命令；用手握拢犬的嘴巴，是制止犬空吠的命令。采取机械刺激性禁令一定要与声音刺激（强迫性的口令）同时进行，这样才会收到预期的禁止效果。另外，对不敢下水的幼犬，在温暖的季节主人可以将犬抱入水中，强迫它学会游泳，这也是常用的强制性训练方法。强迫性的机械刺激也可以用于教犬学会某种本领。

（3）惩罚　抽打是犬禁止训练中有效的惩罚手段，但只是万不得已时采取的禁止措施。如对拒食训练屡教不改的、随意咬人的、盗食家中食品的、在主人卧室随地排便的及乱啃家具或乱撕其他物品的犬，可以采用这种惩罚手段。抽打时宜用柔软结实的枝条，但不可使用粗硬的木棍和犬的牵索。若用木棒打犬，可能造成断腿致残或断腰致瘫的后果。也不能用犬绳打犬，若用犬绳子打犬，以后犬会形成见绳就逃的恶性条件反射。实施惩罚时，要根据犬的过错大小决定惩罚的轻重，根据错误的性质决定抽打的部位。对随意攻击行人的犬、夜吠不休训练无效的犬，可以握住嘴巴击打它的嘴，并发布"不"的禁令；对在主人卧室及非指定便溺地随意便溺的犬，把它牵到它的便溺物跟前，叫它嗅，强迫犬吃便溺物，犬不嗅不吃而挣扎时，要边抽打它边发布"不"的口令等。

3. 禁止与鼓励并用原则

受训犬执行了主人强迫性的禁令，服从了主人的声音强迫刺激和机械刺激，纠正了不良行为以后，驯犬人要立即给予奖励（声音鼓励、抚摸鼓励、食物奖励等），使受训犬产生的条件反射加深和巩固。当受训犬执行了主人的强迫性命令，完成一项训练科目，学会一项本领时，主人也要给予必要的奖励，巩固形成的条件反射。

三、 驯犬的主要手段和方法

驯犬必须采取正确的训练手段、训练方法，才能保证犬在短时间内迅速养成良好、稳定的生活习惯并掌握各种技能。

（一）犬获得技能和本领的主要途径

犬获得技能和本领的主要途径有四条。

1. 遗传

先天本能是训练的基础。在此基础上，通过人们进一步的训练开发，使这些初级本能得到明显的提高和发展。

2. 模仿

犬的模仿行为也是犬的本能，是犬获得某些本领的内动力。因为犬有超常的悟性和灵性，对周围事物有强烈的好奇心，所以善于观察和模仿同类的行为，并积极重复这些动作。但模仿只能使犬获得某些粗放性的本领。

3. 一般性训练

一般性训练可以使犬获得一般性的本领。就一般的养犬者而言，虽然没有专业的驯犬知识和专门的驯犬设备，但由于犬有某些先天本能和超常的悟性，也能通过一般性训练掌握许多基本技能和本领。如犬的站、坐、卧、爬、跳越障碍和攻击咬斗等。

4. 专门训练

专门训练可以使犬获得高级复杂的专业工作本领。要训练具有专业本领的工作犬，必须由具有驯犬知识的驯犬人员进行专业训练。犬学会高超复杂的专业工作本领的过程，是在被动状态下完成的。在专业训练中诱导鼓励和强迫禁止原则是驯犬人经常使用的驯犬手段，而且，诱导鼓励和强迫禁止的训练原则必须贯彻在驯犬的全过程。专业训练一般要经过相当长的时间，不能立竿见影。

从以上四条犬获得技能和本领的途径可以看出，驯犬需要在"诱导鼓励和强迫禁止原则"相结合的情况下进行，尤其是训练犬学会各种专业工作本领的过程。由于受训犬是在完全被动的状态下接受主人的训练，所以，驯犬人必须充分了解犬获得本领和技能的各种途径，根据犬的不同品种、不同的训练目的，使用不同的训练手段，逐步完成训练任务。

（二）驯犬的主要手段

1. 奖励

奖励是犬最喜欢接受的一种训练方式，是为了强化犬的正确动作，巩固犬已养成的行为，调整犬的神经状态的一种有效手段。在训练的初期，为了使犬迅速形成条件反射及巩固所学的动作，应采用食物、抚摸为主，结合口头表扬的奖励方式。随着训练难度的加大，可以逐渐采取"好"等口头表扬、一起玩耍或抚摸其耳背、头顶、颈背及颈下方的精神奖励方式。精神奖励与物质奖励的效果不相上下，并且可以相得益彰。

奖励手段的运用要注意以下几个问题：①在动作未完整完成之前不宜奖励；②在对某一动作极端熟练并具有一定的综合运用能力以后才能给予奖励；③奖励必须及时，并应根据不同情况，采用不同的奖励方法；④奖励时主人的态度必须和蔼可亲。

2. 惩罚

惩罚的办法有许多种，最简单的办法是轻打犬的臀部；其次是抓住犬颈背上的皮，把犬提离地面摇动犬的身体，同时厉声责骂；严厉的惩罚也可以是指着犬斥责，用石块、书本等物品向犬的身边猛掷或用鞭棍责打。惩罚的目的是给犬以威胁的姿态，并通过对犬神经的紧张刺激使犬记住当次的错误教训，力争下不为例。使用惩罚手段时，驯犬人必须态度严肃，语调高亢而尖锐。当然惩罚的手段也包括严厉的命令和其他机械性的刺激。

3. 诱导

诱导是利用对犬来说是美味可口的食品或犬感兴趣的物品等吸引犬的注意力，可以调动其积极性，诱使犬做出某种动作。通过与口令、手势结合使用，在犬自发性动作的基础上，建立和强化条件反射或增强训练效果的手段也是诱导。

比如，若要犬学会并正确把握"来"的口令，驯犬人可以拿食物在前面逗引，此时犬肯定会听话地"来"到身旁，但此时不能把肉奖赏给犬，否则犬会将"来"误解为"吃"的意思。这样反复多次，犬才会明白"来"是一个由远及近地走到主人身边的过程。最后还要反复进行多次无肉训练，直到受训犬能准确无误地理解的"来"的口令。

进行诱导训练时应当注意两个方面的问题：①使用诱导要掌握好时机，应与一定强度的强迫手段相结合，这样既可保证训练的顺利进行，又可保持犬的兴奋性；②要防止因诱导而产生不良联系，应注意穿插不同的器具，使犬真正明白训练目的。

4. 强迫

强迫是用机械性刺激和威胁性口令相结合，迫使犬准确地做出相应动作的一种手段。其主要用于初期训练，目的是加快犬条件反射的形成。在外界诱因的影响下，犬有时不能顺利地按照口令、手势进行学习或训练时，可以使用强迫手段。但是强迫手段必须与奖励相结合，即每当犬被强迫做出正确动作后，都应给予充分的奖励。

所有的犬和所有的训练内容都会用到强迫，特别是在训练无进展时。比如，训练者右手上提犬的脖圈，左手按压犬的腰部，犬就势必做出坐下的动作。但是，运用强迫手段必须及时，力度不要过大、次数不要过频。让犬知道惩罚和奖励都是针对训练，只要服从要求就一定有奖励。而且，对于不同科目，强迫的力度也要有所区别。

（三）驯犬的主要方法

1. 机械刺激法

机械刺激法是利用器具，在犬不听指令时用来控制其行为的方法。最常用的是用犬绳或犬链。在训练犬随行时，犬若不按驯犬人的意图行事，可以拉犬绳或犬链，迫使犬按驯犬人的意愿行事。

2. 食物刺激法

食物刺激法是在犬受训成功或为吸引犬的注意力时，调动犬训练积极性的一种方法。本方法是用食物做诱饵，诱导鼓励受训犬执行主人的命令，完成训练科目，达到学会本领的目的。这种方法在犬饥饿的时候运用效果最好。每次奖励美食时，一定要同时配合口令"好"的声音刺激和抚摸犬背等触觉神经刺激，这样可以牢固地巩固受训犬已经形成的条件反射，也可为日后用口令刺激和抚摸奖励代替食物奖励打下基础。滥用食物诱导，会使受训犬养成离开食物鼓励就不执行命令的不良习惯。所以，作为驯犬的手段，经常是将食物刺激与口令声音刺激、机械刺激、手势命令等视觉刺激等结合使用，但驯犬人必须意识到，必须用口令（声音刺激）和手势（视觉刺激）最终完全代替食物诱导刺激。

3. 机械刺激和奖励结合训练法

这种方法是在犬拒绝接受训练时用机械刺激法强迫其按指令行动，同时在动作成功或有起色时再给予奖励的训练方法。但是，使用机械刺激的强度过大或过于频繁，会使犬产生相反的反射，以后训练时就会恐惧、躲避，甚至记不住动作的要领。奖励虽然是必须的，但也要适度。如果食物奖励过多不但会影响正常食欲，也不利于以后的训练。所以应该结合抚摸和口头表扬达到奖励的目的。这种方法能使驯犬人与犬之间建立起良好、牢固的关系。

4. 模仿训练法

模仿训练只适用于粗放型的训练，是让受训犬观看训练有素的犬如何接受训练（或工作），从中受到影响和启发并加以模仿的一种训练方法。这种方法的特点是生动有效，有些优势甚至是其他方法无法代替的。

模仿训练多用于训练可塑性较强的青年犬，但对幼犬的基础训练也有一定的效果。模仿训练用于成年犬训练的效果往往不是很好，因为成年犬的可塑性已经消失，并且都有不同程度的排它性。若成年犬必须采取模仿训练法，被模仿者必须是占有支配地位的优秀领头犬，这样也可以学会一些必要的本领，只是需要较长的时间。青年猎犬进行模仿训练时，要利用它的勇猛和对野兽凶狠的特点，让它参加猎狼或猎野猪的犬群活动，受训犬狩猎的积极性会得到发扬，模仿训练的效果更好。

四、 驯犬的程序

驯犬应从最简单处入手，由易而难，逐步提高。首先要使幼犬从开始训练时就能服从指挥，并有兴趣参加训练科目。一般情况下，初始的科目是姿势训练。犬的一个完整动作的训练不是一次就能完成的，也需要遵从循序渐进、由简入繁、逐渐复杂的训练过程，最终由多个单一条件反射组合成为一个行为的动力定型。如"衔取"动作，包括了"去、衔、来、坐、吐"等一系列条件反射，当一个固定的动力定型形成以后，犬只要听到这一体系中的第一信号，就会完成动力定型所包括的一系列动作。

在犬完成动作训练（或称能力培养）过程中，一般应经过以下3个阶段。

1. 建立基本条件反射的阶段

主要任务是培养犬能根据口令做出相应的动作。此时的目的是建立初步的条件反射，因此，训练场所必须安静，防止外界刺激的诱惑和干扰。对犬的正确动作要及时奖励，不正确的动作要及时并且耐心地纠正。

2. 条件反射复杂化阶段

主要任务是培养犬把每一个独立的条件反射有机地结合起来。此时仍要选择较简单的环境条件，但在不影响训练的前提下，可以经常变换地点，同时适当加强机械刺激强度，提高犬的适应能力。对不准确的、错误的动作以及延误执行口令等现象要及时纠正。对正确的动作一定要给予奖励。

3. 环境复杂化阶段

要求犬在有外界刺激干扰或引诱的情况下，仍能顺利执行口令。但是，在进行鉴别训练时，为使犬的大脑活动保持高度集中，仍然应该选择安静的环境训练，以免影响鉴别的准确性。环境复杂化训练也应本着因犬而异、难易结合、先易后难的原则进行。

单元五｜驯犬的时机、道具和命令

一、驯犬时机

（1）犬开始接受训练最理想的时期　幼犬出生后 45~70d 左右。根据犬的发育特点看，出生后的 1 年里是犬身体生长最快的时期，也是犬的脑发育逐渐完善的阶段，可以说是犬学习和接受能力的黄金时期，所以也是犬开始接受训练的最佳时期。

这个阶段的幼犬无恶习、力量小、可塑性强、喜欢模仿，训练起来易取得事半功倍的效果。大多数品种的犬出生后 1 岁就可以达到成年，若成年时才开始训练，不但要多花费体力，而且需要花费更多的时间和耐心。比如，要牵住一条重 9kg 左右的犬，阻止其向前跑或扑，或禁止其无缘无故地吠叫以及随处大小便等，做起来就比较吃力。这些在幼犬时期通过训练 2~3 个月就可以解决的问题，成年犬时期则可能需要几倍的时间。甚至有些不良行为一旦养成终生都难以纠正。

（2）犬开始的训练时间越早越好　基本生活训练从幼犬断乳前后就可以开始，如固定睡觉、排泄地点等；出生后 70d 就可以进行服从性训练，如坐下、站立等；出生后 2~3 个月的幼犬就可以开始基本动作训练；而 5~6 个月的幼犬是开始严格训练的最佳时间。因为此时的幼犬正是开始独立生活和容易接受外界新鲜事物的阶段，在这个阶段进行强化训练，幼犬更容易掌握。如北京哈巴犬等小型宠物犬的训练就是如此。

（3）犬专业工作本领受训的最佳年龄　应在 8 月龄到一岁半这段时间，这时是犬的大脑神经发育最快、最活跃的时期，可塑性最强。此时，形成的条件反射容易巩固，所学会的本领容易记牢。如军犬、警犬、猎犬（如德国黑背、日本狼青、中国昆明犬等）的训练就是如此。而一岁半以后，犬的大脑神经已经发育定型，形成的行为习惯很难改变。所以，犬的训练力争在一岁半甚至是一岁前完成全部科目。

（4）幼犬训练首先要做好以下三个方面的工作。

①教幼犬熟悉并牢记自己的名字；②让幼犬习惯颈圈与犬绳，虽然颈圈与犬绳是对幼犬的限制工具，但必须让幼犬明白颈圈与犬绳同时也是其生活的一部分；③对幼犬训练要有耐心和细心，多用奖励、少用惩罚，忌粗暴和打骂，否则不利于培育幼犬的温顺性格。

不同品种犬的成年体重和成熟时间有一定的差异。如体型大的犬，大脑神经发育定型晚些；体型小的犬，大脑神经发育定型早些。所以它们开始训练的时间、训练的最佳持续期也会有所不同。但从训练实践来看，无论多大年龄的犬都能接受训练，并都会有一定的效果。但与从幼犬时期就开始训练相比，要花更多的时间、体力和更大的耐心。所以，只有在犬的大脑神经高度发育而又未定型时，才是最佳的驯犬期。这样不但能教会它们高超的专业工作本领，还可通过严格的训练纠正它们的缺点，从而获得一只优秀的犬。

（5）犬龄的确定　选择最佳的驯犬时机，必须准确的掌握犬龄。除自繁犬外，了解犬龄的渠道有两条。一是从犬原来的主人那里了解；二是可以根据犬的体貌和齿的发育及磨损状况判断。根据犬的体貌和犬齿方面判断犬龄的方法是：3月龄的青年犬接近成年犬的体貌，很像它的双亲，并明显具有本品种犬的品貌特征；6月龄青年犬的乳齿及一、二、三门齿也已长全。8月龄的青年犬，已经全部换上恒齿；一岁龄的青年犬除已经具备成年犬的雄姿外，恒齿白而发亮；一岁半的青年犬发育已经成熟，下颌第一门齿的尖锋稍有磨损。

（6）犬每天训练的时间和次数要适度　在一天中，驯犬的最佳时间是喂犬前的清晨时刻，要抓住这一大好时机，对犬必须学会的科目进行训练。一旦受训犬对某一口令养成了相应的条件反射时，说明犬已经学会了这项本领。

在训练次数方面，切忌在同一天同一时刻，多次重复同一口令、动作4次以上，或每次的训练时间超过20min以上。因为训练次数过频和超时间的（长时间、重复的）外部条件刺激，会使犬的大脑神经对信号刺激过度地兴奋或紧张，导致大脑神经系统产生抑制，对接受外界的训练信号产生排斥，对训练信号的反应变得迟钝。这时不但行为反射不佳，甚至还会出现拒训行为。

犬是没有高级思维活动的动物，出现疲劳现象后若间隔一段时间再重复同一科目的训练，犬就不会产生拒训行为。所以对当天已经训练了一段时间的科目，不论犬是否学会都必须停止，没有学会的内容第二天再继续训练；第二天仍没有学会时，第三天继续进行，直到学会为止。因为，只有犬的大脑神经系统处于正常的工作兴奋时才对各种训练信号刺激处于最佳的接受状态，训练的效果也最好。

一旦受训犬出现拒训现象，驯犬人必须立即停止训练，用带犬外出散步等方式进行调整和恢复。必要时应停止训练半个月左右，使犬疲劳的大脑神经得到彻底的休息。重新开始训练时，每天的训练量也不宜过大，每星期只能训练 2 ~ 3 次，每次 10 ~ 15min。1 个月以后，受训犬完全恢复正常后，方可恢复到以往的训练水平，这是解决犬拒训的有效方法。

二、 驯犬用具

驯犬用具有很多种，可分为训练装具、衔取器材、扑咬器材、鉴别器材及障碍器材等，这里主要介绍一些宠物犬训练常用的简易器材（见图3－1）。

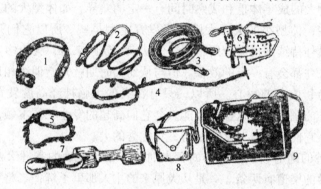

图3－1　犬基础科目训练专用器材
1—颈圈　2—短缰绳　3—长缰绳　4—锁链　5—敏感颈圈
6—口套　7—叼衔物　8—食物包　9—工具箱

（1）犬绳　也称牵引带，多用皮革或尼龙编织而成，长约15m，前端有特制的金属牵引钩，尾部缝合一环形皮套。犬绳是养犬、驯犬的最常用工具，在管理和训练中主要用于犬的牵引和行动控制。正确使用犬绳是成功驯犬的关键。例如，犬超过主人向前走或朝其他方向走时，在那一瞬间牵动绳子发出传递制止的信号，然后马上使绳子松弛下来。这一系列的动作是在极短的时间内完成的，因此绳子的正确牵法极其重要。

首先，绳套紧握在右手中，并使绳子从犬的项圈之处稍微下垂，保持适当的松弛，左手握绳在左腰间。主人要随时注意犬所处的位置是否正确，是否出现牵拉绳子的现象，否则将达不到训练的目的。在使用中最容易犯的错误就是经常扯紧了绳子。这样，犬的脖颈部就会经常存有压力，要纠正犬的错误行为时，再牵拉犬绳对犬已经丧失了刺激的作用。

其次，在训练或外出散步时，犬要处在主人的一侧（经常为左侧），并同朝一个方向。决不能让犬无视主人的存在，任意地拉着绳子径直前奔。如发生这种情况，立即强行牵着犬朝相反方向走，途中可以拐弯，也可以在同一条路上来回走。

第三，当犬准备向前拉绳子的瞬间，应猛的一下向后拉动犬绳，勒住犬的脖子。这一瞬间的力度和时机把握是非常重要的，最好是突然用力给犬的脖子上施加压力，随后立刻放松绳子。

所以，运用犬绳训练时，必须是主人引导犬走，形成人牵犬走的态势。当犬的体重、力量较大时，可选用内侧带有钉子的项圈。比起普通的项圈，它的力度和疼痛感较为强烈。在室内一般要放开犬绳让犬保持自由自在的状态，而外出散步时要注意让绳子保持松弛状态。

（2）链圈　链状金属制品，只要在一端猛地一拉，就能给犬的脖子施加一定压力。适用于活泼、好动的犬。

（3）铁圈　与链圈具有相同的训练效果。适用于性情温和的中小型犬。

（4）口套（绅士套）　这种套是套在犬的嘴上，控制着犬嘴的自由。如果犬存在无故吠叫、偷食等不良习惯，可以用它纠正。

（5）带钉项圈　项圈上带有尖锐的钉子，当犬用力拉动犬绳时，钉子就会插入脖子造成疼痛感。适用于矫正恶习。

（6）衔取器材　如木制、布制、皮制的球状物品，木棒、木哑铃及其他无刺、无毒的小型玩具等。

（7）障碍器材　如军犬训练用的跳高架、低板墙、栅栏、窜圈、平台等。

三、 驯犬手势和口令

宠物犬的服从训练最好由家中与犬最为亲密的人来完成。例如，经常给犬刷毛、喂食、洗浴的人。由专门一人负责对犬进行训练，以避免不同的人、不同的口令、不同的声调等对犬造成混乱。为了尽快让犬习惯主人的指令，训练的时候决不能随意改变口令和语气。

（1）口令及手势要简单明了、标准规范、始终如一　训练选择的口令和手势一定要简单实用、方便犬记忆，一旦固定后不能随意改变。家庭内各成员必须统一口令和手势的标准，不统一口令和手势会使犬不知所措。另外，啰唆的语言口令对驯犬同样不利，因为啰唆的语言口令犬很难记住，也就无法形成条件反射。

（2）训练犬做不同动作的手势和口令要有明显区别　做手势时不要拖泥带水，发布口令最好不要与日常用语相混淆。

（3）训练犬新动作时，须口令与手势结合运用　训练犬新动作时，发布口令的语气要温柔，使用普通的音调，同时要结合抚摸和固定的手势。当犬出现厌烦心理时，则需要以强硬的口气发布命令呵斥它，但手势动作命令不变。有时也可以用机械刺激，强迫犬执行。如果犬能正确地按照主人的命令行事，则需要用愉快的语气、抚摸等动作或其他方式夸奖它，向它表明主人的满意，以强化刚才发布的强硬命令。在确信犬已经明白了主人的指令，但又不付诸行动，而是在揣测主人动机时，也需要用强硬的语气命令它，迫使它照办（但必须考虑这一要求犬是否能做到），直至犬完成口令要求的动作，学会要求学会的本领。如果主人不坚持要求完成口令动作，将会导致这一口令的条件反射消失，这一点必须特别注意。

（4）第一个口令是为犬取一个固定的名字　首先，对犬而言犬名是终生不变的，否则会给犬造成混乱。其次，呼唤犬名仅限于发号指令和夸奖的时候，给犬形成一个好的印象，而且语气要温柔。第三，发布斥责犬的口令时，切忌带上犬的名字，否则，下次再呼唤它的名字时，犬将不予理睬。

（5）同一种口令，不许连续重复地发布　如命令猎犬去执行攻击某个对象时，发布的攻击口令始终是"咬！"但决不许连续地发出"咬、咬、咬……"的口令；训练犬坐下的口令是"坐"，也不能反复重复这一语言口令。

（6）在驯犬或犬工作时，制止犬行为的口令一律用"不"　发布"不"的阻止性强迫口令时，主人要表情严肃，声音严厉，具有不可违抗的威力，这样才能使犬必须执行。发布"不"的同时，还要配合发布"不"的禁止性手势命令，给犬"不"的视觉信号刺激。必要时，还要用力拉动犬绳，下达禁止性的机械刺激命令。对个别难驯的猛犬，还可以戴上钉尖朝里的皮带脖圈，加强对禁止命令的机械刺激。以便有效地控制它的冲动，强制它服从主人的禁止口令。受训犬服从了主人发布的阻止性命令时，每次都要给犬食物、抚摸等常规性奖励，以巩固禁止命令所形成的条件反射。经过几次反复的训练后，受训犬的大脑形成的执行禁止命令的条件反射必然得到巩固。

（7）"哨音"等其他的音响也是驯犬时使用的声音命令　如在山野密林中呼唤远处的猎犬时，用哨音召唤效果更好。但采用其他音响发布命令的训练应从幼犬时开始，或在学习某项专业本领时开始使用。使用的音响必须始终如一，一种科目使用一种音响或一种节律。

单元六 | 驯犬人的准备及犬良好性格的培养

一、 驯犬人的准备

训练犬的人员可以是一个人，也可以是两个或多个人。对于家养宠物犬来讲，多以一个人为主，而对于工作犬的训练则需要两个或更多的人参与。

（一）驯犬人（主训练人）

在训练中，驯犬人是指对犬进行饲养管理、训导指挥和使用的专人。驯犬人既是饲养者也是管理者，既是训练者也是指挥者，是犬训练的主导人。驯犬人对犬采用的训练手段正确与否是训练成败的最关键因素。

1. 驯犬人是犬训练中的主要刺激者

犬的一切活动都是刺激引起的神经系统的反射活动。驯犬人采取各种刺激手段去影响犬的神经系统，使犬形成各种人们所需要的能力。同时犬生存的食物、活动的场所、居住的环境、犬的喜好和心理需求的满足，都是由驯犬人通过日常的饲养管理方式给予的。所以，驯犬人是犬日常生活的控制和主导者，是犬一切环境因素中最主要的刺激者。

2. 驯犬人也是犬训练中复杂综合刺激的施予者

驯犬人不但在日常生活和训练中给予犬各种环境刺激，同时，他（她）的体型外貌、行为举止、声音特点、个人气味、面目表情、服装颜色、式样等各种刺激是非常复杂的综合在一起的。犬通过这些综合刺激构成了犬对驯犬人的整体认识。但这些刺激对犬也可以单独的形成单个的条件反射，如驯犬人的声音、气味、行动都能使犬认识主人。

（二）助训人员

助训人员是在犬的训练中协助驯犬人完成某些特殊任务的人员。在训练中与驯犬人都直接参与犬的训练，只是扮演的角色不同。助训人员可以是家庭其他成员也可以是同事，对犬而言助训人员也是多种成分的刺激整体。他（她）可以协助驯犬人对犬进行多方面的影响，加快犬各种条件反射的形成。助训人员在提高犬训练的兴奋性、抑制犬的不良行为、消除犬的心理障碍及弥补训练信息流失等方面可以起到重要的作用。

二、 驯犬人与犬的关系

人们训练犬有着不同原因。或是能给家庭带来好处（宠物）、或是能满足人们的支配欲望、或是希望犬能为我们提供服务（各种工作犬），但目的都是使受训犬能够展示它的一切优点。

驯犬人与犬之间正确的关系应该是相互信任、相互尊敬、彼此诚实。也就是人要使犬完全信任，建立犬对人完全依恋的关系。这是所有科目训练的前提和基础。没有这种信任、依恋的亲和关系，人就无法训练和指挥犬工作。而犬对人依恋程度不同，训练和使用的效果也会完全不同。

（一）建立亲和关系

犬对驯犬人的依恋性，除了犬先天对人易于驯服外，主要是人通过饲养管理，逐渐消除犬对自己的防御反应和探求反应，在犬熟悉自己的气味、声音、行为特点并产生兴奋反应的过程中逐步建立起来的。犬对驯犬人的依恋性，是人对犬进行喂食、散游、梳刷、抚摸、玩耍等手段综合运用的结果。当然，训练中后期一些科目（前来、游散、衔取、吠叫、障碍等）的运用，也能在一定程度上增强犬对驯犬人的依恋性。

图3-2　正确的给食方法

1. 喂食

食物是犬生存的第一要素，谁给犬食物，犬自然就服从于谁。所以，驯犬人必须坚持自己给犬喂食，以满足犬的第一需要，使犬的依恋性不会受他人喂食的诱惑而减弱。正确的给食方法如图3-2所示。

2. 散游

长期生活在圈养条件下的犬，十分渴望获得自由活动的机会，这就是犬的自由反射。驯犬人在接犬后，应当每天坚持一定次数的散游运动。一是使犬外出排便，保持室内的清洁卫生，二是增加犬的运动，使犬保持正常的生长发育，更重要的是使犬熟悉驯犬人并对其产生很强的依恋性。

3. 梳刷

梳刷可以清洁犬体，促进皮肤血液循环，消除疲劳，防止寄生虫繁殖和预防皮肤病等。梳刷还可以消除犬对驯犬人的防御或恐惧反应。

4. 抚拍

抚拍就是抚摸或轻微拍打犬的身体各部，尤其是犬的头部、腹部、肩部和胸部，使犬感觉非常舒服。抚拍犬时，除了让犬站着接受抚拍外，还可让犬坐着接受抚拍。驯犬人还可用手去握住犬的前爪上下摇晃，这样就能收到完美的抚拍效果。

5. 玩耍

犬与犬之间喜欢玩耍，人也可以同犬玩耍。同犬戏耍的方式多种多样，既可以引犬来回跑动，也可以静止与犬逗弄，令犬处于相对兴奋的状态，进而对人产生强烈的依恋性。但是不能过多地让犬与犬进行玩耍。

6. 躲藏

躲藏也是培养犬对人依恋性的一种手段，同时也是检查犬对人依恋性强弱的一种方法。当驯犬人躲藏起来以后，一开始犬可能表现出急躁、恐慌以及来回奔跑等行为。这时，应通过呼名来帮助犬。当犬找到驯犬人时，驯犬人应热情地给予奖励。通过多次训练，犬就会消除急躁和恐慌情绪，同时还能通过嗅觉迅速找到驯犬人。躲藏时可以请别人帮忙牵住犬，驯犬人单独或同其他1~3个人一起，在犬的面前迅速同时向多个方向躲藏起来并不断地呼唤犬的名字，借以考查犬对驯犬人的依恋程度。

（二）驯犬人同犬良好关系的表现

（1）当驯犬人接近犬时，犬就跳跃、吠叫、摇头、摇尾表示亲热；当驯犬人离开犬时，犬表现为注视，表示渴望随行。

（2）当驯犬人躲藏到某处时，随着第一声口令，犬就能走过来并积极地进行寻找。

（3）当驯犬人提高嗓音时，犬并不显露出胆怯和畏缩的表情。

（三）驯犬人可能发生的错误

（1）粗暴的、不耐烦的对待犬。如无故急剧抖动缰绳、用棍棒殴打、使用可以引起犬产生胆怯和挑衅性的斥责等。

（2）过分殷勤的对待犬或与犬做不适当的嬉戏，有碍于犬纪律性的养成。

（3）用胆怯、懦弱和优柔寡断的态度对待犬，容易引起犬的不信任和异常警觉。

（4）受到犬的攻击。这种情况多发生在训练陌生的成年犬时。实际上犬发动攻击只有三种情况：①对一个迅速移动的目标；②对一个发出惊叫的目标；③对一个攻击它主人的目标。

如果能够做到下面几点，就完全可以避免犬的攻击：①在犬的面前，不要做剧烈、迅速的动作；②在犬的面前，不要惊叫。另外，您如果对犬有惧怕心理，那么最好不要距离犬太近。最好不要进入犬的领地，因为犬有保护领地的本能，容易攻击进入其领地的陌生人。

三、 宠物犬良好性格的培养

影响犬优良性格形成的因素主要有六个方面：遗传因素；家庭环境因素（来往的人是否多，是否经常能看见别的动物在身边经过）；家庭成员（是热闹的大家庭，还是单身者）；犬的驯养方法；外在环境因素（是公寓，还是独门独院；是安静的环境，还是热闹的所在）；其他因素（是否还饲养了其他动物等）。

犬的性格会随着主人的性格、其家庭成员、环境、驯养方法的变化而不断的发生变化。

假设一只胆小的幼犬，家庭成员非常少、饲养的环境中来往的人很少，也没有电视、收音机等杂音。幼犬在这样一个安静的环境中长大，就会慢慢地习惯于这样一个安静无干扰的环境。随着它长大，会变得越来越胆小。只要遇上生人或其他动物，要么表现出急欲逃跑等躲避之态，要么狂吠不止。这样的犬很难同家庭成员以外的人亲近。

同样是胆小的幼犬，主人要改变他的胆小性格，就应有意识地带犬到人群中，或者让它经常和外人接触，经常把它带到喧闹的环境中游散。胆小的幼犬就会渐渐习惯，即可逐渐地改变犬胆小的性格。

如果一只性格活泼的幼犬，碰到了一个沉默寡言的主人，在一个安静的环境中长大，幼犬会因为无聊而不停地吠叫，或者由于烦躁而不停的碰触，主人就会因感到厌烦而经常训斥。久而久之，幼犬的性格一定会变得越来越坏，而不会变得越来越好。

从上述三种情况可以看出，相同遗传基础的幼犬在不同环境长大，性格表现迥然不同。而上述情况除了第一因素以外，都属于驯犬人的因素。所以从某种意义上也可以说，犬的性格是由主人决定的。因此，要使犬养成良好的性格，必须在对犬先天性格充分了解的基础上，采取正确的训练方法。好的驯犬人可以使犬好的遗传发扬光大，使不良的行为得以纠正，扬长避短；而正确的训练方法可以使好犬变优，弱犬变强。

思考与练习

1. 犬如何表达喜悦？犬如何通过吠叫表达情感？
2. 犬有哪些主要的行为心理特点？
3. 犬的嗅觉有哪些突出特点？试述犬嗅觉在人及其自身生活中的作用。
4. 什么是犬的心理障碍？如何防止和消除犬的心理障碍？
5. 养犬对人类有哪些益处？
6. 犬的神经类型分成几类？在犬的训练中有什么意义？
7. 犬训练中如何建立条件反射？建立条件反射时应注意哪些问题？
8. 简述驯犬的两大基本原则和四个主要训练方法。
9. 驯犬人与犬怎样才能建立亲和关系？对于犬的训练有什么作用？

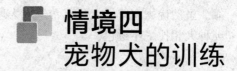

情境四
宠物犬的训练

犬训练的科目有很多种，而且，养犬目的不同训练科目也有所不同。我们主要以宠物犬日常生活习惯训练、基础科目训练为重点，同时对宠物犬的表演技能训练及其他工作犬的训练作简要介绍。

单元一 | 宠物犬的选购

一、购犬前的准备

选购宠物犬之前首先要掌握宠物犬饲养管理的一些基础知识。如了解宠物犬的品种、体型外貌标准、生理特性、生活习惯、个性特征、繁殖性能及犬的保健常识等。在此基础上结合养犬的目的、家庭条件、周围的环境等因素，从品种、年龄、性别等几个方面进行正确的选择。

1. 品种

在现存的众多宠物犬品种中，每个品种都各有其优点和不足。因此，要根据个人的喜好、饲养目的、饲养条件和地理气候等因素综合考虑。如住楼房且面积较大，可选择小型犬饲养；如工作繁忙，最好选短毛犬，因给犬梳理被毛、定期洗澡需要花费大量时间；如以繁殖为目的，则应根据市场情况选择效益高的品种。如拳狮犬因好运动，不适合做老年妇女的伴侣动物；而爱斯基摩犬不适于在炎热气候条件下饲养等。选择纯种犬还是杂交犬，应根据条件而定。纯种犬是长期选择、培育的结果，具有标准的体型、美丽的外表、称心的气质和持久的经济价值。但选购纯种犬一定要附有标准的血统证明书和转让证明，即来源必须可靠。虽然优秀血统的犬更有希望成为理想的宠物犬，但作为伴侣动物，杂交犬与纯种犬相比毫不逊色。

2. 年龄

选购宠物犬最好是 2～6 月龄的幼犬。犬出生后要靠母乳养育，仔犬一般在 45 日龄断乳，但因刚刚断乳的幼犬较难喂养，所以购买出生 2 个月内的哺乳仔犬不容易养活。购买 2～6 月龄的幼犬，能很快地适应新的环境，与新主人建立起牢固的友谊，宜于调教和训练。经过主人正确的调教和训练，能使犬养成良好的生活习惯。但缺点是犬龄小，生活能力差，抗病力弱，饲养管理需要花费较多的精力。而且有些品种在幼龄期不能完全显示出品种的特性，容易错认。成年犬生活能力强、易于饲养，并且已完全显示出品种的特性。但成年犬对原主人怀留恋之情，要赢得它的忠诚和感情需要花费更多的精力和时间；而且，若成年犬已养成某些不良习惯，纠正起来就更加困难，有些犬很长时间不服从新主人的管教，甚至攻击新主人。

3. 性别

选购公犬还是母犬，也是购犬前必须考虑的。就感情和忠实性而言，决定因素是犬的品种而不是犬的性别。但在同一品种内，公犬一般都有较强的个性和体魄，性格刚毅、活泼好斗、勇敢威武、体力强壮；而母犬则比较温驯、敏感、聪明和易于调教。如果以繁殖为目的，饲养母犬可以获得较高的经济效益。然而，饲喂外观特别漂亮的纯种公犬，同样可以获得可观的收入，而且还避免了饲养种母犬发情、妊娠、产仔和哺乳等麻烦。

4. 其他因素

在选购前，既要充分考虑自身的居住条件和经济承受能力，也要考虑到犬的住舍、食物、清洁、保健、美容等一系列问题。同时还要保证家庭中的每个人员都将宠物犬作为家庭中的一员来看待，共同关心宠物犬成长。另外，对饲养宠物犬可能带来的疾病、死亡、环境卫生、邻里关系等可能出现的负面影响也要有充分的思想准备。

购回犬后，要给犬进行预防注射和驱虫，去指定的管理部门领取养犬证，并为犬配备脖圈、犬绳、犬床等设施。有些犬刚到新的环境常会有不佳表现，如弄脏地毯，咬坏鞋子、家具等。但是通过训练可以很快改正这些恶习，使犬逐步变成听从主人指挥、明白主人意图、富有情感并能给主人和家庭带来许多乐趣的伙伴。

二、 个体宠物犬的选购要点

购犬要到正规的犬场或犬交易市场选购。在犬场既可以看到幼犬的双亲状况，又可以从一窝里的多个幼犬中挑选优秀的个体，利于买到货真价实的犬。选购宠物犬时应注意以下几点。

1. 体型外貌

对于纯种犬，首先体型外貌要符合品种标准的要求。每一品种都有各自的外貌特征，可以参考犬展会的计分标准、缺点扣分、丧失资格以及选购注意事项等资料进行选购。幼犬虽不能显示品种特征，但可结合对双亲的评价，选出最称心的犬。但不论纯种或杂交犬，其外观都必须发育匀称、姿势端正、活泼敏捷，无弓腰和塌背现象。

2. 健康状况

健康状况是选犬首先应注意的问题。健康犬的特点是：眼睛有神、清澈明亮，活泼好动、反应灵敏、愿意与人玩耍；鼻吻部潮湿阴凉、不干、不热、没有鼻涕；口腔无异臭，牙齿洁白而整齐，舌头和齿龈呈粉红色；耳道清洁无分泌物、无味，左右耳朵温度相同，保持温凉；犬的前肢肉垫温凉柔润，不发烫、发干、发硬；被毛整齐有光泽，从后向前倒着推犬的整体皮毛，毛根处无皮屑无寄生虫，皮肤上无米粒状红点，无块状红疹，无大面积脱毛及其他异常，整身毛应顺畅光洁、毛色均匀、无脱色，特别注意检查四肢内侧、鼻窝和爪缝处。肛门紧缩、清洁无红肿，周围的皮毛干净无污物，清洁而顺畅。周围清洁无异物。病犬则精神沉郁、喜卧不愿动，垂头呆立、对外界刺激反应迟钝，或对周围的事物过于敏感，或表现惊恐不安、盲目活动等。

3. 气质

选购宠物犬，不但要注重体型外貌，气质也是至关重要的。一般来说，气质好的犬只要有动静，就会瞪大眼睛，集中注意力而不慌张。在一群幼犬中，气质好的犬在发现人时，会主动而有信心地向人走来，眼睛明亮、摇动尾巴，并能接受用手抚摸或提起它。而喜欢夹住尾巴，一听到声音或见到陌生人就躲避的犬，不是理想的宠物犬。还有些幼犬在喂食、游戏时常表现为无目的的乱咬一通，这也不是理想的宠物犬。

三、 宠物犬的抓抱与运输

1. 犬的抓抱

抓宠物犬时动作要轻，不要用力太猛，以免犬感到不舒服而挣扎，或引起犬的惊慌而反抗。抓抱幼犬时，一般用一只手抓犬的颈部上方皮肤，另一只手托着它的后躯，这样既可避免犬咬人，又可以防止犬摇摆。抱幼犬时，可用一只手放在犬的胸口，即两前肢后面，另一只手或手臂托着后躯，使犬身体支撑在手臂上，并紧靠在胸前，这种姿势利于长时间抱犬。对于较大的犬，在抓取时两手宜自犬的后背部快速准确地抓牢耳根处（脑的后枕部）皮肤以防被咬，在抱犬时宜用两只胳膊从前肢前和后肢后抱起。对于妊娠犬，不要用手托着它的腹部，以防意外。

2. 犬的运输

购犬后的第一件事便是将犬运回家。犬的运输是一项复杂而艰苦的工作。首先，必须接受当地兽医防疫部门的检疫，办理检疫手续，只有健康的犬才允许运输。其次，应准备犬笼、犬箱或犬篮等，以备清毒后装犬。第三，应为犬准备充足的饮水和食物。对于短途运输，保证饮水就可以了。但若长途运输，除准备饮水、食物外，还应准备晕车药、报纸或毛巾等，防止犬运输过程中呕吐，以及方便清理犬的呕吐物。运输途中还要随时注意车船内的温度和通风情况。冬天要注意防寒保暖，夏天要做好防暑降温。

单元二 | 宠物犬的日常生活训练

宠物犬购回后，要通过对犬的调教，使犬养成与主人共同生活习惯的同时养成良好的行为习惯。如果不注意对犬进行调教，听之任之，则很可能使犬养成各种不良行为，给自己和他人的生活带来许多麻烦。宠物犬的日常生活训练包括树立驯犬人的权威、依恋性培养、适应犬床、安静休息、呼名、散步和颈圈（犬套）、缰绳及口套佩戴训练等项目。

一、 树立驯犬人权威的训练

犬是社会性动物，在群体当中需要建立等级。如果主人误解了犬的意图，或任其为所欲为，在犬看来，它就成了人的领导，就不会再听从主人的指令，也就无法进行训练。所以，训练之初必须先树立驯犬人的权威地位。

树立驯犬人在犬心目中权威的训练，应从 3～6 月龄的幼犬时期开始，主要内容包括以下几方面。

（1）不允许幼犬跳到人背上或在驯犬人的正面推拱。但遇此情况时不是把犬推开或斥责，而是采取走开或不予理睬等办法。

（2）必须在全家人都吃完饭以后才喂幼犬。

（3）在犬进食的时候，主人的手可放在犬的食盆里。

（4）让幼犬在所有的人出门后最后一个出门。

（5）只有当犬服从命令后，才给予如食物、拥抱、游散或玩耍等奖励。

二、 依恋性的培养

犬对主人的依恋性，除了源于其先天易于驯服的特性外，主要是在主人对犬的精心饲养管理过程中建立的。新购的幼犬，在到达新居的最初几天内往往有一个不适应期。这种不适应期，少则 1～2d，多则 1 周。主要表现是慌乱、不安、惊恐、寂寞等。如果购入的幼犬是刚刚断乳或分窝、尚未经过独立生活的幼犬，不适应期将会更长。但是，只要注意陪伴它，并能与它建立感情，幼犬很快能适应新的主人和生活环境。

　　幼犬购回后，首先要做的是建立起犬与主人的初步感情。应将犬放在为它准备的室内犬床处，而不应扔在院内或牲畜棚中。主人每天都要抽出一定的时间来陪伴和调教幼犬。在最初的1周里，应设法与幼犬交谈、游玩、嬉戏，尽可能将更多的精力集中在幼犬身上。使幼犬感到与主人在一起有无穷的乐趣，认同你是它最可信的朋友，你就是它的主人，从而确立人犬间的初步感情。幼犬来到新的环境中，总喜欢东嗅西闻，检查周围环境的每一个角落，有时甚至钻进衣橱或弄坏其他物品。在这种情况下，不要过多的责备，而要耐心引导。因为太多的限制会使幼犬感到沮丧，甚至对主人产生敌意。

三、 适应犬床的训练

　　在购入犬之前就应考虑安置犬床。仔犬购入后应对其及时调教，使它知道自己的床在什么位置，并在休息时回到犬床上。犬床的种类很多，置于室内的犬床一般为纺织品覆盖着的可折叠式铁框架式的床，也可用竹编或藤编的小篮子、木盒子、硬纸板箱等代替。犬床应安置在保温通风、冬暖夏凉的地方，床面应离地面 $5 \sim 10cm$。中大型的宠物犬要建造室外犬舍。室外犬舍应大小适中、光线充足、能遮风挡雨，同时做好通风防潮、防寒保暖、防暑降温等工作。

　　调教犬适应犬床的方法要根据犬床的特点而定。如果犬床有独立空间并有一个能关闭的门，可以把犬单独关在里面，用口令、手势和奖励综合运用的训练方法，一段时间后即可适应；如果犬床无独立空间或无门可关，可以用长 $1 \sim 2m$ 的轻质绳索将犬拴在里面进行训练。训练初期可选择在犬吃食、排便、游散后，或在犬想睡觉时，用绳索将犬拴在犬床上。这些时候，犬的反抗往往是短暂的，若同时给犬床上放一块骨头（食物）或者犬感兴趣的玩具等效果更佳。如此训练数次后，多数幼犬就会很温顺的呆在犬床里。

　　训练时要注意，一是用绳子拴犬时，不能时间过长，更不得损伤颈部，否则犬会为了舒适而挣脱绳子。二是训练初期，每次仅让犬呆在犬床上几分钟，以后逐渐延长时间。当不用绳索拴犬、没有食物和玩具时犬也可以习惯性地到犬床上休息，说明这一训练已经完成。

四、 安静休息的训练

　　学会安静休息对于作为伴侣的宠物犬十分重要。因为它们最易在主人休息或外出时，表现的烦躁不安，这样不但影响主人和周围人的休息，有时还会出现其他危险。

　　训练时应为犬准备一只可以关闭的犬箱，里面放一些旧毛毯等类似的物品。训练前主人先与犬游戏，当其疲劳后，发出"休息"的口令，令犬进入箱内。

训练初期，有些犬可能不听命令，主人可以抱其入内并关闭箱门，同时在箱外发出"休息"的口令，如犬发出吠声应立即加以制止。以后再逐渐延长时间，反复训练，直到能在主人"休息"的命令下主动进入箱内并安静的长时间休息为止。若训练时在犬箱中放置一个小闹钟或小录音机等设备（声音要小、放在犬看不见处），在犬得到"休息"口令进入箱内的同时，钟表的滴答声或小收音机的声音会使犬在箱内不感觉寂寞，更易快速进入安静状态。待犬形成条件反射后，即使去除这些设备犬也能习惯安静休息。

五、 呼名的训练

欲使犬成为家庭成员之一，首先应给犬取一个漂亮而动听的名字。犬名一般可用犬易分辨和记忆的单音节或双音节词，越简单越好，不宜太长和拗口。

呼名训练应选择在犬心情舒畅、精神集中时，最好是在与你嬉戏的过程中进行。呼名训练必须反复进行，直到幼犬对名字有明显的反应为止。犬对自己名字的反应是，当犬听到主人呼名时，能机灵地转过头来朝向你看，并高兴地摇摆尾巴，等待命令或欢快地来到主人的身边。有的犬（如北京犬）会装聋，明明已听到呼名，但却不做出任何反应。所以在开始进行呼名训练时，就应注意这一点，一旦发现应及时纠正。为了使犬学会一听到呼名就做出正确反应，主人应将犬的名字和一些积极的、令犬愉快的事情联系起来，如在呼名之后，相继而来的就是各式奖赏（以食物奖励为主，结合使用"好"的口令及抚拍）。因为一旦幼犬把它的名字和愉快的事情联系起来，不论它在何处、在干什么，只要听到呼名，就会愉快地奔向主人。最好在犬饥饿而主人准备喂食时，呼叫它的名字，然后要用温和的语气和爱抚迎接它。这样会使犬感到呼叫它来到身边会使它得到好处。呼名时注意主人的语气要亲切和友善，忌命令式或态度过分严厉，以免犬对呼名产生惧怕心理。

训练中的注意事项：一是训斥和惩罚犬之前不能呼犬名；二是呼名时语气要亲切和友善，切勿声音严厉或表情凶狠；三是其他家庭成员要和主人配合，统一犬名，避免犬产生混乱，无所适从。

六、 颈圈 （犬套）、 缰绳及口套佩戴的训练

宠物犬训练的常用器材主要有颈圈、缰绳和口套。使犬习惯于佩戴颈圈和缰绳，须在犬的幼龄时期进行。

1. 戴颈圈训练

颈圈要选择柔软的材料，使犬能平静地对待所戴的颈圈。购买新颈圈后，首先让犬"看看""嗅嗅"，使犬熟悉颈圈。然后抚摸犬的额部，再把项圈放在犬的脖子上，用手握住颈圈的两端，以嬉戏的方式吸引和分散犬的注意力，然后再给犬戴上。如果犬没有显露任何不安，戴上的颈圈就留下来；如犬表现焦急不

安，可以先将颈圈摘下来，待稍事休息之后再作重复练习。犬佩戴颈圈后，要防止犬与犬彼此啃咬颈圈。

2. 缰绳

为使犬养成拴系缰绳的习惯，可选用长 15m 左右、重量较轻的编制缰绳。拴系缰绳的训练，同样要在抚摸过程中进行。首先将缰绳系在事先戴好的颈圈上，然后牵犬出去散步。因为犬散步时心情舒畅，这样可以减少和分散犬对戴缰绳的注意力。戴上缰绳的犬如果表现急躁不安，还可以用食物或嬉戏等方法转移其注意力。

训练时应注意两个问题，一是不能让犬玩弄缰绳或抓咬缰绳；二是在佩戴颈圈和拴系缰绳的训练中，不能使犬感到疼痛。否则会引起犬对颈圈和缰绳的恐惧，最终导致犬对人的不信任。

3. 佩戴口套

犬佩戴口套的训练也从幼犬开始。选用口套的形状和尺寸，应适合于每只犬的口鼻面。对于口鼻周围长有大量须毛的犬（拉萨狮子犬、马尔他犬、卷毛比雄犬等）要选择较宽大的口套，避免毛进到犬的嘴里。

佩戴口套训练的时机多选择在外出散步之前或闲玩时。将犬牵到自己身旁，令其对口套"看、嗅"一番之后，用右手将口套戴到犬的口鼻面上，并扣上皮带。犬的第一反应通常是摇摆头部或用爪抓挠，试图退下口套，这时应以嬉戏、奔跑或通过口套孔给予食物等方式转移犬的注意力，同时要急剧抖动缰绳继续快步前行。长期室内或舍饲的犬，采用以上做法，很少对口套再有反感。

佩戴口套训练时，也可以先在口套里面放上一点好吃的食物，当犬为了吃到食物而将口鼻伸进口套时，即可乘机将口套给它完全戴上，然后再快速地摘下来，这样每天重复练习多次。当犬自己试图将口鼻伸入口套时，便可将口套给它戴好，并扣紧皮带。同时，也可以逐渐增加犬佩戴口套的时间。

训练初期，犬佩戴口套的时间 2~3min 即可，摘下口套之后要用食物给犬以奖励。以后在散步或作业中，佩戴口套的时间可逐渐增加。

训练犬佩戴口套时需要注意两个问题，一是选择口套的大小必须适合犬的口鼻面；二是避免强制地给犬佩戴口套。否则会引起犬惊恐不安，有时甚至会咬伤驯犬人员。

七、 散步的训练

80~90 日龄的犬，可以习惯于戴着颈圈、拴着犬绳去比较安静的地方散步。犬绳必须长度适中，既能保证犬有足够的活动空间，又能随时控制犬回到主人的身边；牵引力度要适当，既不要拉的太紧，也不能拉的太松。

第一次出去散步，犬对陌生的环境、气味感兴趣，常因此而忽视主人的存在，表现出到处乱跑、四处嗅闻，甚至拒绝同主人继续散步。

正确的做法是，首先要满足犬喜欢嗅闻的特性，不轻易阻止。放长犬绳（但不能拖在地上）一段时间（3～5min）后，主人应蹲下身来，温和地将犬唤回，并用随身携带的更有趣的物品逗犬。若能回到主人的身边来，主人应该给予鼓励并结束散步，以后每天延长散步的时间。一周后可以延长到10min，6个月龄的犬可以延长到15min，9个月龄的犬可以到30min，以后继续逐渐延长。当犬能够跟随主人安静的漫步时，可除去犬绳，但必须细心观察一周以上，以防意外发生。对待解除犬绳后不听主人口令的犬，切不可大声喊叫，应该耐心等待或加以诱导，待犬回来带上犬绳后，重新进行强制性的训练。否则会因为大声喊叫而促使犬断然离去。

单元三 | 宠物犬基础科目的训练

通常宠物犬的基础科目训练主要包括游散、前来、随行、坐下、卧下、站立、返回原地、前进和缓行等。

一、"游散" 的训练

1. 训练目的

"游散"训练是宠物犬在驯犬人的指挥下，养成自由活动的能力和习惯。游散可以缓解宠物犬在训练或表演中所造成的神经紧张状态，为犬提供一个休养生息的机会。

2. 条件性刺激

"口令"和"手势"。

3. 口令

"游散"。

4. 手势

平举右手，掌心向下，手朝向希望犬行进的方向，然后将手落到右大腿旁，身体稍微向前倾斜。

5. 训练方法

让犬位于驯犬人身体的左侧方，驯犬人牵着犬，将系在犬颈圈上的犬绳放长，然后下达"游散"口令，并朝着期望犬游散的方向作手势。然后，人与犬一起向前奔跑。待犬跑到驯犬人前边时，驯犬人应立刻放慢速度，并慢慢停下，这样，人与犬完成一次暂短的跑步活动。

跑步后，在驯犬人与放出犬绳的距离范围内，让犬充分地自由活动。经过2～3min后，驯犬人牵拉犬绳令犬回到身边，用抚摸或给予食物进行奖励，然后再作2次重复练习。

随着练习的不断深入，可以引导犬在"游散"训练中呈各种姿势（伏卧、蹲坐和站立等，只要有利于休息均可）。当犬对"游散"的口令形成固定的条件反射后，可除去缰绳进行练习。游散训练也可以与其他基础科目训练的内容结合为一个复合的训练过程。

6. 目标

随着驯犬人的一声"游散"口令和手势，无论处在任何环境和任何位置，宠物犬都能立刻转变为游散状态，并且当转化为"前来"等命令时，犬都会重新回到驯犬人身边，那么"游散"科目的训练就已经完成。

7. 注意事项

（1）训练时不能急剧的抖动犬绳或使用严厉的声调和表情。

（2）犬自由活动时，要时刻注意犬的行为，以防养成不良的习惯（如寻找和吞食异物，袭击鸟、兽、人等）。

（3）不要过早地解除犬绳进行游散。

二、"前来" 的训练

1. 训练目的

"前来"的训练是培养宠物犬根据驯犬人的指挥，顺利而又迅速地回到驯犬人左侧坐下的能力。主要是提高宠物犬的服从能力。

2. 条件性刺激

"口令"和"手势"。（非条件性刺激：好吃的食物、抚摸及轻拉犬绳）

3. 口令

"来"。

4. 手势

驯犬人与犬相对，左手牵握犬绳，右手向前朝犬的方向平伸，高与肩平，掌心向上，随即自然落下（见图 4 - 1）。

图 4 - 1　犬的前来训练示意图

5. 训练方法

第一步：建立犬对口令、手势的条件反射。驯犬人趁犬拖着犬绳游散之际，先呼唤犬名引起犬的注意，然后作前来的手势并发出"来"的口令，同时边拉犬绳边向后退，使犬前来。当犬来到跟前，给予奖励。若犬闻令不来时，应采取一切足以引起犬兴奋的动作（如退后、拍手、蹲下或向相反的方向急跑等），促使犬迅速前来。经过反复训练，犬就能根据"来"的手势和口令顺利地回到驯犬人面前。以后可逐渐变拖绳为脱绳。

也可以采用食物和能引起犬兴奋的物品诱导犬前来。即驯犬人在发出"来"的手势和口令的同时，手拿食物和物品引诱犬前来。随着训练的进展，逐渐减少直至去掉引诱刺激物和手势，只用口令便可形成条件反射。

第二步：使前来动作完善化。当犬根据口令和手势前来时，就应进一步使犬养成前来后主动靠驯犬人的左侧坐下的习惯。

方法一：当犬来到跟前时，驯犬人左手将犬的脖圈拉住，轻轻向后带引，使犬转体过来靠驯犬人的左侧坐下，并及时进行奖励。

方法二：当犬根据口令来到跟前时，用右手中食物或物品逗引犬后，再将食物从身后交到左手，将犬从身后引向左侧坐下，然后用食物、物品或抚摸给予奖励。

两种方法可以单独使用，也可以结合使用。

第三步：在复杂环境中锻炼犬前来的服从性。当犬"前来"完成得比较顺利和完善之后，就可逐渐进入比较复杂的环境中进行训练。根据环境条件情况，以带绳训练为主穿插去绳进行训练。初期要以带绳为主，当犬出现延缓或不执行口令时，就要立即用威胁音调发出"来"的口令，同时伴以强有力的拉犬绳的刺激，随着训练的逐步深入，增加去绳训练。训练后期要逐渐加长将犬招回的距离，并且在各种气候和昼夜不同时间进行去绳训练。

6. 目标

如果犬能从不同距离、在任何时候、在任何环境条件下，都能闻令（口令和手势）而来，迅速跑到驯犬人跟前，并从后方绕过，停在驯犬员左腿旁，又正确地坐下来，那么可以认为"前来"的训练已经完成。当然，犬不从后面绕过就到左侧坐下来也是允许的。以后需反复训练加以巩固。

7. 注意事项

（1）训练初期切忌用威吓的声调发出"前来"的口令，或用追捉犬的方式逼犬前来，更不能当犬回来后用突然的动作去抓犬。

（2）不能将犬绳拉的过紧造成犬的疼痛。

（3）不能对发出口令后来到跟前的犬给予惩罚。

三、"随行"的训练

1. 训练目的

培养宠物犬根据驯犬人的指挥，靠近驯犬人左侧与驯犬人并排前行的能力，并在行进中保持与人不超前不落后的正确姿势（见图4-2和图4-3）。

图4-2 犬的随行训练　　　　　　图4-3 多犬同时进行随行训练

2. 口令

"随行"。

3. 手势

左手自然下垂轻拍左腿上部。

4. 训练的方法

第一步：使犬对"随行"的口令和手势形成基本的条件反射。可选一个清静的环境，带犬游散片刻，先让犬解除大小便和熟悉环境，然后用左手拉住犬绳，随即唤犬的名字（以引起犬的注意），并发出"随行"的口令，同时用左手把绳向前一拉，以较快的步伐前进，或以转圈的形式使犬随行。每次训练随行的行程，一般不能少于100~150m。最初训练可让犬走里圈，待有一定基础后再让犬走外圈。

训练初期，由于犬还没有养成靠在人左侧随行的习惯，也易受外界新异刺激的影响，可能出现超前、落后或斜行等现象。在这种情况下，驯犬人应及时发出"随行"的口令，同时伴以扯拉犬绳或利用能引起犬兴奋的物品进行逗引，促使犬靠到正确的位置。如犬能正确随行，即发出"好"的口令或用抚拍奖励。

反复训练后，为考查犬对"随行"口令的条件反射是否形成，驯犬人可以在犬随行中把犬绳放松或拖在地下，犬如超前或落后，即发出"随行"的口令，如果此时犬能立即靠到正确位置上来，就表明犬对口令的基本条件反射已经形成。

当犬能根据"随行"的口令和手势，不需用犬绳控制也能正确地与驯犬人随行时，即可转入下一步的训练。

第二步：提高随行能力。训练方法是以各种不同的步伐和变换行进方向（如快步、慢步、停步、左右转弯等）进行训练。当驯犬人要变换步伐或方向时，应先发出"随行"的口令并扯拉犬绳。如果要减慢速度，就将犬绳向后拉，向左转弯时，将犬绳向左后方拉或不动；向右转弯时，要将犬绳向右前方拉。在这种机械刺激的影响下，犬如能很快地随着驯犬人的要求正确随行时，应马上用"好"的口令奖励。但在变换步伐或行进方向时，不要踩到犬的足趾。

第三步：在复杂环境中训练犬的随行能力。在犬养成上述能力的基础上，逐步进入到比较复杂的环境（如路边、居民区等）进行随行训练。在复杂的环境中训练犬随行，应有犬绳控制。当犬受新异刺激影响不执行口令时，可发出威胁音调的口令，并伴以拉犬绳的刺激，迫使犬在新异刺激影响下仍能正确随行。当犬能按照指挥，在比较复杂的环境条件下不需犬绳控制仍能正确随行时，说明犬随行的能力已经形成。

5. 注意事项

（1）犬绳使用要灵活，不能缠绕羁绊犬的行动，或始终扯得很紧不给犬自由行动的机会；应有紧有松，灵活适度。脱绳训练后，也要穿插牵引，以纠正毛病，巩固动作。

（2）随行训练必须与日常管理密切配合，即在日常管理中不能对犬放任自流，否则犬的反射会消退而前功尽弃。

（3）多进行转向、同向交替训练，强化培养犬的注意力和服从性。

四、"坐下"的训练

1. 训练目的

"坐下"训练是指宠物犬按驯犬人的指挥，迅速而正确地做出坐下的动作，并能持久保持这一动作的能力。坐下是多种动作训练的起点，也是多种专业科目的训练基础。

2. 条件性刺激

"口令"和"手势"。（非条件性刺激：食物、按压腰荐部和向上或向后轻拉犬绳动作等）

3. 口令

"坐"。

4. 手势

正面坐时驯犬人将右侧大臂侧伸，高与肩平，小臂向上，掌心向前呈"L"型，然后落到右侧大腿部；左侧坐时用左手同时轻拍大腿侧部。

在"游散""前来"和"随行"训练的条件反射初步形成后，便可开始犬的"坐下"训练。"坐下"科目是培养犬衔取、鉴别等能力的组成部分。"坐下"训练不仅要求犬能根据驯犬人的指挥，迅速而正确地做出坐下的动作，而且要将这一科目与有关的科目联系起来，自动地做出坐下的动作和保持这一动作的持久性。

5. 训练方法

培养坐的条件反射，可根据受训犬的个体特性，采用食物奖励和对比两种方法。食物奖励多用于训练年幼犬、对食物反应强烈的犬和特别凶猛的犬；而对比法主要用于培养犬持久坐下（坐延缓）的能力。

第一种方法：首先给犬拴系短缰绳，驯犬人以左手在距离颈圈 20~25cm 处拉住缰绳；右手拿着好吃的食物，站在犬的右侧（见图 4-4）呼叫犬名，稍微停顿后以命令的口气发出"坐下"的口令，同时将食物举到犬的口鼻跟前令其嗅嗅，再将手平稳地举到犬头的上方，并沿着犬的肩胛方向稍微后移。此时犬为了得到好吃的食物，就会抬起头并伸长脖子去找食物。但由于犬绳控制犬的跳跃，致使其头部后倾而逐渐坐下来。当犬刚一坐下，驯犬人就应该立即用食物或抚摸或"好的"，进行鼓励。

图 4-4 用口令和食物使犬坐下

第二种方法：犬系短缰绳，站在驯犬人的左腿旁边。驯犬人半转身向犬的后部，以右手离颈圈 10~15cm 处握住缰绳。在发出"坐下"口令后，立即将左手（手掌向下，大拇指朝向自己）置于犬的腰荐部进行按压，与此同时，用右手向上和向后紧拉犬绳，犬即可坐下（见图 4-5）。

当犬刚一坐下，驯犬人可再重复一次"坐下"的口令，并同时给好吃的食物、抚摸或是发出"好"的赞扬加以鼓励。待犬坚持 5~10s 后发出"游散"口令。10min 内再重复练习一次。

在犬对"坐下"的口令形成条件反射后，还需进行脱缰、远距离的手势训练。犬在任何状态和条件下，都能按着驯犬人的口令和手势，在 15m 的距离内，准确、迅速的做出坐下的动作，并保持至下一个口令发出，或保持坐下动作 15s以上，即为成功。

6. 注意事项

（1）按压腰角的部位要准确，才能取得好的训练效果。

图4-5 拉缰按腰使犬坐下

（2）及时矫正犬的不正确坐姿，最好是在犬欲动而未动时进行纠正。同时，可适当增强刺激量。

（3）对兴奋性高的犬，培养坐延缓时要有耐心，每次增加的时间不要太长，切忌多次重复口令。

（4）在延长距离训练坐延缓时，驯犬人每次都要到犬跟前进行奖励，不能图省事唤犬前来奖励。

（5）训练初期，延缓时间和增加距离不要同步进行，应遵循循序渐进的原则。

五、"卧下"的训练

1. 训练目的

"卧下"训练是使宠物犬养成在驯犬人指挥下迅速、正确的卧下，并在未得到另一口令之前不得起立的能力。卧下的姿势最适合犬的休息，也是犬最好的隐蔽方式。卧下科目的训练对驯犬人和犬的日常生活和工作都非常重要。

2. 条件性刺激

"口令"和"手势"。（非条件性刺激：食物、按压犬的肩胛部，向前拉前肢或拉犬绳）

3. 口令

"卧"。

4. 手势

右手上举，掌心向下，向前平伸，高与肩平，然后快速落到右侧大腿旁。侧面卧下是以右手伸到犬的面前，然后向下落。

5. 训练方法

在犬对"坐下"口令形成初步反射后，即可开始训练犬卧下的动作。

使犬养成按照口令卧下的习惯，可依据犬的个体特性采用多种方法。

第一种方法：使拴着短缰绳的犬位于驯犬人的左腿旁，在命令犬坐下后，驯犬人向左侧半转身。左手把握靠近颈圈部的一侧，右手拿食物，以半弯腰姿势举到犬的口鼻跟前，并发出"卧下"的口令。这时逐渐将手向下放且稍微向前，以迫使犬卧下［见图 4 - 6（1）］。当犬卧下时，则以食物和抚摸加以鼓励。此种姿势保持 10 ~ 15s 后再自由活动。

第二种方法：犬位于驯犬人的左腿旁，驯犬人向左半转身并弯腰，将左手放在犬的肩胛部，用右手握住犬的前肢，发出"卧下"口令，左手按住犬的肩胛部，右手向前拉两条前腿，使其卧下并保特 10 ~ 15s 再自由活动［见图 4 - 6（2）］。

图 4 - 6　用口令和其他方法使犬卧下

在以上训练中，若犬试图站立，要以严厉的口气重新发出"卧下"的口令，并同时用左手按压犬的肩胛部，禁止其站立。

第三种方法：犬、人位置如第二种方法，驯犬人半转身，右手在距颈圈15 ~ 20cm 处，握住犬绳，左手置于犬的肩胛部；发出卧下口令后，将犬绳突然向前拉。犬卧下立即给予鼓励，并坚持 10 ~ 15s。若犬试图站立，须猛拉犬绳并同时按其肩胛部使犬卧下，坚特 10 ~ 15s 后，再允许犬休息。

用手势继续强化训练。犬在驯犬人身旁卧下后，驯犬人可以离开一定的距离。左手握缰绳，转身面对犬，右手举至与肩平急速放下，同时左手拉犬绳使犬继续卧下并原地不动，此时再给予奖励（食物、抚摸和"好"等）。然后反复进行训练以求巩固（见图4-7和图4-8）。

图4-7 犬在人的正面卧

图4-8 犬按手势起卧

犬的正确卧姿为犬的后部平稳的落在两个后足上，两前足向前伸出，头稍上昂，双目前视。

若在任何条件下，犬都能按照口令和手势在距离15m以上位置，准确地做出卧姿并坚持15s以上或保持到下个口令发出为止，说明此科目训练已经完成。

6. 注意事项

（1）犬的卧地要干燥、平坦、洁净。

（2）训练初期不宜使犬卧时过长，牵拉动作不宜过于激烈。

（3）犬卧下后，如出现后肢歪斜等毛病时，要及时纠正。纠正要注意方法，以免破坏整个动作。

（4）卧下和坐不要经常连接训练，以免犬产生卧后自动坐或坐后自动卧的不良联系。

（5）卧延缓未巩固前，不要急于结合"前来"训练，以免破坏延缓。

六、"站立" 的训练

1. 训练目的

站立是使犬养成在一定的地点站立不动的能力，是在坐、卧已经形成反射的基础上进行的训练科目，对于清洗、梳理、穿着、等待等日常管理都有重要意义。

2. 非条件性刺激

左手轻托腹下，右手轻微拉动犬绳或给予奖励等。

3. 口令

"立"。

4. 手势

肘部微曲，掌心向上，由下而上挥动右手（见图4-9）。

图4-9　犬的站立训练

5. 训练方法

使犬坐或卧于左侧，驯犬人向左方半转身，发出"立"的口令，左手放在犬腹下托住犬的同时，右手向上拉动犬绳配合犬站立。动作达成后立即鼓励，稍作休息后再重复训练。

手势习惯的培养方法：驯犬人令犬坐或卧下后，立在犬前方的2~3步，右手作出"立"的手势，同时发出口令。犬达成后反复练习，在加大距离的基础上逐步推迟发口令，直至取消口令。

在任何环境下，在距离驯犬人15m以上，都能只看手势，就能准确地完成站立姿势，并能坚持15s以上或保持到下一个口令发出即为完成。

6. 注意事项

（1）初期站立时间不宜过长。

（2）必须及时阻止犬离开原地的企图。

（3）不宜经常把处于站立的犬呼唤到跟前。

（4）不宜猛拉犬绳。

七、"前进"的训练

1. 训练目的

"前进"的训练是使犬养成按驯犬人的口令和手势，向指定方向前进的能力；使犬养成对过羊肠小道、木板、圆木、窄木、跳板、沟渠、小溪甚至上下汽车无所畏惧、勇往直前的习惯；也是犬拉车、拖曳、滑雪等专业服务项目训练的基础。

2. 条件性刺激

"口令"和"手势"。（非条件性刺激：食物）

3. 口令

"前进"。

4. 手势

朝着希望犬前进的方向举起右手，掌心向下然后落到右侧大腿旁，同时身体稍微向前倾斜（见图 4 – 10）。

图 4 – 10　犬按照手势和口令前进

5. 训练方法

"前进"训练要在犬养成衔物习惯之后开始，同时应与"越过障碍"训练同步进行。

训练可在 1～3m 宽的水渠（壕沟、小溪）上架起一块宽木板。驯犬人在左侧牵着系长犬绳的犬一同走近水渠。给犬看一个小块食物之后，发出"前进"的口令，并将食物扔过水渠（手的动作应与"前进"手势相符）。被食物吸引的犬通常总是向食物冲去，此时驯犬人要放松缰绳，重复"前进"的口令，同时用"好的"等赞扬话加以鼓励，并跟着犬走过木板。当犬从木板上走过水渠朝着食物奔去时，驯犬人要迅速跑上前去，并从地上拣起食物递给犬。重新以"好的"等赞扬话和抚摸对犬加以鼓励。

在以后的训练中，可用较窄的木板代替宽木板，再进一步即可用原木代替较窄的木板。

为了进一步完善口令和手势的条件反射，也可以在建筑物、篱笆间的窄通道、高草掩蔽的小径等复杂的环境进行训练。训练时，驯犬人要用"好的"赞扬和定时抚摸进行鼓励。

如果犬能随着驯犬人的口令和手势，迅速准确、信心百倍的走在驯犬人的前面，实现在原木上越过长达6m以上的水渠（壕沟、水溪）或走过其他狭窄地段时，就认为前进训练的习惯已经养成。

6. 注意事项

（1）在训练的开始阶段，不可使用非常窄的木板或圆木。

（2）在训练时不要采用拉动缰绳的办法。

八、"返回原地"的训练

1. 训练目的

返回原地的训练是通过训练使犬具备按照驯犬人的口令和手势迅速、准确地返回原地的能力。返回原地训练对于日常生活中的宠物犬和执行任务的工作犬的训练都十分重要。

2. 条件性刺激

"口令"和"手势"。（非条件性刺激：食物、轻拉缰绳）

3. 口令

"原地"。

4. 手势

身体微前倾，右手朝向犬返回的方向向前伸出，手指与腰齐，掌心朝下，最后落在右侧大腿旁（见图4-11）。

5. 训练方法

在学会卧下后开始训练。驯犬人在前方放置犬最熟悉的物品（不能放可叼、可食的物品），驯犬人握住犬绳，发出"卧下"的口令并离开3~4m的距离（至物品摆放处），叫犬前来，抚摸后发出"原地"口令，同时用手作出手势，牵动犬绳与犬同行（人可稍落后些），并不断的以命令的口吻发出3~4次"原地"口令。犬回至原地后给予奖励，反复几次。

图 4 – 11　犬的返回训练

如果犬没有按照口令执行，应以严厉的语调重复"原地"口令，并拉动绳迫使其做到。若犬仍然没有响应，可用食物诱引，但只在第一次完成任务时给予食物奖励。

如犬在无犬绳状态下随着口令和手势能快速、准确地返回 15m 以上的原地，卧在放置物品 1m 以内的地方，并能坚持 30s 以上即为成功。

6. 注意事项

（1）物品摆放的距离要逐渐拉远。

（2）犬一定要对物品熟悉。

九、 "缓速" 的训练

1. 训练目的

"缓速"的训练是使犬具备按照驯犬人的口令减慢行进速度的能力，是在犬越过复杂障碍物或完成某些专业任务时，控制其行动（尤其是不戴犬绳的犬）的有效方法。

2. 条件性刺激

"口令"。（非条件性刺激：勒紧或猛拉缰绳）

3. 口令

"慢"。

4. 训练方法

缓速训练在犬习惯于"前进"口令以后进行，可与越障碍物的训练结合进行（见图 4 – 12）。

驯犬人用短缰绳牵着犬，发出"随行"的口令，并快速行走，而后开始改变速度，时而放慢，时而加快。在放慢行进速度时，驯犬人发出"慢"口令的同时向后拉缰绳。如果快速行走的犬不能减低速度，就要以严厉的口气重复口令，同时向后猛拉缰绳，迫使犬减速。若犬能按驯犬人的口令放慢了行走速度时，要用抚摸予以鼓励。

在逐步深化训练的过程中，要经常改变行走的速度，提高环境的复杂程度，同时使犬适应从戴长犬绳到短犬绳，直至最后不用犬绳。训练可在越过平衡木、梯子或完成某些特殊动作时，用放慢行走速度的方法进一步加以完善。

如果犬随着驯犬人一声口令，在任何情况下，无论戴犬绳还是不戴犬绳，都能准确无误地放慢行走速度，就认为习惯已经养成。

5. 注意事项

（1）训练初期不可以过于猛烈地拉动犬绳。

图 4 - 12　犬的缓速训练

（2）训练初期不要过于频繁地改变行走速度。

（3）不能过早的转为无犬绳训练。

十、 "衔来" 的训练

1. 训练目的

训练犬按照口令和手势把指定物品衔给驯犬者的能力，是犬多项特种项目训练的基础。

2. 条件性刺激

"口令" 和 "手势"。（非条件性刺激：衔的物品、食物、抚摸等）

3. 口令

"衔来" 或 "给我"。

4. 手势

朝抛出物品的方向伸出右手，手掌向下，然后落到大腿右侧，做时身体略前倾。

训练前首先要选择无外界诱惑和刺激的训练环境，准备好犬感兴趣的物品（小绒球、木棒、手套、绳子等）。

5. 训练方法

训练分两步。

第一步，给犬系短绳，左手握住犬绳，使犬立在左腿旁，右手拿让犬衔咬的物品在犬的眼前轻轻挥舞，同时呼唤犬名和 "衔来" 的口令（名和口令间要有

图 4 – 13 犬衔物训练

一定的间隔），犬一旦咬住，可以轻拉物品使之咬的更牢固，并给予鼓励（见图 4 – 13）。在重复训练并得以巩固的前提下，发出"随行"口令，与犬同时向前跑 3～4m 转为步行，再下达"给"的口令，从犬口中取出物品，同时用抚摸或食物奖励。反复训练至熟练。

第二步，人、犬的姿态同上，在掌握上述本领的基础上，再将物品向前抛一段距离，在抛的手势作出的同时发"衔来"口令，并与犬一起迅速赶到物品前，并重新发出"衔来"的口令。此时犬若衔起物品，就要给予鼓励，若没有衔起时，驯犬人可用脚拨动或进一步用手指向物品，待犬衔起后再发出"给"的口令，取下物品的同时给予奖励。重复训练 3～4 次后休息。

在此项训练中，训练的手段要不断变化。如犬绳可逐渐变长直至不用；人跟随的距离由长到短到不跟随；抛出物品的距离由近及远直至犬看不见（扔物品的方向也可以改变，但犬开始时可能会乱跑，驯犬人可朝物品方向作手势或走向物品给予帮助）；从初期的口令手势配合到最后只用手势。

如物品抛出 15m 以上的距离，在驯犬人发出口令、作出手势后犬仍能准确衔回物品，并回到驯犬人的左脚旁或坐在驯犬人的前面并交出物品即为成功。

6. 注意事项

（1）不能在犬衔物时给食物。

（2）物品要经常变化。

（3）物品不能对犬有损害。

十一、"游泳" 的训练

1. 训练目的

"游泳"训练是使犬养成在驯犬人的指挥下，能顺利下水并游过一般河流的能力，是犬表演或在执行多种特殊服务时所必需的能力。此外，游泳还有助于犬的体格发育和健康。

2. 条件性刺激

"口令"和"手势"。（非条件性刺激：食物、叼衔物或抚摸等）

3. 口令

"前进"。

4. 手势

朝向水池迅速举起右手，掌心向前，然后落到右侧大腿旁（见图 4-14）。

5. 训练方法

在夏季温暖的天气里，选择一个有坡度的、面积较小的浅水池（深 1m 以内，必须是淡水）。首先驯犬人用短缰绳牵着犬一边游散，一边让犬跟随自己向水池中前行，当犬走进水里 1~2m 远时，就用食物加以鼓励并引导犬继续往前走。

如犬不愿走进水里，驯犬人走到 10~15cm 深的水里后，就要用"前来"的口令招换犬来，当犬来到后给予鼓励。如果犬还是不下来，可以将犬抱起来，放到靠近岸边水

图 4-14　犬按手势和口令入水中

深 10~20cm 的水中，使其平静后并给予鼓励，这样会使犬逐渐消除对水的恐惧并养成习惯。

为了使犬能够在水中游泳，驯犬人可把犬招换到自己跟前，然后只身走进越来越深的水里引犬前来，直到犬不用强迫而游到自己跟前的时候为止。当犬刚到深水处时，可能用前爪胡乱击水，此时驯犬人要帮助犬，轻轻地在胸下托着犬，如果犬能平静向前游走，就要给予鼓励。

此后，可逐渐增加游泳的距离。为此驯犬人可使犬伏卧或坐在岸边，自己游到水池的对面，然后招呼犬前来。

图 4-15　犬的游泳训练

在以后的训练中，要使犬习惯于较长时间呆在水里并游过不同的距离，或和驯犬人一起游泳或单独游泳，或在有诱惑刺激物的情况下游泳（见图 4-15）。

也可以采用搬送物品的方法使犬学会游泳。此种方法是驯犬人将叼衔物抛到对岸不远的地方（约 1~1.5m）并发出"衔来"口令让犬去衔。犬衔物品返回后要加以鼓励。以后抛物时，驯犬人就要发出"前进"的口令和手势，并逐渐把衔物抛得越来越远，直到犬不用强迫去游为止。

如果犬勇敢地进入水中，并较长时间的呆在水里，无论驯犬人在不在水中，都能顺利地游过长 50m 以上的距离，就可以认为游泳的习惯已经养成。

6. 注意事项

（1）使犬养成游泳习惯时，不得强迫，更不得把犬抛到水里。

（2）每次训练结束时，应使犬的被毛很好的干透。

（3）不能在深水急流中或岸边陡峭的水池里进行初期阶段练习。

（4）不能在初期阶段将衔物抛得过远。

十二、"拒食"的训练

1. 训练目的

"拒食"训练是禁止训练的一个重要组成部分，是培养犬按驯犬人的口令拒食他人食物的习惯。这对于犬防止恶徒的毒害，不从地上拣食物以保证进食卫生等都是非常必要的。

2. 条件刺激

"口令"。（非条件刺激：猛拉动缰绳、用枝条抽打、使用敏感颈圈等）

3. 口令

"不""非"或"呸"等。

图 4 – 16　犬的拒食训练

4. 训练方法

拒食训练可依下列顺序进行。

初期，使犬习惯于没有驯犬人的允许不吃食物。为此，将食物槽放在犬的面前，为阻止犬吃到食物，驯犬人用平静的声调发出口令，并以敏感颈圈或犬绳阻拦犬采食。经过 5～10s 后，按照"吃"的口令允许犬吃到食物。坚持时间可逐渐增加到 1min。

以后的训练是使犬习惯于不食外人所提供的食物和抛在地上的食物。

但最初的训练中，不管用何种方法训练，都必须在犬饱食后进行。

第一种方法：给犬配戴敏感的颈圈，驯犬人拉着缰绳，停在犬附近的隐蔽处，助手一手拿肉、骨等犬喜食的食物，一手拿木棍或枝条（必须隐藏在身体后），二人配合。助手走过来把食物放到犬的跟前，初期引诱犬来吃，后期放后即走，观察犬的表现。若犬试图吃食物，助手要用木棍或枝条抽打后走到隐蔽处，2~3min 再重复一次时，若犬仍试图吃食物，助手再用木棍或枝条抽打，同时驯犬人发出口令并同时猛拉缰绳，并在助手躲藏后发出"扑上去"的口令。

后期可以将犬拴好后，驯犬人离开隐蔽起来，若犬仍试图吃食物，驯犬人可立即走出下达严厉的口令，必要时猛拉犬绳。这样的训练每天都要进行，直至强化形成反射。但在训练过程中，助手、食物及助手到犬跟前的动作，以及训练的地点、每天训练的次数都要加以变化。

第二种方法：驯犬人牵着带犬绳的犬，经过一处摆放各种不同食物的区域，并注意观察犬的行为。如犬试图吃食物，则下达严厉的口令并配合拉紧犬绳，必要时使用敏感颈圈；犬平静后，再次重新试验，重复口令或动作，口令见效后，可放长犬绳直至不戴犬绳。

在不戴犬绳且不论驯犬人是否在场，犬都能坚决拒绝他人递给的或除固定吃食地点以外的任何食物时，训练即已成功。

5. 注意事项

（1）饥饿的犬不能进行初级训练。

（2）不能用同一食物、同一助手、在同一地点重复进行训练。

（3）对犬不能过于粗暴。

单元四 | 宠物犬表演技能的训练

多数宠物犬经过训练后能表演很多种技能，有些聪明的犬种天生就具有表演才能。所以，宠物犬表演项目的训练只要在基础科目训练的基础上稍加引导就可以训练成功。

一、 与人握手表演的训练

不论任何品种、任何体型的犬，学习握手表演都非常容易。某些品种如北京狮子犬、德国牧羊犬等，甚至不必训练，当你伸出手时，它会把爪子递给你，这是它向你表明，它知道你要它干什么的表达方式。对其他犬，只要略加训练也能实现。训练时，主人先让犬面向自己坐着，然后伸出一只手，并发出"握手"的口令，托犬抬起一只前肢，主人握住并稍稍抖动，同时发出"你好"的声音，这是对犬的奖励，也是握手礼节所必需的。如此几次练习后，犬就会越来越熟练。若主人发出"握手"的口令后，犬不能主动抬起前肢，主人要用手推推它的肩，使其重心移向左前方，同时伸手抓住右前肢，上抬并抖动，发出"你好"

给犬以鼓励，并保持犬的坐姿。再如此训练数次，犬就能根据主人的口令，在主人伸出手的同时，迅速递上前肢进行握手。在握手的同时，主人要不断发出"你好""你好"夸奖犬，用高兴激发犬的激情。握手也是驯犬人与犬进行感情交流的方式，这个动作犬很容易学会。有时犬高兴时，会主动递上前肢与你握手。

二、接物的训练

宠物犬都喜欢玩接物游戏。对于非常灵活、敏捷的犬，接物训练很易学会，但有些犬则需要极大的耐心和信心，需要在反复的练习中学习和掌握接物的技巧。开始训练时，可以使用小块饼干或牛肉为诱饵，首先让犬正面坐，然后拿出饼干或牛肉干让它嗅闻一下，并向后退几步，面对犬并发出"接"的口令，同时把饼干向犬嘴的方向扔去。如饼干正好扔到它的鼻子上方，多数犬能用嘴接住，驯犬人就让犬吃掉饼干予以奖励强化。如犬接不住，驯犬人应迅速上前捡起落在地上的饼干，重新扔给它。只有犬在空中接住饼干，才可让其吃掉以强化训练。

几次练习后，犬就能明白你的动机是要求它在空中接住饼干，此时犬游戏的技巧就会迅速进步，很快就能熟练掌握。

当犬掌握上述能力后，驯犬人就可以用球代替食物进行训练。此时，犬的动机并不在于是球还饼干，而在于游戏。驯犬人可让犬坐着或立着，拿出球对犬发出"接"的口令，并将球抛向上方。由于犬已掌握了该游戏的初步技巧，常常能轻松地接住。随后，驯犬人叫犬来到身边并吐出球后给犬奖励。如此反复训练，犬的游戏欲望越来越高，接物技巧越来越熟练，并常常能跳起在空中接住球。如犬出现这种反应，主人应充分奖励，并在训练中鼓励犬跳起在空中接物，来培养犬掌握起跳的时机和接物的技巧，直到犬熟练掌握为止。接下来可使用飞碟进行训练，培养犬在跑动中起跳接物的能力。开始飞碟的速度应较慢，主人站在犬的右前方，向犬的前方掷出飞碟，如犬成功地跃身衔住，主人应充分奖励，激发犬的兴趣；

图4-17 犬的接物训练

如犬不能接住，应重复训练，直至成功。随着犬能力的提高，驯犬人还可以变换方向、改变速度，来提高犬的接物能力（见图4-17）。

三、 "起立" "作揖" 和 "转圈" 的训练

犬在起立的基础上学会用两个前肢作"起立""作揖"和"转圈"动作的表演，可以给人们带来很多快乐。在犬学会"坐下"和"卧下"后就可以进行这一表演的训练。

驯犬人站在犬的正前方呼唤犬的名字，左手轻轻的向上提拉犬绳，同时向犬发出"起立"的口令和手势，右臂由腿侧向上抬起，掌心下正对着犬的眼睛上方，犬起立后要给予奖励，然后可以放下缰绳并与犬逐渐拉开一定的距离，使犬能在口令和手势的指挥下站立较长的时间。"作揖"是在犬可以站稳的基础上，用右手或双手抓住犬的两个前肢，上下摆动，同时对犬发出"谢谢"的口令，做对时立刻给予奖励。"转圈"是在"起立"的基础上，右手轻握前肢少许，帮助犬完成旋转动作，从一圈到多圈。

经过多次重复，从开始需要用手辅助到最后离开驯犬人的手，三个动作犬都可以一气呵成。

四、 舞蹈的训练

犬跳舞的游戏很富有观赏效果，这种游戏源于犬的本能动作，大多数宠物犬尤其如北京狮子犬等很易学会。如果犬已学会了"站立"科目，就可以开始训练舞蹈。

主人首先令犬站立，然后用双手握住犬的前肢，并发出"舞蹈"的口令，同时，用双手牵住犬前肢来回走动。开始，犬可能由于重心掌握不好，走得不稳，此时，主人应多给予鼓励。当犬来回走几次之后，就让犬放下前肢，并给犬以充分的表扬和奖励。

待驯犬人经过多次辅助训练，犬的能力有了一定提高之后，就应逐渐放开手，鼓励犬独自完成，并不停地重复口令"舞蹈"。开始不要时间太长，在意识到犬支持不住之前令其停止舞蹈，并给以奖励。最初只能让犬舞蹈几秒钟，随着犬舞蹈能力和体质的提高，可逐渐延长舞蹈时间，最终可达到 5min 以上。训练后期，在犬舞蹈的同时，可播放特殊的舞曲。如此经常练习，使犬听到舞曲就会做出优美的舞蹈。

五、 钻火圈的训练

犬进行火圈表演非常惊险刺激，但只要犬掌握了训练要领，表演对犬是没有任何危险的。

火圈由金属管制成，直径 50cm，竖杆和底座为直径 5cm 的钢管。根据犬的身高、体长以及犬能跳的高度，决定火圈的高度。对小型犬，圈的高度大约为

图4-18 犬的钻火圈训练

40cm，火圈的直径大约为50cm；对中型犬和大型犬，圈的高度大约为90cm，火圈的直径大约为100cm。如有必要，当然也可以适当大一些。在制造火圈时，为了防止翻倒，底座必须坚固（见图4-18）。

开始训练时，先训练犬跳没有点火的铁圈。尽管犬注意铁圈，但通过铁圈一般没有困难。训练时最好在圈前放一个比圈底边低一些的踏板。

在犬已能多次都穿过铁圈时，即可拿开小踏板。训练犬通过没有小踏板辅助的铁圈，通常犬也不会有什么困难，如果遇到困难，仍可用小踏板进行辅助训练。

拿走小踏板后，犬若有恐惧感，还可以先放低铁圈的高度。可以让助训人在一旁手持铁圈调整高度，训练犬先通过较低的铁圈并充分奖励，以提高犬的信心。根据训练的进程逐渐升高铁圈的高度。

最后，在无需诱导的情况下，犬能轻松敏捷地通过铁圈时，就可用细长柔软的铜线在圈的中央部位一侧绑一块小布条。注意，千万不要使铜钱的末端突出于外，且绑的布条要非常牢固。然后，在布条上洒上少量的汽油并点火。但是要控制好燃烧的火焰，通常应比蜡烛的火焰要小一点。然后引导犬穿过铁圈，随着训练时间和熟练程度的增加，可以增加布条的长度，以便增大火焰。但这一过程必须是缓慢地、逐渐地进行，绝不能急于求成。一旦犬充满了信心，带着炫耀感通过火圈时，就可以在铁圈的左、右、上三边都绑上布条，洒上少量汽油点燃训练。训练后期也可用石棉布代替布条。

训练中注意事项：一是当火舌太大有可能损伤犬的时候，不能让犬表演；二是犬通过铁圈时，必须保证铁圈不能倒下（尤其是风大的时候）；三是犬通过火圈的方向，只能是顺风或逆风两个方向，防止灼伤犬。

六、 与驯犬人骑自行车表演的训练

该训练是驯犬人在骑自行车时教犬跳到他的背上，并骑到肩上一起表演，结束时犬能从主人的左侧跳下的表演项目。虽然犬很灵敏，但表演还是有一定的难度，要求训练必须有韧性和耐力。另外，不是所有犬都具备表演这个科目的能力，最好选择跳跃能力强的中型犬。

开始训练时，让犬坐在一个牢固的桌子或类似于桌子的平台上，驯犬人的背朝着犬，稍稍弯腰，并发出"上"的口令，小心地把犬移到背上，以便犬的前肢放在驯犬人的肩上，然后在背上来回走动。练习时，要多给犬以奖励而消除恐惧感。来回走动一段时间后，轻轻把犬放在台上，让其从左侧跳下，并充分给予奖励。

然后训练驮着犬来回走动，并示意犬骑到身上，当犬不需主人的辅助，能从桌子上跳到人的背上并能骑到主人的肩上时，就可以试着让犬从地上跳到主人的背上。开始主人仍需要弯下腰，以后可以逐渐直起来，驮着犬来回走动。一段时间后，犬在发出"上"的口令后就可以顺利地跳到主人的肩上。这一训练要坚持很长时间。

不要匆忙地训练或太急迫地把自行车引进本科目的训练。这段训练的主要目的是使犬从地上跳到驯犬人背上并骑到肩上，在驯犬人来回走动时感到舒服、自由。在这种能力非常自如时，才可以用自行车进行训练。

用于训练的自行车的座位应尽可能的低，而且没有后车架。训练时，犬坐在约 5 步远的地方，驯犬人坐在自行车上，两脚支撑在地面上，背朝向犬，身体尽可能向前倾斜，并发出"上"的口令，让犬跳到背上坐几分钟，人、犬均保持不动，并用左手放在背上支撑犬的后半身，过几分钟左右让犬跳下。若犬能成功地跳到背上 2～3 次，即可休息。

经过几天的训练后，确定犬跳到背上没有一点困难而且已不需用手支撑后，就可以向前骑自行车。但是，最初不要骑得太快、太久，且应保持直线行进。直至无论沿直线行进还是转圈，犬都能骑在肩上，就可以渐渐地增加骑行的距离和训练的时间。

七、　谢幕的训练

谢幕训练非常简单。犬在有条不紊地进行谢幕表演时，会与其他所有表演一样深深吸引观众，给观众留下深刻印象。

这个节目需要两块正方形木板，每块边长 100cm，并且顶部用铰链相连。为了把木板牢固地支好放在地面上，需要在板下安装一个类似黑板底座的架子。两块板均漆成白色，每面均写同样的谢词："演出结束，谢谢观看"。字要写得较大，以便在远处的观众均能看到。当衔去帷幕时，则显出谢词。

训练犬发现木板比较简单，尤其是犬"衔取""前来"训得很好时更为简单。首先，用一条毯子或别的较重的窗帘布遮盖在木板上并拴一个衔取物品，待使犬看到衔取物后发出"衔"的口令，放犬去衔物品，在犬衔去物品的同时，很自然地显出木板上的字。继续训练，让犬在没有衔取物品时也能衔取帷幕，使木板上的谢幕词显出；进一步在复杂环境下训练使犬能从不同的角度发现木板并衔取帷幕。

单元五 | 其他工作犬的训练

通常我们把具有一定作业能力并能协助人类从事或完成相应实际工作的犬称为工作犬。工作犬包括警犬、猎犬、牧羊（畜）犬、救生犬、导盲犬等。要把犬变为工作犬，除犬自身的品种及素质之外，必须通过专业训练才能实现。由于工作犬种类繁多，本书只能对几种常用的犬种训练作简单介绍。

一、警用犬的训练

根据警用犬工作的性质特点，我们只介绍警用犬的扑咬、追踪两种技能的训练方法。

（一）扑咬

扑咬是指犬在驯犬人的指挥下，迅速、敏捷、凶猛地锁定目标并实施攻击（扑咬）的能力。要求犬沉着、稳定、自信、部位准确（见图4-19和图4-20）。

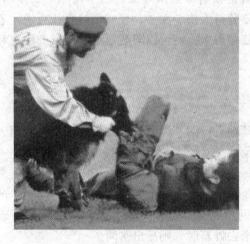 

图4-19　犬的扑咬训练　　　　　　　图4-20　犬的扑咬训练

1. 训练方法

第一步是胆量训练。驯犬人鼓励犬扑咬，并发出"袭"的口令，助训人在犬的面前来回经过时，不断的激怒犬，并有意识地让激怒的犬咬住护袖，同犬搏斗并僵持一段时间。当驯犬人发出"放"口令后，助训人再适当逗引一下即结束训练。

第二步是追击扑咬训练。选择开阔和清静的场地，助训人戴好护具隐藏好。驯犬人带犬到达预定位置，用左手握住犬带镊钩上方约10cm以控制犬。助训人边接近边挑衅犬，驯犬人用"注意""袭""好"的口令提示和鼓励犬。当助训人到达犬的面前并转身逃跑时，驯犬人应立即令犬攻击，同时将犬放出迅速跟进。当犬追上并咬住助训人后，应与犬搏斗片刻，然后停止不动。驯犬人发出"放"的口令后，给犬予奖励并结束训练。如此反复训练多次，使犬比较熟练后，再进行追捕距离逐渐延伸、路线逐渐复杂和进行扑咬姿势多样化的训练。

第三步是拦阻扑咬训练。驯犬人带犬随行，当助训人从隐蔽处或从正面行至与犬相遇时，突然向驯犬人发动袭击。驯犬人立刻发出口令，令犬进行拦阻扑咬。当犬能迅速咬住助训人时，驯犬人应充分奖励犬。如果犬不能大胆拦阻，助训人应立即转身逃跑，吸引犬进行追击扑咬。经过几次训练后，就能顺利完成训练内容。

第四步是实战扑咬。助训人着便服无护具，犬戴上口笼，按第三步程序进行训练。当犬熟练后，逐渐增加扑咬环境和气候条件的难度，或进行引诱、干扰状态的扑咬训练，进一步完善犬的扑咬能力。

2. 注意事项

扑咬训练初期不能与犬搏斗时间过长，否则犬的凶猛性提高过快，易养成犬不放口的毛病。

（二）追踪

追踪是指犬根据驯犬人指定的嗅源气味，沿气味迹线去寻找相同气味的人或物品的过程（见图4-21和图4-22）。要求反应明显、上线迅速、把线稳定、嗅认积极、追踪兴奋、分辨力强、速度适宜，而且能在不同时间、气候和环境条件完成任务。具体工作时应做到追踪2个物品、从2个角度、时间2h、距离2000m以上。

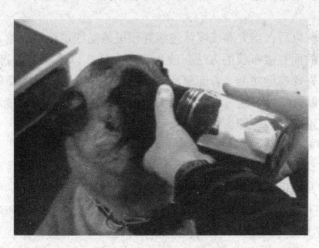

图4-21 犬的嗅源训练

犬具有前来、衔取等基础技能，并具有一定的环境适应能力之后，即可进行追踪训练。

图 4 – 22 犬的追踪训练

1. 训练方法

选择一块土质松软或有矮草的场地，先让犬利用游散熟悉环境并排便，然后将犬拴好。用能引起强烈欲望的物品逗引犬，当犬欲获取物品时，驯犬人应快速离开并在距犬 300～500cm 的地方，选一地点留下明显擦痕，从该地开始设3000～5000cm 的迹线，将物品放在迹线终点的地上，然后再按原线返回，形成复线。驯犬人带犬至起点处，令犬坐延缓，将犬绳更换成追踪绳。左手靠近镊钩的位置，右手食指指向地面嗅源，令犬嗅闻后发出"踪"的口令，并诱导犬开始追踪。犬在追踪途中，要及时以"好"的口令给予奖励，发出"踪"和"嗅"的口令鼓励犬。当犬接近终点物品时，要注意控制犬的速度，尽量让犬主动发现并衔取物品，然后与犬适当争抢片刻，再将物品抛出并令犬衔回，最后给予食物奖励结束训练。

若干次训练以后，当犬养成嗅认迹线并积极地循线追踪时，就可取消用物品逗引犬和当犬的面直接布线的方法，改为隐蔽布线，以消除犬的视觉印象作用，促进犬更好地发挥嗅觉功能。若能顺利地追踪复线，就可以改为单线或在终点藏物处加浓气味断开迹线。通过训练，如犬能根据指挥细致地嗅认嗅源，兴奋地低头嗅认并循线追踪，训练即告完成。

2. 注意事项

（1）犬在追踪过程中丢失迹线而寻找又遇到困难时，必须通过口令、手势等方式鼓励犬并提供适当帮助，使犬找到迹线并继续进行追踪。

（2）犬刚开始工作时应对犬适当控制，以利于准确嗅认嗅源气味。

（3）随着犬能力的提高，训练要逐渐多样化。

（4）应经常变换迹线长度、角度、物品的种类、藏物的地点和方式，以防止犬形成不良联系。

二、 猎犬的训练

（一）猎犬的分类、选择和工作年龄

1. 猎犬的分类

猎犬的分类有多种方法，可以按犬体型大小、猎取目标动物的栖息环境和不同用途及猎取要求等分类，但通常多按猎犬的体型大小分类。

猎犬按体型大小可以分为大型猎犬、中型猎犬和小型猎犬。

大型猎犬一般身体强健，除了可猎中小型动物外，更适合猎大型兽类，如大丹犬、猎鹿犬、猎狼犬都属于大型猎犬。中小型猎犬如灰布特猎犬、巴赛特犬等多数用于猎中小型动物（少数品种也可用于猎大型兽类），如鹿、兔子、野鸡等。小型猎犬如腊肠犬、比格犬等适合于猎洞穴中动物，如狐、獾和兔等。

2. 猎犬的选择

选择猎犬首先要根据猎捕对象来选择犬的品种，并考虑嗅觉、视觉、奔跑力、耐力、胆量、咬合力等因素。优秀的猎犬应具备胆大、凶猛、嗅觉灵敏、视觉敏锐、奔跑迅速、衔取兴奋等特点。应选择齿呈剪形咬合、四肢平行、发育良好的犬作为猎犬。

3. 猎犬的工作年龄

由于狩猎对象不同，猎犬的工作年限有长有短，但通常是 8 月龄至 6 岁。北极犬可从 8 月龄至 8 岁，猎捕大型动物用的猎犬年龄以 1~4 岁为宜。

（二）猎犬基本能力训练

1. 衔取猎物训练

训练猎犬衔取猎物的方法和训练宠物犬衔取物体的方法大同小异。这个科目的训练目的是让犬养成寻找打死或受伤小型鸟兽并将其叼给猎人的习惯。

为了取得更好的训练效果，猎犬衔取猎物训练可从 3 月龄开始，将逗引物扔至 3~5m 远处，同时喊口令"衔"。小犬叼起物品到主人近前，主人用手接过物品，然后马上给幼犬各种奖励，并重复训练几次。当犬能很好地完成衔取动物后，就可到野外或猎场上去训练。

2. 寻找动物的训练

寻找训练要在衔取猎物训练的基础上进行。通常也从 3 月龄的犬开始，初期用手套、钥匙链、手帕等练习寻找。后期用将来准备狩猎的动物或用它们身体的一部分（蹄、耳、皮）做犬寻找的对象。训练寻找可分三步进行。

第一步，在训练场先让犬嗅它要寻找的猎物的气味，然后当着犬面做出气味路线，然后令犬去寻找，但不要使所做猎物气味路线与人气味相混。通常犬能很快找到猎物。这样每天训练几次，正确完成动作要给以奖励。

第二步，当犬顺利完成上述训练后，做延长、弯曲的气味路线。当犬完成训练的效果越来越好时，可以渐渐解除用犬绳对犬的控制。在训练时要注意经常变

换环境场地。

第三步，驯犬人背着犬将猎物隐藏起来，再按上述方法训练。如果犬仍然能正确找到驯犬人隐藏起来的、它没看到的猎物，训练就已经基本完成。

3. 熟悉枪声的训练

（1）不装子弹进行训练　训练时，先放开犬让其游散，当犬排完便后，把犬叫到自己身旁，当着犬的面把只有底火的子弹放入猎枪弹膛里，将枪平举或斜向天空，在扣引扳机前呼唤犬名字，以引起犬的注意，当犬在枪响后不恐惧时应及时给予各种奖励。每天训练2次，每次打4～5枪，训练3～4d。

（2）装子弹进行训练　方法与第一步相似。但举枪射击的同时，要利用助训员将猎物抛出去，通常犬能主动地奔向猎物并将它衔回来。通过第二步训练，使射击与衔取训练结合起来。

（三）狩猎训练

1. 猎捕大型兽类猎犬的训练

大型猎物主要有野猪、鹿、黄羊、狍子及熊类等，以训练猎捕野猪的猎犬为例。

因为野猪非常凶猛，易伤猎犬，所以猎捕野猪的猎犬应选用中、大型犬，如1岁以上的追逐犬、牧羊犬和北极犬等。

训练要选择野猪比较多的地方，给犬拴上犬绳领犬寻找野猪。发现野猪足迹后，用"嗅"命令犬嗅其足迹，如果犬判断是猪的新鲜足迹后，解开犬绳让其自由跟踪。犬追捕到野猪时，猎人要选择有利地形和时机开枪射击，杀死野猪后不许犬撕咬，更不允许犬随意吃肉，但应立即把内脏取出喂给犬。如果遇到体重在150kg以上的野猪尤其是雄性野猪时，应训练犬以围困为主，猎人应尽快赶到并击毙野猪，不要使犬受伤。也可以利用野猪标本训练，使标本呈站立姿势，在后腹部两侧和臀部挖洞，喂犬时将食物放入洞中让犬采食。这种训练可使犬避开野猪的头部，扑咬野猪后部要害之处。也可以通过让有丰富经验又无不良习惯的猎犬带新犬捕猎，新犬能很快学会狩猎。

2. 猎捕中小型兽类猎犬的训练

中小型动物主要有獾子、兔子、狐狸等。以猎兔犬的训练为例。

猎兔犬的种类很多，要求嗅觉、视觉和听觉都非常灵敏，尤其是视觉起主要作用。灵缇、北极犬和某些牧羊犬等都是极好的品种。

猎兔犬应从幼小时就带犬在林中游散，首先训练随行，熟悉兔子的足迹气味，用2只犬同时进行猎兔训练效果最好。先是引导幼犬按兔子足迹进行寻找，然后训练扑捉兔子，先用1只受伤后仍然能跑但又跑不快的兔子，将它隐藏在草丛中，最好有助训人帮助，当犬找到此处，助训人再将它放开，让犬寻找到并追咬逃跑的兔，捕到兔后让犬玩耍一会儿，不能将兔子撕坏或吃掉。但可以把已被咬死的兔大腿割一条给犬吃。

实战训练应选择在秋季，在兔子比较多（也不能太多，否则犬易迷失追捕对象）的地方进行。通常猎人领 2 只犬到猎场上去寻找兔子。要选择嗅觉、视觉和听觉都很灵敏的犬，要求奔跑的速度要足以猎捕兔子，并能很好配合。训练初期猎人以"之"字形前进，最好边走边用手给犬指出前进方向，当犬能按主人的手势前进时要给以"好"的口令奖励它；以后逐渐减少主人走"之"字形的距离，而让犬继续走"之"字形路线；最后，猎人沿直线前进，犬能主动走"之"字形寻找兔子。当犬反复失掉所找目标的路线且无法继续前进时，主人要帮助犬找到足迹线路。

猎人应当熟悉兔子的生活习性。兔子固定的活动路线是围着它的巢呈圆形绕圈活动，除非偶尔走出去找食。所以当猎犬猎兔时，犬追赶惊起来的兔，猎人就等在兔子刚跑出来的地方。

训练猎兔犬也可用有经验的犬带训。

训练中一是要注意训练犬在追捕中匀速追捕和急转急停的能力；二是在犬追捕兔子时召唤犬不能用开枪的方法，可以用口笛或号角等。

3. 猎捕树栖动物猎犬的训练

树栖动物有很多，如松鼠、鼯鼠等，而喜欢上树的动物有青鼬（蜜狗）、豹猫和猞猁等。猎捕树栖动物最好选用北极犬。下面以猎捕松鼠为例，说明训练猎捕树栖动物猎犬的方法。

训练时应把松鼠做成一个标本，把犬带到有小树的训练场地，当着犬的面用标本在地面上做出痕迹路线 20~30m。当迹线到达树后，用绳子把标本吊到树上，绳的另一端由助训人拉着，以便于使松鼠升起或降下。主人领犬到痕迹起点，命犬寻找，当犬能正确地找到痕迹时，主人用"好"的口令给以奖励。当犬偏离路线时，将犬叫到起点重新寻找，直到找到有松鼠的树。这时助手把松鼠拉起来，让犬在树下面吠叫，等主人到后面树上射击，枪响后，助手迅速把标本降落到地面，让犬上前叼起它并送给主人。训练初期可以用 1500cm 长的犬绳来控制犬进行训练。

实际狩猎训练应在秋末冬初降雪之前进行。选择松鼠最喜欢栖息的红松林、云杉林或阔叶林。训练幼犬时要选择树木不太高的林地。最好用有经验的猎犬带新犬。通过模仿训练，新犬能很快学会如何寻找和捕捉松鼠的技巧。如新犬叼起松鼠撕咬、戏耍或吃松鼠，必须立刻制止。但要用事先准备好的美食或抚摸犬的后额头和用"好"的口令等奖励它。

单独训练时，当犬遇到松鼠多为先注视后捕咬。但犬的吠叫声会把松鼠赶出来逃到临近的树上去，这时犬站在树下吠叫，猎人必须及时赶到，在犬的后面抓准时机瞄准松鼠进行射击，使犬能亲自抓住松鼠，尝到狩猎成果。

4. 猎捕栖息洞穴中动物猎犬的训练

猎捕栖息洞穴中猎物的猎犬应腿短、身体强健有力，能进入洞穴里进行搏斗为宜。适合的犬有德国腊肠犬、英国狸犬和猎獾犬（小型狸犬）等。

训练犬猎捕地下动物，应选择獾和狐狸比较多的地区。在比较平坦的地方用砖或土坯在地面上筑成一条长300cm的穴道，把要产仔的母犬放在里面产仔。穴道中要暗，使仔犬从一开始就熟悉类似獾、狐的洞穴环境。当幼犬熟悉穴道环境后，再建一个弯成直角的穴道，穴道的另一端做成圆形的洞口，训炼如何躲闪和进攻。当犬熟悉弯曲的穴道后，再用木板建造一个长1500cm、宽和高各为20cm的穴道。穴道的一端作为犬的进出口，在另一端作成一个小圆洞，其余部分全部封闭。

训练时，猎人把狐狸（獾）的头钉在木杆上伸进小圆洞里，并从圆洞外面来回移动逗引犬。使幼犬向着动物头吠叫并咬住不放。幼犬逐渐长大后带它到野外进行实猎训练，它们很快就能掌握怎样与动物搏斗、怎样猎杀猎物。

5. 猎捕陆栖禽类猎犬的训练

适宜猎捕陆栖禽类犬的品种较多，主要有赛特犬、西班尼犬、波音达犬和北极犬等。这类猎犬要求嗅觉特别好、奔跑速度适中，主要作用是寻找、衔取猎物或指出猎物位置。这里着重介绍指示环颈雉位置的训练方法。

环颈雉比较机警、善于隐蔽，但飞翔能力弱，主要栖息于农田附近。但在雪地上，通过留在地面上的痕迹也可以找到它。

训练指示犬最常用的方法是杰克逊训练法。该训练方法的目的是要教会犬在猎物出现时卧倒。

首先在地面上挖1个陷阱，在陷阱中放1个带盖子的箱子，里面放1只鸽子。另外放1个笼子，里面装有要猎捕的动物。把犬拴上犬绳，绳子的另一端钉在地上，不至于使犬跑出去。

训练者打开箱盖，放飞鸽子，与此同时将装有环颈雉（或鹌鹑）的笼子沉入陷阱中去。当鸽子飞起来时，犬要向前追捕，到一定距离时让犬卧下，犬就可以嗅到陷阱里环颈雉的气味，并用头指给猎人其所在的位置。通过多次这样的训练后，再把犬领到有环颈雉或鹌鹑的猎场中去，让犬进行实猎训练。当犬见到环颈雉后，距离10m左右卧下，并凝视环颈雉指示给猎人。猎人呈射击姿势，然后命犬去轰赶，当环颈雉飞起后，进行射杀。最后犬将猎物衔回放在主人手里。

三、 牧畜犬的训练

牧畜犬除用于牧羊、牧牛外，还可用于牧鹅、牧鸭、牧鸡或牧家兔等。仔犬的训练宜从6月龄时开始。下面以牧羊犬为例，介绍牧畜犬的一般训练方法。

（一） 基本能力培养

培养犬执行"坐""立""卧""前进"或"快""慢""留下"等口令的能力。训练方法参见本书有关章节。

（二）复杂能力训练

1. 出牧

出牧是犬围绕羊群绕圈来聚集羊群的能力，是其祖先狼协作狩猎技能的遗传行为。但这种能力因犬的品种和训练水平不同区别很大。如伯德牧羊犬采取圆形出牧，而新西兰牧羊犬则采用梨形出牧。

犬还没有完全熟练之前允许在羊群的一边出牧。但当犬具备了一边出牧、聚集羊群、驱赶羊群的能力后，就必须培养犬在羊群两侧出牧的能力。如果犬总是在右边出牧，可用篱笆或围栏限制羊群的右侧，迫使犬从右侧绕过篱笆到左边进行出牧和驱赶羊群。而且，犬出牧训练的距离要由近及远，逐渐扩大出牧范围。

2. 重出牧

重出牧是指驯犬人用口令"回去"指挥犬重新去聚集羊只的过程。要求即使没有羊只目标，只有驯犬人指示的方向时，犬也能去出牧。重出牧的训练必须在犬对"回去"的口令具有良好的反应之后进行，也可用手势和指挥棒协同训练。在重出牧的训练初期，驯犬人指挥犬重出牧的方向必须能看到羊只。只有犬对重出牧非常熟悉和感兴趣时，才能培养犬聚集羊群出牧的技能。

3. 驱赶

驱赶可以采取下列方法进行训练。在一个用栅栏围得很好的狭路上挤满了羊群，犬很难去到羊群的前面。驯犬人一边在羊群后面驱赶，一边用左右手来指挥和鼓励犬驱赶羊群，并有意识地落在犬的后面。随着犬驱赶能力的提高，驯犬人鼓励犬的次数减少、离犬的距离加大，直至犬能独立完成为止。甚至可让犬带着羊群返回驯犬人的身边。

4. 分隔

训练时，驯犬人与牧羊犬相对而立，将一小群羊夹于中间。随着羊群在人与犬之间的移动，驯犬人手持加长的羊鞭向犬方向移动，同时对犬发出"来"的口令和手势，鼓励犬穿越羊群。训练有素的牧羊犬能够全力执行。

四、 导盲犬的训练

（一）导盲犬概述

导盲犬是盲人一种特殊的助视器和伙伴。调教导盲犬的目的是用犬为盲人或低视力患者提供帮助，使其行动安全而迅速。导盲犬在正常情况下会坚决执行盲人的命令，而特殊情况下可以不执行主人的命令，但是不执行主人命令是为了帮助主人避开危险（见图4-23）。

人类使用导盲犬已有近千年的历史。目前德国、美国、意大利、英国、丹麦、澳大利亚、日本及我国的大连市都有导盲犬调教机构。

图 4 - 23　犬导盲示意图

1. 导盲犬的要求

导盲犬要聪明、健康、性情温和、性格稳重、视觉良好、听觉灵敏，具有良好的心理素质和判断力，体重在 20 ~ 35kg 为宜。此外，导盲犬还要具备拒食、帮助盲人乘车、传递物品、无视路人的干扰和不攻击路人及动物的能力。

2. 导盲犬的训练过程

导盲犬在 8 月龄时寄放在一般的家庭里抚养至 1 岁；然后进行服从调教、定向调教、与残疾人沟通调教、拒绝执行危险命令的调教；最后进行与残疾人的匹配调教。

3. 导盲犬训练的三个主要阶段

第一个阶段是基础能力训练，包括亲和关系的培养、服从性训练（随行能力和随行中的站立等），以及对环境的高度适应能力。第一阶段的训练可以参照本书犬的基础科目训练一章。第二个阶段是导盲犬专业科目的训练，第三个阶段是盲人亲自训练和使用。

（二）导盲犬专业科目训练

导盲专业科目的训练必须由专门的训练人，在特定的训练场所进行。训练场地应设置各种各样的障碍物，训练中，驯犬人不但要随时随地不断变换障碍物的摆放位置，还要教育犬不得捕咬接近的各种人畜等。另外，导盲犬的训练需要一副特制的"U"形牵引犬套。犬套用直径 4mm 的金属弯杆制成，有长 100 ~ 110cm 的"U"形把柄，金属外要缝制柔软的皮革或布料，末端各制成一个扣环，用于固定在犬的脖圈上。

导盲犬的专业科目训练一般分 5 个步骤进行。

1. 抵制新异刺激和诱惑的训练

训练导盲犬前行时，助训员在固定路线上放些牛肉、骨头等食物，如犬欲吃食物应及时制止，并鼓励犬继续前进，直至对这些物品失去诱惑。另外，还应培养犬抵御各种音响（汽车喇叭声、机器轰鸣声、鞭炮声等）、各种动物等刺激的诱惑，以提高犬抗外界因素干扰的能力。

2. 无障碍平路训练，培养犬熟悉固定路线

（1）由驯犬人对犬下达"走"的口令，在固定路线上由甲地到乙地行走，每天练习3~4次。调教最好在喂食前进行，每次由甲地到乙地后才给予食物奖励。经过多次反复练习，下达"走"的口令后，犬就可以在固定路线上由甲地到乙地。

（2）训练必须选择在无障碍的小路上进行。驯犬人让犬在自己的左侧或稍靠前坐好，左手轻轻捏着犬的"U"形把柄，右手持手杖或木棍，并向犬发出"靠"和"走"的口令，驯犬人和犬一同并排缓行。初期的行走路线是直线，在犬能缓慢地与驯犬人并排行进时，驯犬人应发出"好"的口令给予奖励，训练结束应当给予抚拍或食物奖励。随着犬与驯犬人伴行能力的提高，可将训练的行进路程增加到1km以上。

（3）当犬对无障碍的小路非常熟练之后，就要培养犬的转弯能力。在转弯训练时，驯犬人要先放慢步速，向犬发出"右转"或"左转"的口令，同时左手朝所去的方向扭动把柄，自身也转过方向与犬一同缓行，当犬转过方向后，应给予口头奖励。直至犬完全能根据口令转弯为止。

在无障碍平路训练过程中，驯犬人不得允许犬无缘无故的停滞，但驯犬人可经常做1~2次使犬意想不到的停止动作训练。在小路上熟练之后，可以将犬带至大路或公路上训练。但必须靠边缓行，使犬完全学会放慢行走速度，习惯与驯犬人并排直行和转弯。

3. 有障碍预警训练

犬对路途障碍的预先警告，是导盲犬训练中最重要的一环。可以免去盲人的难堪、伤害甚至可以拯救盲人的生命。

（1）培养犬在行进中对"停""走"的口令形成条件反射，并能够主动绕开障碍物。驯犬人位于犬的后面用棍棒式牵引绳牵引犬。当犬横穿公路时，有意安排一辆汽车驶过（也可是行人、自行车、摩托车等），驯犬人下达"停"的口令，使犬站立原地不动或坐下。待汽车通过后，再下"走"的口令，带领继续前进，同时用"好"给予奖励。反复练习后，犬就能对"停"和"走"的口令形成条件反射，学会引导人暂避横穿的车辆。迎面而来的车辆和行人犬会自然避让，无需多加练习。此外，在路线中可设各种小型的障碍物，调教犬通过或绕开通过。

（2）培养犬在不能越过的障碍物面前自动停下。可在路上安置一些犬不能跨过的物体（如长凳、箱子、石堆等），驯犬人对犬发出"靠""走"的口令，与犬一起行进。在人与犬到达障碍物面前时，驯犬员对犬发出"停"的口令并站住。如果犬停下来，就用手杖轻敲障碍物，同时发出"好"的口令和抚拍给犬奖励。然后，驯犬人可领犬绕过障碍或由他人搬去障碍物，继续向前走。反复训练该科目，直到犬在不能越过的障碍物面前自动停下为止。

（3）培养犬在犬能通过而人不能通过的障碍物前停下。将障碍物设置成犬能通过而人不能通过的样式，如各种拦道竿，训练方法同上。如犬不停下，驯犬人应立即停下并拉住犬，同时用手杖轻敲障碍物向犬示意，并绕过障碍或由他人搬去障碍物，继续向前走。这样反复训练，并逐渐减少到障碍物前发"停"的口令，直到犬引导驯犬人到障碍物前主动停下为止。

（4）培养犬对障碍物的判断力。但以后的训练中要不断变化拦道竿的高度，培养犬准确的判断力。使犬在竿的高度 200cm 以下时，主动停下来预警，而当竿在 200cm 以上时，犬会继续引导人行进。

4. 行走特殊路面的训练

通常所讲的特殊路面包括上下楼梯、跨越沟壑或河流等。

（1）上下楼梯的训练　驯犬人与犬来到楼梯的台阶前，驯犬人要发出"停"的口令，让犬停下以示预警。当犬停下后，驯犬人用手杖轻敲台阶，表明已经感觉到。停止片刻后，驯犬人再用手杖轻敲第一级台阶，并对犬发出"靠""走"的口令，与犬一同缓慢地上楼。在每一级台阶上，驯犬人都要自己停住，同时也要让犬稍停片刻，等到上完台阶，驯犬人应稍稍奖励（不能用食物）犬。如此反复训练，直到犬能在驯犬人的指挥下，一级一级地缓缓引导人上楼梯。下楼梯的训练方法与上楼梯的训练方法相同，只是更要放慢速度。

（2）过高坡、壕沟和陡峭路堤的训练　在高坡、壕沟和陡峭的路堤前，驯犬人应让犬停下来，并用手杖仔细地对高坡、壕沟和路堤轻轻敲击，以示揣测和研究，然后，与犬一道极缓慢地通过。这样多次重复后，使犬明白这种情况必须非常谨慎、缓慢地通过。

5. 横穿马路的训练

首先，犬必须习惯在正常的交通线路右侧行走或停立。训练时，驯犬人与犬一起沿着右侧人行道前进，同时注意观察来往车辆。如没有车辆通过，驯犬人应适时发出"左转""走"的口令，人与手柄也随之转向，一同与犬穿过马路，并给犬以表扬。如有车辆通过，驯犬人应发出"左转""停"的口令，转向后要一同停在路旁，待车辆行驶过后，再发出"走"的口令，与犬一同穿越马路。如此反复训练，使犬学会根据有无车辆通过，决定是行走还是停立。

导盲犬投入工作后，驯犬人也要定期地检查犬的状态，继续帮助盲人和导盲犬纠正错误的做法和行动。

五、 救生犬的训练

救生犬主要用于自然灾害现场搜索与救援失踪人员，救生犬的工作直接关系到挽救人类的生命和财产安全，所以救生犬的工作意义重大。救生犬出现的历史可以追溯到公元 950 年以前。

用于救生训练的犬必须感觉灵敏、勇敢顽强、温顺灵活、耐力持久、搜索欲高、善于配合和合作。很多品种的犬都能训练成为救生犬，只要体型较大、嗅觉灵敏、有好奇心、有耐力并有很好的适应性即可。但是救援环境的不同也会有不同的要求。例如，水上救生犬不但要是游泳健将，还要求有很好的体能，所以通常选用一些体型较大的犬，如纽芬兰犬；而山地救生犬则需要很好的体能和适合在高寒气候下野外工作的能力，如圣伯纳犬。但是对人和其他犬会表现出攻击行为的犬不适合选作救生犬。

训练救生犬的驯犬人首先要参加很多学习和训练。如使用卫星定位仪（GPS），参加红十字会紧急救护训练，使用地图和指南针，使用对讲机通话，野外生存，搜索与跟踪，安全地乘降直升飞机等。

救生犬的训练通常要用 1.5～3 年的时间，训练分为服从能力训练和使用能力训练两大部分，训练科目包括跟踪、区域搜索、尸体痕迹收寻、水上搜索、雪崩搜索、自然灾害搜索、搭乘直升飞机等各种交通工具等。而且救生犬每工作30min 应该休息 10min，这样才能保证工作质量。

服从能力培养包括接近和接纳陌生人，在人群中平静行走的测试与训练，以及紧急停止训练等内容，因为在犬的基础训练中已经讲叙述过服从能力的训练，本节主要介绍在四种不同救生环境下，救生犬的使用能力训练。

（一）雪地救生犬的训练

搜寻能力的训练。选择一开阔的冰雪山地，驯犬人先用食物或物品逗引犬，待其兴奋后，助训员当着犬面，拿走食物或物品隐藏起来。然后驯犬人对犬发出"搜"的口令，指挥犬对雪地进行搜索，当搜寻到助训员后，助训员立即将食物拿给犬吃。完成训练后，驯犬人和助训员都应热情地鼓励和奖励犬，使犬形成找到助训员就能获得美味食物和获得驯犬人与助训员奖励的条件反射。这样反复训练，使犬的搜寻积极性越来越高，兴趣也越来越大。随着犬搜寻能力的提高，助训员隐蔽的难度也相应提高，从稍作隐藏到全身隐蔽，最后完全埋在用于训练的雪洞里。而且，随着犬搜寻、挖掘能力的提高，覆盖的雪要越来越厚。但用犬挖掘最多只能持续 30s，大量的挖掘工作要由驯犬人来做。当"遇难者"获救后，驯犬人和"遇难者"都要奖励犬。当犬能根据口令积极地搜寻、发现"遇难者"且又能主动挖掘时，再逐渐增大搜寻范围和难度。

当犬具备上述救生能力时，就可进行小规模的"雪崩"摹拟训练，即助训员呆在洞内，然后被雪掩盖，需要犬经过仔细搜寻才能发现。犬发现助训员后，驯犬人和犬要迅速协同挖掘，使助训员尽快获救。如果犬不能尽快发现，驯犬人要有意识地引导犬发现，以防助训员出现意外。

（二）碎石和废墟中救生犬的训练

用于碎石和废墟中救生犬的训练方法基本与雪地救生犬训练相同，只是训练场地应选择在倒塌的建筑物或其他碎石乱砖中。犬发现掩埋的活人后，应以吠叫表示，并培养犬在人不能进出的情况下携带救援物品（如食物、氧气、水等）并能将其送到"遇难者"处的能力。

（三）海上救生犬的训练

海上救生犬以纽芬兰犬最好，该犬高大强壮，温驯、善游泳，只需稍加训练就可用于海上救生。救生犬的背上安装专用的橡皮手把或救生圈，以便溺水者抓住，然后犬带溺水者游向海岸，将其救上岸来。

训练主要是培养犬对游泳的口令、手势和"溺水者"的呼救声形成条件反射。开始，助训员扮成"溺水者"，在水中发出挣扎呼救声，驯犬人对犬发出"游"的口令，并挥手指向"溺水者"。随即与犬一起游向助训员，待助训员抓住手把或救生圈时，再令犬游向岸边。当犬完成这一练习时，助训员和驯犬人均应对犬加以奖励。多次练习后救生犬就可对"游"的口令、手势和呼救声形成条件反射。

犬能根据驯犬人口令、手势游向助训员后，就要进一步培养犬独立地游向助训员的能力。开始训练的距离应短些，奖励应充分、热情，随着犬救援能力的提高和兴趣的增加，逐渐增加游泳的距离。训练中，要经常更换"溺水者"和训练场所，以提高犬的救援能力。

当犬具备上述能力后，可以到海边浴场进行实地救生训练。训练时，由多名助训员扮成泳客，其中有一名助训员扮成"溺水者"在水中挣扎并发出呼救声，驯犬人指挥犬游向"溺水者"，而不能游向其他泳客。经过多次训练，待犬对驯犬人的指令和求救者的呼救形成牢固的条件反射后即可。

（四）火灾救生犬的训练

用于火灾中救生的犬称为"火犬"。火犬主要凭借特有的嗅觉和辨别方向的能力，帮助消防队员迅速搜寻出火灾现场里躲藏的人（特别是儿童）或熏昏的人。用于火灾中的救生犬，必须胆大、温驯、勇敢、勤劳、不怕火。如德国牧羊犬、加拿大的拉布拉多犬和比利时牧羊犬都是培养火灾救生犬的优良品种。

火灾救生犬的训练分两个阶段进行。

1. 基础能力的培养

火灾中救生犬的基础能力主要是登高、越障、衔取重物品、穿火、淋水、淋泡沫、穿戴防火背带、拖拉人体、吠叫报警等基础能力训练。

2. 实战训练

主要培养犬反复进出燃烧着的建筑物内，搜寻隐藏着或熏昏的目标的能力。

第一阶段，用烟雾弥漫整个建筑物，驯犬人携犬一同进入搜寻。发现"对象"时，驯犬人指示犬吠叫报警，驯犬人与其他人（助训员）及时将"对象"抢救出建筑物，并给犬奖励。如犬发现"对象"所处的场所人不能进入，驯犬人应鼓励犬进去，衔住"昏迷者"并将其拉出交给驯犬人，然后驯犬人将其抱出建筑物，并充分奖励犬。如此经常训练，以培养和提高犬搜寻的积极性和兴奋性。同时，"对象"的隐藏也要越来越深，并增加拉出的难度。驯犬人要逐渐鼓励犬单独行动，直至犬能独立熟练地完成为止。

第二阶段，要在此基础上将建筑物内的非必经之路依次设置燃烧的火焰进行训练，开始火焰小，然后逐渐加大火焰，偶尔也在必经之路设置。训练过程中，只要犬勇敢地通过火焰冲进建筑物、积极搜寻、果断报警或拼命拉"对象"出来，驯犬人都要给予鼓励和奖励。最终要将训练场所布置的与火灾现场完全一样进行训练。

单元六 | 宠物犬的问题行为及纠正方法

一、 犬的问题行为

作为动物，生活在人们身边的宠物犬，在日常行为中会表现出跟人们的日常行为规范格格不入的某些动物本性行为，这些行为常常会被人视为"不良行为"或行为上的"恶习"而遭到排斥。这些"不良行为"或"恶习"又被称为问题行为。有些人不喜欢宠物犬，很多宠物犬被遗弃，究其原因也常常与犬存在的问题行为而主人又无法改正有关。

要克服和纠正犬行为上的恶习，首先要对犬的问题行为有所认识。所谓犬的问题行为，从人类的认识角度看，泛指犬对主人居家生活造成困扰的一切不良行为习惯。从动物行为学角度来看，这些"不良行为"有些却是犬的正常行为。尽管纠正这些行为会使犬变得不像犬，但这却是宠物犬能够与人类社会相融的基本前提。因此我们必须让动物在很多方面表现的让人接受。

二、 犬常见的问题行为及表现

犬常见的问题行为有分离焦虑症、恐惧攻击症和领袖综合征等，但是宠物犬最突出的、最经常发生的是领袖综合征。

1. 领袖综合征的主要原因及表现

犬把全家当成一个共同生活的族群，有些自主性、支配性较强的犬，就会挑战主人的权威，想成为家中的领袖，于是便产生了一些问题行为。动物行为学者称这些犬患了领袖综合征。领袖综合征的一般表现及所代表的行为语言见表4-1。

表 4 - 1 犬领袖综合征的表现及所代表的行为语言

领袖综合征的表现	代表的行为语言
外出散步时喜欢强拉着绳子，走在主人的前面	狩猎时走在最前面，当族群中带头的领袖
被关在家中时会乱叫，不理会主人的制止	有当领袖的欲望，不愿行动的自由被人限制
单独留在家中会乱咬东西，乱大小便，狂吠	认为自己是领袖，无法一起外出时，会焦虑不安，并进而出现各种破坏行为
不服从主人的命令	不愿接受族群中地位较低者的指挥
常常扑向主人	它认为与主人的地位平等
抱着主人大腿作出交配的动作	试着挑战主人的领袖地位，与性欲无关
不肯在主人面前仰躺露出腹部	腹部是犬最脆弱的部位，仰躺露出腹部是代表臣服、顺从的意思
当主人管教或训练时，会露出牙齿反抗或攻击主人	自认是领袖，不愿接受主人的管教

2. 纠正方法

要克服和纠正犬行为上的恶习，可以使用禁止法，但应注意以下原则。

第一，制止犬"做坏事、错事"要把握准时机，要及时、果断。

第二，制止犬的不良行为时，主人的态度必须严肃。

第三，对于制止有效，但反应迟缓的犬，可以配合机械刺激来加强记忆。

三、 典型问题行为的纠正方法

困扰养犬人及对人与犬的生活造成不良影响的犬的问题行为很多，如乱咬东西、异嗜癖、无故吠叫、扑人、舔吻、攻击人畜、散步时拖着主人走、犬群内支配性攻击等。纠正以上每一个问题都应采用正确的方法。

（一）乱咬东西问题及纠正方法

犬乱咬东西的行为会给家具造成很大的破坏。对于幼犬来说，刨掘、啃咬或搔挠物体是一种正常的游戏行为。因为幼犬处在长牙期，会由于牙根痒而诱发这类行为的出现。随年龄的增长这种行为会逐渐消失。成年犬的这类行为却是异常行为。

1. 产生的原因

产生这种异常行为的原因很多，但主要与犬的情绪状态有关。如孤独、烦恼及环境噪声，主人莫名的责骂，与主人分离或吸引主人注意等。另外，有个别犬可能已形成恶癖，不分时间、场合都可能出现这种破坏性行为。这类行为的表现方式也多种多样，有的犬可能只是对某一种物品或在某一地点出现这种行为，而有的犬可能没有什么固定目标。

2. 纠正方法

纠正时幼犬和成犬要采用不同的办法。

对于幼犬，可采用给它充足的供其啃咬的玩具，并增加陪伴犬的时间等办法解决。这样做不仅可以满足它啃咬的需要，而且可以使犬情绪稳定有安全感。

对于成犬，可采用两种方法：一种方法是移开和惊吓。要把犬经常破坏的目标物品移走，或在该物品旁放置一个倒放的捕鼠器，一旦犬啃咬，捕鼠器就会弹跳而将犬吓跑，多次以后，犬就不敢啃咬该物品；另一种方法是训练，给犬系上犬绳，牵犬到喜欢啃咬或叼衔的物品附近，放松牵犬绳让犬自由游玩，当犬要啃咬和叼衔这些物品时，立即发出"不"的口令，同时用手轻击犬嘴或急扯牵犬绳予以制止。如犬不啃咬物品，以"好"的口令和抚摸犬头颈等方式予以奖励。这样反复训练多次之后，犬会逐步改变这种错误行为，不再乱啃乱衔物品。

(二) 异嗜癖问题及纠正方法

异嗜癖是指犬有意识地摄入一些非食物性物质，例如碎石、泥土、橡皮、粪便等（母犬在哺育仔犬时，吞食仔犬的粪便是一种正常的行为，目的是保持犬窝的清洁和回收部分营养）。异嗜癖不但极不卫生，还可能引发胃肠疾病。

1. 产生的原因

产生这种行为的主要原因是机体缺乏某种营养物质，如维生素、无机盐等。

2. 纠正方法

由缺乏营养物质所造成的异嗜行为，可通过补充营养物质来纠正；非营养性异嗜，可采取惩罚的方法纠正。

(1) 直接惩罚法　将异嗜物拿到犬的面前，当犬摄食时，立即大声斥责和击打，并将该物拿走。过一段时间，再将异嗜物移至犬面前，如仍要摄食，要再予惩罚，直至犬不再摄食为止。

(2) 间接惩罚法　有的犬慑于主人的惩罚，主人在时不敢摄取，主人不在时可能又恢复原状，这时要采用间接惩罚法。如在异嗜物上涂撒辣椒粉等刺激性强而对犬无害的物品，使犬摄入后感到辛辣难受，而不敢再吃；或用喷水枪纠正，即主人拿几支装满水的喷水枪，藏在隐蔽处，发现犬欲摄入异嗜物时，立即向其喷水，使犬因受到惊吓而逃开。这样反复几次以后，犬就会克服掉异嗜癖。但必须注意不要让犬看见喷水的动作，防止让犬将喷水与主人的惩罚联系在一起，而应当让犬以为是它的摄食异嗜物的行为直接引起了喷水。

(三) 无故吠叫问题及纠正方法

吠叫是犬的一种本能。犬用吠叫来表示兴奋、招呼、警告、恐惧、痛苦不安或是感到厌倦等情绪。

1. 产生的原因

犬吠叫的原因很多，如犬在寂寞无聊的时候，吠叫有时是发自对他人的警戒心，有时是想去散步时对主人的催促，还有的是发自对大的或陌生声音的一种恐惧心理等。此外，老犬还会因睡眠不好、过分敏感（感觉功能紊乱）而吠叫，当然有些犬也会莫明其妙地吠叫。吠叫是城市宠物饲养中最头痛的问题之一，所以必须对犬的吠叫进行训练。虽然训练方法有许多种，但禁止犬无故吠叫是犬所有训练中难度最大的。

2. 纠正方法

（1）呼唤吸引　每当犬刚开始吠叫的时候，就喊它的名字，以此吸引它的注意力。要让犬觉得注意主人比吠叫更加有意思。切忌在犬大声地吠叫时主人跑过来训斥，对于在室外饲养的犬，这样做会使它产生一种印象，只要一吠叫主人就会来到跟前。与被训斥相比，主人能到自己的跟前来会令它更愉快，因此它会叫得更起劲。对于在室内饲养的犬，如果在无故不停地吠叫时被主人训斥，犬会因为不明白被训斥的原因而继续吠叫。

（2）动作警告　犬无故吠叫时要给予动作警告：①向上提牵引绳，给犬严厉的警告；②抬起爱犬的下巴警告。

（3）惩罚与奖励　当犬吠叫的时候，边大声地制止它，边用水枪射它的脸来惩罚；受训过后，犬如能安静下来，要及时夸奖。无论惩罚还是夸奖都要及时，要让犬明白怎样做才会受罚，怎样做才会受到夸奖。

另外要研究分析犬吠叫的原因，针对犬吠叫的原因寻找制止的办法。假如犬喜欢对着窗外的行人或车辆乱叫，可以在散步的时候，故意带它到人多的地方去，让它习惯这种环境等。

总之，训练必须从幼犬开始，而且要查明吠叫的原因，采取适当的方法。纠正犬吠叫要持之以恒，否则会让犬认为是在玩游戏，因此叫得就更厉害了。

（四）扑人问题及纠正方法

犬有在见到主人或其他陌生人时，扑向人的习惯。小型犬的这种行为非常可爱，但对于中、大型犬来说，就有可能出现人被扑倒的危险。因此，要从幼年时期开始矫正犬扑人的习惯，避免犬长成后由于扑人产生意外和烦恼。

正常情况下，当幼犬要扑过来时，主人应该蹲下，与它的视线保持水平，然后抚摸它一番。更好的做法是多花时间与犬游戏，让犬尽兴。如果这种方法无效，犬还继续扑人，就应采取措施进行纠正。

纠正方法主要有：

①当犬扑过来时，稍用点力握住犬的两只前脚，使犬稍感疼痛；

②当犬扑过来时，同时向前迈一步，把它顶倒在地上；

③当犬扑过来时，悄悄地轻踩它的后脚。

但是，这些方法只是为让犬感到不适而已，并不是要虐待它，因此要掌握力度适度，禁止动作过于粗暴。在训练过程中，切忌训斥和发怒。如果犬已经训练完"坐下"命令，当犬要扑上来时，马上命令它坐下之后立即给予抚摸奖励。

（五）舔吻问题及纠正方法

犬舔吻人是犬对人热情的自然表现，表示犬对人的驯服、欢迎和爱意。但是见人就舔吻，很容易引起人们的反感，尤其是女性朋友。所以，要适当纠正犬的这种行为。

首先，制止爱犬随意舔吻人必须从小开始，幼犬阶段就尽量不让它过分舔吻。如果幼犬舔你的脸和手的时候，你应背过脸和手不让犬继续舔，并轻声呵斥它。

其次，当犬热情地扑入你的怀抱并发狂舔吻时，你应该先推开犬，让犬冷静下来，然后才抚摸它。如果犬执意继续舔吻，可以拉住颈圈把它扯开。当犬停止舔吻行为时，可轻拍或抚摸犬体，也可用夸奖语调鼓励，必要时还可以奖励食物、玩具等。

第三，当犬不停地舔吻时，可用平时的训练命令如"坐""别动""趴下""不"等。犬如果服从了命令，立即适当给予奖励，让犬形成不舔吻主人时有奖励的条件反射。

（六）攻击人畜问题及纠正方法

犬对人、畜的攻击往往是由于犬觉察受到威胁，而采用进攻的方式来保卫自身的安全。有些犬是由于在成长期间遭遇过可怕的经历，形成恐惧心理而产生攻击性的行为；也有些犬是由于自信心过强，想展示一下自己的进攻能力，并采用攻击的手段来使人畜远离它的领地等。

在犬的基础科目训练结束后，可将犬带到有车辆、行人、畜禽活动的场所，将犬绳放松，让犬自由活动，并严密监视其行动。如犬有扑咬人、畜的表现时，应立即以威胁音调发出"不"的口令，并伴以猛拉犬绳的机械刺激。当它停止不良行为时就用"好"和食物加以奖励，使犬形成不许随意攻击人、畜的条件反射。

（七）散步时拖着人走问题及纠正方法

我们有时会见到人与犬散步时犬不听主人的命令而自顾自向前冲的现象。出现这种情况是主人在训练幼犬时方法错误，使犬误认为地位比主人高的结果。

纠正方法：可以给犬佩带制止颈圈，这样犬往前冲时颈圈会自动勒紧脖子，对犬适度控制。但该种颈圈只是一种训练器材，使用时必须遵照使用说明，注意曾患气管塌陷、心脏疾病的犬禁用。

（八）犬群内支配性攻击行为问题及纠正方法

在一个家庭中同时养有两只或更多的犬时，有时会有这样一种怪现象：当主人出现时，犬之间会发生凶猛的争斗，而当主人离开后却又相安无事。这种问题产生的根本原因是由于主人对待它们的方式不当。由于犬具有占有欲，犬群中每一只犬都想得到主人更多的关心与爱抚，而处于支配地位的犬又总是通过威胁或攻击其他犬的方式来强化它的支配地位。如果主人不理解犬的这种心理特点，就会替其他犬打抱不平而惩罚处于支配地位的犬的霸道行为，从而使其他犬认为这时它们可以得到主人的袒护。于是，每当主人出现时，它们就试图通过攻击来夺取支配权；而主人不在时，又会重新屈从于支配犬之下。

犬接受支配和服从是一种本能的角色认同，不可人为地破坏这种关系。纠正的方法是认同和强化犬群内支配与屈从的等级关系。首先要在不被犬注意的情况下，观察哪一只是处于支配地位的犬，然后主人在与犬群接触时，要给支配犬应有的尊重与特权，如给予它更多的关心，带犬出去散步时，让它首先出门并始终走在前面等。如果发现其他犬不服从，主人要对它们加以惩罚。这样就强化了犬群内支配与服从的等级关系。如果发现主人不在时犬群内有争斗，说明犬群内等级关系尚未建立或没有确定，主人要帮助犬群建立起这种关系。

犬是可塑性非常强的动物。问题产生的原因大都在于人而不在于犬。犬的许多问题行为，都是因为人与犬之间没有建立起正确的关系所致。通过科学合理的训练，完全可以纠正恶习，养成正确的行为，成为合格可爱的宠物犬。

思考与练习

1. 宠物犬的生活训练主要有哪些？如何进行呼名训练？
2. 犬基础科目训练主要有哪几项？如何进行前来训练？
3. 随行和缓行有何异同？举例说明基础科目训练在工作犬训练中的作用。
4. 坐、立、卧、行项目的训练有什么关系？训练中的注意事项有哪些？
5. 日常生活中宠物犬的问题行为主要有哪些？如何纠正犬的无故吠叫？

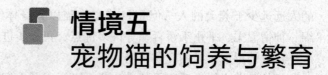

情境五
宠物猫的饲养与繁育

单元一 | 家猫概述

一、 家猫的历史

家猫是由野生猫经过人类长期的饲养驯化而来，是猫科动物中体型最小的动物，猫主要靠猎食生活。猫具有柔软低矮的身体、有助于平衡的长尾以及锐利的牙齿和锋利的爪子。因为猫的瞳孔大小能依光线的强弱调整，所以多在夜间活动。猫属于哺乳纲、食肉目、猫科、猫属。世界上第一只被人驯养的猫出现在中东。但研究表明，大部分家猫品种是由非洲野猫驯化而来的。有记载的养猫史始于公元前 3000 年的古埃及，当时人们主要是用猫来控制鼠害，以后猫才渐渐成为受家庭喜爱的宠物。因为猫的行为小心、诡秘，夜间也能明视物体，所以古埃及人把猫尊奉为月亮女神巴斯特的化身。

二、 养猫现状

家猫品种很多，性格、体征也各有不同，由于猫体形优美、动作敏捷、活泼可爱、便于饲养，已成为十分受人类宠爱的伴侣动物，尤其是一些发达国家的中老年人更喜爱养猫。除人们利用生物防治的传统方法养猫捕鼠外，更多的情况是猫已成为现代人生活的伙伴。目前，国外养猫者多有两种极端倾向，一是以饲养纯种猫为时尚，即使非常漂亮的杂种猫也不大受欢迎；二是喜养形态特别的猫，形态越怪越珍贵。我国由于长期受"犬是忠臣，猫是奸臣"说法的影响，养猫的人远远少于养犬的人。但是目前宠物猫以其身体细腻柔软、手感好、鸣叫缠绵、神情温柔、举止千娇百媚等许多优点，正逐步进入国人的许多家庭，不少地区还自发地形成了猫的交易市场。

相信随着人民生活水平的进一步提高，以及人们对猫作为伴侣动物诸多特点的深入了解，关心、喜爱和饲养猫作宠物的人将越来越多。

三、 猫的生理特点

1. 听觉发达

猫的耳朵像塔一样地竖立着，时刻全神贯注地搜寻周围的声音。猫的耳廓能作迎向声波的运动，可辨明微小声响的方位和距离。猫的鼓膜发达，不但能听到清晰的声音，即使在噪声中，也能辨别距离 15~20m 外的各种不同声音。猫的听力比人的听力高 2 倍以上，甚至比犬的听觉还要灵敏。

2. 嗅觉和味觉很灵敏

和其他哺乳动物一样，猫的嗅觉主要是嗅闻挥发性物质的气味，味觉主要是在吃食或舔食时，检查和辨认溶解于水或唾液中的食物味道。嗅觉和味觉联系紧密，相互依靠。猫共有三种化学感受器，分别是嗅觉感受器、味觉感受器和混合感受器。

3. 白天的视力最好

虽然猫的祖先是夜行的，而且眼睛的瞳孔还可以随着光线的强弱自动地放大或缩小，但它仍然以白天的视力最好。因为在完全没有光线的地方或黑暗的夜里，猫眼睛也看不见东西。它的视觉特点是，当有微弱光线时，它们的瞳孔便能极大地散开，眼睛立即将光线放大 40~50 倍，从而达到可在夜间看见东西的目的。这种奇妙的光线放大方法，对于数千年前习惯于夜行的猫的祖先，是非常重要的生理特征。

4. 肢体结实

猫的后肢比前肢长，每只脚下有一个大的肉垫，前脚有 5 趾、5 爪，后脚有 4 趾、4 爪，每一脚趾下又有一个小的趾肉垫。脚底和趾下的柔软肉垫起着良好的缓冲和防滑作用，并善于跳跃，使猫可以无声地接近和袭击猎物。猫的爪由角质组成，呈三角沟形。出生后 3~4 个月龄的生长猫，其爪还不能缩回或不能完全缩回，成年猫的利爪能随意伸出或缩回。平时爪在趾球套内，只有在采取攻击行动时才伸出套外。利爪是猫的祖先赖以生存的必备条件，是它们捕捉猎物或与其他动物或同类搏斗时的武器。遇到强敌时，可用利爪攀登树木、木桩或其他物体，迅速逃掉。猫必须经常磨爪，一是阻止其快速增长，二是保持其锐利状态，这就是猫为什么用爪抓木板、抓树皮、抓被褥、抓沙发及床单等的原因。

5. 除鼻端外全身都有腺体

猫的腺体分为两种，一种称为内分泌腺，这种腺体有一开口于毛囊的腺体孔，产生乳样液体，它的味道能吸引异性猫。如颌部、颞部和尾根部等分泌的一种特殊味道液体利于猫与猫之间的社交活动（如划定活动范围，或涂擦在周围某物上为其他猫留下它的记号等）。另外一种称为外分泌腺，产生汗液，不过这种汗腺仅在脚垫上有。当猫格斗或发热时才分泌汗液，产生汗液有微弱的散热降温作用。但猫散发体内热量主要的形式是通过喘气及舔理被毛时的唾液蒸发两个渠道实施。

单元二 | 宠物猫饲养前的准备

一、宠物猫的选择

选猫应考虑的因素很多，如所处的自然社会条件、自身的性格与猫（品种）的性格、个人的需要、人的时间、精力及家庭条件等诸多因素。具体应注意以下几个方面。

（一）品种的选择

猫的品种多达百种以上，常见的也有 40 多种。而且很难用一个标准来衡量哪个品种好或不好，首先考虑的应是个人的需要和家庭条件。如果仅仅是想养一只做伴的宠物，买纯种或杂种猫均可，而且杂种猫花钱少、被毛及外形特征选择的余地大、抗病力强、易于饲养管理。

对于为了消除寂寞的离退休老人，最好选一只活泼伶俐、顽皮好动、善解人意的猫，如泰国猫、喜马拉雅猫、缅甸猫、日本短尾猫等，而孤僻的俄国蓝猫就不太合适。

对于美丽的女士，怀抱着一只波斯猫或巴厘岛猫品种的猫，它们叫声尖细而优美，行动顽皮而娇美，温文尔雅，少动多静，尤其是一身蓬松柔软而光滑的长毛雍容华贵，更能显出女主人的温柔和对生活的挚爱。

如果养猫是为了小孩，就应当选择缅甸猫或泰国猫，它们天性聪明、活泼好动、对主人情深意厚，可以成为孩子的忠实玩伴。孩子在与猫玩耍中可以学会友善待人，领悟爱、感情和生活的真谛，在照顾猫的同时还可以培养孩子的责任心。

（二）长毛和短毛的选择

长毛猫和短毛猫各有千秋。长毛猫看起来像个绒绒的玩具，特别漂亮，柔软的长毛摸起来特别舒服；而短毛猫精神抖擞，容光焕发，令人心动。

相对而言，短毛种猫的性格比长毛种猫多表现为神经质型，长毛种猫一般是安静、沉稳的性格。短毛种猫的被毛一般不用梳理，而长毛种猫则必须梳理被毛、进行洗浴，因此每天耗时很多。

（三）小猫和大猫的选择

比较繁忙的家庭、老年人或初次养猫的新手，最好是选一只成年猫，因为其独立生活能力强，无需太多的照顾，还可放心地选择喜欢的品种花色。但成年猫对新环境的适应过程比较慢，头几个月不能任其跑出户外，防止外出后找不到家或回到原来的主人家中去。另外，成年猫原来的习惯改正起来也比较困难。如果是小猫，在最初几天由于思念母猫会不停地鸣叫，需1周后才可以完全忘掉并熟悉新的环境。从训练的角度而言，小猫更优于成年猫。选择小猫的最佳日龄是6~8周，过早易生病甚至死亡。

（四）公猫和母猫的选择

作为伴侣动物，公猫和母猫没有很大区别，都能成为人的好伙伴。

公猫好动，活泼可爱，也比较聪明，接受训练的能力比母猫强，经过训练可以学会好多有趣的动作，对主人比较亲热和友好。主人接近时，公猫会毫不犹豫地跳到主人的腿上或怀里，与主人亲热和"交谈"。另外，公猫的饲养要求也比母猫低些，体格健壮，抗病力强。因此，老年人或性格比较内向的人，以选养公猫为好。但有时公猫性情比较暴躁，攻击性强，有可能抓伤人或其他小动物。在猫离窝后如何处理也是个问题。母猫的抗病力较公猫差，特别易患产科病。

如果对公猫和母猫的缺点都不能忍受的话，可给猫做去势手术。去势后的猫，既有公猫健壮的体魄，也有母猫温驯的性格，而且不再发情，省去很多麻烦。

（五）一只猫和两只猫的选择

养两只猫比一只猫更好。因为两只猫不但可互相做伴（尤其当主人上班或出差时），还能给主人提供双重快乐，且饲养费用增加很少，不会增加更多的经济负担。当失去一猫时，另一只猫还可陪伴主人的生活，减少失去宠物带来的痛苦和沮丧。

但两只猫最好同时购入，它们才能建立起比较牢固的伙伴关系。尤其是驯化程度越高的猫（如波斯猫、泰国猫等）越容易友好相处。若已有一只成年猫，再购入一只成年猫，它们之间不可避免地会发生争斗。

（六）猫的挑选

挑选猫很重要，但重点是猫的健康。

1. 去主人家去挑选

主要看母猫以及同窝的状况。①看母猫品种、体质、体型；②看小猫的生长状况，如体质、体态、食欲、被毛等；③看小猫是否活泼可爱、机灵等。不应选窝中体型最小的猫，这样的猫多半生长缓慢，容易生病，难以养活。

2. 检查小猫是否健康

主要看以下几个部位。

（1）看眼睛 眼睛明亮，炯炯有神，干净而不流泪，没有任何分泌物，左右眼大小一致。

（2）看耳朵 两耳活动自如，耳朵清洁，挺立而竖起，耳垢少或没有，无其他异物。对主人的呼唤或其他声响反应灵敏，闻声后两耳前后来回摆动。

（3）看鼻镜 鼻镜湿而凉，没有过多的分泌物，但猫在睡觉时，鼻镜是干燥的。

（4）看口腔 口腔为浅粉红色，齿龈、舌和上腭呈粉红色，牙齿白色或微黄，不缺齿口。口的周围清洁干燥，无唾液和食物，无口臭。

（5）看皮肤和被毛 皮肤柔软而有弹性，皮温不凉不热。被毛浓密、柔软，富有光泽，无秃斑。无虱、蚤等寄生虫。

（6）看肛门和外生殖器 应清洁，无分泌物，附近的被毛上无粪便污物。

经上述检查再结合猫的精神状态，基本上就可以选到比较理想的猫，当然也可以到宠物医院做全面检查。

二、 饲养前的准备

养猫所需要的必需品包括猫窝、饲喂用具、排泄用具及玩具等。

（一）猫窝

猫窝是猫日常生活中休息和睡觉的地方，是猫的小家。猫窝应温暖舒适、清洁卫生、免受干扰和侵害，这有益于猫的健康成长和繁衍，所以不论室内或室外养猫，都必须有猫窝。没窝的猫到处睡觉或与主人同床，既不卫生，又不科学。猫窝可用木制箱子、竹篮、塑料盒、硬纸盒或纸箱制作。猫窝的底层加上垫草、垫料或废旧纸片，并应经常更换（见图5-1）。冬天要做好保暖工作，以防猫受寒生病。窝也要适时消毒，并随季节的变化，适当增减铺垫物。夏天必须将猫窝放于通风凉爽处。

(1)布床

(2)柳条床

图5-1 猫窝

（二）饲喂、排泄用具及玩具

（1）饲喂用具 饲喂用具主要是食盆和饮水盆。饲喂用具必须每猫一套，不能共用，否则会闹矛盾、伤皮肉，甚至结仇。食盆和水盆应质地结实、盆底厚重、边缘钝厚。

（2）便盆 城市里养猫，可通过调教使猫学会在厕所或抽水马桶中大小便。如果必须使用独立便盆，以塑料盆为好，清洗也较方便；纸箱、木箱等不宜作为

图 5-2　便盆

猫的便盆，一是不能冲洗、消毒；二是容易吸收臭味，且不易消除。便盆内应铺上一定厚度的干沙子、锯末或炉灰，以便猫掩埋粪便，其中最好掺入一些小苏打，有利于去除臊味（见图 5-2）。

（3）磨爪器　猫有经常磨爪的习性，由于家养宠物不需要再去捕食，爪也没有自然磨损的机会，所以家中要备有磨爪器。磨爪器可以在宠物用品商店购买，也可以自己制作。磨爪器制作可挑选长 40cm 左右，宽 20~30cm（或直径 10cm 左右），质地坚硬的木板或木桩，在外面包上旧的毯子、草席等，猫抓破后可更换，十分方便和实用。磨爪器应放在猫窝附近或较显眼处，以便猫养成在固定地点磨爪的良好习惯。有了磨爪器就应从小给予调教，只准在磨爪器上磨爪。开始时可人工帮助幼猫在磨爪器上磨爪（见图 5-3）。

（4）旅行箱　当带猫去美容、看病、外出旅游时必须有装猫的运输工具。宠物用品商店有专用的旅行箱或笼，形式多种多样（见图 5-4）。

图 5-3　磨爪器

图 5-4　旅行箱

（5）项圈　在猫的颈部戴上一只项圈，在项圈上套上一张小卡片，写明猫主人的姓名、住址和电话号码，项圈的颜色最好和猫的毛色相搭配，既漂亮，又可防猫丢失。市售的除蚤项圈会释放出驱蚤虱的药味，能杀灭和驱除寄生的蚤虱，有效期 3~6 个月，一物两用效果更好。

（6）玩具　猫喜欢自己玩耍嬉戏，对圆形的、五颜六色的、能滚动的玩具（皮球、乒乓球、线球、塑料球或气球、塑料青蛙等）或悬挂着的彩色布条、纸条等类型的玩具特别有兴趣。猫的玩具不一定要昂贵、好看，只要猫感兴趣即可，但要经常更换（见图 5-5）。

（7）洗澡盆　为猫准备一个专用的澡盆（大

图 5-5　玩具

点的塑料盆即可）。猫洗完澡后澡盆要清洗干净，定期消毒。

（8）修饰用品　养猫要经常梳洗、修饰。特别是长毛猫，不梳理就会使长毛打结，藏污纳垢，因此，家中还应备有猫专用的梳子、刷子及剪刀等。

（三）起名

给猫要起个名字，名字要易叫易记，以方便呼唤、调教和训练。每当呼唤它的名字时，就像是自己家中的成员，感觉也更亲密。

（四）学会正确的抓猫的方法

给猫洗澡、梳理被毛和训练时，都免不了抓猫，但稍不注意，易被猫抓伤，或伤害猫。正确的抓猫方法是，抓猫前要先和猫亲近，轻拍猫的脑门，抚摸猫的背部，然后一只手抓起猫颈部或背部的皮肤，另一只手臂迅速抱住猫或托住猫的臀部，再用手轻轻地抚摸猫的头部，尽快地使其安静下来。如果是小猫，用一只手抓住颈或背部的皮肤，轻轻提起即可（见图 5 - 6）。对妊娠猫要动作轻柔、轻拿轻放。不能用手卡住猫脖子将猫抓起，更不能抓猫的耳朵、尾巴或四肢，有小孩的家庭要特别注意。

图 5 - 6　正确抓小猫和大猫的方法

单元三 ｜ 宠物猫的繁育

一、　猫的性成熟与发情

（一）性成熟

公、母猫的性成熟时间大致相同，一般在生后 6~8 个月。母猫在 10 ~ 12 个月龄时配种为好，即在母猫第 2 次或第 3 次发情时配种。对于有些较名贵的品种，配种时间应更晚些。

（二）发情表现

母猫初次发情时，仅出现阴唇稍肿、排尿次数稍增加、尾巴翘起等特征，一般不易引起人们的注意。成年母猫发情时活动增加，喜欢外出游荡，特别是夜间，显得焦躁不安，发出粗大的叫声，借以招引公猫。

（三）发情期饲养管理

母猫在发情期间，因性欲冲动，精神处于兴奋状态，食欲大大降低。在饲喂上要求提供高质量的饲料，饲料应体积小、质量高、适口性好和易消化。饲料中要含有足够的蛋白质、维生素和矿物质，饲喂次数要比平时增多。种公猫全年均应具备良好的营养水平，保持健康的体况，单靠配种期间的补饲是不够的。另外要严格控制交配次数，母猫在一个发情期交配不能超过 3 次，公猫每天不能超过 2 次，每次间隔 10h 以上。

二、 猫的选配

1. 选种

选种是纯种繁育的重要环节，选用同一品种的公、母猫进行交配，其目的是保存和延续品种的特性，巩固和提高品种的遗传品质，也就是提高品种的优良特性。选种就是根据血统、外貌和性能表现，挑选出公、母种猫进行交配，繁殖后代。重点是选好种公猫。

在选种过程中，要注意"三看"：一看祖先，以系谱记载进行审查，看其祖先的生长发育、体型外貌情况；二看猫本身，即观察猫的外貌、生长发育等情况；三看后代的生长发育和外貌。

2. 猫的选配

选配是在选种的基础上选择合适的公、母猫进行交配，目的是为了得到身体健壮、抗病力强、遗传性稳定的后代。应选择具有相同优点的公、母猫进行交配，以使其优点在后代身上得到巩固和发展。在良种不足的情况下，也可以选择具有某一优点的猫和另一只具有相对缺点的猫进行交配，用优点去克服缺点。但具有相同缺点的公、母猫不能交配。

三、 猫的交配与妊娠

（一）种猫的选择

在选择种猫时，应尽量注意以下几点：

①要选择品种相同的猫；

②要选择体质健康的公猫；

③严禁有相同缺点的公母猫交配；

④注意挑选壮龄且血缘较远的猫，严禁近亲（三代以内）公母猫之间交配繁殖。

（二）交配

猫的交配通常都在夜间进行。根据这一特性，家庭养猫在选择交配场所时，要注意保持环境的黑暗和安静，最好选在夜间进行。

配种的适当时间是在母猫发情后的第 2 天晚上，通常一次即能配准。如第 2 天再交配一次，则更可靠。

为了防止猫交配时互相打架致伤，主人应掌握好交配时机，最好在发情高潮（发情后的第 2 天）时再将公、母猫合笼交配。

（三）猫的妊娠及管理

母猫交配后 20d 左右才能出现妊娠的特征。早期表现为：乳头的颜色逐渐变成粉红色，乳房增大，食量逐渐增加，喜欢静而不愿动，行动小心谨慎，不愿与人玩耍；同时外阴部增大，颜色变红，排尿频繁，不再发情。此期应加强营养、精心护理。

1. 加强营养

母猫妊娠后，除满足自身的营养需要外，还要为胎儿的发育提供营养物质。因此，妊娠母猫要适当增加营养。

2. 精心护理

妊娠后期的母猫行动变得缓慢、笨拙，最好不要让猫玩技巧性强或需要蹦跳的游戏。不能放猫外出，以免受到惊吓或剧烈运动而引起流产。捉、抱猫时要特别注意腹部的保护。另外，猫窝要干燥、温暖、通风良好，并搞好猫体卫生。

四、 猫的分娩与助产

（一）分娩

随着胎儿发育成熟和分娩期的临近，母猫的生理功能、行为特征和体温都会发生变化，根据这些变化可大致判断分娩的时间，从而做好接产准备工作。一般猫的分娩多在凌晨或傍晚进行。母猫的分娩预兆主要表现在以下三个方面。

1. 生理变化

（1）乳房　分娩前乳房迅速膨胀增大，乳腺充实，乳头突出并变为粉红色。大部分母猫在临产前 1h 会有乳汁分泌，极少数母猫在分娩前一周就已有乳汁。

（2）产道　子宫颈在分娩前 1~2d 开始肿大、松弛；阴道壁松软，阴道黏膜潮红，阴道内黏液稀薄、润滑；外阴部和阴唇肿胀明显，呈松弛状态。

（3）骨盆韧带　临近分娩时，骨盆韧带开始变得松弛，臀部坐骨结节处明显塌陷。

2. 行为变化

（1）精神状态　临产前，母猫表现精神抑郁、徘徊不安、呼吸加快，并伴以扒垫草、撕咬物品、发出低沉的呻吟或尖叫等行为，特别是初产母猫表现尤其明显。另外，母猫临产时出现造窝行为，对陌生人的敌对情绪增强。

（2）食欲状况　多数母猫在分娩前24h内表现为明显的食欲下降，只吃少量爱吃的食物，甚至拒食。但也有个别母猫临产前食欲表现正常。

（3）排泄状况　分娩前粪便变稀，排尿次数增加，排泄量减少。

3. 体温变化

分娩前母猫体温有明显的变化。大多数母猫在分娩前9h体温会比正常体温降低1℃以上。而当体温再次开始回升时，就预示着即将分娩。有些母猫临产前会出现肛门温度降低的现象。

（二）分娩过程

分娩是母猫借子宫和腹肌的收缩，将胎儿及胎膜（胎衣）排出体外的过程。分娩过程大体可分为开口期、胎儿产出期和胎衣排出期三个阶段。实际上开口期和胎儿产出期之间并没有明显的界限。分娩过程的三个阶段有明显的种间差异。整个分娩期是从子宫阵缩开始至胎衣排出为止。

1. 开口期

猫的开口期一般为3~24h。这一阶段的特点是只有阵缩（子宫间歇性的收缩）。开始时阵缩的频率低，间隔时间长，持续收缩的时间和强度低，随后收缩频率加快，收缩的强度和持续的时间增加，到最后每隔几分钟收缩一次。

在开口期，母猫的行为表现为轻度的不安烦躁，时起时卧，来回走动，常做排尿动作，并有少量粪尿排出，同时呼吸、脉搏加快。一般初产猫表现明显，而经产猫表现较安静。

2. 胎儿产出期

胎儿产出期持续时间的长短取决于母猫的状况和仔猫的数目，一般在6h以内，在仔猫数多时也不超过12h。在胎儿产出期，母猫的行为表现为情绪极度不安，烦躁，呼吸和脉搏加快，阵缩和努责共同发生作用。此时，母猫常常会侧卧，四肢伸直，强烈努责数次后，经休息片刻继续努责，随后胎儿即可排出体外。

当母猫发现包着胎膜的胎儿出现在阴门时，就会用牙齿撕破胎膜，拽出胎儿，咬断胎儿的脐带，舔仔猫鼻和嘴处的黏稠羊水及仔猫的全身，确保仔猫呼吸畅通，这样可以防止仔猫生病。

在娩出第1只仔猫后的2h内，第2只仔猫就会娩出。当第2只仔猫要娩出而产生阵缩时，母猫会暂时撇开照顾第1只仔猫来处理第2只仔猫的出生。如此重复直到所有仔猫产出。在产仔间隔时间里，母猫有站起来走动和喘气的习惯。当所有仔猫都娩出后，母猫则不停地用力舔仔猫的肛门及其周围，以刺激仔猫胎粪排出。分娩结束后母猫才会专心为仔猫哺乳，并精心地保护和照顾仔猫。

在胎儿产出期，多数母猫还会厌恶有人（包括主人）在近旁。但对初产母猫的这一阶段要加强观察，随时提供必要的帮助。

3. 胎衣排出期

在胎衣排出期，胎膜一般是在每只仔猫娩出后15min内排出，有的可能与下一只仔猫娩出时一起排出。胎膜具有丰富的蛋白质，母猫通常会吃掉胎膜，用于补充能量，以利于分娩后的体力恢复。胎衣排出后，母猫会舔拭阴部流出的黏液、清洁阴门。这一阶段的母猫处于疲劳状态，比较安静。

（三）助产

母猫一般能自然分娩，无需人为助产。但由于各方面因素的影响，当母猫不能完全独立地完成分娩时，需要人为地帮助其进行分娩，这就是助产。及时正确地进行助产可避免母猫和仔猫受到危害。

1. 正常分娩的准备

正常分娩的准备工作主要有四个方面。

（1）产房　产房应该宽敞明亮、清洁、干燥、通风良好、冬暖夏凉，温度保持在30℃左右，有产床或产箱。产箱可用木板钉制，其长、宽、高以使母猫产仔、哺乳出入方便为宜。产箱一侧边沿处，要挖一个缺口以方便仔猫出入。在产箱内应放松软的垫料。产前两天应将产箱放在母猫舍内。

（2）助产器材和药品　常用的助产器材有水盆、水桶、擦布、脱脂棉、结扎绳、常用外产科器械、一次性注射器、体温计、听诊器等。常用的助产药品有75%酒精、2%~5%碘酊、催产素、强心剂等。

（3）接产人员　接产人员应受过接产训练，熟悉猫分娩规律，严格遵守接产操作规程，并建立必要的值班制度。接产前将指甲剪短磨光，并做好消毒和自身防护工作。

（4）分娩母猫　分娩前用消毒液擦洗母猫的外阴部、肛门尾部及后躯，再用温水擦洗干净。如果是长毛猫，应将阴门周围的长毛剪掉。

2. 正常分娩的助产

（1）猫的分娩表现　当母猫侧卧、回顾腹部、出现努责、呻吟、呼吸加快，然后伸长后腿，阴户有稀薄液体流出，紧接着第一个胎儿产出时，母猫会迅速用牙齿将胎儿表面的胎膜撕破，再咬断脐带，舔干胎儿身上的羊水。一般每隔10~30min产出一个胎儿。当母猫产出几只胎儿后变得安静，不断舔仔猫被毛，2~3h后不再出现努责，即表明分娩已经结束。

（2）正常分娩的助产内容　正常分娩的助产应在严格消毒的原则下进行。一般情况下，母猫正常分娩时不必进行助产，但如果出现下列情况时要及时助产。

①母猫不撕破胎膜：当胎儿露出阴门后，母猫不主动去撕破胎膜时，要及时人为帮助把胎膜撕破。撕破胎膜要掌握时机，避免羊水过早流失造成胎儿产出困难。

②母猫产力不足：有些母猫，特别是初产猫和年老的猫，由于生理原因阵缩、努责微弱，无力产出胎儿。此时可使用催产素催产，同时用手指压迫阴道，刺激母猫反射性地增强努责。

③胎儿过大或产道狭窄：出现这种情况时必须采取牵引术进行助产。助产前先消毒外阴部，向产道注入充足的润滑剂，用手指触及胎儿，判断胎儿的情况，再用两手指夹住胎儿随着母猫的努责慢慢拉出，同时从外部压迫产道帮助挤出胎儿，或使用产钳拉出胎儿。

④胎向、胎位、胎势不正：猫正常分娩时的胎向是纵向，胎位是上位，胎势是两前肢平伸将头夹在中间，头前置。胎儿产出的顺序是前肢、头、胸、腹和后躯。一般在胎向、胎位、胎势正常时，分娩不会出现难产。当胎向、胎位、胎势不正，引起产出困难时，就要进行整复纠正，方法是用手指伸进产道，将胎儿推回子宫，然后纠正胎向、胎位及胎势。当手指触及不到胎儿时，可使用产钳进行校正。

（3）抢救假死仔猫　当产出的仔猫因呼吸道进入羊水而造成窒息、假死时，必须在1min内进行抢救。抢救的方法，一是将仔猫倒提起来，轻轻拍打胸腹部；二是将仔猫口鼻中的黏液用擦布擦干净，再用酒精刺激鼻孔。以上两种方法都不奏效时，应做人工呼吸。人工呼吸的具体做法是将仔猫仰卧，两手握仔猫的前两肢，有规律地来回摆动，确认仔猫有呼吸后，将其放入39℃的温水中，洗净其身上黏液并擦干，然后放回母猫身边。

此外，在母猫分娩时，还应注意观察母猫咬断脐带的动作，发现母猫有"食仔癖"时，应及时制止。母猫产后吃胎膜是正常现象，它具有催乳作用，但吃的太多会引起消化障碍，一般吃2~3个即可，剩余的胎膜应将其移走。分娩后，如阴道内仍有较多的鲜红色排泄物流出，可以定为产后出血不止，应及时进行止血处理。

正常助产如果没有效果，就应按难产处理。

（四）难产

1. 难产的分类

若已进入产期，产程超过4~6h或阵缩持续30~60min以上，有明显的分娩表现但仍未见胎儿产出，即为难产。通过阴道内检查了解子宫颈扩张程度、胎位是否正常、胎儿是否存活等状况，还可通过X射线检查胎儿的大小、数量以及胎位等，以便更好地进行助产。

难产一般分为产道性难产、产力性难产和胎儿性难产三种。产道性难产是由于猫子宫颈或阴道发育不充分或骨盆狭窄，分娩时其产道不能松弛和开张造成的难产。产力性难产多是在猫产出数个胎儿后极度疲惫，无力再把剩余的胎儿产出的状况。胎儿性难产则是由于胎儿的胎向、胎位、胎势异常或胎儿过大而引起的难产。产道性难产多发生在初产猫，小体型猫易发生产力性难产和产道性难产，而猫头型大而圆的品种，易出现胎儿性难产。

2. 难产的助产

（1）药物助产　药物助产多是先行使用雌激素松弛子宫颈并使子宫肌层致

敏，然后进行肌肉或静脉注射催产素使子宫收缩，在母猫阵缩配合下将胎儿娩出的过程。但药物助产的同时须静脉点滴葡萄糖溶液以增强母猫体力。药物助产可解决产道性难产、产力性难产，但胎儿性难产时必须先用 X 射线或超声检查弄清胎儿的基本情况，因为在产道狭窄或胎向、胎位、胎势不正时，随意使用催产素有时会导致子宫破裂。

（2）剖腹产 难产母猫经药物助产或其他必要的助产方法无效时，应进行剖腹产。

五、 新生猫护理

哺乳阶段的仔猫，体温低、生长快、消化器官不发达、视听器官的发育也尚不完善，尤其是免疫力较低，所以要提高仔猫的成活率，安全通过睡眠关，在饲养管理上应抓好以下各项工作。

1. 及时吃上初乳

吃上初乳可使仔猫获得被动免疫，这对于新生仔猫的健康十分重要。

2. 做好保温工作

无论是冬季或夏季，都要设法让仔猫生活在较温暖环境中，但过高的温度容易导致中暑（俗称"熏巢"）而死亡。

3. 加强断乳前的饲养管理

由于初生仔猫 10d 才睁眼，所以要注意避免强光刺激；35 日龄后的仔猫可随母猫吃少量的食物，为了日后顺利断乳，此时可单独喂给仔猫适量的肉末和半流质食物；40 日龄以后应增加仔猫食物的供给量，至 7~8 周龄时即可断乳。

4. 人工哺乳与寻找保姆猫

产后母猫因病死亡、母猫不哺乳或母猫产仔过多而不能正常哺乳时，就要实行人工哺乳。人工哺乳不如母猫直接哺乳好。因此，尽可能给失去母猫的仔猫找个"奶妈"，如生仔后仔猫死亡的母猫或产仔少的母猫均可。

5. 切勿使仔猫沾染异味

母猫是通过气味来辨认自己的仔猫。即使是亲生的仔猫，身上有异味时母猫也不认领，有时甚至发生咬死仔猫的惨祸。

六、 断乳后幼猫的饲养管理

幼猫断乳时就要与母猫分开。断乳后的幼猫，要特别注意喂给富含蛋白质和脂肪的食物，要适当增加钙、磷等矿物质，但一定要防止幼猫养成偏食的习惯。同时应接种有关疫苗（如猫泛白细胞减少症、狂猫病等），以提高其抗病能力，使幼猫健康地成长。

3 月龄后应防止幼猫乱跑和乱吃食物，最好采用笼养的办法。6 月龄进行驱虫。

在幼猫饲养期间，应进行调教，训练其在固定地点大小便，不随意上桌子、上床和与人共寝等。

七、 母猫的产后护理

产后的母猫，一方面在分娩中体力消耗很大，身体比较虚弱，抗病力明显下降，同时母猫又要哺喂仔猫，所以需要大量营养物质；另一方面分娩过程中子宫、子宫颈等会有不同程度的损伤，遗留在子宫中的胎膜、胎液等异物易被病原微生物侵入和繁殖，导致子宫疾病。所以应特别注意加强饲养管理，促进母猫尽快恢复，并防止产后疾病的发生。

（1）注意饲料营养成分的全价性，并增加日粮中蛋白质、脂肪、维生素和矿物质的含量。应确保饲料新鲜、营养高、易消化，最好喂给鲜鱼汤、牛奶、羊奶、豆浆或肉骨粉之类的饲料，同时要根据需要适当增加饲喂量和饲喂次数，并供给清洁、足量的饮水。

（2）提供一个安静、清洁、干燥、温度适宜的生活环境。适宜的生活环境对母猫恢复健康和提高抗病力极为重要，如猫窝要定期消毒，及时清除残食、粪便和被污染的垫料等。在晴朗的天气还应让猫在室外进行适当的运动。

（3）预防疾病。在加强饲养管理的同时，注意预防子宫疾病和乳房炎的发生。

单元四 | 宠物猫的饲养管理

野猫以食肉为主，驯化后逐渐转化为杂食动物，但其解剖生理构造仍保持着肉食动物的特性。如尖锐的牙齿和齿冠，舌面的厚角质膜和乳头，发达的腺胃和短、宽、厚的肠管等。因此，猫粮中保持一定比例的动物性饲料，才能保持其正常的消化生理功能和营养需要。

一、 宠物猫饲料的种类及营养价值

猫的饲料来源广泛、种类繁多，具体可分为动物性饲料、植物性饲料和矿物质饲料三大类。

（一）动物性饲料

动物性饲料是指来源于动物机体的一类饲料。特点是来源广泛、蛋白质含量高。

几乎所有畜禽的肉、内脏、血、骨等均可作猫的动物性饲料，鸟、鼠、蛇、蚕蛹和昆虫等动物是猫很好的高蛋白质饲料，而鱼类、鸡蛋、动物脂肪等更是猫非常可口的佳肴。但猫过多摄入动物性饲料易在体内贮存脂肪引起肥胖。另外，

动物性饲料的价格比较高，饲喂过多也会增加养猫的经济负担。正常情况下，动物性饲料占猫粮总量的45%～50%，如一只体重3kg的猫，每日需要200g饲料，动物性饲料占100g左右即可。

动物性饲料必须新鲜，以熟食为好。病死的畜禽产品或腐败变质的肉品不能饲喂。猫虽爱吃营养丰富的乳和乳制品，但有些猫会发生腹胀或腹泻。

（二）植物性饲料

猫可食的植物性饲料的种类很多，如大米、大豆、玉米、大麦、小麦、土豆、红薯等。一些农作物加工后的副产品也可作猫的饲料，如豆饼、花生饼、芝麻饼、葵花籽饼、麦麸和米糠等。而米饭、面包、馒头、饼干、玉米饼等熟制后的食品猫更爱摄食。另外，适当给猫补给蔬菜和青草等，有利于猫的消化，还能增加维生素和矿物质的摄入量。

猫对大米、玉米、小麦、土豆等植物中含有的大量碳水化合物饲料消化能力很强，这些饲料能提供猫在玩耍、走动、爬高、跳跃时更多的能量，而且价格便宜，应该作为猫的基础饲料。

但植物性饲料的蛋白质含量低、氨基酸种类少且不平衡、无机盐和维生素的含量也不高，尤其是所含的胡萝卜素，猫食入后并不能转化成维生素A。

植物性饲料的纤维素含量较高，虽然其营养价值低，但可以促进肠蠕动、减少腹泻和便秘的发生，保证猫的健康。

对植物性饲料进行碾磨或熟制，如对于富含淀粉的根状蔬菜，熟制后淀粉的消化率明显提高。而豆类含有相对较高的蛋白质，但喂猫时要充分考虑到肠胃胀气的问题。

（三）矿物质饲料

钠、氯、钙、磷、钾、镁、铁、锰、铜、碘、锌、钴等都是猫所需要的矿物质。它们不仅是动物机体的重要组成部分，还是维持体内酸碱平衡和渗透压的基础物质，并且矿物质在代谢过程中也起重要作用。如锰、锌、铜、铁、碘、钴是辅酶、激素或某些维生素的组成成分，而磷几乎参加机体的每个生化反应。

猫的矿物质饲料包括骨粉、碳酸钙、磷酸氢钙、滑石粉、砺粉和食盐等。食盐主要是供给氯和钠，骨粉和磷酸氢钙既补充磷，又补充钙。

大多数微量元素都是有毒的，尽管动物机体对于不同的矿物质元素有一定的忍耐量，但摄入过量对猫的机体也会有不同程度的损害。

二、宠物猫日粮的配制

宠物猫要保持体质健康、体型健美、行动灵活，对食物的质量要求自然也很高，通常要求体积要小、脂肪要少。目前，我国多数养猫人不为猫单独配制饲料，只是在饭中配以适量的肉和鱼作为猫的食物。这样做，虽然在一般情况下也不会影响猫的生长发育，但为使猫能更加健康地生长，应根据其营养的需要，将各种饲料按一定的比例混合在一起配制成营养较为全面的日粮。

配制猫的日粮时应注意以下四个原则：①饲料的营养要全面：首先是满足猫所需要的蛋白质、脂肪和碳水化合物，其次是考虑维生素和矿物质的需要，最后是满足品质和数量要求。②饲料要多样、变化：长期饲喂单一的饲料会使猫厌食，出现营养缺乏，所以要经常地改变日粮的配方，为猫调剂和改善伙食。③要区别对待：根据猫的不同品种、不同年龄、不同阶段的食性特点进行配制。④讲究卫生：要选用新鲜、清洁、无霉变、无污染且适口性好的原料配制日粮。

国外养猫业兴盛，猫的饲料加工工业也较为发达，所以猫粮多是经科学配制、专业化、工厂化生产的，营养全面、品种繁多。养猫者已习惯从市场上直接购买这些使用方便，省时、省力的商品性猫粮。我国商品猫粮的生产才刚刚起步，一些大中城市的超市、宠物店也有销售。猫粮通常有干燥型、半湿型和罐头型三类。

（一）干燥型

干燥型饲料水分含量为 7% ~12%，常制成颗粒状或薄饼状，易于长时间保存，不需冷藏。其成分由各种谷类、豆科籽实、动物性饲料、水产品，以及这些饲料的副产品、乳制品、脂肪或其他油类、矿物质、维生素添加剂等加工制成。饲料干物质中含粗蛋白质 32% ~36%，含粗脂肪 8% ~12%。用干燥型饲料喂猫时，要注意提供充足、新鲜清洁的饮水。

（二）半湿型

半湿型饲料含水分 30% ~35%，通常制成条状、饼状和颗粒状。其主要成分是动物性产品、大豆产品、脂肪、维生素、矿物质和防腐、抗氧化等添加剂。半湿型饲料中粗蛋白质含量占干物质的 34% ~40%，粗脂肪占干物质的 10% ~15%。每包饲料量是以一只猫一餐的食量为标准。打开后须及时给猫饲喂，以免腐败，尤其在炎热的夏季更应特别注意。

（三）罐头型

罐头型饲料含水分 72% ~78%，营养齐全，适口性好。饲料干物质中含粗蛋白质 35% ~41%，含粗脂肪 9% ~18%。除营养全面的全价罐头猫饲料外，也有单一型罐头饲料，如有肉罐头、鱼罐头、肝罐头和蔬菜罐头等，养猫者可根据自己猫的口味及营养需要，加以选择和搭配。此类饲料打开后也应及时饲喂。

三、 饲喂宠物猫应注意的问题

（一）固定次数，定时饲喂

家养的宠物猫，每天早、晚各喂 1 次比较合适，晚上给猫的食量应比早晨多些；妊娠或者哺乳期的母猫每天早、中、晚喂 3 次食合适。小猫的喂食次数应再多 1 次。

（二）固定用具，注意卫生

猫对食具的变换很敏感，有时换食盘会引起拒食行为。猫的食具要及时清洗，定期消毒，每次吃剩的饲料要及时倒掉或收起来，待下次喂食再混进新饲料煮熟后饲喂。这样做有助于猫养成定时采食的习惯。

（三）固定地点，环境安静

猫的饲喂地点要固定，环境要安静，猫不喜欢在嘈杂声或强光的地方进食，也不喜欢在陌生人的注视下进食，在猫吃食时向客人展示您的猫会大大降低猫的食欲。

（四）食要温热，水要充足

猫喜食温热的饲料，而凉食或冷食会降低食欲，引起消化功能紊乱。饲料温度以25℃～40℃为宜。冰箱内保存的饲料需加热后喂猫。猫饮水量较少，但要充足、清洁，菜汤、淘米水等不能代替清水，饮水碗置于食具一侧，碗内水每天更换，便于猫自由饮水。

（五）注意观察，防止中毒

观察猫的进食情况，既能了解猫的食欲，也可以及时掌握猫的健康状况。影响猫的食欲的原因主要有三个方面，即饲料、环境和疾病。若喂猫的饲料单一、不新鲜，或者饲料有霉变或异味，猫会拒食。强光、喧闹、有陌生人在场或有其他动物干扰等，均影响猫的食欲。猫的中毒剂量远低于狗，一些含微毒的食物对狗尚属安全，猫却很易中毒。如含农药的谷物，含催肥激素的牛肉、鸡肉或被毒死的老鼠，存放在冰箱中太久的生肉、生鱼等，都能导致猫的食物中毒。如猫有呕吐、抽搐等症状，要及时诊治。

（六）发现恶习及时纠正

猫有用前爪钩取食物或把食物叼到食盘外进食的习惯，如发现这种情况，要立即制止，经数次后，猫就会改变这种不良习惯。

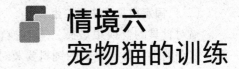

经过数千年的进化，猫形成了许多独特的身体特征和行为规律。它的典型行为特点是：聪明、性格孤独、自私而且易嫉妒。了解这些习性，将有助于我们更好地对猫进行饲养、管理和训练。

单元一 | 猫的习性及与人的关系

一、 猫的性格特点

1. 聪明、智商高

由于猫的大脑半球发育良好，大脑皮层发育较完善，所以猫能很快适应生活环境，并能利用生活设备，如正确使用便盆、打开与关闭饮水器、辨别人类的好恶等。成年猫记忆力极强，如去医院打过一次针后，再去医院就十分紧张；再如把猫带到几十千米以外的陌生地方，猫可以轻易独自返家等。另外猫还能预感某些自然现象，如地震及其他某些自然灾害将要发生等。但 5 月龄前的小猫大脑尚未发育完善，必须依赖于母猫和主人的帮助。

2. 孤独、不喜群居

在与主人关系方面，猫在社会性方面与犬有着很大的不同。犬见到主人后，摇尾晃脑，非常热情。猫则多半是打个呵欠，伸伸懒腰，闭起眼睛接着睡觉。若横着身子在人腿上蹭几下，算是对主人最友好的表示了。野猫在自然界中是孤往独来以个体活动为主的，很少三五成群地在一起栖息和结伴生活。只有在繁殖期，公母猫才聚在一起，这是猫在长期进化过程中形成的特点。家猫的生活环境虽然改变了，但仍秉承其祖先喜欢独立而不受约束的性格特征，常表现为多疑和孤独，并喜欢在居住环境区域内建立属于自己的活动领地，尤其不欢迎其他同类闯入。例如，当一个家庭中养了数只猫时，每只猫常根据家庭环境划分自己的领地，互不交往，更不在一起进食、排便，甚至有时为了争夺领地、食物、玩具还会发生争斗，即使母猫生产后，也多独立哺育幼猫而不太依赖主人。猫的习性决定了猫有较强的独立性，喜欢孤独而自由的生活，具有外出活动的习惯。另外猫不喜欢也不接受主人强迫的事情。

3. 自私、易嫉妒

猫自私是自然选择的结果，常常表现出强烈的占有欲，如对食物、领地以及对主人的宠爱等。在与主人生活的过程中，它会在主人家庭与其周围建立起一个属于自己的领地范围，不允许其他猫进入，对入侵者会立即发起攻击。吃食的时候，如果有其他的猫或别的动物在场，猫会表现出强烈的敌意，或叼着食物逃走或按住食物做出警备姿势，有时还发出"呜呜"的威吓声。

猫的嫉妒心对同类和其他动物都有强烈的表现。比如当主人抱起两只猫中的一只，另一只立刻会发出"呜呜"的威胁声，而怀中的猫也会不甘示弱，想尽办法阻止另一只猫接近主人。另外，当主人带另一只猫、犬或鸟回家时，原来的猫会突然失踪，有时甚至会死去。更严重的是，有时主人对仔猫过多的亲昵表现，也会引起母猫的愤愤不平。但嫉妒心强也是猫重视主人对它的情感与态度的表现，我们可以充分加以利用这一特点，培养人与猫的亲密感情。

在人的居家环境中生活时间很长的猫，不但会嫉妒同类，有时还会对家庭中小孩的出现与主人对新生儿的爱抚表现出嫉妒，并发泄这种情感。

4. 猫的忠贞与专一性是可培养的

犬对主人是忠贞不渝的，而猫的本性是不认特定主人的，哪里有食物和适于自己生活的环境，就在哪里生活定居。但是，随着人们居住环境的变化和生活水平的不断提高，野生状态的或是专为灭鼠而养的猫，在家庭中饲养一段时间后，在主人的关怀、训练和调教下，其孤独习性也是可以改变的，并能最终与主人建立感情。但对刚刚捕捉未经驯化或不熟悉的猫，应提高警惕，防止其伤人。目前饲养的多数纯种玩赏猫与主人关系密切，甚至可以达到与主人形影不离的地步。

5. 性格倔强，自尊心强

猫的性格十分倔强。对待主人的指令，即使已经理解，但只要不合其意，猫就不会去做。主人指定它去的地点（采食、休息、睡眠等）它往往不去，主人不许它去的地方（冰箱、电视机、玻璃家具的上面等）它偏要去。

猫的自尊心特别强。猫常拒绝主人的爱抚，在主人强行抱入怀中爱抚时，往往从主人怀中挣脱逃遁。比如经常有这样的现象：猫与客人嬉戏，抓破了客人的衣服，客人将其赶出家后，它会一直到客人走后才肯回家；以后每当有客人来时，它就避开。当赶它的客人再次出现时，它就以不友好的态度躲在椅子或其他物品下面，并表现出狰狞的凶相。所以调教猫必须要有足够的耐心和爱心。

6. 猫警惕性高

因为猫天生喜欢独来独往，所以有很强的戒备心。比如猫在睡觉时，总爱把耳朵挤在前肢下面，这样既可以保护耳朵，又可以把耳朵贴在地面上，以此保持高度的警觉。一旦听到动静，就可以立刻采取必要的行动。猫在休息和睡眠状态下也处于高度警觉状态。处于睡梦中的猫常常是一旦听到轻微响动，便会立即睁大眼睛，四处张望，全身紧张，做出随时反击的准备。当判断无任何危险时，才重新安然闭眼睡觉。猫用身体去蹭主人或蹭它所熟悉的猫的目的是要把自己的气味留给对方，以后再嗅到就会认为是安全的，这也是猫警惕性高的表现。当猫遇到不认识的同类，要先嗅它的鼻尖和尾巴上的气味。但多是在未嗅完前就已经发生争斗了。

7. 猫喜欢玩耍

猫喜欢玩耍，特别是幼龄猫。一般仔猫出生后 3d 就能开始玩耍，玩耍的对象可以是母猫，可以是同窝的兄弟姐妹，可以是主人，也可以是其他物品或玩具。猫与猫之间的玩耍是一个互相学习、交流或传艺的过程。小猫在独自玩耍的时候，被吹动的树叶、虫子、乒乓球、毛线团、绳子、竹筒、篮子、纸篓、纸袋等都可以作为玩耍的对象。猫对球状的、嬉戏中能发出声音的玩具更感兴趣。猫玩球时常用力前冲，扑向小球，或用前爪扑打玩弄小球。对一个小球，猫常常能玩上很长时间。有时，空中无物，猫也会跳上跳下，向空中扑来扑去，这是猫在幻想捕捉食物，或是在训练捕食的本领。调教好的小猫还喜欢与主人嬉戏、撒娇，或抱腿、或舔手，十分惹人喜爱。

对于贪玩的仔猫，只要不发生危险，主人应尽量不要去制止，否则会影响某些技能的掌握，而且长期抑制还会引起情绪抑郁并出现反常行为。所以主人应力所能及地创造条件（利用、制造或购买猫玩具等）尽情让猫嬉戏、玩耍，这样不但可以提高猫的本领，也可以使猫更健康地成长。

8. 猫感情丰富

猫的感情很丰富。虽然猫不会笑，不会哭，但它能以声音和身体语言来表达自己的喜、怒、哀、乐，还会用耳、眼、嘴、尾巴和肢体等来表达自己不同的情感。因为它有很丰富的情感，所以也很容易与主人建立感情。如猫的两耳直立向后摆，耳尖向里弯，瞳孔缩成一条缝，胡须向前竖起时，是发怒的表现；耳朵扬起，胡须放松，瞳孔没有变化，尾尖抽动，是高兴、满足的表现；用舌头舔嘴，是要吃食的表现；尾巴向上竖起，是安全、得意的表现；尾巴耷拉下来，是不安或生病的表现；用脚、头、颈向上磨，是对主人亲昵、撒娇的表现；瞳孔放大、两耳平伸、胡须向两边竖起、尾巴拍打地面、两前肢伏地、随时准备跃起，是即将发生争斗的表现；两眼微闭、尾巴温和地晃动，是它想得到主人爱抚的表现。

此外，与主人建立起感情的猫，在主人回家时会欢快地跑来迎接；在主人坐着休息时，会主动依偎主人，并要主人搂抱、爱抚。但猫并不会一味地讨好主人，只有当主人对它爱惜、温存时，它才会以友善回报，若对它不友好甚至虐待，它就会采取立即逃避、不合作的态度，有时还会进行反击或离家出走。所以要想和猫建立感情，并得到它的信任，就必须以善相待，温和耐心。

二、 猫的生理习性

1. 昼伏夜出

野猫有昼伏夜出的习性，常常夜间外出猎食、交配和求偶，这是由它的视觉和听觉器官的特点所决定的。首先，猫的视觉很有特点。猫的瞳孔在黑暗的地方能放大如满月的形状，即使在夜间昏暗的条件下也可以看清目标。其次，猫的听觉也非常灵敏。在日常生活中，猫主要依靠听觉来观察周围动静；夜间也主要是靠听觉来探知老鼠及敌害隐蔽和活动的地点。家猫在一定程度上仍保持着野猫昼伏夜出的习性。

2. 喜食肉类

猫在野生状态下以食肉为主，家养后仍爱吃老鼠、鱼、鸟类和青蛙等动物食物，并且可以连毛吞下而不会发生消化障碍，这是由猫消化系统的解剖生理特点决定的。猫的犬齿十分发达，爪子也很锐利，善于捕捉小动物，鼠类、鸟类、鱼类及较大的昆虫都是它捕猎的对象。猫的食肉特征虽然很明显，但漫长的家养驯化使家猫的消化道逐渐变长，这体现了消化道对采食较少肉类和摄入较多植物性食物的适应，因为纤维素较难分解，需要在较长的肠道消化以增加食物停留的时间。虽然猫也吃粮食类熟食，也可从馒头、米饭、面条等食物中获得一定的营养，但是，在日常的饲料配制中，还是应该有较高比例的肉类食物，不可长期地只喂素食。特别是室内喂养的猫，由于猫本身无法猎食，主人更需要注意这一点。

3. 喜爱清洁

猫非常讲卫生、爱清洁，经常用爪子和舌头清洁身体。如经常洗脸与梳理毛发，在比较固定的地方大小便，而且大便后会将粪便盖好或埋好等。猫之所以成为人的伴侣动物（宠物），原因之一就是猫爱清洁。猫爱清洁的种种行为，同样是在长期的进化中形成的，是生存和生理方面的需要，这与人类的打扮行为及卫生习惯有着本质的区别。猫在吃食、玩耍、运动或睡醒以后等许多状态下都会去梳理被毛，是因为通过舌头舔被毛，可以刺激皮肤毛囊中皮脂腺的分泌，使毛发更加润滑而富有光泽，不易沾水。再者，猫的汗腺不发达，不能通过排汗蒸发大量的水分，若在炎热季节或剧烈运动以后，体内会产生大量的热而导致体温升高，为了保持体温的恒定，必须将多余的热量排出体外，所以猫就用舌头将唾液涂抹到被毛上，将被毛打湿，借助唾液里水分的蒸发而带走热量，起到降温解暑的作用。有时通过抓咬皮毛还能消灭被毛中的寄生虫（跳蚤、毛虱等），防止皮肤感染寄生虫，保持身体健康。另外，在脱毛季节经常梳理还可以促进皮肤血液循环，刺激新毛生长。

猫排便后掩盖粪便的行为，也是其野生祖先生存的本能之一。将粪便掩盖起来（掩盖气味），目的是为了防止天敌发现它们的踪迹。驯养的家猫虽不必如此小心地留心天敌的追踪，但仍保留了这种爱清洁的行为习惯。

4. 贪睡

睡眠是动物不能缺少的重要行为，睡眠能解除机体和大脑的疲劳，能为下次的活动蓄积力量和精力。猫确实贪睡，猫的睡眠时间大约是人睡眠时间的两倍，甚至在民间传说中，猫因贪睡而耽误了进入"十二属相"的机会。在猫的一天中有超过半天以上的时间处于睡觉状态，即一天有 14～15h 是在睡眠中度过，个别猫甚至要睡 20h 以上，所以人们习惯称猫为"懒猫"。但猫的睡眠是分多次的，地点是变化的和有选择的，有时甚至是假睡。

猫一般每天睡多次，每次不超过 1h，这是因为猫本来就是狩猎动物。为了能敏锐地感觉到猎物和天敌等外界的一切动静，它不会睡得很沉。只要有点声响，猫的耳朵就会动，有人或其他动物走近的话，就会立刻腾身而起，所以猫在夜里的任何时候都可以起来。事实上，猫的每个睡眠单位（段）分为深睡和浅睡两段。深睡时，肌肉松弛，对环境中的声音反应差，一般持续 6～7min；接下来会有 20～30min 的浅睡阶段，此时，猫睡眠轻，易被声音吵醒。猫的深睡与浅睡是交替出现的。猫的睡眠中有 3/4 是浅睡，即打盹儿。所以，看上去一天 16h 猫都在睡觉，其实熟睡的时间只有 4h。

虽然在沙发上、床上、家具顶上或窗台上许多场所都能发现睡觉的猫，实际上猫对睡觉地点的选择是十分精心的，它们总是选择最舒适、最安全的地方。比如夏天，猫选择窗台、棚下等通风、凉快的地方；冬天，猫选择靠近取暖炉等暖和的地方。值得注意的是，母猫和小猫有时会选择舒适的场所挤在一起睡，应避免拥挤以防小猫发生窒息；另外，猫为了寻找适宜的地方睡觉经常会把家具、用品踏翻或损坏。猫的睡觉地点总会随着太阳光的移动而发生多次移动。

虽然猫都嗜睡，但通常小猫和老猫的睡眠时间比壮年猫长，天气温暖时比寒冷季节的睡眠长，吃饱后比饥饿时睡眠长，发情期睡眠时间最短。

长期与人类生活在一起的猫，晚上睡眠的时间比白天长，深睡的时间也在延长。这足以证明，猫已经适应了人类的生活规律，对人产生了依赖。

5. 捕猎

捕获猎物是猫的本能和生存的重要技能。不能捕获食物，野生状态下的猫就无法生存。自然状态下，猫的捕猎行为大致可分成四个阶段：一是隐蔽且安静地等待猎物出现；二是在猎物、距离等条件适宜时，立即发起攻击；三是牙齿与利爪并用实现致命的一击；四是吃掉猎物。野生状态下的猫，时刻准备着捕猎行动，一旦开始，就会依次按着程序完成捕猎过程。在非自然状态下（如家养状态下），作为本能，猫仍然会经常经历捕猎的本能过程。利用这些原理，我们就能合理地解释家养猫的捕猎习性，如饱食后的猫，仍有捕捉猎物的行为，因为它会把猎物当玩具玩。了解这一原理，我们就不必刻意地试图根除猫的捕猎行为，而是要设法利用这种本能，并同时避免这种行为带来的不良后果。如对于带着猎物回家的猫（有时是想获得主人的奖赏）不要惩罚。你可以在猫的项圈上放一个铃铛，当它走近猎物时，铃声会帮助猎物提前逃走。

6. 区域性强

在自然状态下生活的猫，会用气味、用声音、搔抓和其他信号划分边界。家养猫的领地集中在自己的家园周围，它们喜欢到室外建立一块与邻家猫有联系的区域，这一点雄猫表现得比雌猫更明显。雄猫常会建立一块比雌猫大十倍以上的领地。猫领地的形状并不总是以家庭现有形状为合法界限，且常常不规则，有时也会有重叠，重叠处常常是猫儿群集的地方。一只猫一旦占据了一个区域，它的领地也就固定下来。

如果一只比它弱的猫进入领地，它就会通过攻击将其驱逐出去；如果一只比它更强壮的猫闯进来，它也会进行抵抗，但结果是边界的重新划分。

如果同一个房间里有两只或更多只的猫，这种区域性会表现的更强，它们在房间内画地为牢。当然也有重合的地方，如厨房——它们都会到那里就餐。

7. 适应性较强，但对冷、热都敏感

地球上凡是有人类居住的地方，几乎都有猫的存在。成年的猫，每年通过春夏和秋冬的两次季节性换毛以适应气候的变化。但是，猫身上汗腺较少（只在脚垫上有少量的汗腺），所以体热调节相对较难。家养状态的猫，在夏天喜欢待在通风、凉快的地方休息；在寒冷的冬天，则喜欢钻被窝、钻灶膛取暖。去势后的猫则更加怕冷。实践证明，猫最适合的温度为 $18 \sim 20℃$，相对湿度为 50% 左右。

三、 人与猫之间的关系

经过长达数百万年的进化，猫的行为方式已经固定，在大多数情况下，猫对人类的行为反应都能在猫的同类社会里找到依据。如果我们想和猫建立坚实的友谊，就要视其为家庭生活中的一部分，而且必须了解它们的思维方式和交流方式。猫和人的关系并不像看上去那样有简单明确的解释。当一只猫凝视着它的主人时，没人知道它的企图。试图概括出人和猫的关系难度很大，甚至是不可能的，因为每种解释都会有例外。然而有一点可以肯定，那就是猫能与人建立亲密的关系。猫可以与人建立亲密的关系基于以下两种说法。

一种说法是，猫把主人看成家庭的一员，或者说把人类看成了自己的同类，但谁扮演什么角色则无定数。

另一种说法是，猫的观察力十分敏锐，总是密切注视着周围发生的一切，猫

知道人类不是它的同类，从领域行为的角度讲，人不会和猫发生冲突。也就是说猫不会试图把人赶出自己定的领域，甚至可以对人的侵入漠然视之，这是猫可以与人相处的基础。

但事实上，猫更愿意把它们的主人当成自己的私有财产，而且，多数情况下猫和人之间的关系往往比与同类之间更亲密。这可能是由于人的喂养和呵护，使家养猫在人类面前一直在扮演着仔猫的角色所致。也就是说，虽然猫已经成年，但对待主人时其心理还停留在幼年阶段。这一观点可以找到很多论据，如猫在人面前的许多表现是在模仿幼仔。例如"呼噜呼噜"的哼声，朝人的怀里拱，和人嬉戏玩耍，喵喵叫向人乞食等。值得注意的是，人和猫的大小比例与母猫和幼仔的比例相当；当我们爱抚猫的时候，人的手相当于母猫的舌头。猫在幼年时喜欢和母亲挤在一起，如果它把人当成母亲，那么猫喜欢蜷在人的膝头就是顺理成章的事了。有的猫甚至会长途跋涉数百公里，只为回到主人身边，这也能解释成幼年行为。但也可能正好相反，有时猫把人看做自己的孩子。猫会把猎到的小动物带回家给主人，并像召唤孩子一样召唤主人。有时猫也会把人当成同龄的伙伴，和人睡在一起、玩在一起。

和猫建立起感情和信任的关系，并不是一朝一夕的事，这需要耐心、坚持和温柔体贴。建立这种关系能带来很多益处，既能让猫保持健康快乐，也能有效地预防一些不良习惯的养成。猫渴望人的陪伴和交往，并会报之以感情和信任。同时这种信任关系更是调教好猫必不可少的前提。只有在互相信任的关系已经确立的情况下，猫才会服从你的命令。和猫建立起感情和信任的关系必须做到以下几个方面。

（一）赢得信任

猫和犬有着完全不同的遗传设定，命令一只犬比命令一只猫要容易得多，因为猫没有服从首领的概念。所以从训练的角度讲，人和猫建立感情联系需要付出更多的时间和努力。赢得信任是建立良好关系的第一步，但要完成这个步骤甚至无法预知需要的时间和能达到的效果。赢得信任取决于多种因素，但最重要的因素还是猫本身的资质和训练者的耐心和手段。因为没有两只猫是完全一样的，它们各有各的秉性，而且猫在幼年时期的经历会影响到猫的秉性。一只猫如果有很好的幼年经历，通常训练起来会更容易，和人的联系也更紧密，如果猫在幼年时期对人有不良印象，要赢得它的信任就会有一些难度。但只要投入足够的时间和耐心，不只是家猫，就是野猫也可以被驯化。

（二）建立感情

想与猫建立感情必须做到以下几点。

1. 前后一致

如果主人的态度总是保持前后一致，猫会认为他是可以信赖的。

例如要清楚地让猫知道什么可以做，什么不可以做，并保持这一态度不变。

假如主人昨天允许它上餐桌而今天又严厉制止，它也许会被搞糊涂。而且，频繁的改变会伤害到猫的自信心，会使猫变得焦虑、犹豫，甚至变得具有攻击性。

最好每天在固定的时间段和猫玩耍。猫有自己的活动时间表和固定的活动线路，最好按照它的时间为它定期梳洗打扮和进行有规律的行动。

不过，和猫在一起待多长时间或什么时候在一起并不十分重要，也可以想办法训练让猫的活动适应主人的时间安排，因为通常猫会根据主人的训练规律做出调整。但要注意猫在黎明和傍晚一般比较活跃。

2. 真挚的爱心

猫是一种很敏感的动物，洞察力很强，能够通过观察主人的眼睛感知某些细微的生理变化，如情绪改变时释放出的化学信号等，来区分安全的动作和判断宠爱它的人。

（1）和颜悦色　首先是要尊重猫，只有这样才能培养出最深的感情。绝对禁忌打骂，也不要冲它大声叫喊；其次是要牢记，除了修指甲、喂药或是洗澡，平时不要把猫抓着不动；最后是不要作弄猫来取乐，猫有自尊心也很敏感，它甚至能听得出嘲笑，经常的嘲笑会破坏它对主人的信任。

（2）耐心　耐心对驯猫来说是最重要的，也许主人很希望猫能乖乖地坐在膝上，可如果它还没有这样的习惯，强迫只能使它越离越远。多给它一点时间，把主动权交到它手里，等它认为可以了，自然会到主人的身边来。当然也有一些猫天生不喜欢和人挤在一起。

3. 陪猫玩耍

玩是感情交流的重要渠道，成年猫也需要玩耍。玩耍不仅是猫的自娱自乐，更为重要的是人与猫之间的嬉戏互动。所以应经常与猫一起玩一些它所喜欢的游戏，可以博得猫的欢心。

首先，一定程度的嬉戏能使猫保持身心健康。目前肥胖症正逐渐成为家养宠物的一大健康问题。适宜的玩耍是猫活动身体的好办法，能帮它释放出多余的热量，避免肥胖，而且能促进血液循环，从而促进骨骼和肌肉的生长。从另一个角度讲，精力太旺盛的猫爱惹是生非，如乱抓乱扒、向其他猫寻衅生事等。而玩耍则有助于释放剩余精力，减少麻烦。玩耍在维持多猫家庭的和平共处局面中尤其重要。

为了安全，主人通常不允许自己的猫到户外玩，但缺乏户外活动常导致猫烦闷、抑郁。对长期禁锢在室内的猫来说，户外玩耍相当于一种释放，能缓解烦闷情绪，促进内啡肽的分泌，保持身心愉悦。猫还会把愉悦的感觉同人联系起来，从而对陪它玩耍的人更加依赖。所以一定要正确处理这种关系。

（三）不能随意惩罚

猫的自尊心很强、重感情，不能忍受粗暴地对待。即使与主人感情很深厚的猫，只要疏远或粗暴地对待它，猫也会断然地躲避，甚至远离出走。一般情况下，到了一定年龄的猫与主人生活一段时间以后，知道什么事情是可以做的，什么事情是不允许的。除了某些恶癖需要认真地纠正之外，偶尔有不符合人意的地方，不要随意打骂。否则，猫会认为主人不喜欢它，感到家里没有温暖，甚至会离家出走。

单元二 | 猫常见的行为

猫常见的行为有很多种，在生活中随着环境的改变而变化的动作、眼神、叫声等肢体语言，以及和进化密切相关的、变化较小的习惯动作等都可以称作猫的行为。

一、 猫的情绪变化与行为

猫有许多情绪变化反应在行为、身体、语言上。通过观察猫的行为举止、身体语言，我们可以分析猫的情绪，从而了解猫的内心世界。

①高兴：吃饱之后擦过嘴，舔过脚掌，坐定，摇尾巴。表示高兴、非常满足。

②信赖：四脚朝天，在地上翻滚。表示完全信赖主人，觉得主人对它来说是十分安全。

③好奇：后脚站起来，耳朵朝前倾，尾巴垂下，末端轻轻地摇。这种表现的结果有多种可能，也许逃走，也许进一步恐吓，甚至实施攻击。

④生气：全身压低，尾巴卷起来，双耳后压，张嘴，露出犬齿，并且出声；生气的再进一步就是准备攻击，表现为前低后高，尾巴平伸，双耳朝前倾，爪子全露出来。

⑤警戒：双耳平放，身体拱起，尾巴挺直向上，全身的毛竖起。

⑥迷惑和烦恼：表现为身体低低的站着，尾巴垂下，慢慢地摇动。

⑦投降：表现为朵耳垂下，尾巴卷进身子，胡须也下垂，身体缩成一团，表示服输。

⑧平静无事：耳朵自然向上伸，胡须自然垂下，瞳孔细直。

⑨警觉：眼睛圆睁，耳朵完全朝上，前胡须上扬，尾巴迅速的摆动。此时也许逃走，也许进一步恐吓，甚至实施攻击。

⑩不安、恐惧：表现为双耳朝向两侧，眼睛椭圆，瞳孔稍微放大。

⑪警告、威胁：表现为双耳压低，眼睛变细，不发声。

⑫严重警告：表现为双耳压平，胡须上扬，脸压扁，眼睛更细。

⑬攻击：表现为双耳后压，胡须上扬，吼声出现，张牙露齿。

⑭惊喜：表现为瞳孔张圆，耳朵竖直，口微开。这常常是在闻到厨房里有香

喷喷的鱼、肉等喜欢的食物时的反应。

⑮发出"呼噜呼噜"声：在猫伸展四肢、很懒散的时候，或主人抱着它抚摸它的下巴、半夜上床睡觉时会发出，此时表示安全和舒适。而在它生病或痛苦时，也会发出呼噜声，此时则表示痛苦。有时呼噜声也可表示友好。

⑯发出"喵喵"声：低沉而温柔时表示打招呼或表示欢迎、心情好。而大声一些时，可能是抱怨或有所乞求。而"咪——噢"，"咪——哇"声是表示困惑或有所求。

⑰嘶叫：嘴巴张开，舌头卷成圆筒状，发出高亢的嘶叫声，并且有热气同时呼出。这时多用来表示恐惧、发怒，甚至威胁对方止步。

主人首先要细心观察猫的各种身体语言，正确地判断猫的情绪，了解猫的行为特点。只有养猫者先与猫建立信任，善待猫，与猫和平相处，才能获得猫的认同与"友谊"，而让猫盲目服从主人是不现实的。

二、 猫的磨爪

猫之所以用爪抓木板、抓树皮、抓被褥、抓沙发及床单等是因为磨爪是猫的习性。对猫来说，爪子是它最强大的武器，因此必须时常磨掉老化的角质而使其保持锋利无比的状态。此外，磨爪也是为了显示自己的实力。在猫的前脚内部有臭腺，磨爪也是为让脚带有自己的气味。因此让猫停止磨爪是不可能的。但家养时如让它随便磨爪，家中的沙发、窗帘、椅子、地毯、木地板、墙壁等都会变得破烂不堪。而且猫一旦确定了磨爪地点，就会经常去那里磨爪，损失将更惨重。

在对猫的教育中，磨爪是最难解决的事。因此在幼猫期，在家具被糟踏之前就要尽早地开始磨爪教育。设定专门磨爪地点，并经常反复带它到专门磨爪的地方去磨爪，是唯一可以解决问题的途径。首先，要准备专用的磨爪工具。市场上卖的磨爪工具种类很多，也可以自己在木板上缠上布条充当，可以多准备几块放在猫喜欢去的地方。其次，如果发现猫开始在家具上磨爪，要立刻制止说"不行"，并带它到有专用磨爪工具处。主人可以抓住它的前脚磨爪。刚开始的时候，猫可能会吵闹，但是几回下来它就会耐心磨爪。当它能主动地在指定地点磨爪时就该表扬它。最后，也可以在不希望它磨爪的地方喷上臭剂或撒上猫讨厌的醋辅助训练，但不能依赖这种喷洒臭味剂的方法，而应以耐心教育为主。

三、 猫与其他宠物的相处

随着人们生活水平的提高、住房条件的改善，饲养宠物的人越来越多，而且饲养的宠物也不止一种或一个，养猫的家庭有时还养观赏鱼、鸟、龟、小白鼠、松鼠等。而猫好奇心强，非常喜欢这些活动的小动物。即使原本没有吃的打算，但当它看到游动的金鱼，扇动翅膀的小鸟，也会引起兴趣。它可在鱼缸旁静静地观察许久，聚精会神、一动不动，高兴时，出于好奇，会伸爪子去钩捕。而且，猫善于攀高，有善于捕捉小动物的本领，所以必须注意对它的调教。因此当猫刚开始靠近鱼缸、鸟笼时就该斥责它。听话的猫被训斥几次后就不会再靠近，即使仍紧盯着看，也不会有动作。但是，多数猫即使被训斥几次，也不会放弃这种有趣的玩耍。当主人瞪大眼看着它时它会听话，但主人稍稍把目光移开，它就可能马上又飞奔过去。

为了防止猫袭击小宠物，最好的办法是将鸟笼放在高处或建一个猫不能进去的房间。例如在鱼缸外罩上金属网，将鸟笼挂在天花板上。对于成年猫来说，教育它不袭击小动物很困难。而教育仔猫就比较容易，所以应在仔猫时期开始教育。

有的家庭既养犬又养猫，如果犬与猫均同时从幼小养起，往往能成为好友，仅在喂食时会产生矛盾，发生争斗，但只要食物分开并各有固定的喂食位置是可以避免的。如发现抢食必须及时阻止。如果先养犬，后养猫，必须从仔猫养起，容易使犬猫和平共处，成为朋友。仔猫抱回家后应抱着它与犬见面，使它与犬互相认识，彼此了解，或放在地上，与犬保持一定的距离，主人带领猫慢慢与犬靠近，使它们彼此不感陌生，当它们熟悉或知道各自的脾气后，犬与猫就会和睦相处了。

四、 猫的攻击行为

攻击是每种动物为了生存繁衍而必须采取的行为。但在长期的家养驯化过程中，猫虽然对人失去了攻击行为，对其他动物的攻击行为仍然存在。正常情况下，猫会表现出三种攻击性行为，即雄性间争斗行为、恐惧性攻击行为和宠爱性攻击行为。

（1）雄性间争斗行为　是指公猫在一起相互争斗，彼此用前爪抓破或用嘴咬伤对方。这种行为一般在性成熟后（1岁左右）表现较为明显，而90%的成年猫在去势（注射甲地孕酮）后几天或几个月后，相互间的争斗行为便可消除。去势后的公猫，若相互间还发生争斗，仍可用注射孕酮或甲地孕酮进行治疗。

（2）恐惧性攻击行为　是指当猫受到威胁时，或产生恐惧感时会出现抓伤或咬伤其他动物或人的现象。对于这种异常行为，采取的办法是查明并消除引发这种行为的各种刺激因素。如猫的恐惧感是由于见到陌生人的缘故，那么通过主人经常带领陌生人与猫的接触，并对猫进行友善的爱抚，适当喂给少许可口的食物，猫就会逐渐地适应，消除恐惧感，从而消除这种不良行为。对恐惧性攻击行为较严重的猫，也可口服安定，每日3次，每次1~2mg/kg体重，连续用药1周。若效果不明显，可再用药1周。

（3）宠爱性攻击性行为　是指某些养猫者对猫特别宠爱，如让猫在床上睡觉，经常柔情地把猫抱入怀中，饲喂可口的鱼类或肉类时，初期猫喜欢这种宠爱，但随着时间的延长，达到一定的阈值后，猫可能偶尔突然向主人发起宠爱性攻击，甚至在夜间主人休息时，突然抓伤主人的脸或咬伤手，主人常由于没有防备而被猫抓伤或咬伤。对此类行为攻击性比较强的猫，必须注意平时养成良好习惯，避免过度宠爱，并严厉训斥猫的攻击行为，甚至可以几天或一周不理睬它。要树立主人的威严，使它轻易不敢袭击主人。

五、 猫的几种异常行为及调教

1. 异常捕食行为及调教

猫常好捕捉主人和邻居家中散养的鸡、兔或笼养鸟，为了避免这一行为的发生，可对猫采取如下措施。

在猫脖颈部拴系一个响铃，当猫捕捉鸡、兔或鸟时响铃便发出响声，这样被捕动物听到响铃声会提高警惕，准备逃走，减少损失。同时，铃响后也可提醒主人前去制止猫的异常捕食行为。

用水枪惩罚。当看到猫捕食鸡、鸟、兔时，立即用水枪向猫喷水，连续惩罚几次即可制止猫的异常行为。

在猫的鼻端涂上香水或除臭剂，连续3d，每日1次。同时，在鸟笼或兔笼上喷洒同样的液体。猫对这种特殊气味很厌恶，可避免再去捕食小动物。

2. 逃走行为及调教

猫的逃走行为表现为，经常外出不归或长时间在外停留。若猫有此有为时，应在猫脖颈部拴系一条项圈，系一条长绳拴在室外饲养，每日放出去半天，一周后再拴到室内饲养，两周后可去掉拴系的绳子。也可对猫进行惩罚，将报纸卷成筒对猫进行拍打训斥。

3. 异常母性行为及调教

正常母猫的母性行为包括对出生的仔猫哺乳、舔抚仔猫的全身、教给仔猫生活本领，或叼回离窝的仔猫等。异常母性行为包括母猫母性不强或食仔癖。母性不强的母猫，由于不常给仔猫舔抚，仔猫全身均不干净。此外，母猫离窝时间长，造成仔猫因寻找不到乳头而离开产窝，或仔猫离开产窝时间过长不将仔猫叼回造成仔猫体温下降，或是母猫将仔猫挤压死等。纠正的方法是在母猫临产前3d将待产母猫放在产窝中饲养，以让母猫适应产窝的环境，同时要检查产窝是否舒适，周围是否安静、清洁，冬天要做好保暖，夏天要凉爽、通风。此外，若母猫不给仔猫哺乳，检查乳房是否有红肿热痛，如有这种情况，则可能是乳腺炎，应及时诊治。

食仔癖主要表现是母猫在产后将生产的仔猫吃掉，也常有母猫将有病的或虚弱的仔猫吃掉，或是将带有异味的仔猫吃掉。产生的原因可能是产仔太多，母猫乳汁不够，或是母猫受到惊吓，也有可能是仔猫身上有异味所致。纠正的方法是给母猫增加蛋白质食物，如鱼类、猪肉、牛肉等，增加营养使猫乳汁充足。保持环境安静，母猫产仔时要精心护理，尽量不要去抱或抚摸出生不久的仔猫。如果要抱时一定要先用干净的布或戴手套在母猫的外生殖器涂抹，再去抱仔猫，避免因异味而出现食仔。

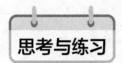

思考与练习

1. 人为什么会把猫当作宠物？
2. 猫磨爪的主要原因是什么？
3. 简述猫的生理特点和习性。
4. 猫有哪些突出的性格特点？
5. 人与猫建立感情需要做到哪几点？

单元三 | 宠物猫的训练基础与方法

作为伴侣动物，猫长期和人生活在一起，对其进行基本的训练十分必要。但猫是一种在性格上比较矛盾的动物，它们既聪明又胆小，既孤独又感情丰富，既有很强的自尊心又天生易嫉妒，既易与人接触又不愿意受人摆布，既有温柔可爱的外表又异常倔强且极富攻击性。所以自古以来，猫虽然以它美丽的姿容、聪明伶俐的天资深受人们的宠爱，但对于现在专供人们观赏、消遣的宠物猫来说，训练的难度要比犬大得多。训练猫听主人的话很容易，但训练猫做一些复杂的动作就比较困难。因为猫不管与主人多熟悉，只要发现它感兴趣的声音或事情，无论主人如何阻拦，它也会立即逃离主人。加之猫胆小，警觉性极高，对强光和训练中各种刺激易产生恐惧。所以训练猫最好是从幼猫开始，在极富耐心的基础上并结合科学的训练方法才能调教出本领出众、惹人喜爱的猫。也只有一只训练有素的猫，才能真正为主人的生活带来乐趣。

要想对猫进行有效的调教，首先应当选择自己钟爱的品种和个性的猫，易于人猫产生感情；其次要对猫有一定的了解，主要要了解猫接受训练的生理基础；再次是训练最好从幼猫开始；最后，在训练猫时要有耐心，态度要和蔼，并采用科学的训练方法。

一、宠物猫接受训练的生理基础

从猫的行为特点中我们得知，猫天资聪明、生性好动、喜欢嬉戏、好奇心强，对绳子、虫子、线团、风吹动的树叶等都有着浓厚的兴趣，常常将这些东西摆弄和玩耍一番。平时在主人的逗引下，也可本能地做出滚转、四肢朝天、直立等各种有趣的动作。然而，要训练猫做一些较复杂的动作必须掌握猫接受训练的生理基础，因为猫完成所有行为的生理基础都是神经系统的反射。

（一）神经反射活动

猫任何行为的完成都是以神经反射为生理基础。反射就是机体的感受器受到某种刺激后，通过神经系统的活动，使机体发生反应的过程。如猫的听觉、视觉、嗅觉、味觉以及皮肤感觉器官，能够灵敏的感受外界的声、光、味、化学与机械性刺激与变化等，都是通过神经中枢产生的反射。

体内绝大多数的反射活动都要通过反射弧来完成。反射弧由感受器、传入神经、神经中枢、传出神经和效应器构成。任何一部分发生问题，都要影响到反射活动的正常进行。另外，反射活动的发生必须要有刺激。刺激是指那些能被机体组织细胞感知，并引起一定反应的，正在变化着的环境（体内和体外）因素，如拍打、按压、光、声音、温度等。

神经反射活动的基本特性表现为兴奋和抑制两种活动过程。兴奋表现为引起或加强某一器官的活动，抑制是阻止或减弱某一器官的活动。由于这两种活动既对立又统一，相互协调作用，其结果是使猫能精确地对外界各种刺激做出反应。

（二）猫神经反射的类型

神经反射活动的表现形式因中枢部位不同而不同，可分为条件反射和非条件反射。猫的一切神经活动都是由非条件反射或条件反射来完成的。

1. 条件反射

条件反射是猫后天获得的，是在生命过程中周围环境的无数次刺激在猫的大脑皮层内所形成的暂时性的神经联系。条件反射的形成，是由于不同的刺激在大脑皮层各种兴奋点之间建立了神经联系的结果。比如，训练猫完成"过来"的动作，可以使用三种刺激，即"过来"的口令，是声音的刺激；挥手的动作，是视觉刺激；迫使猫向主人走来，是运动刺激，这三种刺激会在大脑的不同区域产生三个兴奋点。在没有形成条件反射时，这三个兴奋点之间没有任何联系，无论喊多大声音、多么用力地挥手，猫都不会过来。但是，如果我们把这三个刺激结合起来，同时或按一定顺序作用于猫，重复若干次以后，猫大脑皮层中这三个兴奋点就会发生功能上的联系。以后，只要刺激其中的一个兴奋点，其他两点也会随着兴奋起来。如只发出"过来"口令，而不必挥手，猫也会顺从地走过来，这就是形成了条件反射。利用猫能形成条件反射这一特性，可以对猫进行各种训练。每一个训练项目，就是一种条件反射。能引起条件反射的刺激称为条件刺激，如口令、挥手等。猫的各种技能的训练，就是根据训练者的意向使猫形成条件反射。

在条件反射中，还有两种特殊形式，即厌恶条件反射和操作式条件反射。前者指某些刺激作用于猫以后，猫对之产生厌恶感的条件反射，多用于纠正猫的异常表现或异常行为；后者是指某一反射总是伴随着奖赏而出现，由于奖赏的作用，这一反射便被加强和巩固下来。训练猫做某一动作大多要利用操作式条件反射的原理。

2. 非条件反射

所谓非条件反射，是先天遗传的、与生俱来的，即人们所说的本能。如小猫生下来就会吃乳、呼吸等。非条件反射包括食物性反射、防御性反射、猫捕老鼠的猎取反射和维持身体平衡的姿势反射等。（条件反射与非条件反射包括的其他概念及引申等内容本书已经作过详细的介绍）。在训练猫的过程中，就是以猫的非条件反射为基础，施加有效的影响手段，使猫形成训练者所需要的能力，而这些能力，就是猫在非条件反射的基础上形成的条件反射。

二、 刺激与宠物猫的训练

刺激方法是猫的训练中使用的最基本的手段。按其性质分为非条件刺激和条件刺激两大类。非条件刺激包括机械刺激和食物刺激；条件刺激主要指口令和手势。

（一）非条件刺激

引起非条件反射的刺激称为非条件刺激。在猫的训练过程中，应用较多的非条件刺激是机械刺激和食物刺激。

机械刺激能帮助猫对口令、手势等指令所形成的条件反射加强记忆，纠正错误，起到巩固训练与调教的效果。缺点：机械刺激若使用不当会引起猫的紧张和恐惧。既要避免超强的刺激，又要防止过轻或不敢使用机械刺激。过轻的刺激会妨碍条件反射的形成和巩固。在训练与调教过程中以采用中等强度的机械刺激为宜。可用手或用报纸卷成的纸棍拍打、按压等。由于猫的个性很强、性格倔强，所以在训练中机械刺激尽量少用，以免猫对训练产生恐惧和抵触情绪。

食物刺激是一种奖励手段，目的是为强化和巩固已初步形成的条件反射。这种刺激猫最乐意接受，为了得到可口食物，它能认真去完成动作。因此，在使用食物刺激时，如能结合机械刺激，效果会更好。当猫不服从训练时，先用机械刺激迫使它作出规定动作，一旦完成，就给予食物奖励。为了达到理想的效果，选用的食物应是猫平时最爱吃的，但不能给予太多，以一口吞下为宜。在训练开始阶段，当猫每完成一次动作，就给予一次奖励，待条件反射逐渐建立后，奖励可逐渐减少，巩固后，就可以不给食物。一个动作巩固后，当新的动作开始训练时，则重新给予奖励，只有这样才会使食物刺激更有效。

（二）条件刺激

能引起条件反射的刺激称为条件刺激。在猫的训练过程中，条件性刺激使用的有口令、手势、气味等。

（1）口令　口令是最常用的一种条件刺激，是声音的综合体。在训练中，口令应与相应的非条件刺激结合使用，使猫对口令形成条件反射。猫具有敏锐的听觉，能正确区别同一口令的不同音调，并形成条件反射。口令不是简单的刺激，而是一种综合性的刺激，训练中的口令音调分普通音调、命令音调、威胁音调、奖励音调。普通音调的音量中等，但带有严格要求的意思；命令音调口令执拗、坚定，命令猫做出某动作；威胁音调的声音严厉，用来迫使猫做出动作和制止猫的不良行为；奖励音调的声调温和，用来奖励猫所做出的准确动作。在进行训练时要正确使用音调，一般多用普通音调、命令音调，应慎用威胁音调，及时使用奖励音调。

口令应该简短、明确、标准，不应该歪曲和改变。例如，将"不可以"变成"把东西拿过来"。此外，还要考虑各种音调的使用要根据不同猫的具体情况而定。例如，有的猫对威胁性口令会产生被动性防御反应，这样的猫很难建立起条件反射，在这种情况下可以用稍微提高的命令性音调来代替威胁音调的使用。

（2）手势　手势是指训练员用手做出一定姿势和形态来指挥猫的一种条件刺激。训练所用的手势没有统一的、固定的规定，要靠训练者自己编排。但在编排和运用手势时，应注意各种手势的独立性和易辨性，每种手势要定型，运用要准确，并与日常惯用动作有明显区别。固定手势的运用，应使猫看出该做什么事情或动作。如手势向上抬，表示"跳"；手势向内挥动，表示"来"。每次训练时千万不要多人一起做或每人采取不同的手势，防止把猫弄糊涂。一般情况下，猫对手势的条件反射是结合非条件刺激或在猫已经对口令形成条件反射的基础上建立起来的。

三、 宠物猫训练的基本方法

猫的训练是应用各种方法综合实现的，所谓训练方法是指各种方法与手段的综合。猫训练的基本方法主要有四种，即强迫、诱导、奖励和惩罚。通过各种训练方法使猫建立起条件反射。

（一）强迫

强迫是指训练者利用机械刺激和带有威胁音调的口令，迫使猫准确而顺利地做出相应动作的一种手段。如在训练猫做躺下动作时，训练者在发出"躺下"的口令后，如果猫没有按照口令去做，这时必须采用威胁音调的口令，同时结合相应的机械刺激——用手将猫按倒，迫使猫躺下，这样重复若干次后，猫很快就能形成躺下的条件反射。这种按压就是强迫性方法。

（二）诱导

诱导是指用美味可口的食物结合训练者的动作等来诱导猫做出相应动作的一种手段。如在训练猫向主人靠近时，训练者一面发出"来"的口令，一面又拿出猫所喜爱的食物在它面前晃动，但又不马上给猫吃，只是一边晃动食物，一边向后退，同时不断发出"来"的口令，这样，猫就会由于食物的引诱而跟过来，很快地形成向主人靠近的条件反射。这种诱导的方法对仔猫最为合适。

（三）奖励

奖励是为了强化猫的正确动作或巩固已初步形成的条件反射而采取的手段。奖励的方式包括食物、抚爱和夸奖等。奖励和强迫必须结合使用才有效，开始时每次强迫猫做出正确动作后，要立即给予奖励。随着训练的深入，猫必须完成一些复杂的动作才能给予奖励，只有这样，才能充分发挥奖励的作用。

（四）惩罚

惩罚是为了阻止猫的错误动作或异常行为而使用的手段，包括训斥、轻叩头颈部位等。如猫发生偷食、随地大小便等行为时，就要及时给予训斥或轻打。惩罚要在异常行为发生时及时进行。惩罚的程度应根据具体情况和猫的性格而定，不能重打猫的头部或强拉它的尾巴，防止使其受到过度的惊吓。注意训练中应尽量少用惩罚手段，以免猫对训练产生反感、厌倦甚至恐惧。

对猫的调教和训练应以诱导、奖励为主，强迫、惩罚为辅，二者相互结合才能达到训练目的。

单元四 | 宠物猫的基本动作训练

对猫的调教要从幼猫开始，而且越早越好。同时应根据猫的不同个性掌握调教原则。如脾气大、不易就范的猫要严格管理；脾气温顺、乖巧听话的猫，要多加抚爱。当然，猫的性格也不是一成不变的，要根据不同情况灵活掌握。猫的基本动作训练包括以下几个方面。

一、 "建立友情" 的训练

良好友善的关系是猫对主人信任和依恋的基础，是管理和训练猫的重要条件。虽然猫不像犬那样先天具有对主人忠诚且易于驯服的特性，但猫对主人信任与依恋关系的建立可通过在日常的饲养管理和散步、嬉戏中逐步进行培养。

人与猫友善的关系，要从与猫接触的第一天开始进行训练培养，并在日常接触和训练的过程中不断地加以巩固。在训练的过程中要特别注意使用条件性刺激和非条件性刺激。

猫与主人良好关系的标志：

①主人一出现，猫就依偎在主人的脚下、身旁，用头、身体蹭主人。这是对主人亲热的表现，它是想把身上的特殊气味蹭在主人的身上，表示它想把主人占为己有。

②胡须翘起，尾巴直直地翘起，跑到主人身边，或依偎在主人的身旁。当主人呼唤其名字时，尾巴稍稍摆动作为回答。这一点与犬不同，犬见了主人就会尾巴不停地摆动表示欢迎，若猫出现这种情况则是不喜欢或不高兴的信号。

③猫见主人出现，突然四爪朝天，在主人眼前翻身，露出整个腹部。这是表示它无所防卫，对主人完全信任。

④用鼻子在主人身上碰碰或不断地摩擦，或用舌头舔舔。这是猫的社交手法，与人类握手打招呼类似，也是与对方友好的象征。

二、 散步的训练

有的品种的猫可以带出去散步，如波斯猫和暹罗猫等。训练猫外出散步也要从幼猫开始。首先训练猫戴上颈圈和牵引绳，一般猫对戴项圈不习惯，所以开始时每天给猫戴项圈的时间不要太长，以30min为宜，然后逐渐延长时间，直到猫习惯为止，通常训练2~3d后猫就能习惯。然后就可拴上绳子在室内进行散步训练，最初拴上绳子后让猫在室内随便活动，猫主人只作监督，一般每天活动20min左右，然后逐渐延长时间。经过1周左右，猫对拴绳已经熟悉，就可牵着绳子带猫到街上或公园里散步。

牵绳散步训练时，散步的时间应根据猫的体质和它对绳子的耐受程度来决定。①初次时间不能过长，不应超过30min，让猫先在自己家门口溜达，然后把它向更远的地方牵引，以逐步适应这种散步。②训练中要不断地说些鼓励的话，对猫进行安抚。③外出散步要选择人少幽静的场所或道路，散步的距离不要太远（猫走100m相当于人走2000m）。④如果猫不愿意，不要强迫，可多试几次，循序渐进（见图6-1）。

图6-1　逐渐养成习惯

三、 呼名的训练

呼叫猫名是引起猫注意力所必须的声音信号。猫名应选择除人名、民族、城市及国家等名称以外的简短而响亮的字。

训练猫的第一步，就是让它记住自己的名字并做到"呼之即来"。从猫进家的第一天起，就要让它记住自己的名字。最有效的办法是在吃饭前呼唤猫的名字，它只要明白叫名字就有食物，自然就记住了自己名字的发音。这样一来，在吃饭以外的场合，呼叫猫时它就"喵"或者回头张望或者摇尾以示回答，便于进行其他方面的训练。

四、 固定大小便的训练

养猫一定要调教它去固定地点便溺，如果任其随地大小便，会严重影响室内的环境卫生。猫的粪尿味特别难闻，地上遗留的臭味还不易彻底清除，有的疾病还可能通过粪尿传播，影响人与猫的健康。所以调教猫在固定地点大小便对于养猫者来说是十分重要的。

猫从小就爱清洁，从它能行走开始，就会跟随母猫去固定地点大小便。但如果家中没有给猫提供合适的地方和便具，刚买回或带回的小猫就会躲到一些隐蔽、安静的角落里大小便。乔迁新居的猫，由于环境改变找不到原来的便溺处，也会到处便溺。这些地方大多都较隐蔽，给清洁工作带来困难，往往只是闻得到臭味而找不到粪尿。猫的这种习惯一旦形成，再改就十分困难。对于这种情况，主人要具体分析，不要横加训斥，要通过耐心地训练和引导，予以解决。

训练猫在指定地点的便盆内排便时，首先要选择一个比较安静、猫又找得到的地方放置便盆。便盆可因地制宜，瓷盘、脸盆、塑料盆等均可。便盆内放专供猫排便用的猫沙，或用沙土、炉灰、锯屑等作为铺垫物。铺垫物要有一定的厚度，便于猫掩埋粪尿。猫还能辨别出自身粪尿的气味，一般首次便溺的地方，以后便溺就固定在此地。因此在便盆铺垫物表面稍放些猫的粪尿，抱它到便盆处，让它嗅到盆内的粪尿味，很容易训练成功。其次，训练猫在指定地点排便时，要注意观察猫的行为，当猫不安地跑来跑去、小范围转圈时，往往是猫急需便溺的表示，应立即抱它到指定的排泄地点（便盆）去嗅闻，当它嗅闻到盆内自己的粪尿味，就会在盆内排便。最后，当发现猫将便排在其他地方时应避免训斥、体罚，而是应当将猫的头轻轻地压到粪便处，指给它看，并说"不"或"不可以"，这样重复数次，就可以改掉其随地排便的不良行为。聪明的猫，经1~2次调教后即可养成主动去指定地点排泄的习惯（见图6-2）。

五、 不吃死鼠的训练

死老鼠通常都是被毒死的，猫吃后易发生继发性中毒。此外，一般死老鼠常会腐败变质或感染致病菌，导致猫感染疾病。每年都有相当数量的猫因吃死鼠而中毒死亡。

防止猫吃死老鼠主要作好以下三项工作：不能让猫到处乱跑，使猫没有机会接触到死鼠；定时把猫喂饱；对猫进行必要的训练。

图6-2 引导猫到便器排便

训练猫不吃死鼠的方法：平时要对猫仔细观察，一旦看到猫叼回死老鼠，要立刻夺下并对尸体消毒处理；如发现猫想吃死老鼠，就要用小棍轻打猫的嘴巴。隔几小时后，再把死老鼠放在猫的嘴边，如猫还是想吃，就再打它的嘴并严厉地斥责它。这样经过几次训练以后，猫就会因被惩罚的条件反射而不敢再吃。

六、 不上床的训练

猫喜欢上床钻到人的被窝里睡觉，这是一种不好的行为。由于猫易患真菌、弓形体等疾病，很容易传染给人，因此训练猫不上床钻人的被窝是十分必要的。

训练应从仔猫断乳后开始。首先要为仔猫准备一个温暖、舒适的睡窝，睡窝应放在冬暖夏凉的地方（冬天可以在窝里放一只暖水袋），让其睡得舒服。一旦发现仔猫睡在其他地方，应将其及时抱到窝内去，轻轻抚摸，使它安然入睡。平时也可以在窝内逗猫，使它逐渐懂得这是它的窝。如猫不愿意睡在窝内，可在窝的上面盖上一个罩子，使猫不能外跑，强行养成在窝内睡觉的习惯。其次，当猫一旦跳到床上，就要训斥它，把它赶下床，每次跳上床都要这样做。另外，平时也不要抱猫上床玩。如猫已养成与人同床睡觉的习惯，只要主人不怜悯它，下决心予以改正，也并不困难。

七、 磨爪的训练

猫爪的前端呈钩状，十分锐利，是猫捕鼠、攀登和自卫的武器。在室外饲养的猫，常见猫用脚爪扒抓树干，并且常在同一树干同一部位上进行扒抓，久而久之，在树干上会留下明显的抓痕。

从动物行为生理学上来看，首先，猫的脚上分泌一种黏稠有味的液体，猫在用脚爪扒抓树的过程中，总要把脚上腺体的分泌液涂擦在树干上，以确定猫的活动领域；其次，如果猫爪随意生长，可能因长得太长而刺入脚趾；最后，由于留在树干表面分泌液气味的吸引，猫总是到同一地方或部位进行扒抓，用这种分泌物的气味阻止其他猫的入侵。所以，猫用爪扒抓物体的行为是猫生存与竞争的需要，是对猫生存与健康必要的生活习惯，有助于自卫和追捕猎物。

在室内饲养的猫，同样保留着扒抓的习惯，若不严格调教和管理，猫会将木器家具（如床、椅、桌、组合式柜等）的棱角边缘作为扒抓对象进行扒抓。

室内养猫时可放置磨爪板或专供猫用的磨爪木桩，供猫磨爪。国外市场上有现成的磨爪板出售，可以添加一点薄荷草，猫更乐意在上面磨爪；国内市场尚无成品的磨爪板，但可自制或用木桩代替，这样既能满足猫的自然生理需要，又可保护家具免受毁坏。

猫磨爪的训练方法包括以下几个方面。

1. 必须在仔猫还未出现扒抓家具现象前进行调教

方法是将磨爪板或木柱放在猫最易看见的地方，开始时将木柱水平放置，以利于仔猫爬上爬下，自己寻找它愿意扒抓的部位。若仔猫不扒抓，可用手轻轻地抚摸并下压其头部强迫它扒抓磨爪板或木柱，但动作一定要轻。猫扒抓磨爪板或木柱时，会将脚上腺体分泌液涂擦在扒抓部位。由于分泌液气味的吸引，猫会继续到磨爪板或木柱上扒抓，养成习惯后就不会再扒抓家具等物品。

2. 调教时应将木柱或木板放在猫窝附近

由于猫有睡醒后立即进行扒抓的习惯，并且常在猫窝的周围物体上进行扒抓，以活动一下前肢和脚爪，因此调教时应将木柱或木板放在猫窝附近。木柱或木板大小应适中，开始训练时木板的宽度为 15～20cm，长度为 30～37cm 即可，随着猫的生长发育，应适当增加木板的宽度和长度。

3. 木板或木柱的物理特征对调教的成功与否起着十分重要的作用

猫喜欢扒抓那些质地坚实的木质材料，那些质地疏松的木板或木桩对猫没有太大吸引力。实践证明，在木板或木桩上面包裹一层地毯，对猫有很大的吸引力，猫很喜欢扒抓地毯。但应注意，在猫抓破了地毯后，不要再更换地毯，因为猫总是喜欢扒抓它以前抓过的物品。当猫养成了扒抓木板或木柱的习惯后，为了房间的整洁，可将木板或木柱固定于猫窝附近的墙壁上。如发现猫把爪子放在家具上，应立即用坚定的声音斥责并制止其扒抓家具行为。当猫正确使用磨爪板或磨爪桩时，应立刻加以称赞。

4. 对有扒抓家具习惯的猫的调教

如果猫已养成了扒抓家具的习惯，就会经常扒抓家具，轻者使家具的油漆或贴皮脱落，重者使家具出现坑凹或窟窿，虽经常训斥还是不能阻止它继续扒抓家具。常常是猫见到主人就会立即溜掉，当主人不在场时，它又会去扒抓家具。为纠正猫扒抓家具的行为，可以使用下列调教方法。

①用塑料板、铝薄片、木板或厚纸板完全遮盖住猫所扒抓家具的部位，若家具较小，移动较方便，可将此家具暂搬到猫不容易发现的地方，以避免猫再次对

其扒抓而加重家具的毁坏程度。

　　②在猫扒抓家具的位置处，放置适当大小、而且较为坚实的木柱或木板，此时，有的猫就会立即去扒抓（见图6-3）。但有的猫却不愿扒抓木柱或木板，这时，主人可将猫抱到木柱或木板上，并柔和地用猫的脚爪和脚底磨擦木柱或木板，因猫脚上有腺体的分泌液，涂擦在木柱或木板上后，猫就会被吸引到木柱或木板上扒抓。时间长了，猫也就养成了扒抓木柱或木板的习惯（见图6-4）。

图6-3　猫磨爪

　　③当猫养成扒抓木柱或木板的习惯后，为了房间的整洁，可将放在家具上的木柱或木板移至主人认为理想的地方（如猫窝旁等），但应缓慢地移动，不能操之过急，每天只能移动5~10cm的距离。

　　另外，一旦发现猫把爪子放在家具上时，应给予严厉的斥责。使用喷雾剂来训练效果也很好，但使用过量会造成屋内恶臭。当猫正确使用磨爪板或磨爪桩时，应立即加以称赞。

八、　不夜游的训练

　　猫有昼伏夜出的习性，白天少动多睡，夜间却非常活跃。作为宠物，如任其在夜间

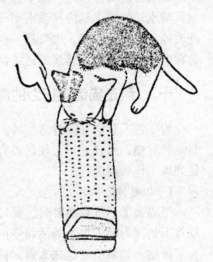

图6-4　引导猫磨爪

到处游荡，在捕鼠、交配和撕打过程中，猫很有可能会被毛脏乱、受伤、丢失甚至染上其他疾病等，对人和猫的健康都十分不利。爱夜游的猫往往野性很强，较难饲养管理，所以必须对其进行调教。调教也要从仔猫开始，夜间将仔猫用笼子驯养，白天放出，让仔猫在室内活动，但此时绝不能放出户外，晚间再回捉回笼内。这样经过一段时间，仔猫会养成习惯，即使主人去掉笼子，它在夜间也不愿出去活动。若仍然不改，可以在晚间对猫进行药物催眠，白天用少许兴奋药物，无需很长时间，夜游的习惯就会纠正过来。但是，对已经纠正了夜游习惯的猫，

也要尽量避免长时间放出户外，或任其自由出入，否则会导致猫的劣性复发。

九、 异嗜的纠正

猫的异常摄食行为包括三种：贪食症、厌食症和异食癖。

（1）贪食症　指猫的食物摄入量太多而引起肥胖。对此可以通过饥饿疗法或减食疗法来为猫减肥并达到正常体况。

（2）厌食症　猫食欲缺乏，拒绝摄食某些或某一种特殊食品。厌食容易造成营养摄入不平衡，从而导致猫的机体功能紊乱或失调，因此需采取医疗措施来救治。

（3）异食癖　是一种非正常的摄食行为，主要表现为喜欢摄取正常食物以外的物质。比如舔吮、咀嚼毛袜、毛线衫，或偷食室内盆栽花卉等。纠正异食癖可用惊吓惩罚的方法使其产生厌恶反射，如可用捕鼠器、喷水枪等进行恐吓。将捕鼠器倒置（以防夹着猫）在绒线衣物或植物旁，当猫接近时，捕鼠器弹起来发出噼啪声，将猫吓跑；或手握水枪站在隐蔽处，见猫有异常摄食行为时，立即向其喷水，使猫受到突然袭击而马上逃走。经过若干次这样的恐吓以后，猫就可能改掉异食癖。另外，也可将一些猫比较敏感的气味物质（如除臭剂、来苏儿）涂在衣物或食物上。猫接近这些物品时，会由于厌恶气味而远离这种物品。

十、 纠正猫错误行为的原则

为了让人和猫都能舒适生活，有必要让猫遵守主人的家庭规矩。为此，要严格地教导猫，对其进行必须的教育。纠正猫的错误行为应该掌握以下四条原则，使训练工作顺利进行。

1. 立刻当场批评

当猫做了不该做的事时，要马上说"不行"，或用"喂"大声地斥责。当然猫并不是因为听了主人的话而停止行动，只是因为听到巨大的声音受了惊吓而停止了行动。如果反复地这么做，猫就会慢慢形成对此类声音的条件反射，以后只要听到类似的大声斥责，就不再做了。但猫是健忘的动物，所以需反复训练才能达到预期效果。

2. 耐心地教育

对待犯了错误的猫应该总是以同一态度耐心的批评，不可以朝令夕改。如果主人自己中途放弃，那么之前的所有努力将付之东流，猫也会恢复劣习。

3. 绝对不能实行体罚

如果随便打猫，它会对主人产生恐惧感，进而产生卑屈的性格，甚至逃走。而且猫的身体远比人小得多，被打时很有可能会受伤。

4. 表现好时要及时表扬

虽然猫不能听懂主人的话，但是它能区别斥责的声音和表扬的声音。当猫被表扬时它的心情也会变好，因此训练的效果会增强。当然，当场表扬最重要。

单元五 | 宠物猫的技巧训练

在猫的基本动作训练基础上，还可以对猫进行一些技巧训练，技巧训练既能增强猫的服从能力和表演才能，又能增加养猫的乐趣。常见的技巧训练有来、再见、衔物、打滚和跳圈等。

一、"来"的训练

主人只要喊一声猫的名字，或做一个手势，它就会很快地跳到主人的怀中，这就是训练"来"的目标。"来"是猫最基本的技巧训练，比较容易训练成功。

首先应给猫起一个名字，训练之前，先让猫熟悉自己的名字。在每次喂食前叫一下猫的名字，时间一长，等到以后不喂食时，一呼唤猫的名字它也会产生反应。在猫对名字有反应时，就可以进行"来"的动作训练了。

其次，把食物放在固定的地点，主人嘴里呼唤猫的名字和不断发出"来"的口令。如果猫不感兴趣，没有反应，就把食物拿给猫看，引起猫的注意，然后再把食物放在原地点，下达"来"的口令。若猫顺从地走过来，就让它吃食物，并轻轻地抚摸猫的头、背，以此鼓励。

最后，当猫对"来"的口令形成比较牢固的条件反射时，即可开始训练对手势的条件反射。开始时，主人喊"来"的口令，同时向猫招手，以后逐渐只招手不喊口令。当猫能根据手势完成"来"的动作时，要给予奖励。大多数猫，主人只要喊一声它的名字，或做一个手势，它就会很快地跳到主人的怀中。

二、"再见"的训练

"再见"的训练时间宜选在猫空腹时进行，因为在猫的进食欲望未得到满足时，训练更有成效。

首先，教猫学会抬手（爪）。在主人左手指尖蘸上些猫喜欢吃的食物（如干酪等），高举起左手指并发出"再见"的口令，用右手轻轻地握起猫的一只前脚高举保持状态数分钟，给予左手的干酪奖励。如此每天训练数次，每次 5min 左右，直至一说"再见"，猫就能自觉地伸出爪来，高高抬起。训练的过程中，注意猫每成功地完成一次就立即给予表扬。

其次，教猫学会"拜拜"——摆手。当猫能够完全做到抬手时，再教给它摆手动作，左手拿着干酪，发出"拜拜"的口令，待猫抬起一只爪时，俯身用右手抓住猫的爪左右摆动，同时重复"拜拜"的口令。每做完一次，就给一次奖赏。开始时使用干酪，以后逐渐改为用抚摸的方式。反复多次进行训练，待到猫一听见"拜拜"口令就能摆手时，说明这种条件反射已经建立。但是，要注意防止反射的消退，必须经常进行摆手巩固性训练，以强化已经建立起来的固有的条件反射，让猫真正学会"拜拜""再见"。

三、 衔物的训练

猫经过训练也能像犬一样听从主人的命令，把小件物品衔于口中，送到主人手里。但训练过程比较复杂，比训练犬困难，但只要下定决心、持之以恒，同样可以成功。训练可分两个阶段进行。

1. 基本训练

选择一个比较安静的环境和一个猫平时感兴趣的被衔物品。为控制猫的行动，先给猫带上项圈，系上牵引带。训练时，一手牵住猫，另一手拿着被衔的物品，可用质地较软、体积大小易被猫衔住的小玩具。训练者呼唤猫的名字，发出"衔"的口令，并在猫面前晃动手中之物，然后将物品塞入猫口中，用手捏住上下颌片刻，但动作要轻柔。当猫衔住物品时，立即发出"乖"或"好"的口令并给予抚摸奖励，接着发出"吐"的口令，当它吐出物品后，立即给予食物奖励。如猫不听口令，应重复一次"吐"的口令，如仍没有行动，就要用手从它的口中取出来，这时同样要用"乖""好"等语言和抚摸给予奖励。经过耐心的"衔""吐"训练后，如猫已能熟练地按口令完成，再进入整套动作的训练。

2. 整套动作的训练

训练时，主人将平时训练用的衔吐物先在猫面前晃动，以引起它的注意和兴趣，然后将该物品抛向前面，并用手指向物品，发出"衔"的口令，令猫前去衔取。如猫不听口令，只看不动，主人应牵住它并指着物品重复发出"衔"的口令，当猫衔住物品后，立即发出"来"的口令，当猫回到身边后，再立即发出"吐"的口令，猫吐出物品后，就以食物奖励。经过反复训练后，猫就能叼回主人抛出的物品。随着条件反射的建立，抛物品的距离也可逐渐增加，可从最初的1m左右直至几米远。

四、 打滚的训练

打滚对猫来说非常容易，仔猫之间嬉戏玩耍时，常常会做打滚动作。但是要猫听从主人命令来完成打滚的动作，则必须经过训练。训练猫打滚很简单，先让猫站在地板上，训练者在发"滚"的命令的同时，轻轻将猫按倒并使其打滚，如此反复多次。在主人的诱导下，猫能听令打滚时，应立即奖给食物并给予爱抚。以后每完成一次动作就给予一次奖励。随着动作的不断熟练，逐渐减少奖励次数，直至取消奖励。条件反射建立后，猫一听"滚"的命令，就会立即作出打滚的动作。但过一段时间后，猫做完打滚的动作，还是要给予奖励，以强化效果，避免条件反射消退。

五、　跳圈表演的训练

对猫进行"跳圈"训练时，可先用铁丝弯成一个圈，再将接头处焊在一块铁板上，使铁丝环和铁板垂直，环的直径可视猫的大小而定。训练时，将铁圈竖立在地板上，主人站在铁圈的一侧，让猫站在另一侧，主人和猫同时面对铁圈。主人不断地发出"跳"的口令，同时向猫招手，如果它通过铁圈过来，主人要立即给予可口的食物（如牛肉或鲜鱼等）奖励；如果它绕过铁圈走过来，不仅不能给予奖励，而且还要轻声地训斥。之后在可口食物的引诱下，当主人发出"跳"的口令后，猫就能走过铁圈。每走过一次，都要马上进行奖励，经过反复的训练，猫在没有食物奖励的情况下，也会在"跳"的口令声中顺利地走过铁圈。此后再逐步升高铁圈的高度，但不能操之过急。先将铁圈升高离地面 6 ~ 10cm，此时，主人就可呼叫"跳"字的口令，若猫跳过铁圈立即给予一份食物奖励，如此反复进行，猫就能很熟练地跳过有一定高度的铁圈。如它从铁圈的下面走来，要严加训斥。刚开始，由于铁圈的升高，猫可能不敢跳，此时主人要用食物在铁圈内引诱猫，并不断发出"跳"的口令，只要跳过一次，再跳也就容易了。训练一段时间后，要逐步减少食物奖励。最后达到在没有食物奖励的情况下，只要主人发出"跳"的命令，猫就能跳过 30 ~ 60cm 高的铁圈。

训练跳圈中应注意以下问题：

（1）猫学会了跳圈技巧动作后，为避免跳圈反射的消退，隔一段时间训练它再跳过铁圈时，应再予奖励食物。

（2）训练时应对猫和善友好，命令声不宜粗鲁、刺耳。主人必须要有耐心和信心，不厌其烦，不怕失败，要持之以恒地坚持训练，要坚信最终一定能训练成功。

单元六 | 宠物猫训练应注意的问题

一、　掌握训练的年龄和时机

猫的训练应从 2 ~ 3 月龄时开始，这时较易接受训练，并能为今后的提高打下基础。如果已是成年猫，训练起来就比较困难。训练猫的最佳时机是喂食前，因为饥饿的猫愿意与人亲近，比较听话，食物对猫的诱惑力使训练容易成功。对猫进行调教与训练时如能注意以下问题，往往能事半功倍，取得成功。

1. 训练的最佳年龄

猫应在 2 ~ 3 月龄开始调教与训练，正如培养孩子应从娃娃抓起一样。此年龄阶段的猫，对外界事物及各种刺激均有好奇性和兴趣，容易接受训练，从而使条件反射能较快地形成和巩固，而成年猫不太听话，已养成的特有性格和不良行为不易纠正，训练起来就比较困难。

2. 训练时间

训练的最佳时间是在猫采食前。这是因为猫在饥饿时愿与主人亲近，比较听话，记忆力也好，食物对猫的诱惑力大，所以训练起来就比较容易。

二、 和蔼的态度与各种刺激结合

猫的性格倔强，自尊心很强，不愿听人摆布。所以，在训练时，要将各种刺激和手段有机地结合起来使用，而且态度要和气，像是与猫一起玩耍一样，即使做错了，也不要过多地训斥或惩罚，以免猫对训练产生厌恶，而影响整个训练计划的完成。

猫不喜欢被人操纵，因此在训练中既要耐心、细致，又要态度亲和，气氛不要太紧张，要像平时与它玩耍一样。当完成某一规定动作后，就应给予食物奖励，或用手抚摸，以表示对它的满意。当猫不服从训练或有错误动作时，可用严厉的口气训斥，并用手做出拍打的姿势。注意既不要态度粗暴、生硬，又不能放任自流。如猫偷吃食物时，一经发现，立即要对它进行教育，可用手轻轻拍打它的嘴，并用严厉的口气说"不许"。经几次教育后，它就不会再犯错误。对于易越规和犯错的猫，进行相应的惩罚是必要的，否则它会任性地发展下去。

三、 由易到难， 循序渐进

因为猫很难立即学会许多动作，如果总是失败，会使猫厌烦和对训练失去信心，给以后的训练带来困难。训练动作要由易到难、由简到繁，一个动作巩固后，再进行第二个。每次训练只能进行一个动作，如动作太多，猫无所适从，不易做好，会使猫丧失信心，给以后训练带来困难。每天可多次训练，但每次训练时间不可超过 10min。这也像运动员一样，不是所有运动员都能达到最高水平，不是人人都能得冠军。

四、 提供安静的训练环境

不能几个人同时训练，以免分散猫的注意力。训练的动作不能太突然，不能发出巨大的响声，因为猫对巨响或突如其来的动作非常敏感，避免把猫吓跑或躲藏起来，而不愿接受训练。训练的环境很重要，为能让猫集中精力接受训练，避免它在训练时分散注意力，所以训练环境必须安静。训练时最好一人进行，其余人不要围观，更不要参与。

五、 奖惩分明， 注意诱导

当猫完成一次指令动作后，应给予少量食物以示奖励，也可用手轻轻抚摸以示赞扬。诱导方法对于不太活泼的猫更适用，对兴奋型的猫应少用。当猫拒绝完成指令或有错误行为时，应予惩罚。对于易犯规的猫，必须强迫其中止不良行为并做出相应的惩罚，否则猫会任性地发展错误行为，不利于良性条件反射的建立。但要注意，猫也有生理与心理变化期，在训练中不要过多地采用惩罚手段，以免猫厌倦训练，甚至对训练产生恐惧心理。

六、 注意观察猫的性格和神经类型特点

猫能完成一些动作，但并不是所有的猫都能完成所有的动作，因此，诱导和鼓励是必要的，但因猫施教更加重要，这样才能不断提高猫进行训练和完成动作的兴趣。

思考与练习

1. 简述猫训练的四种基本方法。
2. 猫与主人关系良好的标志有哪些？
3. 如何训练猫定点排泄？
4. 生活中你见过猫能做的技艺表演有哪些？猫"再见"是如何训练的？
5. 训练猫要注意哪些问题？

情境七
观赏鸟的技艺训练

鸟类在地球上的出现远比人类早得多。据考证，地球上最早出现的鸟是"始祖鸟"，距今 1.5 亿年。在漫长的演化过程中，由于地域、气候及其他自然条件的差异，形成了品种繁多的鸟类。目前全世界的鸟类大约有 9000 种。由于我国森林面积广，山地众多，更适于鸟类的生长，所以鸟类资源非常丰富。据不完全统计，我国有各种鸟类 1186 种，占世界现存鸟类种数的 14% 左右，是鸟类资源非常丰富的国家。

大约在石器时代，人们开始对鸟类产生图腾崇拜。后来又逐渐出现了以鸟类为主题的诗歌、舞蹈、绘画、雕塑等艺术形式，有些鸟甚至还被赋予了一定的文化内涵，如鸽子代表和平、雄鹰代表勇猛、喜鹊代表喜庆吉祥、乌鸦代表邪恶晦气等。

家禽的饲养驯化在我国已有数千年的历史。早期，人们为了满足物质生活的需要，把狩猎获得的一些体形不大、性格比较温顺、容易喂养成活的野生鸟进行人工饲喂。经过漫长岁月的选择和驯化，终于使一部分野生鸟逐渐成为家禽，如鸡、鸭、鹅等。如早在 5000 年前，埃及已经把鸿雁驯化成家鹅，大约 3000 年前在我国长江流域已把红色原鸡人工驯养成家鸡等。当时人们驯养鸟类主要是满足于生产、食用、役用（通信、狩猎）的需要。后来，人们对自然界中的那些羽色华丽、鸣声悦耳、姿态优美的鸟产生了兴趣，把这些鸟捕来饲养、驯化，培育新品种，以供人们欣赏、娱乐，满足人们的精神需求，于是便产生了观赏鸟。

观赏鸟是鸟类中供人玩赏和消遣的部分。目前，作为观赏鸟饲养的常见种类有百灵、画眉、绣眼、点颏、八哥、鹩哥、鸽子、鹊哥、交嘴雀、蜡嘴雀、金丝雀、虎皮鹦鹉、十姐妹等许多品种。近年来，不断有新鸟种被人类驯化而加入进来。根据用途的不同，观赏鸟可以分为以下四大类型。

（1）观赏型 观赏型一般外表华丽，羽色鲜艳，体态优美，活泼好动，令人赏心悦目，常能博得广大饲养者的喜爱。该类型鸟主要有寿带、翠鸟、三宝鸟、红嘴蓝鹊、蓝翅八色鸫、金山珍珠、白腹蓝姬鹟、牡丹鹦鹉、玄凤鹦鹉等，也包括孔雀、山鸡等一些体型较大的鸟。

（2）实用型 较聪明，经训练可掌握一定的技艺与表演能力。如鹩哥、绯胸鹦鹉、蓝歌鸲、白腰文鸟、棕头鸦雀、黑头蜡嘴雀等。这一类型的鸟，有的能模仿人语，有的能依照人的指示叼携物体，有的甚至能帮人打猎，如猎鹰、猎隼等。

（3）鸣唱型 善鸣叫，且鸣声悦耳婉转，动人心弦。如百灵、画眉、柳莺、金翅雀、云雀、树莺等。饲养这类鸟的目的就是欣赏其鸣叫声。若同时饲养几个品种时，鸣声此起彼伏，明亮多变，令人感觉妙趣横生，心旷神怡。

（4）鸽子 又称家鸽，是一种常见的聪明而温顺的鸟类。由于鸽子种类繁多，特点明显，功能各异，饲养方法特殊，所以将其单列为一类。

单元一 | 观赏鸟的繁殖

一、 鸟类的繁殖特点

（一）季节性

鸟类的繁殖呈现出明显的季节性，一般都在春末夏初进行。但由于鸟类生殖器官的发育受光照周期的调控，所以在不同的地域，同品种鸟类的繁殖季节也不同。如在南半球的澳大利亚，鸸鹋（澳洲鸵鸟）繁殖期在每年的3—10月，而在我国广州，其繁殖期在每年的10月中旬至翌年3月中旬；葵花凤头鹦鹉，在澳洲南部繁殖期为8月至翌年1月；而在北部繁殖期为5—9月。

（二）择偶性

鸟类一般都是一雌一雄结成配偶生活在一起，甚至多年不变（如天鹅、鸽子、企鹅等）。但也有一雄多雌（雉鸡、鸵鸟等）或一雌多雄（三趾鹑、彩鹬等）。

（三）占域性

留鸟和候鸟到了繁殖季节，雄鸟首先来到繁殖地点，在一定的区域内觅食、鸣叫，并伴随有不同的求偶表现，以招引雌鸟来配对。在它们所占据的区域内，不准其他同种雄鸟侵入，如有其他雄鸟侵入，就进行顽强的争斗，直至把弱者驱出为止。繁殖季节的各种活动（觅食、孵卵、育雏等）均在巢区内进行，这样可以使营巢鸟类有均匀的分布，以保证繁殖期间有足够的食物。

鸟类占区的大小依种类而别。个体大、猛禽类，占区有几平方公里，小型鸟类有几百平方米，而山雀的巢区仅为 $20\sim40m^2$。巢区的大小是可变的，在营巢地区有限、种群密度较高时，巢区可以被其他鸟类分隔而变小，因此，人工高密度养殖时，应注意雌雄比例，减少争斗。

（四）筑巢性

鸟在交配前后便开始营巢，巢为产卵孵化和育雏的场所。鸟因种类不同，筑巢的材料和巢的大小、形状、位置各异，常见的有：①地面巢：巢的结构极为简单，卵色与环境极为相似，孵卵鸟也具有同样的保护色，如鸵鸟、企鹅、鸡类、鹤类、雁类等走禽、涉禽、游禽的巢穴。②洞巢：包括在水边泥中营巢的翠鸟、沙土峭壁中营巢的沙燕，也包括在树洞中营巢的啄木鸟等。③水面浮巢：为部分涉禽、游禽以水草铺垫或编成的厚盘状巢，可随水面升降，如白骨顶鸡等的巢。④编织巢：如黄鹂、绣眼用麻丝、棉絮、草茎编织成的吊巢；缝叶莺的缝叶巢；喜鹊、乌鸦、鸠鸽以及猛禽用树枝搭架起来的枝架巢等。⑤泥巢：如家燕、金腰燕用泥草在屋檐下堆砌而成的巢等。除上述几种巢外，还有金丝燕用唾液夹杂着海藻胶凝固而成的食用巢（燕窝）。也有鸟类自己不营巢，把卵产在别的鸟巢内，由其他种鸟代为孵化，如杜鹃。

筑巢一般由雌鸟承担，如鸭、雉类等。也有的由雌、雄鸟共同协作承担，如鹳鸟、家燕、啄木鸟等。

二、种鸟的选择

为了提高观赏鸟的繁殖力，培育出符合观赏需求的性状，就必须注重种鸟的选择。种鸟的选择通常采用体型外貌选择和记录资料选择两种方法。

（一）根据体形外貌进行选择

根据体质是否健壮、有无伤残疾病、生长发育是否良好及是否符合该品种的固有特征（成年鸟羽色、体形、鸣声）等进行严格挑选，只有符合条件的鸟才能作为种鸟。

（二）根据记录资料进行选择

鸟的体形外貌与生产性能有一定相关，但单凭外貌进行选择常会发生差错。只有依靠科学的记录资料进行统计分析，才能做出比较正确的选择。

一个观赏鸟的繁殖场，必须对各项生产性能进行比较系统的测定，做好记录。常见的记录项目有：产蛋量、蛋重、开产月龄、受精率、种蛋孵化率、雏鸟1日龄成活率、1周龄成活率、4周龄成活率、青年鸟育成率等，另外，还要考虑不同需要（如训练技艺时鸟的接受能力等）增加必要的记录内容。

取得上述资料后，从以下4个方面进行综合选择。

（1）根据系谱资料进行选择　就是根据双亲及祖代的成绩进行选择，因为亲代的表现在遗传上有一定的相似性，可以据此对被选的种鸟做出大致的判断。

（2）根据本身成绩进行选择　系谱资料反映的是上代的情况，只说明其后代的生产性能可能好或坏，而本身的成绩则直接说明其生产性能情况，这是选种工作的重要依据。但依据本身成绩进行选择时，只有遗传力高的性状才能取得明显的选择效果，而遗传力低的性状，选择的效应很差。

（3）根据同胞成绩进行选择　在遗传上，同父母的兄弟姐妹称为全同胞，同父异母或同母异父的兄弟姐妹称为半同胞。由于同胞兄弟姐妹之间有共同的祖先，在遗传上有一定相似性，尤其是选择母鸟的产蛋性能，同胞成绩可以作为选择的主要依据之一。

（4）根据后裔成绩进行选择　通过以上3种选择可以比较正确地选出优秀的种鸟，但要真正确定它能够真实、稳定地将优秀性状遗传给下一代，就必须进行后裔测定，了解下一代子女的成绩，这样的选择才能更准确、更有效。

三、 观赏鸟的人工繁殖

（一）人工控制交配

这是目前使用较多的一类交配方法。经常运用的主要有个体控制配种和人工辅助交配两种方式。

1. 个体控制配种

此法是将一只优秀的雄鸟单独置于一个配种笼内，再将一只雌鸟放入，待交配后，即将雌鸟取出，再放入另一只雌鸟，如此轮流放入雌鸟与该雄鸟交配。此法常用于家庭饲养的笼养观赏鸟，如金丝鸟、虎皮鹦鹉、十姐妹、灰文鸟等。采用个体控制配种时，为使种蛋有良好的受精率，需要控制好雄鸟的交配次数，一般以每天3~10次为宜。

采用个体控制配种时，要注意鸟交配的选择性。因为鸟在交配前常会出现追逐、格斗等现象，尤其是雌鸟表现得更为强烈。为了使配种容易成功，可预先将雄鸟放入繁殖笼内饲养一段时间，待雌鸟进入发情盛期再将雌鸟放入雄鸟笼内进行交配，这样在追逐或格斗时，雄鸟就能利用熟悉的环境来征服雌鸟，提高交配的成功率。

2. 人工辅助交配

人工辅助交配是指将雌鸟捉到雄鸟笼内，在人的监视下或进行必要的辅助以完成交配过程的配种方法。此法适用于自然交配困难（如雌、雄体型差异大等）或种间杂交时。如雌鸟十分凶猛，雄鸟一时不能取胜时，可将雌鸟的侧翼用软绳缚住，使它失去格斗能力，待交配成功后，再解除软绳。

与自然交配相比，人工控制交配的优点是能提高种鸟的利用率，可有目的地进行选种选配，能提高后代的质量及避免疾病传播等。因此，人工控制交配是观赏鸟繁殖过程中普遍采用的配种方法。

（二）人工授精

人工授精是指用人工的方法采集雄鸟的精液，再用器械等将精液输入到雌鸟生殖道内，以代替雌、雄鸟自然交配的一种配种方法。人工授精能充分发挥优秀种用雄鸟的利用率，提高种蛋受精率和孵化率；可以克服雌雄鸟个体体重差异悬殊、不同品种间不易进行自然交配的困难；在育种试验中，可提供准确的试验资料，有利于育种工作的开展；减少种鸟配种时疫病的传播。由于冷冻精液技术的开展，可不受时间、地域或国界的限制而达到交换精液进行引种的目的。

1. 人工授精器材

常见的人工授精器材有集精杯、塑料注射器、贮精器、保温杯等。另外，还要配备恒温干燥箱、显微镜、剪毛剪以及75%的酒精、蒸馏水、生理盐水、稀释液和脱脂棉球等。

2. 采精前的准备工作

（1）训练种雄鸟　种雄鸟在采精前要经过必要的训练，使之能适应人工刺激而顺利地排出精液。训练时，最好固定专人进行，以使雄鸟熟悉和习惯采精手势，有利于排精反射的形成。

（2）保证环境条件、供给充足营养　在采精季节，要注意种雄鸟的营养水平，喂给营养成分平衡的饲料；保证充足的光照时间，以获得优质、多量的精液。

（3）作好器械准备　对集精杯、贮精器等器材，要用清水、蒸馏水、生理盐水清洗干净，置于恒温干燥箱中烘干备用。

（4）雄雌分养　采精前一周左右，要将雄鸟与雌鸟分开饲养，并在采精前3~4h停止雄鸟的采食和饮水，以防止采精时粪便污染精液。

（5）剪去羽毛　采精前应将雄鸟泄殖腔周围的羽毛剪去，并用生理盐水棉球擦拭干净，或用酒精棉球擦拭，待酒精挥发完后方可采精。

3. 采精方法

采精一般每隔2~3d一次，时间宜在下午进行。采精需要两个人配合操作，一人是操作者，负责把雄鸟的精液采出，另一人是助手，负责雄鸟的保定和精液收集工作。采精时，操作者坐在椅子上，左手握住雄鸟的双翅，右手握住其双腿放在自己的大腿上；助手用右手持集精杯准备收集精液，左手替换操作者用于固定雄鸟双腿的右手；这时操作者就可用右手的整个掌面自雄鸟背部顺尾羽方向抚摩数次，以减轻其惊恐并引起性欲。当雄鸟出现性反射，尾羽上翘，生殖器突起有节奏地用力外翻时，操作者要松开雄鸟的双翅，左手替换右手，用左手掌抚摩雄鸟的尾部，拇指和其余四指分开放在泄殖腔两上侧，用右手以迅速敏捷的手法频频按摩泄殖腔周围5~7s，使雄鸟性欲增强，操作者随即用左手拇指和食指挤压泄殖腔两侧，在左、右手共同的挤压、按摩作用下，生殖器突起翻出并达到充分勃起时就会射精。与此同时，助手要用集精杯承接精液。因鸟类精液的密度大、精子的排精量少，所以助手与操作者必须密切配合。

采精时，动作要轻柔、迅速而准确，使雄鸟感到舒适，这对雄鸟射精是十分有利的。若按摩过重，则容易引起粪便排泄，甚至使生殖器突起内部毛细血管破裂，造成出血，污染精液。若动作生硬，不但不能很好地建立雄鸟的条件反射，而且还会破坏已建立的条件反射，不利于人工采精。所以应选择经验丰富、工作细腻的固定人员进行采精。

4. 稀释精液

精液采出后，应立即用 30 ~ 40℃ 的稀释液稀释 10 倍左右。稀释液可用 0.9% 生理盐水，也可以自制稀释液。稀释液的配方为蔗糖 4g、葡萄糖 1g、醋酸钠 1g、重碳酸钠 0.15g、磷酸醋酸钾 0.2mL，加蒸馏水定量至 100mL，最后将 pH 调整为 7.1。

5. 输精

采出的新鲜精液要在 30min 内输入雌鸟的泄殖腔内，以确保种蛋的受精率。每只雌鸟每次输入经稀释的精液 0.1 ~ 0.2mL，每个输入剂量应含 7500 ~ 10000 个精子，每周连续输 2 次（连续 2d，每天各输 1 次）。

输精工作也要由两人配合完成，一人负责固定雌鸟，另一人负责输精。操作时，负责固定雌鸟的人应用右手抓住雌鸟的双腿倒提，用右腋夹住雌鸟的双翅，左手握住其头部；负责输精的人用塑料注射器吸取精液后，在注射器头部插上输精导管，用右手的食指插入雌鸟的泄殖腔内，将输精导管插入其泄殖腔内 2 ~ 5cm 深（根据鸟的体重）的位置，并用手指不停地按摩其泄殖腔外侧，将精液徐徐注入。

为提高输精效果，输精者也可用右手掌使劲压迫雌鸟的尾部，并用拇指和食指把雌鸟的泄殖腔翻开，使输卵管口翻出，再将输精导管斜向插入输卵管入口内约 1cm，将精液输入，然后使泄殖腔复原。

输精时应注意不要将空气气泡输入雌鸟的泄殖腔内，以免影响受精率。另外，为防止相互感染，最好每输 1 只雌鸟换 1 根输精导管。由于水、酒精和消毒剂对精子都有害，因此输精过程中所有与精液接触的器械都不得接触这些物质，如果需要清洗，应该用稀释液清洗。

四、 观赏鸟的配对、 产卵与孵化

（一）配对

在繁殖季节到来之前，经过性别鉴定，将符合繁殖条件的种鸟按雌、雄比例进行配对组群，雌、雄合笼饲养，给配对的种鸟带上脚环，以利识别。选种配对工作应在繁殖季节到来之前 1 ~ 2 个月进行，使配偶之间有一个适应和熟悉过程，同时也可以避免由于雄鸟之间的争斗而影响的繁殖。

（二）产卵

到了繁殖季节，种鸟择偶配对后，就开始筑巢、产卵。鸟的种类不同，所产卵的形状、大小、颜色、数量也各异，但以椭圆形居多，也有圆形（啄木鸟、长耳鸮）、陀螺形（海雀类）、圆锥形等。非洲鸵鸟每枚卵重 1400g，而红头长尾山雀的卵仅0.75g。鸟卵的颜色变异也很大，啄木鸟卵为白色，鸥类为褐色，鹭类为纯蓝色，红耳鹎为粉红色。各品种间产卵的数目也区别很大，少者只有1枚，多者20枚以上。如环颈雉的卵为淡褐色，大小为34.7mm×42.2mm，重27g，每窝平均为19枚；而丹顶鹤的卵为灰白微透粉白色，布有大小不等的紫红色色斑，大小为68.5mm×105.3mm，卵重239.4g，每窝产卵1~2枚。

（三）孵化

观赏鸟的孵化主要包括孵卵、照卵、落盘与出雏三个环节。

1. 孵卵

鸟在产够一定数量的卵以后就开始孵化。有些鸟类产两枚卵后就开始孵化（如丹顶鹤），这样繁殖数量不高，有人曾试验性地用每天偷取巢中一枚卵的办法，增加其产卵量，收到满意的效果。自然条件下，孵化一般由雌鸟担任，雄鸟在其附近"守卫"；也有的雌、雄轮流担任，如两性区别不太明显的鸟类（丹顶鹤等）；但也有如三趾鹑、彩鹬等很少种类的鸟是由雄性担任的。一般情况下，鸟卵胚盘由于重力关系，总是朝上的，而亲鸟脱落羽毛的腹部毛细血管特别丰富，温度也较身体其他部位高，有利于卵的孵化。孵化期间亲鸟经常晾卵和翻卵。孵化期的长短依鸟的种类而定，白腰文鸟为14d、雄鸡和鸡尾鹦鹉为22~23d、鸭类为28d、丹顶鹤为31~33d。但每一种鸟的孵化期比较固定，这也是鸟分类的依据之一。

目前有些种类的鸟也进行人工孵化。人工孵化就是将种鸟产的卵收集起来，并在48h内送至孵化室用孵化器进行孵化。孵化程序与鸡的孵化基本一致，先采用高锰酸钾－甲醛熏蒸法消毒，孵化温度及要求应根据不同鸟的孵化特点科学制定，前期一般在37.2~37.8℃，离出雏3~4d时温度在37~36.7℃。在孵化前期、中期每2小时翻卵1次；孵化中期以后每天晾卵1次，每次15min；后期停止翻卵，每天只需晾卵2~3次（20~25min）。孵化前期的相对湿度为55%~60%，出雏时为70%左右。

2. 照卵

用照卵灯或采用眼皮试温法（用于蛋壳颜色为蓝绿色无法用照卵灯看清的卵），淘汰无精卵和死胚卵。

3. 落盘与出雏

孵化至有5%左右的种蛋啄壳时，移至出壳机，温度比孵卵时稍低，停止翻卵，相对湿度65%~75%，根据雏鸟出壳的先后，分批拣雏并送至育雏室育雏。孵化期满后，雏鸟借喙尖临时着生的角质齿（又称卵齿或破壳齿）啄破卵壳而出。

五、 观赏鸟的雌雄鉴别

观赏鸟类雌雄的成年个体外观差异较大，通过体型、羽色等就能区分，而刚出壳的雏鸟及一些雌雄个体毛色差不多的鸟（如鹧鸪），从外形上很难区分。种鸟繁殖场应根据不同的需求选择雌鸟或雄鸟养殖，以保持适当的雌、雄比例，所以需要准确及时地对观赏鸟进行雌雄鉴别，以获得最佳的养殖效果。观赏鸟的性别鉴别方法主要有以下几种。

（一）羽毛鉴别

一般雄鸟羽毛鲜艳漂亮，而雌鸟羽毛暗淡。它适宜于羽色差异较大的成年观赏鸟类，如孔雀、雉鸡、黄雀、燕雀等。

（二）鸣声鉴别

一般雄鸟鸣声好听，声调丰富，而雌鸟鸣声单调。此方法适宜于成鸟期毛色不易区分的观赏鸟类的雌雄鉴别，如画眉、八哥等。

（三）触摸鉴别

触摸鉴别适宜于鸵鸟类、鸭、鹅等，因为此类雄鸟有交配器（阴茎），用手指可以明显感觉出来，但鉴别操作时要戴上薄的橡胶手套，动作要轻且快。

（四）翻肛鉴别

翻肛鉴别适用于刚孵化出的雏鸟，鉴别者用左手捏住鸟体，用右手拇指和食指轻轻地将泄殖腔（肛门）翻开可以看到生殖突起；鸵鸟类、鸭、鹅等雄鸟的生殖突起明显（交配器），而雌鸟很小。某些鹳形目与鸡形目的雄鸟有残余的交配器痕，而雌鸟没有。一般雄鸟泄殖腔顶端具有较尖细、呈锥形的突起，而雌鸟泄殖腔突起则较平，呈圆形。

另外，具有丰富的经验养鸟者，通过鸟的嘴形、眉形、体形、细微的羽色差别就可区别出雄雌，但这需要多年经验积累和细心的观察。

单元二 | 观赏雏鸟的饲养管理

我国民间饲养的观赏鸟类，主要以鸣禽类为主。鸣禽类羽色美丽、鸣唱响亮、舞姿曼妙、容易捕捉，既可置于居室庭院在笼内饲养，又可带至街巷玩赏，所以十分受玩赏者喜爱。另外，鸣禽类的饲料易得、食量较少、饲料费用较低，不会给玩赏者增加太大的负担。我国民间饲养观赏鸣禽历史悠久，饲养的种类和数量相当可观。

观赏雏鸟的饲养管理可分为亲鸟哺育和人工哺育两种方式。

一、 亲鸟哺育

雏鸟孵出后的发育程度依鸟的种类不同而差异很大，并以此分为早成鸟和晚成鸟两类。大多数陆禽、游禽的雏鸟都属早成鸟，孵化后，体被绒羽稠密，两眼睁开，听觉灵敏，腿脚强健，能随同亲鸟奔跑寻食，如雉鸡、丹顶鹤、鸭类的幼雏。而猛禽、攀禽、鸣禽等鸟类的雏鸟属于晚成鸟，孵出后，发育不完全，身体裸露，绒羽稀少，耳孔未开，两眼紧闭，完全不能独立活动和取食，全靠亲鸟喂饲，如鹰、啄木鸟、麻雀等。

育雏一般由双亲共同担任，负责给水、喂食、清除巢内粪便、保持幼鸟体温等多项工作。雏鸟食量大，生长速度快，尤其在 3 周龄前，体重几乎每周龄增加 1 倍，因而每天喂食活动十分繁忙，黄鹂、伯劳的亲鸟每日甚至捕食往返 70～100 次，直至雏鸟能独立取食。许多晚成鸟的雏鸟口腔内有鲜明的红色或黄色斑，能刺激亲鸟喂食的本能。雏鸟的食物一般以昆虫为主。

二、 人工哺育

很多种类的成鸟捕后驯养极难成活，若从雏鸟期开始人工饲育，日后驯以技艺或鸣唱将会取得事半功倍的效果。如驰名中外的玩赏笼鸟八哥、鹩哥，若从雏期或离巢不久的幼鸟开始人工饲育，长成后仿效人语或动物叫声的技能准确逼真而且迅速；百灵鸟、云雀、白脸山雀等若从雏鸟期开始人工饲养，训练鸣唱的效果也很好。而在饲养八哥、鹩哥、金山珍珠、白玉鸟、白文鸟、灰文鸟、芙蓉鸟、七彩文鸟等珍贵笼鸟时，将雏鸟与亲鸟尽早分离进行人工育雏，能促使亲鸟提早再次营巢产卵，大大增加繁殖数量。

另外，因特殊情况亲鸟无法育雏时（如亲鸟死亡、幼鸟太多、野外捕捉的幼鸟），也需要进行人工哺育。

早成鸟的哺育工作相对容易，育雏方法基本与鸡的育雏相似；而晚成鸟的雏鸟由于孵化出壳后发育不完全，雏鸟不能独立生活，所以人工哺育比较困难，需要仔细认真地对待，稍有疏忽就会失败。

三、 观赏雏鸟的饲养管理

人工哺育雏鸟是笼鸟饲养及繁殖工作的重要环节，需耐心细致，这是玩赏笼鸟驯化的最基础工作。

（一）育雏期的饲喂

雏鸟的发育过程分为绒羽期、针羽期、片羽（正羽）前期、片羽后期、齐羽期 5 个时期。所以人工哺育也要分阶段进行，给食方法和饲料种类也随发育阶段而变化。

1. 绒羽期

绒羽期是指出壳 1～7d 的雏鸟。此期雏鸟未睁开眼，全身披稀疏的雏羽，头部可勉强短暂的抬起，只能张嘴乞食而不能发出乞食的叫声，食后即曲颈而眠。这时的雏鸟最难养，尤其是人工哺育出壳 2～3d 的雏鸟成活率更低。

此阶段的饲料配方最好是用玉米粉或豌豆粉 1 份，熟蛋黄 4 份，加青菜泥 5 份，共同研磨均匀呈稠浆状，用喂食竹扦挑取少量饲料，轻轻敲击育雏窝，雏鸟即会抬头，张开嘴乞食，趁鸟张嘴时，迅速将食扦送入鸟的嘴内。喂食动作要快而稳，稍慢鸟嘴就会闭合，头颈也会曲垂，如喂食不成功，则需短暂休息再行饲喂。因为此时雏鸟体质很弱，还不能长时间抬头张嘴，而且喂食时要逐个轮喂，不能遗漏。喂量以鸟的右颈部明显突出，鸟不再张嘴时为止。每天饲喂 6 ~ 8 次，早晨第 1 次饲喂不得晚于 6 时，下午最后一次饲喂不得早于 20 时 30 分，夜间停喂时间最好不长于 10h，每两次饲喂间隔时间以 1 ~ 2h 为宜。具体情况要依雏鸟的种类、食欲、消化及雏鸟的健康情况灵活掌握。

2. 针羽期

针羽期是指出壳 8 ~ 11d 的雏鸟。发育正常的雏鸟针羽期仅为 3 ~ 4d。针羽期的雏鸟一般都已开眼，并开始长出羽轴，体表生长着蓝灰色光滑的针状物，但羽轴的顶端羽鞘未破。经 3 ~ 4d 后羽顶端羽鞘开裂，即可长出羽片。此期雏鸟的食量逐渐增加，食欲旺盛，相互间偶尔还出现争食现象，所以喂食时要分别认定，不能漏喂（为辨认方便可在个体间加戴标记）。体弱的雏鸟常抬头张嘴一会儿就闭嘴垂头，最易造成漏喂导致饿死。

此期的饲料配方可根据鸟的种类分为两种。体型小的种类，如芙蓉鸟、灰文鸟、百灵、云雀、金山珍珠、七彩文鸟等，用玉米粉 1 份，豌豆粉 1 份，熟蛋黄 5 份，青菜叶 3 份，研磨混合成稠浆，如果青菜汁不够，可酌量加水调稀，不宜太干。体型较大的种类，如八哥、鹩哥、黄鹂、白头鹎、松鸦、红嘴山鸦、星鸦等，用玉米粉 1 份，豌豆粉 2 份，熟蛋黄 3 份，鱼粉或蚕蛹粉 2 份，青菜叶 2 份，加水研磨混合成糊状。

针羽期雏鸟的饲料中需增加蛋壳粉、骨粉或钙粉，以防止发生软骨病（喂鱼粉时可以不加），添加比例为干饲料总量的 1.5% ~ 3%。

雏鸟的饲喂时间，第 1 次饲喂需提早到 5 时 30 分，最后一次饲喂不得早于 20 时，两次饲喂间隔可在 2 ~ 3h。

3. 正羽前期

正羽前期是指出壳 12 ~ 24d 的雏鸟，这时期针羽的顶端有羽片长出，羽端形如铲状。雏鸟体形已较绒羽期长大数倍至十数倍，可以爬窝或行走。

此时期的饲料配方，小型鸟用玉米粉 4 份，豌豆粉 1 份，熟全蛋 3 份，青菜叶 2 份研磨混合调和至糊状；大型鸟用豌豆粉 6 份，鱼粉或蚕蛹粉 2 份，加青菜叶 2 份，或用鲜鱼 4 份，豌豆粉 5 份，青菜叶 2 份共同研磨均匀。以上 2 种饲料喂时都要加水调湿。

正羽前期的雏鸟最好每隔 3 ~ 4h 喂 1 次，遇气温较高时，喂料后再适量喂些清水。早上第一次喂料仍应该不晚于 6 时，20 时最后一次饲喂。

4. 正羽后期

雏鸟出生 25 ~ 35d 为正羽后期。此期雏鸟的羽毛除尾羽较短外，躯干均已被正羽覆盖，仅头部有少量绒羽露在正羽外面。正羽后期的雏鸟可以离巢上笼饲养，笼内要置食缸、水缸，上笼前几日可以人工辅助喂几次饲料，但要逐渐训练雏鸟自己采食。

训练采食时，先用竹扦取笼内食缸中的饲料逗引雏鸟，喂量不能太多，以略有饿意为度，这样便于促使雏鸟自行取食饲料缸内的饲料，逐渐培养雏鸟自己采食和饮水。自己采食的雏鸟，进食均匀、食量适当，有利于鸟的发育。此期的饲料要由正羽期的饲料逐渐过渡为成鸟用的饲料。依据不同笼鸟的食性适当增加粒料、昆虫类饲料；此期还可以在其粉料内拌入少量的苹果泥，以补充维生素，促进鸟的消化，也可在饲料中添加 0.5% 左右的贝壳粉，防止雏鸟软骨病的发生。

5. 齐羽期

出生 35d 以后，发育正常的雏鸟就进入了齐羽期。此时鸟的体羽完全生齐，体格健壮，开始有飞翔能力，已具有独立生活的能力。齐羽期的鸟与成鸟的体型、外貌等已非常相近，只是羽色尚不够艳丽，鸣唱歌喉尚不够婉转。

齐羽期的鸟饲料与成鸟相同。另外，此期的白玉鸟、百灵鸟、芙蓉、云雀、画眉、八哥、鹩哥、鹦哥等种类的鸟，就应该开始训练，这样成鸟时才能获得良好的效果。

（二）育雏期的管理

人工哺育雏鸟应具备一定的环境条件，而且对饲料的质量等方面要求也比较高。因此，育雏者必须严格掌握以下各要点。

1. 饲喂次数

一般情况下，雏鸟每天喂 6~8 次，第一次不晚于 6 时 30 分，最后一次不早于 18 时，一般每隔 1~2h 喂 1 次，具体视鸟的种类、食欲、消化等情况而定。

2. 饲料

在雏鸟阶段，因消化功能尚在发育中，对饲料变化的适应能力较差，所以不能随意变更饲料配方。雏鸟对饲料的质与量是否适应，可以从雏鸟的粪便中表现出来。正常的粪便外面包裹一层黏膜，犹如粪在塑料袋中一样，不会散开，野生时亲鸟可用嘴将鸟粪叼出巢外；若雏鸟对饲料不适应、消化不良时，粪便则松散或无黏膜包裹；发生这种情况要调整饲料，同时在饲料中添加干酵母、食母生和益生素等助消化的添加剂。此期还应特别注意饲料的卫生问题，严禁使用发霉变质的饲料。

3. 饲喂

雏鸟的喂食要勤，若喂食间隔时间超过 4h，饥饿时间太长，会影响雏鸟生长，轻者雏鸟越养越小，重者可能中途夭折。另外，在雏鸟的饲料内应加些钙质（如墨鱼骨、骨粉、碳酸钙或钙片等）和维生素 D 等，以防止雏鸟患软骨病。

一窝雏鸟中常有 1~2 只生长较慢，在哺育时如果不特别照料，就会因发育受阻而被淘汰，对这种雏鸟更应勤喂，力争每天比正常雏鸟多喂 1~2 次。另外，给黄鹂鸟的雏鸟喂料时，要让它嘴张开 3~4s，舌伸出后再将饲料送入，不然它常会将饲料吐出。

4. 温度

雏鸟从出壳后至正羽前期，由于羽毛尚未丰满，无法保持体温，而且此时雏鸟的中枢神经尚未发育健全，还不能调节体温，需依靠亲鸟来保温。人工饲养时刚出壳的雏鸟环境温度须在 35℃左右，前一周每隔 1d 下降 1℃，但至正羽前期的温度都要保持在 25℃以上。为便于保温，可将雏鸟养在育雏窝内，再将窝放入木箱内，用电灯、红外线灯或热水袋保温。长期的低温会导致雏鸟发育迟缓，甚至死亡。

正羽后期的雏鸟，羽毛逐渐长齐，并已能调节体温，可以逐步降低温度，使鸟逐渐适应自然温度，若给予高温的时间过长，反而对雏鸟的发育不利。

5. 湿度

饲养者应尽量使雏鸟生活在较干燥的环境中，因为潮湿的环境易滋生霉菌、寄生虫，引发外伤感染等，不利于鸟的生长发育，使雏鸟极度贫血而死亡。实际管理中，要注意洗刷鸟笼时不使鸟笼湿透，养雏鸟的木箱要注意通风，箱内粪便要勤清除，这些都有利于降低湿度，保持干燥。另外，育雏窝也要保持干燥。

6. 卫生

雏鸟的清洁有利于鸟的健康生长。每次喂食后，要用药棉蘸水擦洗嘴角残留的饲料，遗落在窝内的饲料要及时清扫；雏鸟稍长大（正羽期）后会将粪排于窝外，而在绒羽期的雏鸟还不能将粪排于窝外，饲养者要用粪勺将粪掏出；育雏窝要经常进行洗刷，晒干后再用。

正羽后期的雏鸟可以集中饲养一笼，但笼内的栖架不能上下重叠，否则栖息在上面的鸟会将粪便排在下面的鸟身上，沾污下面鸟的羽毛。

单元三 | 观赏成鸟的饲养管理

科学的饲养管理对于保持鸟的健康、正常的生长发育和繁殖都具有非常重要的意义。由于观赏鸟的种类繁多，每种都有各自的特定生活习性、食物结构和特殊要求，在饲养管理上往往存在着一定的差异。因此，要使观赏鸟在人工饲养条件中生活得好，饲养者应根据自己所饲养的观赏鸟本身的生活习惯，结合季节气候、环境因素和鸟的健康状况，进行科学的管理。尽量避免因气温、营养和环境的突变、饲养方式的调整或其他人为干扰等，引起鸟的应激而造成精神紧张和生理异常，进而导致鸟的繁殖率和对疾病的抵抗力降低。

饲养管理主要包括饲养用具、饲养环境、饲料和日常管理四个方面。

一、 观赏鸟的饲养用具

饲养用具主要包括鸟笼、食具和水具。

（一）鸟笼

各地饲养玩赏鸣禽的鸟笼式样繁多，但总体要求是精美、轻便、适于鸣禽生活，并适于饲养者观赏。如饲养笼鸟的种类与所选用鸟笼的规格不相适应，则饲养及观赏效果均会受到影响。因此饲养各种鸣禽类就应选用与其相适应的鸟笼。

1. 点颏笼

北方饲养点颏雄鸟，用精制细竹条制成圆形竹笼，一般笼高约 30cm，直径 25cm。点颏鸟的笼具结构可尽量轻朽精致，各竹条磨制光滑圆细，条栏间结构匀称，笼体油饰光亮美观。点颏笼还可以用来饲养红尾鸲和大山雀等小型鸣禽。

一具精制的点颏笼再配上精美成套的瓷缸，常被玩赏者视为珍品。在点颏笼内，还需安装精质栖木 1~2 根，栖木两端各装 2 枚食缸及水缸，便于分别供给不同饲料及饮水。在木质的笼底上面，设一个便于清洁的承粪板或用棉布制做的粪垫，这样可经常保持笼底的清洁干燥，有利延长鸟笼的使用寿命。

2. 百灵笼

百灵鸟属于地栖性鸟类，因此笼内不设栖架，仅在笼底的中央设一圆型木质高台，百灵鸟可经常站立台上昂首高歌。笼底用薄木板制成，笼壁的下部以木片或竹片封闭，封闭高度为 3~5cm，在笼底铺垫细沙，供百灵沙浴；笼壁竹片封闭的上方，设有圆形孔洞 1~2 个，将食缸及水罐固定在洞外笼壁上，鸟可出笼外取食或饮水。

百灵鸟笼有大、中、小型 3 种圆型竹笼。大型笼高 160cm，笼底直径 60cm；中型笼高 50~60cm，笼底直径 45cm；小型笼高 25~30cm，笼底直径 30cm。也可制成可调节高度的升降笼，升高后专供百灵鸟飞舞鸣唱，降低后便于移动或运输。百灵笼也可饲养云雀等地栖鸟。

3. 画眉笼

画眉笼有竹制的板笼和亮笼两种。竹制板笼呈四方形，部分笼体以竹片或木片围封，利于初捕获的野性较强或初驯的新鸟休息，待略驯服后，再移入亮笼饲养。

画眉鸟的亮笼是日常玩赏用的笼具，为竹制圆形笼，一般高 30~35cm，直径 30~32cm，笼壁的竹栏间距为 2cm，笼底也用竹栏构成，便于清粪、冲刷和画眉浴水。笼底设置高 10cm、直径 2cm 的木质栖架，框架表面最好粘一层细纱，有利于磨损画眉不断生长的喙及趾爪。在栖架两端的笼壁上固定食缸和水缸。

4. 八哥笼

八哥笼是一种大型竹制的圆形鸟笼，有平顶和圆顶两种，笼壁的竹栏间距比画眉笼略宽。圆顶的八哥笼外观匀称美观，多为南方养鸟爱好者选用；平顶八哥笼制作简单，价格较低廉，多为北方养鸟爱好者选用。

八哥笼一般高为 35cm，笼底直径为 30~32cm。笼内栖架及食水用具同于画眉笼。八哥笼也适于饲养鹩哥、松鸦、黑脸噪鹛等较大型鸣禽。

5. 白玉（芙蓉）鸟笼

白玉（芙蓉）鸟笼以方形竹笼为主，其尺寸为长、宽各 30cm，高 40cm，笼底以木板封闭，在距笼底 10cm 和 25cm 处，设与底面平行而交叉的 2~4 根栖架。栖架两端固定食缸、水缸 4 个。白玉鸟的方形笼又有轿顶和平顶两种。白玉（芙蓉）鸟笼也可用来饲养灰文鸟、相思鸟和金翅雀等鸣禽。

6. 绣眼鸟笼

绣眼鸟体型小，活动量大，很善跳跃，所以南方玩赏者多采用容量较大的方形竹笼。鸟笼长、宽为 25~30cm，高 30cm，笼内设竹质栖架 1~2 条，框架两端设食缸、水缸。竹栏间距 1cm，竹栏结构纤细，不宜饲养嘴形粗硬的鸟类。但北方常喜欢选用圆形精制竹笼。绣眼鸟笼也可用来饲养柳莺、山雀等小型鸣禽。

7. 黄雀笼

北京地区饲养黄雀，多乐于采用精美的竹质圆笼，制做工艺精细，竹质栏栅光润匀称，并饰以紫红色或墨黑色油漆，栏间距 1.5cm。黄雀鸟笼的高为 22cm，笼底直径为 30cm，笼底用竹栏封闭。笼底设置高 6cm、直径 2cm 的栖架 2 条，栖架两端设置 4 个食缸、水缸。

8. 鸣禽繁殖笼

繁殖笼是饲养雌雄成对鸣禽的，并用于求偶、营巢、产卵、孵化和育雏的长方体竹笼，体积比普通观赏鸟笼宽大。笼内上层角落处设置巢架、巢基或人工鸟巢；以人工巢箱营巢的鸣禽，还需在巢箱背后的笼壁一侧设置便于开关的小门，以备检查鸟巢和孵化情况，方便人工补饲雏鸟、清洁鸟巢。因鸟笼较大，多设两个清洁门和喂食门。

鸣禽繁殖笼以优质竹栅制成，长 60cm，宽 45cm，高 50cm。在距笼底 10cm 处和 30cm 处，设置与笼底平行而纵横交叉的木质或竹质圆形栖架，在下方的栖架两端设食缸和水罐。繁殖笼最好固定在室内光照适宜的墙角处，不宜经常移动以减少干扰。

9. 运输笼

鸣禽类的运输笼一般由竹片及竹栅制成，也可以用胶合板及硬塑料片配合部分竹栅制成。运输笼需略大、略高于所运输鸟体，以鸟入笼后能活动自如为宜。运输笼每笼一鸟，各设食水用具，小笼上下左右相连，便于运输、搬运和管理。运输笼的上下两层之间设有承粪板，笼的前方及笼底用竹栅制成，其余各部用竹片等物封隔。主要适于运输各种中小型鸣禽，如画眉、百灵、八哥、松鸦、黄鹂和相思鸟等。

除上述鸟笼外，还有专供鸣禽洗浴用的浴笼、专供捕猎野鸟用的踏笼（北京地区称翻笼）等。

（二）食具与水具

饲养玩赏鸣禽，除需有适宜的鸟笼外，还需要配置适宜各种不同习性鸣禽的食具和水具。鸟笼内设置的食水器皿，有瓷的食缸、水缸，有竹制的粗竹食缸、水罐，有金属制成的食缸、水缸，个别也有木制食槽等。一般家庭中饲养玩赏鸣禽，多采用精制瓷缸，瓷缸不但美观，而且易清洗和消毒。但大量饲养鸣禽时，可采用粗瓷或搪瓷制品。

1. 粒料缸

北方常见的粒料瓷缸有精瓷缸和粗瓷缸之分，好的精瓷缸不但瓷质精细优良，而且瓷缸正面绘制的彩画精美规整，全套食缸水缸 2～4 个彩画完全一致，可称是一套精美的工艺品，而且也有实用价值。

粒料缸的口略小，腹部较宽深而大，适于盛放粟、黍、苏子、稻谷等粒料之用，有时也可供作鸣禽的饮水用具。

粒料缸是用来盛小米、大米、颗粒料等较精质的粒料的食具，因粒料售价较高，为了减少浪费，所以容器的口部适当小些，以防止笼鸟在取食时将粒料拨掏到料缸外。常用的米缸有腰鼓型和缩口型等多种式样。

2. 粉料缸

粉料缸是用来饲喂鸣禽笼鸟粉状饲料的食缸。由于鸣禽对粉料采食量不大，而且粉料易于变质，所以粉料缸多呈浅盘型，缸口与缸底同等大小，缸壁垂直，便于啄食和清洗。

3. 湿料缸

鸣禽的湿料，其主要成分由鲜肉、鱼肉、虾肉、熟鸡蛋等组成，并加入适量粉料及水调和而成，是人工配合的多种混合精料。湿料是食虫鸣禽的主要饲料，用量较小，所以湿料缸与粉料缸相似，但更浅些。

4. 水缸

笼鸟的水缸样式很多，多数笼鸟可采用粒料缸盛水，因为这种料缸较大，缸口略小，较适于鸣禽饮水用。但也有部分鸣禽习惯掏拨水缸内的饮水，致使饮水不洁或造成经常缺水，这时应选用管状曲颈的瓷制或玻璃制饮水器。

5. 菜缸

鸣禽需要采食少量青绿叶菜或野草，为保持青菜类的品质，应将叶菜放在盛有清水的菜缸内，菜缸略深，缸口与缸底同等大。也可以不定时地将大量青菜或野生青草投入笼内，任鸟自由取食，不使用菜缸。

鸣禽类在笼养情况下，还需饲料匙、湿料铲、喂料杆、加料漏管、笼衣（笼罩）、笼架、粪垫和粪铲等日常用具，可依饲养者习惯自制或购买。

二、 观赏鸟的饲养环境

业余笼鸟爱好者，由于驯养鸣禽少，可不设专用的鸟房，只需在居室或会客室内较高的近窗口朝阳处或光照适宜的墙角高处安置笼鸟即可；但若饲养数量较多，并有较重的繁殖任务，则需专用鸟房或半专用鸟房。

专用鸟房或半专用鸟房要求：①向阳、有足够的光照时间；②通风良好，保持室内空气新鲜；③室内及周围环境安静，没有其他鸟兽的干扰；④保温通风条件良好，室内夏季通风好并能保持室温在35℃以下，冬季室温最好保持在15～20℃。

三、 观赏鸟的饲料

鸣禽类笼鸟多为杂食，其可食饲料包括植物种子、菜叶、瓜果类，昆虫、肉、蛋、鱼类等动物产品以及矿物质等。由于品种不同，鸟的食性也略有差异，而且同一种笼鸟也因地区、季节和生理阶段的不同饲料种类也会有较大的变化。所以需选择营养适宜的饲料原料，进行科学合理地调配，才能满足笼鸟生存和繁殖的需要。观赏鸟的饲料可分为籽实类饲料（粒料）、粉料、昆虫类饲料、鱼虾及肉类饲料、青鲜饲料和矿物质饲料等。

（一）籽实类饲料

1. 籽实类饲料的种类

籽实类饲料种类繁多、容易获得、易于贮存、饲喂方便、营养较全面，是硬食鸣禽类的主要饲料。

（1）粟 粟是我国北方重要农作物之一，俗称谷子或谷。谷的籽实有红、黄、粳、糯之分，北方地区饲养鸣禽习惯饲喂黄色谷粒，而南方及热带地区则常选用红色谷粒。一般粟可占饲喂日粮总量的70%。

（2）黍子 又称黍或糜子，籽实似粟，粒略大。黍子外壳呈乳白色或淡黄色，表面光滑，黍子脱壳后称为大黄米，一般可占鸣禽日粮的70%左右。

（3）稗子 又称稗。稗子的外壳光滑略呈褐色，售价低廉，是笼鸟常用的饲料之一。用稗子代替部分粟饲喂鸣禽，效果好、成本低。

（4）稻谷 稻谷是人的主要粮食作物，稻谷及脱壳后的大米都是多种笼鸟的主要饲料。稻谷包括粳稻、籼稻和糯稻，饲喂笼鸟多选用粳稻或籼稻。稻谷可占笼鸟日粮的40%～60%。

（5）玉米 玉米是我国的主要粮食作物之一。依玉米籽粒的颜色可分为黄、红、白三种。笼鸟饲料多选用红色或黄色玉米。可粒喂，也可以加工成玉米渣、玉米粉或加工成熟食饲喂鸣禽。饲喂乳熟期的玉米粒营养更丰富。

（6）苏子 苏子粒略大于粟，粒略呈圆形，是脂肪含量很高的油料作物，我国北方多有种植。有紫苏子和白苏子两种。苏子是笼鸟喜食的饲料，很多鸣禽类在驯化及教以技艺的过程中，驯养人以苏子诱引可取得较好的训练效果。

苏子的脂肪含量较高，饲喂笼鸟的量不宜太大。一般春、夏、秋三季可掌握在总食量的5%～10%；冬季鸣禽类饲喂苏子可增强耐寒能力，对求偶及鸣唱都很有好处，可增加到饲喂总量的15%～20%。

（7）菜籽　多指油菜（芸苔）的种子，是脂肪含量较高的饲料，价格高于苏子，主要供作鸣禽冬季的饲料，用量可参照苏子饲喂量。

（8）麻籽　又称小麻籽或火麻籽。麻籽的籽粒外壳光滑略圆，灰色壳面略现淡褐色，是大型鸣禽喜食的高脂肪的饲料。但饲喂量应控制在总食量的15%～25%。

此外，花生、胡桃、青瓜籽、葵花籽等均可作为鸣禽的饲料。玩赏者可依饲料营养含量和鸟的需要量灵活掌握，但总的原则以多种饲料搭配饲喂为宜。但过量饲喂脂肪含量高的种籽不利于鸣禽的健康。

2. 籽实类饲料的科学调配

鸣禽的粒料调配简便易行，要求将各种粒料按比例混合均匀即可。现介绍常用的混合粒料配制方法如下。

（1）白玉鸟混合粒料

夏、秋季（4—10月）：粟或黍5份，稗子4份，菜籽0.5份，苏子0.5份。冬、春季（11—3月）：粟或黍5份，稗子3份，菜籽1份，苏子1份。

此混合粒料适用于白玉鸟、金山珍珠、灰文鸟、斑文鸟、梅花雀、黄雀、燕雀、金翅雀等中小型鸣禽。

（2）锡嘴雀混合粒料

夏、秋季（4—10月）：稻谷5份，粟、黍或稗子3.5份，麻籽1.5份。冬、春季（11—3月）：稻谷4.5份，粟、黍或稗子3份，麻籽2.5份。

此混合粒料适用于锡嘴雀、黑头蜡嘴雀、黑尾蜡嘴雀、交嘴雀等嘴型强大的鸣禽类。

（3）鸡蛋大米料的配制

优质大米500g混入生鸡蛋2～3个，在混合时用手迅速揉搓，使蛋黄、蛋白及大米混合均匀，放在阳光下晒干后用文火炒至微黄，并有芳香气味时即可饲喂，是多种鸣禽类的优质饲料。炒熟的蛋米应存放在干燥通风处。也有人将混匀的鸡蛋大米用旺火蒸熟，然后置于室外晒干后直接饲喂，但其芳香气味略差，也不易贮存。

鸡蛋大米适于饲喂八哥、鹩哥、画眉及繁殖期的灰文鸟、斑文鸟等。饲喂量应控制在每只每天2～3g为宜。

（4）鸡蛋小米料的配制

选用优质的黄色小米500g，混入生鸡蛋3～4个，揉搓均匀，晾干至米粒全部分离后，用文火炒至干松芳香为止，是笼养金山珍珠、白玉鸟、七彩文鸟、相思鸟等鸣禽类求偶、繁殖和育雏期的优质饲料。每天每只饲喂量控制在1～2g。也可以在配制时按米的重量再加入1%～2%的骨粉或保健钙粉，以此饲喂产卵和育雏期的鸣禽效果更佳。

（二）粉料

鸣禽类笼鸟的粉料在我国北方称为克食粉，在日本则称粉饵或研饵。

1. 粉料的种类

（1）黄豆粉 黄豆粉是蛋白质及脂肪含量较高的粉料，钙、磷等矿物质含量也较丰富，适用于笼鸟的鸣唱期、繁殖期和严寒的冬季。加工时常用文火将黄豆炒熟，再磨成熟的黄豆粉供作笼鸟食用。黄豆粉夏季不宜多饲喂。

（2）豌豆粉 豌豆粉的蛋白质和脂肪含量略低于黄豆粉。将豌豆粉蒸熟晾干后贮存，随时取用，四季皆宜。

（3）绿豆粉 绿豆粉的蛋白质和脂肪总量远低于黄豆粉或豌豆粉，是夏季鸣禽类笼鸟的主要粉料。

（4）蚕豆粉 蚕豆粉所含蛋白质及脂肪均低于黄豆粉，价格也较低。南方各省常用蚕豆粉作笼鸟的粉料，在繁殖期和冬季用蚕豆粉与黄豆粉等量混合饲喂鸣禽，可获得理想的效果。

（5）玉米粉 玉米粉是最易得到且价格较低的鸣禽粉料。以黄或红玉米粉最好，四季均可饲喂。饲喂时配合适量的黄豆粉更佳。

（6）鱼粉和蚕蛹粉 鱼粉和蚕蛹粉主要用于食虫鸣禽，如红点颏、蓝点颏、画眉、百灵、黄鹂等，这些鸣禽类在野外时以捕食昆虫为生，所摄取的营养多为动物性蛋白质，在笼养情况下，不太可能供给其足够数量的昆虫，所以用富含动物性蛋白质的优质鱼粉和蚕蛹粉代替，可取得理想的效果。

2. 粉料的科学调配

鸣禽类笼鸟的粉料有多种调配方法。

（1）白玉鸟混合粉料 优质黄或红玉米粉 500g、熟鸡蛋或熟蛋黄 500～750g，骨粉（墨鱼骨粉）10～20g，混合揉搓后晾干或晒干，晾干或晒干后再次搓揉至呈粉状或呈最小的颗粒状，风干后存于干燥通风处随时取用。这种混合粉料营养丰富，但在高温湿热的环境中不宜长期贮存。白玉鸟混合粉料适于饲喂白玉鸟、金山珍珠鸟、灰文鸟、画眉、七彩文鸟及多种山雀等，也可在繁殖期、换羽期和冬季适量补饲。

（2）绣眼鸟混合粉料 优质黄豆粉 750g，熟鸡蛋（熟蛋黄）200～250g，骨粉（墨鱼骨粉）5～10g，充分混合、揉搓、晾晒、再揉搓，直至混合均匀呈粉状或最小的颗粒状为止，晾干后存于通风干燥处，随时取用。绣眼鸟混合粉料适于饲喂绣眼鸟、大山雀和戴胜鸟等笼鸟。

（3）相思鸟混合粉料 优质黄或红玉米粉 750g，黄豆粉 250g，优质鱼粉 50g，蚕蛹粉 50g，熟鸡蛋（熟蛋黄）50g，骨粉（墨鱼骨粉）5～10g，充分混合、揉搓、晾晒、再揉搓，晾干后备用。相思鸟混合粉料适于饲喂相思鸟、太平鸟等。

（4）百灵鸟混合粉料 优质豌豆粉或绿豆粉 1000g，熟鸡蛋 400～500g，骨粉（墨鱼骨粉）5～10g，充分混合、揉搓、晾晒、再揉搓，直至呈粉状或最小的颗粒状为止，完全晾干后存放在通风干燥处备用。百灵鸟混合粉料适于饲喂百灵鸟、云雀、鹊鸲、红点颏和蓝点颏等笼鸟。

（5）黄鹂混合粉料　优质黄或红玉米粉500g，黄豆粉200g，优质鱼粉或蚕蛹粉100g，熟鸡蛋或熟蛋黄200g，骨粉或墨鱼骨粉5～10g，充分混合、揉搓、晾晒、再揉搓至粉状，贮存于通风干燥处备用。黄鹂混合粉料适于饲喂黄鹂、红嘴蓝鹊、八哥、松鸦和红嘴山鸦等笼鸟。

（三）昆虫类饲料

昆虫含有非常丰富的动物性蛋白质、各种酶类、维生素及矿物质。昆虫的种类繁多，不仅是鸟类生长、存活的主要食物，更是笼鸟繁殖所必须的饲料。在野外鸟的繁殖、育雏期内，即使是采食谷物和植物种籽为食的鸣禽，也必须捕食大量昆虫饲喂雏鸟。饲养笼鸟常用的昆虫类饲料有黄粉虫、蝗虫、皮虫、玉米虫和蚯蚓等。

1. 黄粉虫

黄粉虫又名面包虫或麸子虫，主要以面粉、麸皮、多种粮食和油料籽实等为食。幼虫期其虫体为圆筒形且表皮光滑，体表黄色，体节间呈现黄褐色环状纹。人工饲养下的黄粉虫其幼虫体长可达2～3cm，国内外饲养玩赏笼鸟多以黄粉虫的幼虫饲喂笼鸟。

黄粉虫的生活力和繁殖力很强，人工饲养繁殖简便易行。饲养黄粉虫的容器内壁需光滑而垂直，以防其幼虫或成虫逃失造成危害，容器壁高15cm以上。少量饲养时也可用瓷盆或搪瓷制品等作容器，以爬不出容器为准。

黄粉虫的幼虫及成虫均以麸皮为主食，同时补饲少量叶菜、根菜及瓜果等。生长发育及繁殖环境的最佳温度为25～30℃。从虫卵孵化为幼虫起到可供笼鸟食用需45～60d。当黄粉虫的幼虫化蛹后，需及时将蛹与幼虫分开，否则因蛹蠕动极慢，幼虫常会咬伤蛹而影响繁殖能力。在蛹羽化为成虫后，也需及时将蛹与成虫分离饲养，以利于成虫的交配和产卵。产卵繁殖期间的成虫需饲以足量的麸皮、面粉及瓜菜等食物，以提高其产卵量，并延长其产卵期及寿命。产卵到一定量以后，成虫需移入另一容器继续产卵，原有容器中的虫卵即可开始孵化，否则成虫也会自食其卵及幼虫，影响繁殖效果。

2. 蝗虫类

蝗虫、螽斯、蟋蟀、油葫芦等均是食虫笼鸟的优良饲料。但由于昆虫的口器及后肢均较强大而坚硬，所以在饲喂之前，要将其坚硬利器除去，以免伤及笼鸟口腔或食管。昆虫在人工环境中也不难饲养和繁殖，但其所需环境及容器较烦琐，管理不如黄粉虫简单。所以笼鸟玩赏者常于夏秋季节大量收捕昆虫，经冷冻贮存或烘干后保存，供作冬春季笼鸟的饲料。

3. 大蓑蛾

大蓑蛾又称皮虫、大袋蛾或吊死鬼，是分布较广的植物害虫。其雄性幼虫和雌性成虫用作笼鸟饲料效果最佳。因秋冬季节虫体进入冬眠，其体内营养贮存丰富。大蓑蛾冬眠期间，虫茧已封口，采获后可以低温贮存，陆续饲用直至来年春季。

4. 玉米虫

玉米虫又名玉米钻心虫、玉米螟，是危害高粱、玉米等农作物茎部的主要害虫。冬季幼虫期的玉米虫是笼鸟的好饲料，此期玉米虫已钻入枯萎的玉米或高粱秸秆中休眠，笼鸟饲养者可在秋收后从秸秆中收集。

玉米虫的幼虫期体呈圆筒形，表皮光滑而细嫩柔软，略近乳白色，体节连接处略现环纹。玉米虫幼虫的体态近似黄粉虫的幼虫，但其表皮更细软，更适于食虫笼鸟的幼鸟吞食和消化。因玉米虫的生活史较复杂，目前尚无人工饲养繁殖的玉米虫。鸟类市场上，冬春季节常有玉米虫出售，但售价远高于黄粉虫。

5. 蚯蚓

蚯蚓是饲养笼鸟的优质饲料，常见的有红蚯蚓和青蚯蚓两种。红蚯蚓喜生活于温暖潮湿而富于腐植质的环境，如厩肥堆、腐草堆等处，一般多在表层活动，较易获得。青蚯蚓多生活在农作物或蔬菜田里，多在距地表 20~30cm 处活动，不如红蚯蚓易得。一般红蚯蚓体长 10~15cm，青蚯蚓体长可达 15~25cm。

6. 其他昆虫类

饲养笼鸟的其他昆虫尚有多种，如蝇蛆、蚕蛹、蝉等，都是常用的昆虫类饲料。

（四）鱼、虾及肉类饲料

鱼、虾及肉类饲料均为动物性饲料，是食虫类鸣禽日常饲养中不可缺少的饲料。鱼、虾及肉类可以烘干后磨粉供作鸣禽类日常食用，也可用小鲜鱼、鲜虾及小块鲜肉直接饲喂笼鸟，代替昆虫类饲料。这类饲料含有较丰富的动物蛋白质和矿物质，对鸣禽类生活、求偶和繁殖有益。

（五）青鲜饲料

青鲜饲料的种类繁多，是观赏鸣禽所需维生素的主要来源，青鲜饲料的供给与笼鸟的健康及繁殖有极其密切的关系，但鸣禽类笼鸟需用量不大。

人工饲养的大部分笼鸟均能直接啄食多种青鲜饲料，但有些种类的笼鸟，由于环境的改变，或青鲜饲料的种类和饲喂方法不当等不能直接取食，需将青绿叶菜或野青草研磨粉碎后，与其他饲料混合后饲喂。鸣禽笼鸟常用的青鲜饲料有青鲜叶菜类、野青草类、根茎类、瓜果及花类等。

1. 青鲜叶菜

常用种类有油菜、菠菜、小白菜、萝卜叶及茴香等。饲喂前先清洗干净，再用 0.1% 高锰酸钾溶液消毒，最后用清水整株短时间浸泡后喂食，不但更鲜嫩适口，还可以保障笼鸟的健康。

2. 野青草类

作为笼鸟饲料的各种野青草比青菜易得且价廉，多数笼鸟更乐于采食，其营养价值并不低于青鲜叶菜类。野青草的常用种类包括马齿苋、苦麻菜、蒲公英叶及其他多种野青草。

3. 根茎类

根茎类有胡萝卜、水萝卜、红薯、荸荠等。喂前需认真清洗，加工切碎或切片饲喂，以利啄食，加热蒸熟后饲喂效果更好。

4. 瓜果及花类

很多观赏笼鸟都极喜食各种瓜、果及鲜花，这类饲料的维生素和糖的含量极丰富，常用种类有南瓜、西葫芦、番茄、西瓜、香瓜、苹果、香蕉、橘子、柿子、黑枣及多种植物的鲜花。南瓜、西葫芦等饲喂前加热蒸熟效果更好，更易于消化和吸收。植物的鲜花供作饲料时应保持新鲜、随采随喂。

（六）矿物质饲料

矿物质饲料是观赏笼鸟正常生长和繁殖必不可少的营养。常用的矿物质饲料有墨鱼骨、蛋壳粉、羽毛粉、熟石灰、贝壳、食盐和沙砾等。

1. 墨鱼骨

墨鱼属于软体动物，没有真正骨骼，俗称的墨鱼骨是墨鱼的骨状内壳。墨鱼骨的主要成分是石灰质，其质酥松，便于笼鸟啄食，也利于消化吸收，是观赏笼鸟最理想的矿物质饲料，可放置于笼内任鸟取食。在雏鸟的饲料中加入墨鱼骨粉，可以促进其生长发育。

新鲜的墨鱼骨常略带有腥臭味，可在室外阳光下暴晒数天即能消除异味，成为笼鸟适口的矿物质饲料。

2. 蛋壳粉

蛋壳粉由鸡、鸭等家禽的蛋壳加工而成。蛋壳经过清洗、高温消毒后研磨成粉，可直接采食也可混入饲料中饲喂。蛋壳粉的主要成分为钙、磷等矿物质，是鸟类产卵繁殖期所必需的营养物质，而且来源广、价格低廉，也可以利用家庭中废弃的蛋壳自行加工。

3. 羽毛粉

羽毛粉由禽类羽毛中不宜制取羽绒部分加工而成，可提供较多的蛋白质及矿物质，有助于笼鸟新羽的生长，是观赏笼鸟换羽期间的补充饲料。饲喂时可自由啄食，也可按一定比例混入湿料中饲喂。但普通方法加工的羽毛粉吸收和利用率较低。

4. 熟石灰

供鸟类饲料用的熟石灰是由生石灰经水化后而又凝结成块状的固体石灰。熟石灰最好选用水化已久的陈年熟石灰。饲喂时可将熟石灰块置于笼内，任鸟类自由采食，也可以混于粉料中饲喂。

5. 贝壳

贝壳含有丰富的钙、磷等矿物质元素，是笼鸟日常生活和繁殖期中不可缺少的矿物质营养。贝壳可用整块或加工成颗粒状置于笼内任鸟自行啄食，也可加工成粉状，按 2% ~ 3% 的比例混入粉料中饲喂。

6. 食盐

虽然笼鸟对食盐的需要量极少，但对鸟类正常生活和繁殖极为重要。饲喂食盐时可将粗质食盐与红黏土等量混合，加工成块状，置于笼内任鸟啄食。

7. 沙砾

沙砾能供给的矿物质营养极少，主要是有助于其肌胃内研磨、消化。既可以混于饲料中饲喂，也可置于笼内自由采食。

四、 观赏鸟的日常饲养管理

观赏鸟婉转悦耳的鸣声，优美多姿的体态，色泽艳丽的羽毛等均为爱鸟者所喜爱，饲养观赏鸟供作观赏是鸟类爱好者的最大乐趣。各种鸣禽类笼鸟的日常饲养管理方法，虽因种类不同而各异，但其一般管理要点基本相同的。主要包括饲喂、饮水、洗浴、理喙、趾爪护理、清洁羽毛、日常观察和卫生管理等。

（一）饲喂

鸟类的活动及消化能力比其他动物强，为适应飞翔的需要，其体内不宜贮存较多的食物供作慢慢消化，所以很多鸟类均需不断地采食，尤其是小型观赏鸣禽，更是随时随地采食。笼养条件下的鸣禽最好随时增添饲料。

1. 粒料的饲喂

笼鸟饲喂带有籽壳粒料时，须随时清除粒料的籽壳，并及时增添适宜种类的粒料。用没有籽壳的粒料饲喂笼鸟，如鸡蛋米等，需及时清理或更换。陈料可以烘炒或曝晒后再喂笼鸟，也可以制成熟食后他用。饲喂混合粒料的笼鸟宜选用脂肪含量高的苏子、麻籽、菜籽等饲料，以此控制笼鸟的采食量。

在饲喂粒料前，须认真检查质量，严禁饲喂霉烂变质或不洁的粒料。

2. 粉料饲喂

粉料含有较丰富的蛋白质和能量，易于各种有害细菌的繁殖，因此须每天清除旧料、清洗食具，炎热的季节最好每天 2 次。用水调制的湿粉料饲喂笼鸟，更要注意卫生，不得变质。

3. 青鲜饲料的饲喂

鸣禽类的青鲜饲料必须鲜嫩适口，在饲喂时叶菜不需切细，但必须清洗干净，最好将整棵或单个叶片投喂笼内任鸟自行啄食。

（二）饮水

观赏笼鸟的水缸内或饮水器内常会混入饲料残渣和粪污，致使饮水发生变质，引起笼鸟患病甚至死亡。笼鸟的饮水一般每天上下午各更换 1 次，换水的同时清洗水具；个别笼鸟有污染水缸或水具的恶习，则需增加清洗水具及更换饮水的次数。总之，以不饮用污水为准。在炎热的季节，午后及傍晚必须彻底清洗水缸或水具，同时更换清新的饮水。

（三）洗浴

单笼饲养的鸣禽类笼鸟，多数种类喜欢洗浴。洗浴不但可以清除笼鸟体表的污垢，而且可在洗浴中增加笼鸟的活力，给玩赏者增添乐趣，洗浴同时也是笼鸟的最佳运动之一，对观赏笼鸟的健康非常有利。

适宜的洗浴用水及理想的洗浴环境十分重要。一般情况下，炎热季节每天1次，洗浴时间多选择在下午；春秋季节隔日洗浴1次；寒冷季节在保温环境中饲养的笼鸟，可每隔3～5d，选择阳光充足时洗浴1次。

要严格控制洗浴时间。对体质弱的笼鸟，在天气凉时洗浴时间宜短；对体质强健的笼鸟，天气较暖时则可适当延长其洗浴时间。一般每次洗浴3～5min，最长不超过15min。对小型鸣禽冬季洗浴时要先提高环境温度，同时洗后要使羽毛速干。否则可因洗浴后受寒感染疾病，甚至死亡。

对有些初浴不能主动入水的笼鸟，可先人工从笼顶上方滴淋少量清水，用以引诱其入水洗浴，使其逐渐适应在较小的鸟笼内洗浴。换羽期间的笼鸟可适当减少洗浴的次数或停止洗浴。有些精制笼具不宜经常浸水，则可在每次洗浴之前将笼鸟移入适宜笼具内（洗浴用粗笼）洗浴。

（四）日常卫生

观赏笼鸟饲养在有限的空间内，所以日常管理和笼内的清洁卫生是饲养笼鸟成功的关键。

笼鸟的饲料饮水用具必须保持清洁卫生；鸟笼内的粪板、粪垫及栖架等，要随时更换或清洗；笼具等处的粪污需随时清除，以免污染鸟羽或鸟体其他部位；笼内铺垫的细沙也需视粪污情况及时清理、适时更换。适宜、清洁的环境，不但可以保证笼鸟的健康，也能获得最佳的玩赏效果。

（五）趾爪护理

很多种鸣禽（尤其是初养笼鸟和新生雏鸟），在笼养环境中因栖架、巢箱、箱笼等被粪污染，导致污染笼鸟的足趾和爪。由于鸟粪对鸟体有很强的腐蚀性，长时间污染可造成鸟体或足趾部分残缺，严重者则失去玩赏价值。

1. 清洗

人工清洗足趾时，首先备好温度适宜（35～38℃）的清水，室温升高到36～39℃，饲养人员一手轻握鸟体，同时以手指固定鸟尾、鸟头及足趾，将污染部分浸于温水中，用棉球或软布蘸温水轻轻擦洗粪污处。粪污较轻较少时，清洗一次即可，如污染严重时，则需视笼鸟体质体力情况，进行再次或多次清洗。一般每天只能清洗1次，每次清洗时间3～5min为宜，保证笼鸟有足够的时间恢复体力、取食和休息。

有时笼鸟对繁殖巢不够适宜，或亲鸟清理巢穴习惯不佳，以致巢中积粪过多，造成雏鸟足趾或爪被污染严重，此时的雏鸟也需人工清洗。雏鸟体力及体质尚弱，清洗需格外精心，操作宜轻且快。

当鸟体被粪便污染进行人工清洗时，必须同时对鸟笼也进行彻底清理。尽可能改善鸟笼或鸟巢不适条件，以避免再次污染。

2. 修爪

观赏笼鸟由于生活环境、活动方式的改变，运动量较野外大大减少，趾爪磨损的机会减少，常会导致爪长而畸形，造成胫骨、趾骨骨折、趾爪损伤等，影响其正常生活或取食，所以需及时进行人工修整。

人工修整趾爪时，需选用锋利的刀或剪，以手轻握鸟体，由爪尖端开始一小段一小段的削或剪，每次削剪不宜过长，每削除一段后要略停一段时间，待无血液渗出才可以再削剪一段，畸形长爪修整后的长度需略长于正常的爪。爪剪削后可选用细锉或细砂纸，轻轻地单向磨去棱角，以利正常活动。

（六）理喙

观赏笼鸟由于生活环境、饲料、活动和取食方式的改变，少数个体的嘴壳（喙部）过度延长或畸形，从而妨碍取食，甚至影响笼鸟的健康，所以要及时进行鸟喙修整。

笼鸟理喙时，一人轻握鸟体，固定鸟的头部及足趾，另一人以利刀轻削鸟嘴壳的畸形部分，由边缘部分逐渐向嘴壳的尖端部分修整，一次不能削得过深过多，以防出血。修整后用细锉或细砂纸轻磨修整棱角处，以利于取食。每次修整时间以 $3\sim5min$ 为佳，如喙过度延长或畸形严重，第一次修整的不彻底，可以第二天再次修整，以利笼鸟有足够时间恢复体力、休息和取食。

（七）羽毛的清洁和修整

观赏笼鸟在捕捉、运输、饲养和玩赏过程中，常会出现体表羽毛污染、飞羽或尾羽折断等现象，从而影响观赏效果。玩赏者应依不同情况进行清洗和修整。

1. 羽毛的清洁

清洗笼鸟时要适当提高环境温度（$36\sim39$℃），水温以 $37\sim40$℃为宜。清洗时轻握鸟体，同时固定头部和足趾，用棉花或软布蘸温水轻轻擦洗污处，尽可能少洗湿鸟体的皮肤及羽毛，以免因洗浴受凉而造成疾病或死亡。清洗放回笼中后，宜置放在向阳无风的室内，利于体羽迅速干燥；也可在洗浴后速用脱脂棉或干软的毛巾、布等适当地擦吸湿羽，以利速干。当笼鸟体羽污染严重时，可以视笼鸟第一次清洗后体力的恢复情况，隔 $1\sim5d$ 再进行第二次清洗，但每一次清洗时间不能过长。

2. 羽毛的修整

观赏笼鸟的尾羽或飞羽折断或残缺时，可依鸟的体质强弱情况加以修整。当主要观赏的饰羽折损时，在鸟体健康无病的情况下，可采取人工强迫换羽的方法，促使新羽早日再生。强迫换羽就是在确定鸟的羽基正常无损伤的基础上，拔除已折断的陈羽促进新羽再生。拔羽时左手适度握住鸟体，并用食指与拇指按压住要拔掉的羽毛基部的上下皮肤，然后用右手拇指和食指捏紧已伤残羽毛的羽干，用力将伤残的羽干猛向羽基垂直方向拔除。在拔除残羽时不要向上下左右摇晃，以防伤及羽毛基部组织而发炎。如一只笼鸟的残损羽毛过多时，则不宜一次全部拔除，每次只能拔除 1~3 枚，若第一次操作后，笼鸟精神、活动、采食及消化均正常，可隔 3~5d 后进行第二次拔羽，否则需延长间隔时间。在拔除陈羽期间，需特别注意供给笼鸟营养丰富且易于消化的适口的高蛋白饲料及足量的矿物质和维生素，更要防止强风和受寒。健康的鸟体，可在 4~5 周后生齐新羽。若鸟所折损的不是重要观赏部位的羽毛，或只折损 1~2 枚，不影响观赏时，也可由损伤羽毛的羽基处剪断，待换羽期时自行脱换残羽。

（八）换羽期的管理

鸣禽类在正常的情况下，每年换羽一次。换羽时间多在繁殖期结束后，我国的北方地区多为 7~8 月。笼鸟换羽时，首先是尾羽和飞羽的脱落和重生，然后是其他部位的陈羽脱落和新羽重生。饲养管理得当的健康笼鸟，由陈羽脱落至全身新羽生齐，只需 40~50d。

在笼鸟换羽期间，除羽毛脱落及新羽重生之外，还表现为活动量明显减少，鸣唱停止，同性间争偶的格斗停止。换羽期中的笼鸟，由于全身羽毛在较短的时间脱落和重生，所需营养比非换羽期剧增，玩赏者及饲养者更需精心饲养管理，避免如环境、饲料、运输和洗浴等应激发生。同时增加易于消化的蛋白质、矿物质和昆虫、青绿叶菜等优质饲料，以利于新羽重生。

（九）日常观察

笼鸟玩赏者每天必须认真观察每只笼鸟的表现，判断鸟体的健康情况，以便随时采取必要的措施（改善条件、更换饲料、投药或就医等）。

1. 看粪便

每天清晨首先查看笼内粪便。正常情况下鸣禽类的粪便呈条状或曲转呈蜗牛形，粪便软硬适度，外层略现灰褐色并有少量白色。消化系统发病的鸟，多为稀便或水样便，有时带有黏液或泡沫，甚至混有血液，粪便常带有异常臭味。消化不正常的笼鸟其泄殖孔周围羽毛常粘有粪污。除清晨观察外，还需日间观察。

2. 看精神

健康的笼鸟精力充沛，日间不停地活动，鸣唱较多。发现笼鸟活动减少、闭目发呆或急躁不安或不鸣唱时，需及时分析病因，采取措施，及早恢复健康。

3. 看采食饮水

笼鸟的采食及饮水量常与其活动量成正比，一旦出现采食或饮水量变化，需及时检查饲料及饮水的品质、饲养环境和健康状况等，并及时采取措施。

4. 观查呼吸

活动正常的笼鸟其呼吸不易被察觉。如果在平静状态下，发现笼鸟呼吸急促，或喘气，或体躯颤动等反常表现，需及时进行全面分析，改善饲养管理或进行投药治疗。

五、 野鸟初驯

目前我国各地饲养玩赏的鸣禽类笼鸟，大部分是由野外捕获的，野生鸟类捕后较难适应人工环境，常因忧郁、恐惧、拒食而死亡。所以，对捕后的野生鸟类进行耐心细致而科学的初期驯养，使之适应人工饲养环境和人工饲料，是饲养玩赏鸣禽类笼鸟非常重要的一个环节。在此基础上经进一步驯熟和多种技艺的调教，玩赏笼鸟才具有更高的玩赏价值。

野鸟初驯是玩赏笼鸟饲养成功的关键所在。

1. 安静的初驯环境

成年或半成年的野生鸣禽，在捕获后放入人工笼舍内，初期都会显得无比的忧郁，时刻露出恐惧不安的紧张神态，甚至急躁冲撞，如不采取适宜措施，常会碰得头破血流，翅伤羽折，甚至死亡。

对捕获的成年或半成年的野生鸣禽初驯要选择安静适宜的环境，尽可能地减少对其的惊扰。如少接触外界环境，少听到周围声音，少看到饲养人员等。如果初驯笼鸟数量不多，可将其双翅的飞羽末端以棉线缚扎，使之不能展翅飞跳和冲撞，以减少其过度飞跳所造成的体力消耗，同时也可避免因猛力冲撞而导致翅伤羽折甚至伤亡。对过度烦躁不安、野性较大的鸣禽，适当地在鸟体羽毛上喷些清水，有利于镇静和安定。但气温过低或体型较小的鸣禽慎用。

经过 5~7d 的初驯，多数个体开始安静取食和饮水，逐渐适应人工环境和人工饲料。此后，饲养人员可以酌情进行较多的接触，以及开展较长时间的观察，为进一步驯化和玩赏创造条件。

2. 较暗的光照

初捕获的野生鸣禽，在最初人工饲养阶段（1~7d）死亡数量最多。有报导雀形目鸟类初期饲养的死亡率高达 50%~80%。但在较黑暗的笼舍饲养初捕获的雀形目鸣禽，由于减少了初驯期的过度惊恐不安，减少了鸣禽的运动量和体力的过量消耗，其成活率会大大提高。

选用暗环境驯养方法最好是群饲鸣禽，多用于野生环境中以谷物及多种植物种子为主食的鸟类。驯养用的鸟笼或房舍中的光线，以鸟类能识别同群个体、准确找到栖架即可。但饲料及饮水需置于光照略强的小环境中，以利于初驯鸣禽随时采食。5~7d 后逐步改换为正常光照环境，以适应日后的人工饲养及玩赏。

单元四 | 驯鸟基础知识

由于鸟类本身具有鸣唱、舞蹈等很多天赋，所以养鸟可以给人们带来很多乐趣。但是随着人们玩赏水平的提高，自然状态下的鸟的技艺已经不能满足人们欣赏的需要，必须通过训练提高鸟的本领。实践证明，只要精心的选择品种、性别，并利用正确的训练方法适时的训练，就完全可以得到歌声优美、技艺高超的优秀观赏鸟。

一、 驯鸟的基本要求

1. 熟悉鸟性、以鸟为友

要驯好鸟，首先要熟悉鸟的生活习性、生理特点、鸟的体能和智力等基本情况。刚刚捕获或刚购入的鸟不认识主人，需要在喂养时不断呼唤鸟名，鸟才能通过熟悉主人的声音来逐步认识主人。其次，"驯"必须以"养"为基础，只有在养的过程中与其建立友好的感情，鸟才能听人的话、人才能取得鸟的信赖。这些都是训练的基础。

通常的做法是让鸟在驯养者的手中吃食。在鸟吃食的同时，用手轻轻的从头颈到尾抚爱，并亲自给鸟洗澡、治病等。鸟一旦对主人产生了依恋和信任，训练各种技艺就会事半功倍。

2. 准确选择、因材施教

鸟的种类千差万别，有的温顺、有的粗野，有的聪明、有的愚蠢，有的善于歌唱、有的善于学舌，有的善于飞行、有的善于捕猎。所以驯鸟前必须按着玩赏的目的准确选择，在此基础上因材施教才能达到目的。

就选材而言，理想的鸟通常是头大喙薄、眼大机敏、身条长、身体壮，羽毛细、轻、薄，尾并拢成一条直线，两翅在尾部交叉；站立时抬头、挺胸、收腹，尾巴夹紧，常东张西望。

就训练而言，驯鸟者必须掌握鸟的形态、习惯、特点，加以顺应和利用，做到扬长避短、因势利导。让舌短而软的鸟去训练说唱，让猛禽去训练捕猎，利用鹦鹉嘴的钩和脚去训练握物、爬梯子，让大嘴的蜡嘴鸟去训练高空衔物，训练交嘴鸟（利用喙交叉的特点）去接核桃等。

3. 先易后难、循序渐进

驯鸟必须在做好以上两项工作的基础上，采取先易后难、循序渐进的训练方式进行。比如，开始先让鸟在熟悉安静的环境训练，再到人声较小的环境，最后到更复杂的地方训练。再如，先进行基本技能训练，巩固后再进行特殊技能训练。放飞先近后远，先单方向放飞，后多方向放飞等。

二、 驯鸟的主要手段

1. 食物诱导

食物诱导是驯鸟的最基本方法。这一方法从鸟的训练、表演到竞赛贯穿始终。食物诱导法是利用鸟觅食的本能，使鸟自觉或不自觉地服从主人的过程，也是巩固条件反射的最佳手段。在实际训练中，常使受训鸟处于半饥饿状态（训练的最佳状态），再根据鸟的表现有赏有罚。这样有利于控制、激励和调动鸟的学习积极性。

2. 早期训练

多数观赏鸟在 1 岁前体型基本定型，此时的鸟不但可塑性强，而且已能调教完成许多复杂的动作，所以是开始训练的最佳时机。

三、 驯鸟的主要科目

目前观赏鸟的训练科目很多，从简单到复杂约有 40 多种。按照训练的简单和复杂程度可以分为两大类。

1. 简单科目的训练

包括驯熟、出笼、上下架、接食等。

2. 复杂科目的训练

包括放飞、戴面具、叼物换食、开车、算术、空中接物、竞赛、提吊桶、开"锁"取食、拉抽屉找食、鹤舞、狩猎等。

另外，也可以将训练科目分为笼内和笼外项目。如荡秋千、照镜子等是笼内项目，而带脸谱、吊水桶、衔物、爬梯等是笼外项目。随着人们需要的提高，训练的项目还会不断的增加。

四、 鸟不鸣叫的原因

一直鸣叫的鸟突然停止了鸣叫，原因可能有以下几点。

1. 精神紧张

例如受到猫和老鼠等动物的侵袭，精神受到了极大的威胁。这时应把笼子覆盖起来，让鸟能够镇定下来。

2. 老化

一般鸟龄在 10 年以上的鸟会逐渐停止鸣叫。

3. 疾病

患感冒或其他疾病的鸟会停止鸣叫。最好为鸟准备体温计，及时发现病情，及时治疗。

4. 发情休止期

鸟在发情休止期通常都不鸣叫。

单元五 ｜观赏鸟的基础训练

养鸟的调教首先要从基础训练着手，然后再作技艺项目训练。基础训练一般包括驯熟、出笼、上架和接食等。

一、驯熟

基础训练的第一步是驯熟。实现"小鸟依人"的目标需驯鸟人付出很多努力。首先要有感情上的投入，如关心鸟的冷暖、饥渴、沐浴、卫生等每件小事，其次要亲自饲喂，如喂给鸟喜欢吃的昆虫幼虫（如皮虫、粉虫）及水果等，同时喂食时要给声音信号，通过这样才能使鸟逐渐与人亲近，达到驯熟的目的。

二、出笼

调教鸟出笼应选择鸟略有饥饿感的时机。方法是当笼门打开时，主人手持鸟喜食的虫子或其他食物在笼外引诱，同时，在笼外发出"出笼"的口令，鸟出笼时，就奖励以食物。然后，转入笼内引诱，发出"入笼"指令。鸟进笼子后立即给食物奖励。用这种方法反复训练，使鸟在主人的指令下做出笼或进笼的动作。但出入笼的训练要在室内进行，房子的门窗应事先关好，以防鸟飞走。

三、上架

调教上架又称回叉，是指鸟能在鸟架上或鸟棒上停立栖息。上架饲养的鸟，首先要使它能安静站立在架上或木棒上，脚上或颈上套上"颈扣"。鸟可以在"颈扣"细绳长度的范围内自由飞落。

刚套上"颈扣"的鸟常因不习惯被束缚而感到不适，表现为用嘴咬绳、挣扎欲逃。这时可以用水喷湿鸟体，迫使它安定。对特别烦躁而体质又好的鸟用水喷湿后还可将它置于寒风中（时间要短，否则易染病）并不给它饲料。经过几次这样的"惩罚"，鸟就会习惯在木架或木棒上安静站立。只有能安定地在木架上生活，才能开始训练表演技艺。

开始训练时，鸟一旦上棒（架），一定要注意看管。发现鸟呈"上吊"状时，要立即用手托鸟重上棒。如无人时可把鸟架放在近地面处，以免鸟因颈绳缠绕窒息而死。

四、接食

所谓接食，是指鸟停在鸟棒上，驯者散落手中食物时鸟能张嘴而食（也包括接飞食，即鸟能离棒飞而食之）。接食时，人与鸟的距离、方向可随鸟动作熟练的程度而改变。

训练鸟接食和接飞食的方法是：先取走鸟食缸，每次喂食代之以手。鸟在饥饿的状况下一般不会拒食，经过犹豫徘徊之后，它最终会到驯者手中啄食。鸟养成在驯者手中取食的习惯后，就会对驯者的手掌倍感亲切。接下来每次喂食时都要有意地将手掌来回移动使鸟追食。经过多次反复训练，鸟就会顺从驯者的指挥动作了。以后，驯者可以离鸟远些，在颈绳范围内引鸟来吃。最后，鸟会随着"来""去"或"飞""回"等口令，在主人的手中吃食或回到栖架、鸟棒上去。

接食、接飞食的动作连贯熟练后，要逐渐加大距离重复训练多次，待距离超过3m后，就可以放开拴鸟的线或链，进行放飞的训练。

五、 鸣唱训练

鸣叫是各种鸣禽的本能。根据鸟类叫声的长短和复杂程度，可将鸟的鸣叫分为鸣唱和鸣叫两种类型（也可以分为鸣唱、鸣叫和效鸣三种类型）。但要使鸟的鸣声更加悠扬，音调和节奏更条理有序，必须经过反复的训练。

1. 鸟的鸣唱

鸣唱又称鸣啭、啭鸣或歌唱。鸣唱通常是鸟在性激素控制下产生的响亮的、连续的、富于变化的多音节旋律。繁殖期雄鸟发出的婉转多变的叫声就是典型的鸣唱。鸣唱是有领域行为的鸟类用于划分和保卫领域、警告同种雄鸟不得进入及吸引雌鸟前来配对的重要方式。鸣唱所发出的"歌声"复杂多变，大多发生在春夏繁殖期间，通常由雄鸟发出。

鸟的鸣叫与鸣唱不同。鸣叫是不受性激素控制的、雌雄两性都能发出的、通常是短促单调的声音。鸣叫发出的声音也有很多含义，常用于个体间的联络和通报危险信息等活动。鸣叫大致可分为呼唤、警戒、惊叫、恫吓四类。

以鸣唱闻名的鸟类很多。如百灵、画眉、芙蓉、乌鸫、云雀、点颏、绣眼等，它们大多体型较小。不同品种鸟的鸣唱也各有不同，有的时间很长，可达数分钟，有的则极短。另外，鸟与鸟的鸣声间隔也有所不同。

2. 鸣唱训练

鸟的鸣唱训练最好选择当年的、羽毛已长齐的雄性幼鸟（老鸟的叫声已定，反应迟钝，无训练价值），采取定时间、定环境、不间断的方法进行训练。定时间最好是在笼鸟精力充沛的清晨（日出前后），定环境指选择无惊扰的、草繁花茂的安静场所。接受训练的鸟宜采用单笼饲养、雌雄分养（如合在一起，则无求偶意图，会导致不叫）。

训练的方法主要有带教和遛鸟两种。

（1）带教 选择安静的场所和已调教好的鸟或其他动物，采取两笼并悬的办法。在训练时罩上笼衣，用已调教好的鸟或别的动物领叫，让幼鸟在密罩的笼内洗耳恭听。也可用录音机播放鸣唱声代替调教好的鸟，每天不间断地训练。聪明的鸟一周就可以见效，多数鸟在几周至几个月就能学会多种鸣唱声，并且能有序地连续鸣唱，甚至还能学会一些简单的歌曲。

（2）遛鸟 就是每日定时间、定地点带鸟出去行走。遛鸟虽然简单，但对于驯鸟更重要。

在鸟学鸣唱时，难免学会一些"脏口"。对有"脏口"的鸟必须及时纠正。纠正的方法是：当鸟鸣唱到"脏口"时，用筷子、手势或声音等提醒它，阻止它继续鸣唱这个句子。经过反复不间断的纠正，一般都可让鸟忘记"脏口"。

六、 说话训练

动物界几乎只有鸟能够模仿同类或其他动物的声音或叫声，但鸟类中可以模仿人说话的也仅有少数几种。主要有椋鸟科的八哥（八哥必须捻舌后才能教学说话）、鹩哥和黑领椋鸟，鸦科的红嘴山鸦和松鸦，鹦鹉科的绯胸鹦鹉、葵花鹦鹉和灰鹦鹉，另外还有红嘴蓝鹊。

1. 鸟的选择及基础训练准备

驯鸟说话也要选择毛齐后或刚刚离巢的幼鸟。教前必须与主人已经熟悉。教说话时也要选择安静的环境，时间最好选在每天清晨、空腹的时候。在教的过程中，驯者先发出教的声音信号，鸟学会后即给予食物作为奖励。最终达到驯者一叫，鸟就有回应。

2. 训练的程序与方法

首先，所教的语言应先简后繁，音阶由少到多。开始时最好选"你好""再见""欢迎欢迎"等简单的短句；其次，教授时必须口齿清晰、发音缓慢；第三，一句话至少要坚持一周左右，学会后要巩固 3 ~ 5d 才能开始第二句的学习；第四，鸟学习第一句话最难，一旦学会第一句以后就容易了，所以训练要有足够的耐心。比较聪明的鸟在学成一组语言后，还可以教简单的歌谣。

驯鸟说话的方法还有许多。如用录音机反复放一句话，让鸟对着镜子或对着水盆学习，或由会说话的鸟带着学习等。

目前，市售的驯鸟录音带如《金喉玉口》《鹩哥、八哥学话》等由于声音好、背景音乐自然优美，不仅可以驯鸟速成，而且可以激发鸟的鸣唱。

七、 手玩训练

手玩鸟是经过训练后能够立于人手或与人玩耍的鸟。一只对环境已完全熟悉的手玩鸟能听懂主人的号令。它可以在手掌上取食，在肩膀上逗留，片刻不离主人左右，所表现出的动作惹人喜爱。

可以用于训练手玩鸟的有白腰文鸟、芙蓉鸟、珍珠鸟、虎皮鹦鹉和牡丹鹦鹉等。这些鸟不仅羽色艳丽、体态优美，而且易于繁殖，很适合初学者饲养。对于初学养鸟的人来说，还可以通过鸟的手玩训练，逐步掌握养鸟的规律，提高养鸟的兴趣。

具体训练有以下几个要点。

1. 建立感情

从雏鸟开始，饲养者就要在手上喂养它，让它在手上啄食。在进食前后，还要留出一定的时间与它游戏。一边同它玩一边给它吃的，一边轻轻地抚摸鸟的脖子，让鸟逐渐克服对人的恐惧感，增进与人的感情，慢慢地与人成为朋友。

2. 采取食物控制方式驯鸟

选择清晨鸟空腹的时候，投些好食料喂它，但一次不要喂得太饱。用手一点点地喂给鸟喜欢吃的食物，这样多次喂食引诱其活动，使其形成条件反射。

3. 有规律的放鸟

每天要把鸟从笼中放出来 1～1.5h 运动，并形成规律。

白腰文鸟虽然羽色并不十分鲜艳，但容易饲养，又能人工繁殖，而且可以教给技艺，所以非常适合驯养成手玩鸟。驯养时，选用 15d 左右的雏鸟，每天从巢中取出。将小米面、青菜汁和牡蛎粉加水调和放在手上喂它，并与它玩耍，让它习惯与人相处。长大后可以逐步增加喂食时间间隔。

虎皮鹦鹉也是适应室内饲养的一种手玩鸟，对它调教最好从小开始进行（但成鸟也可以）。选用 12～13d 的雏鸟，放在手上进行饲喂，用食物引诱它们的同时辅以吹哨声，时间一长便可形成条件反射。驯熟后鸟可以无拘无束地在人的手上或肩上玩耍，还可以在两人之间飞来飞去，表演一些简单的技艺。

训练时，笼内应设置栖木、吊环、小型游艺设备等供鸟玩耍。

单元六 | 观赏鸟常见技艺的训练

除了说唱训练以外，鸟还可以进行多种技能的训练。如放飞、空中叼物、提吊桶、开"锁"取食、拉抽屉找食、戴面具、叼物换食、鹤舞、狩猎等。但不是所有的鸟都具备掌握技艺的先天条件，只有选准受驯的对象，驯鸟才能事半功倍。易于训练并善于表演技艺的多为小巧玲珑、轻捷灵巧、机敏活泼的鸟，如黑头蜡嘴雀、黄尾蜡嘴雀、锡嘴雀、黄雀、大山雀、麻雀、文鸟、芙蓉鸟、太平鸟、画眉、相思鸟、八哥、金翅雀等；而画眉、棕头鸦雀、鹊鸲、鹌鹑和斗鸡等更善于表演争斗。

鸟可以训练的技能有很多种，本书主要介绍放飞、空中叼物、提吊桶、开"锁"取食、拉抽屉找食、戴面具、叼物换食、鹤舞、狩猎九种。

一、 放飞

适宜放飞的鸟有黄雀、朱顶雀、蜡嘴雀、灰文鸟、芙蓉鸟和八哥等。训练鸟放飞有多种方法，如上架饲养放飞、鸟笼饲养放飞和室外放飞等。

1. 上架饲养放飞法

鸟主人在手心中放些饲料，让鸟啄食。经多次训练后，使鸟形成"人手中有食"的条件反射。在此基础上，让鸟啄食几粒后，将手握成拳。反复多次以后，鸟儿又形成了"人握拳就吃不到食"的第二种条件反射。重复训练下去，鸟见食又得不到食，在饥饿状态下就会大胆地飞到手上来啄食。让鸟啄了几粒后驯者再握拳。这时鸟啄不到食，就会飞回鸟架上。采取这种方法训练之前，鸟颈项上需用线拴住。经多次训练后，鸟与笼距离超过1m时，解除鸟的颈项线，鸟就可自由的来去飞行。

2. 鸟笼内饲养放飞法

首先笼内食缸不放饲料，使鸟饥饿，然后在竹片上放鸟喜食的麻子、苏子等，从鸟笼缝中伸入给鸟啄食。当鸟习惯后，将竹片上的饲料转移到笼门口喂食。学会以后可以打开笼门让鸟站在门上啄食，接着将竹片从笼背后伸入，让鸟转头向里。巩固几天后，再让鸟在关闭的房间内飞翔，停止飞翔后，将鸟笼靠近鸟，打开笼门（注意房间门窗关好），将竹片上的饲料从笼背伸入，引诱鸟进入笼内。反复训练2～4d，鸟就会飞进笼内啄食。但鸟笼的位置不要轻易调换，否则鸟不会飞进笼内。

3. 室外放飞法

选择室外草地、广场等场所，把握在手中的鸟扔向天空，鸟飞翔一圈再回到主人的手中即为成功。

准备室外放飞训练的鸟，最初宜用鸟架单独饲养，用软索系住脖子，软索另一端系于鸟架上。训练主要也是利用食物的诱惑。白天使鸟处于饥饿或半饥饿状态。但是，在傍晚要喂给足够的食物，使鸟晚上能正常休息。这样，第二天的早晨鸟才能精神饱满地接受训练。训练时，第一步是主人手中托着鸟喜食的食物，同时给鸟信号或呼唤鸟的名字，诱使它下架来啄食，随着训练时间延长，逐渐将系脖的软索加长。第二步是室内训练鸟出笼啄食。训练时鸟脖子上不用套绳索，鸟飞翔的远端与笼的距离逐渐增加。第三步是在鸟能听从命令自由上架或进出笼的前提下，在院内进行短距离试飞。在鸟飞出一定距离后，及时发信号令其回到手上啄食和进笼，以后逐渐增加飞行的距离和高度。经过这样的训练，鸟会形成每飞一回就有一顿美餐的条件反射。这时，室外放飞训练就已完成。

值得注意的是，驯熟以后的鸟，放飞时都不能吃饱，每次放飞的时间也不能太长（约15min），否则在外界环境的诱惑下，容易使鸟乐而忘返。另外，避免放飞的鸟被家中的猫、犬等惊吓，否则会因对"家"产生恐惧而不愿回来。

二、 空中叼物

将放飞成功并处于半饥饿状态的鸟放出笼来，主人手中托着食物在鸟面前来回晃动，诱其前来啄食。经过几次训练后，当鸟飞起前来啄食时，可将食物抛向鸟头上方，诱它在空中接。当鸟能在空中接食时，可减少正常饲喂方式，改以抛喂为主。而后用大小和重量适当的玻璃球或牛骨制的光滑弹丸等其他物品代替食物。当鸟接住空中的球弹因吞咽不下（设计时就让鸟吞不下）而吐出时，即奖励一点食物。反复训练多次后，鸟能熟练准确地接住球弹并送回到主人手中换食，这时可将球弹抛得更高更远，最后可用弹弓射入空中。驯熟的蜡嘴雀最多一次可接取球弹 3~4 颗（见图 7-1）。

图 7-1　空中叼物训练

三、　提吊桶

对黄雀和锡嘴雀等，还可训练其"提吊桶"的技艺。因这一技术要嘴、爪兼用，训练难度比其他技艺要大。吊桶不能太大和太重，可用轻质材料制成，并用粗细合适的粗糙麻绳或棉线吊于鸟架或鸟笼的栖木上。训练鸟提吊桶时，在吊桶内放少量鸟喜食的食物，让它学会从吊桶中啄食。经过多次反复训练后，可将吊桶的绳子放长，使鸟不能轻易啄取到桶内的食物；这时鸟就会在绳索上东啄西啄，当它衔住绳索并把桶提起发现了桶内的食物时，就会想办法用爪将绳子踩在栖木上，再啄取桶内的食物。而后逐渐放长系桶的绳子，让鸟慢慢学会一段一段地反复衔起吊桶并踩住绳子。驯熟的鸟，嘴爪配合协调，动作利索，能很快将桶提到所需的位置啄取食物。

四、　开"锁"取食

对一些喜欢吃种子食物的鸟可训练其开"锁"取食的技艺。训练的道具是一个透明的上下无底的玻璃方形扁瓶，瓶内隔成多条纵深的管道。每条管道在上下适当的位置钻几个小孔，供插火柴棒或其他小棍（锁栓）用。训练时，在细小的玻璃管道的小孔中插上一根锁栓，将花生米等颗粒食物放在管道内锁栓上方。在突出于玻璃瓶外的锁栓一端黏附苏子等食物，然后诱使半饥饿的鸟啄食黏附在锁栓上的食物。当受训鸟啄食时把锁栓从小孔中拔出，里面的花生米从玻璃管道内掉落下来，即用之奖励它。当受训鸟熟悉这一取食过程后，锁栓的外端可不用黏附食物，并逐渐在管道上下小孔中插上一排锁栓，小鸟只有把全部锁栓拔除后，花生米才能掉落下来。也可在玻璃管道内放置玻璃小球，当鸟拔除锁栓使玻璃球掉落下来后即奖励一点食物。而后逐渐加大鸟的工作量，在玻璃瓶的每一管道中各放上一个玻璃球，每一条管道都插上一排锁栓，使鸟把全部锁栓拔除让所有玻璃球掉下来后再奖励食物。这一技艺难度不大，多种笼鸟都可训练。

五、 拉抽屉找食

在鸟放飞训练成功的基础上，可进行拉抽屉找食的训练。训练的手段仍然是让其处于半饥饿状态，利用食物奖励使其形成条件反射。"拉抽屉"适于蜡嘴雀和其他一些嘴的力量较大的鸟，同时抽屉的重量也要合适。训练时，用一根细索系住抽屉的拉手，另一端系一粒鸟喜食的食物，然后开笼发出口令，诱使鸟来啄取绳端的食物。经过一段时间的训练后，绳端不系食物鸟也会叼住绳子用力拉拽。当其每拉开一次抽屉时，就奖励一点食物。而后可将食物放在抽屉里，当鸟拉开抽屉后发现抽屉里有食物就会自食，慢慢就形成了"拉开抽屉找食"的习惯（见图7-2）。

图7-2　拉抽屉找食训练

六、 戴面具

供鸟戴的面具多用银杏外壳制成。将银杏外壳对半切开，清除果肉后用细金属丝对称系于果壳两边，果壳的外面画上各种京戏脸谱。训练时，将鸟喜食的食物置于果壳内，诱鸟啄食。而后将食物粘在果壳的金属丝上，用手势或口令诱鸟啄食。当鸟叼住金属丝把面具衔起时，即奖励一点食物。以后，金属丝上不黏附食物，命令鸟叼住金属丝戴上面具，每戴上一次就奖励食物。再后逐渐训练鸟一次戴几种不同的面具。戴上面具后的鸟前来求食时，一纵一跳的姿态十分滑稽有趣。

七、 叼物换食

将鸟喜食的食物粘贴在牌签、纸币、糖果或香烟等物体上，或藏在这些物体中，诱使鸟前来啄食。经过一段时间后，物体中不再放食物，当鸟偶尔叼起一件东西时，即奖给一点食物，使它逐渐形成"叼物换食"的习惯。而后用手势和口令来训练其叼物换食。驯熟的鸟可在主人命令下为客人送糖送烟等许多物品。

八、 鹤舞

鹤类体型优美，姿态娴雅，特别受人喜爱。在人工饲养时，鹤类每逢从饲养棚放出，或天气爽朗、微风轻吹之时，它们都会引颈高歌、翩翩起舞，给人以美的享受。若加以人工驯诱，则可延长它们的起舞时间，并能按信号起舞。训练鹤类跳舞要从幼鸟开始，关键是要按信号饲喂。训练时，将鹤引到宽阔的地方玩耍。待其饥饿后，一边模仿亲鸟呼唤雏鸟的声音，一边鼓掌并抛撒食物，幼鹤即鼓翼鸣叫奔来觅食，群鹤齐动，场面甚为壮观。待幼鹤长大后，只要一听到鼓掌声，就会翩翩起舞，这时可向它们投些芦苇和草茎等为其助兴，以延长其跳舞和鸣唱的时间。

九、 狩猎

可以训练狩猎的鸟目前主要有灰伯劳、苍鹰和雀鹰。

狩猎鸟均较凶猛、强悍，体质强健，耐饥饿，因而训练时不仅要使其饥饿，还要使其疲劳，故有"熬鹰"之说。一般连续 7d 不使其休息，并常填喂麻团，以便"刮油"。为防止饥饿过度，每天饲喂一些用水泡过的瘦肉条（水白肉）。到第 7 天时，鹰已是无精打采、十分饥饿，这时见到猎物会不顾一切地扑去，但抓到猎物后已无力飞跑，此时主人喂给一点猎物带血的鲜肉，鹰就会又回到主人臂上继续"服役"。

单元七 | 百灵鸟概述

一、 形态特征

雀形目百灵科的鸟共有 6 个属 12 个种，人们经常饲养的品种是百灵、沙百灵、凤头百灵、角百灵和云雀等品种（见图 7 - 3 和图 7 - 4）。但除了歌百灵、二斑百灵以外，其余都只适合在北方饲养。

人们常说的百灵鸟是指蒙古百灵，别名"口百灵""蒙古鹨"或"告天子"（见图 7 - 5）。全长 174 ~ 195mm。上体栗褐色，有不规则的白色斑纹，下体白色。前额栗褐色，头顶和后颈栗色，头顶中部棕黄色，眉纹棕白并向后延伸至枕部。耳羽棕褐色，下颏、喉部白色。上胸两侧有不连贯的黑色带状横斑，向下转为棕白，至腹纯白，肋部有栗色斑纹。两翼覆羽为栗红色，羽缘淡黄，两翅外侧飞羽黑褐色，羽缘白色，内侧飞羽乌白色，从第七至第十四枚飞羽为白色，三级飞羽为棕褐色。尾羽黑褐色，羽缘和羽端缀白色斑块，最外侧尾羽为白色。尾上覆羽栗红色，尾下覆羽白色。

图 7-3　凤头百灵

图 7-4　角百灵

图 7-5　蒙古百灵

百灵鸟在野外自然环境下，寿命为 6～7 年。在人工饲养条件下，由于饲养管理条件的改善，其寿命比野外自然环境下的鸟寿命长得多，有的可达 14 年之久，而且鸣叫不错。

笼养百灵鸟一般饲养到 5 年左右，在鸣叫和羽色上便达到了顶峰。以后鸣叫能力和体力开始下降，抗病力减弱，在饲养上应特殊照顾。

二、 生活习性

百灵鸟多栖息于草原和沙漠。营地面生活，善地面快速奔走及飞翔，喜沙浴、日光浴。喜欢站在高岗、沙丘上鸣叫，也在飞翔时长时间鸣叫，鸣声嘹亮，音韵多变。耐寒、喜结小群活动，但迁飞时结的群较大。食谱广泛，食物主要以野生杂草的嫩芽、根和种子为主，兼食少量昆虫，如蝗虫、蚱蜢等。繁殖季节吃大量昆虫，雏鸟几乎全部以昆虫为食。百灵鸟在3—4月开始发情交配，小满前后在草丛中的地面凹处营巢，巢呈碟状或浅杯状，由杂草、根茎筑成。在5月初至7月末之间产卵，孵化期为15～18d。每年繁殖1～3窝，每窝产卵3～5枚，卵色变化较大，有灰色、黄白色，表面具褐色斑点。卵平均大小为23.5mm×18.5mm。百灵鸟无终生配偶，从交配时开始组对，待雏鸟会飞、能独立觅食时，雌雄即各奔东西。冬季迁徙时，结大群短距离向南迁徙至河北省北部。

百灵鸟的鸣叫有大性期和小性期之分，配对成亲时雄百灵鸟的鸣声最动听，俗称"大性期"；百灵鸟从8月开始换羽毛，10月羽毛长齐后开始鸣啭的时期称为"小性期"。

三、 野外捕捉

百灵鸟是我国著名的鸣唱鸟，目前在人工饲养下还不能做到大量繁殖，而且在形态与行为上，野生百灵与家养百灵也有所不同。野外捕捉的成年百灵羽色鲜艳，羽毛整齐，足趾油亮而呈暗红色，爪为黑色；家养百灵羽色稍暗淡，羽毛常有不同程度的磨损，足趾粉红，爪为黄色。野生百灵怕人，常突然猛撞；家养百灵则较安详，即使受惊也不拼命撞笼子。购买时应注意区分。现在饲养的百灵鸟绝大多数都是从野外捕捉的，百灵鸟的捕捉方法主要以网捕和掏窝雏为主。

1. 成鸟的捕捉

用网捕的方法有两种：一种为粘网，另一种为拉网。

（1）粘网　一般网长10～12m，宽2m左右，网眼直径2.5～3cm。因百灵鸟栖息于开阔的草原，活动面积较大，所以粘网要选择长一些的网。要选百灵鸟经常栖息、取食、活动的地方或有水源的地方下网。选择好下网地点后，把网支牢，人躲在附近有隐蔽物的地方，待鸟撞入网中即可取下。也可采取轰赶的方法，使鸟惊飞撞网，这样收益较大。

（2）拉网（翻网）　也要在百灵鸟经常活动、取食和有水源的地方下网。首先要选择一块平地把网下好，最好用草把网隐蔽一下，网中央放一只驯熟的雄鸟，以雄鸟的叫声来招引，人在附近隐蔽，等鸟进入网内即可拉网。

百灵鸟一年四季都可捕捉，但秋季是网捕的最好季节。因此时百灵雏鸟出飞不久，常喜结群活动，野外生活时间不长，野性不大，对环境改变的适应性较强，比较好驯养。而夏季正是百灵鸟的繁殖季节，雄鸟和雌鸟为了筑巢、孵化、育雏等频繁活动，消耗了大量的体力，这时捕来的成鸟不容易饲养成活。同时，在夏季捕捉成鸟必定饿死雏鸟，所以是非常不可取的方法。冬春两季捕来的成鸟野性大，也不容易成活。

2. 雏鸟的捕捉

百灵鸟从5月初开始繁殖，一直延续到7月末。所以，掏窝雏的时间应在5

月底至 8 月。掏窝雏是在鸟巢中捕取还未离巢的雏鸟，如捕取的时间适当，能获得较好的效果。

在掏雏鸟时，首先要根据百灵鸟经常出没的地方来判断鸟巢的方向和位置，才可以找到鸟巢。发现鸟巢后，应先观察雏鸟是否适合捕取。养鸟人对掏窝雏的时机一般有两种看法：第一种看法是掏取 7d 的窝雏。认为"七活八不活"，7d 以前的窝雏还没睁眼，雏鸟对外界无任何印象，进行人工饲养时好喂食，容易饲养成活。8d 以后的雏鸟已经睁眼，比较怕人，喂食较困难，不容易饲养成活，即使成活，长大后也性格暴躁，难以驯服。第二种看法是掏取 15 ~ 20d 的雏鸟。只要是未出飞的雏鸟即可捕取，而且好饲养，省工省力。普遍认为，两种都可以捕取，只要在雏鸟时期调教好就没问题。在捕取雏鸟时应适当掌握时机，一般捕取全身已长出绒羽，大约为孵出 7d 以后的雏鸟。如果雏鸟太小就不要捕取，因雏鸟太小不容易养活，养鸟者也费精力，应让亲鸟继续喂养雏鸟。掏雏鸟时尽量不要翻动鸟巢和破坏周围环境，否则会引起亲鸟弃巢而造成损失。

单元八 │ 百灵鸟的技艺训练

百灵鸟是以鸣唱为饲养目的的观赏鸟。在 5 月底至 8 月购买，或从捕获的雏鸟开始驯养。从雏鸟开始驯养的百灵鸟，容易饲养、不怕人，易驯、性情温顺，适应能力强、易上口，学习其他鸟叫或压口比成鸟要容易的多。

驯养与调教百灵鸟很费功夫。幼鸟绒羽一掉完，雄鸟喉部就常鼓动，发出细小的滴咕声（俗称"拉锁"），此时就应让它学叫。用驯成功的成鸟"带唱"最省事，也可请"教师鸟"，还可以用放录音的方法。

一、"十三套"

百灵鸟的叫口我国讲究"十三套"，即会学十三种鸟、兽、虫鸣叫的声音。但这"十三套"的内容和先后排列顺序却因地而异。南方笼养百灵鸟允许有画眉的叫口，而北方却忌讳。北方笼养百灵鸟的基本叫口要有沼泽山雀（吱吱红）的鸣叫声，南方则不要求。

北方"十三套"叫口的顺序是：麻雀噪林，喜鹊迎春，家燕细语，母鸡报蛋，猫叫，犬吠，黄雀喜鸣，小车轴声，雄鹰威鸣，蝈蝈、油葫芦的鸣声，水梢铃响，最后是吱吱红的叫声。

南方"十三套"叫口顺序是：麻雀噪林，家燕迎春，喜报三元，红殿金榜乐，吹哨列队，山喜鹊叫，小车轴声，母鸡报蛋，猫叫，鸢鸣，画眉叫，烟蝠叫，最后是黄雀叫。口巧的百灵鸟模仿得惟妙惟肖，令人陶醉，而且绝不只限于"十三套"。

驯养百灵鸟的目的是为了聆听美妙动听的歌声和欣赏优美的舞姿，但不是任何一只百灵鸟都能轻易做到。要调教好一只百灵鸟，除其本身要具备体型大、健壮、胸宽头大、脖颈粗、腿粗、爪趾有力等条件外，还需要经过严格仔细地挑选、精心的饲养管理和调教方能达到。

二、　挑选雄鸟

在驯养百灵鸟的过程中，确定鸟的雌雄最为重要。从幼鸟中挑选雄鸟是比较困难的，需要仔细观察、综合判断。如在第一次换羽时期可选择嘴粗壮、尖端稍钩、嘴裂（角）深、头大额宽、眼睛大有神、翅上鳞状斑大而清晰、叫声尖的鸟。第二次换羽时期已近似成鸟，要着重选择上胸黑色带斑、头及身体羽色鲜艳、斑纹清楚、后趾爪长而平直的鸟。一旦选出雄鸟，即单笼个别调教。

三、　价值及套口

根据养鸟的目的和要求，驯养百灵鸟有如下三种类型。

1. 普通型

不要求套口，叫口越多越好，只要能鸣叫，叫声模仿得越逼真越好，这种方式养鸟主要是精神的寄托。早起遛鸟，锻炼筋骨，成为养鸟人日常生活的一项内容，适合一般饲养者的心理要求。

2. 非专业训练型

要求套口，但不绝对。边养边摸索养鸟技能，调教出的百灵鸟能边鸣边舞，而且从鸟的舞蹈和鸣叫中能够获得乐趣。

3. 专业型

按规矩驯养，严格对鸟进行筛选调教，使之成为能够鸣叫成套的套口百灵鸟。这是最高水平的驯养。要求鸟除具有套口鸣叫技艺外，还能舞蹈、舞鸣、笼内托手叫等，这种百灵鸟的价值最大。

四、　百灵鸟的评价

上品百灵鸟主要具备以下条件。

1. 体型
应该是体大健壮，头大、顶平，腿粗、趾短，全身匀称，体呈流线形。

2. 羽色
羽色应通体鲜艳，富有光泽。

3. 眼睛
眼球明亮、突出，颜色乌黑。

4. 胆量
鸟不怕人和活动的物体，不怕任何颜色，不怕噪声，不择环境，入群、单亮都能鸣叫。

5. 叫口

上品百灵鸟叫口应具备以下特点：①优秀的百灵鸟既能单独鸣唱，也能入群鸣唱，不管在任何地方都能鸣唱；②鸣唱时膛音宽、洪亮；③每个套口之间要有3~5s 的间歇，句后有蹲腔；④叫口多而不杂，始鸣、终鸣有规律，不丢口；⑤鸣唱多轮不乱章法，套与套之间清晰不乱，并能反复鸣唱。

五、 百灵鸟的驯养规律

每年 3—4 月是鸟的发情期，这时鸣叫最频繁，鸣声最优美，此时称为"大性期"。"大性期"即使在晚上掌灯后也鸣叫不断，可延续到 6 月底。7—8 月开始换羽，啭鸣减弱。10 月百灵鸟换羽完成，又开始啭鸣，称为"小性期"。"小性期"可一直啭鸣至"大性期"而不间断。上品的百灵鸟套叫 3 轮就要罩笼衣，再打开笼衣又可连套叫 3 轮。但是，第三个 3 轮套叫后就一定要让鸟歇息，不然就会使鸟神经质地不断鸣叫而伤其身、失其语，因而有"三套一罩，三罩一歇"的说法。

百灵鸟能唱出美妙动听的歌声和展示优美的舞姿，这与饲养者的饲养功夫密切相关。日常的严格管理、驯养调教是百灵鸟鸣叫出好成绩的关键。

目前驯养百灵鸟的方法各有千秋。有沿袭旧规的饲养法，竭力追求历史的老套；有新的粗放养法，只求其乐，不求其套法。驯养者可自行选择。

六、 常用的训练方法

1. 基础训练

首先，经常用活虫引逗雏鸟，锻炼胆量，同时培养鸟和人的感情。对"拉锁"期的雏鸟开始锻炼鸣叫的方法是，在清晨和傍晚，将鸟带到幽静的园林中或带到村边野外，让它聆听其他各种鸟的鸣叫或听鸡和犬的叫声。也可经常放在有叫口百灵鸟的地方，让其学口。其次，还可以训练鸟做各种动作，由易到难。如开始先锻炼它站台，站上台就奖励食物，久而久之便可站台鸣叫。然后再锻炼它登台起舞，即站在台上扇动两翅左右旋转，或站在台上频频点头，或给手势即鸣叫等。

2. 压口

喜鸣唱、好模仿是百灵鸟的特性，因此在饲养中，人们利用这个特性对它进行压口。所谓压口，就是利用别的鸣禽和动物的叫声训练百灵鸟鸣唱。

压口的方法有两种。一种是使用教师鸟（已具备很好鸣叫的套口百灵鸟）带鸣，俗称"靠口"。利用有叫口的百灵鸟来压口效果不错，但能叫出十三套或多套的鸟很不容易找到。

另一种方法是用录音磁带压口。把录好有套口百灵鸟的磁带反复播放，循序渐进，一个叫口一个叫口地教鸣。这种办法比较好，套路固定，随时可以压口，想压多长时间都可以。但应注意磁带的录音必须清晰、无杂音、效果逼真。

录制压口录音带，既可以采取把能叫十三套百灵鸟的叫口直接录下来，也可以对每种叫口进行零录，最后编辑成十三套。另外，也可以直接到田野、山林、池塘边等处，录下虫、鸟或其他动物的叫声，如喜鹊、麻雀、伯劳、鸡、犬、蟋蟀等的叫声及人的口技模拟声，如水梢声、小车轴声、小孩哭等各种声音，再做后期整理，效果非常理想。在录制压口磁带时，叫口与叫口之间要有 3～5s 的间歇。压口最好在清晨和傍晚，此时环境清静、无杂音。

3. 遛鸟

在训练百灵鸟时还应注意经常遛鸟。百灵鸟不一定每天都要遛，有时遛有时可不遛，但遛比不遛好，勤遛比少遛好。遛鸟可使百灵鸟多听一些其他鸟的叫声，呼吸新鲜的空气。养鸟者在遛鸟时可将鸟笼来回晃动，能使鸟的脚、爪和肌肉都得到锻炼。而且勤遛的鸟见多识广，胆大不怕声响，不怕陌生事物，比关在家的鸟要好得多。

4. 防止杂音（脏口）

幼鸟初学时，耳聪脑灵，模仿外界声音能力很强，很容易上口。但在调教的第一年应特别注意防止外界杂音干扰。如果长时间有一种音响不断刺激，幼鸟会学叫出，如汽车发动机声、吹口哨声等。这些对粗放的鸟无关紧要，但对要获得套口的百灵鸟则难以改正。所以对于为获得套口的百灵鸟，需在早上没有其他噪声之时遛鸟，还要注意回避画眉鸟的叫声。

驯养中，重要的一点是要培养百灵鸟胆大，这需要从小培养。可将百灵鸟置于闹市街头，使其对嘈杂的马路行人司空见惯后，胆子就会渐渐大起来。一个见任何颜色、任何东西都不怕，听了任何声音也不惊，且能上台鸣唱表演、无杂口的百灵鸟才是上品。

5. 登台训练

为驯养出上品百灵鸟，除需调教其叫口本领外，登台鸣唱也是非常重要的。一只好的百灵鸟，要求能上台大声鸣叫，在台上能歌能舞，如张开两翅像"蝴蝶开"，或边飞边叫地飞鸣，或伫立于高台，左一下、右一下地拍打双翅，伴着自己的歌唱翩翩起舞等。因此，在调教时必须一开始就着手教百灵鸟登台。

登台训练常用方法有两种：一是在鸣台周围放一圈硬纸板，比笼子底圈略高，可用夹粪棍捅脚，迫使它上台，每次上台后喂其喜食的活虫，使之逐渐形成登台有食的条件反射，养成登台习惯；二是抬高食罐，在食罐下放一块木头，必须让鸟登上木头才能吃到食，待其习惯登台吃食后，再将木块移至台中央，它就会不断地登台。过一段时间后，将木块撤去，换上鸣台即可。

训练百灵鸟登台是个渐进的过程，不能操之过急。鸣台要逐渐增高，每次增加高度以 10cm 左右为最佳。每个高度让其熟练一段时间后，再增加一个新的高度，并注意观察百灵鸟的适应程度，如跳不上又飞不上时可以把高度降下来，否则几次上台不成可能会使百灵鸟从此"废台"。另外，鸣台要牢固，有足够的强度支持百灵鸟的登台动作。

单元九 | 鹩哥的技艺训练

在众多的观赏鸟中，八哥与鹩哥以其善鸣叫、善表演和会学舌等特点，备受人们的喜爱。八哥羽衣不华丽，歌喉也不很美，但不怕人、聪明、善仿人言，所以八哥既可以同人玩耍又可以听其学"说话"。训练鹩哥学"说话"的方法与教八哥的方法相同，相比之下，鹩哥学语更快，声音更逼真、好听。八哥则相形见绌，有些"大舌头"。

一、 鹩哥的形态特征和生活习性

1. 鹩哥的形态特征

鹩哥又名秦吉了、九宫哥、海南鹩哥、海南八哥、印度革瑞克。在我国，留居云南南部、广西和海南岛。鹩哥的体形比八哥稍大，体长约27cm。通体黑色，并富金属光泽，头后披有两片黄色肉垂，两翅具白斑，飞行时尤为显眼。幼鸟体褐黑色，两肋及腹部的羽毛呈均匀又狭窄的白色。头部裸露部分不如成鸟显著。

2. 鹩哥的生活习性

鹩哥主要生活于开阔的田地边缘或茂密的常绿阔叶林的林缘处，在森林的中心地带少见。大多三五成群地聚集在果树上觅食，不常单独活动。常见与椋鸟和八哥混群，在长满花果的树冠上又唱又跳。善鸣叫，鸣声极富音韵，由低而粗粝的咯咯声至轻快如铃的吹哨声，无所不能，还会仿效其他鸟的鸣叫。主食昆虫、植物种子及杂草种子等。繁殖期多在3—5月，也有在1—2月间进行繁殖的，每年繁殖1~2次。巢营于稀疏杂木林、致密的常绿林或在开阔地区和作物区的枯朽树洞内，有时也利用啄木鸟的旧巢。巢洞一般离地4~5m，也有高达9~12m的。巢内堆集一些枯叶、野草、稻草、树枝等。有的树洞太小，雌雄二鸟则共同用脚和嘴扩大巢洞。洞口大而圆，一般直径为10~15cm。每次产卵2~3枚，卵呈长椭圆形，端部或钝或尖，质粗糙而硬，呈蓝绿色或淡紫色，并有浓淡不同的咖啡色至红褐色斑点，新产的卵略具光泽。

二、 鹩哥的选择

第一，选择鹩哥最好是选刚出窝的雏鸟，而且最好选择头窝幼鸟。因为雏鸟野性小、可塑性强，容易适应人工环境，也容易对人产生依赖性，所以容易驯教。其次是因为头窝幼鸟往往比较聪明，尤其是双亲均是青年鹩哥后代的第一窝鸟。第二要选胆大的雏鸟，测试胆量的方法是先惊扰它们，如果惊慌乱撞，就是胆小的鸟；反之，如果仍然眼睛大睁，昂首挺胸，那一定是胆大的上品鸟。第三要选择强壮的雏鸟，体壮的鹩哥羽毛平整有纹，毛色黑亮有光，双眼神采奕奕，体形较大，姿态优美，食欲旺盛。

三、 鹩哥说唱的训练

由于鹩哥生性胆怯怕惊，不宜外出遛鸟，可在家中笼养喜鹊等鸣禽帮助训练，或播放录音。

训练鹩哥学其他鸟鸣叫，幼鸟可以在 3 月龄后进行。调教时，要严格遵循先易后难的原则，循序渐进。在保证鸟健康的前提下，适当控制饮食。在鸟半饥半饱的情况下进行训练，采用奖励食物的办法来建立鸟的条件反射。最好的训练时间是从每天早晨喂食之前开始，到上午 10 时为止。也可以在傍晚太阳落山之前，这时的鸟最活跃，学习效果最好。学习时，把"教师鸟"的笼子和鹩哥的笼子挂在一起，并把笼衣放下，使鸟看不到外面，集中注意力听和学"教师鸟"的鸣叫。等它学会一种鸟鸣并巩固以后再更换另一只"教师鸟"，学另一种鸟鸣。换羽期后，如果鹩哥"去口"，也应让它再向原来的"教师鸟"学一段时间，找回"去口"；或将原来在一起学习的"同学鸟"挂在一起，让它们互相交流，恢复记忆。

调教时，只能用文明语言，不能讲粗话。实践证明，鸟模仿的人语不一定是主人有意识专门教的，有些是鸟主动模仿的。有时主人家庭成员的一些习惯用语鸟很容易学会。所以，凡是家中养有鹩哥、八哥之类的"学舌"鸟，全家人都要注意语言文明，避免鸟学说粗话。

单元十 | 八哥的技艺训练

一、 八哥的形态特征和生活习性

1. 八哥的形态特征

八哥属雀形目椋鸟科。学名为鸲鹆，别名有许多，如鹦鹆、寒皋等。八哥体长约 25 cm，全身羽毛黑色而有光泽，嘴和脚都是黄色。额前羽毛耸立如冠状。两翅有白色斑，飞翔时更明显，从下往上观看，左右的白色纹形呈"八"字，八哥则由此得名。八哥的眼、嘴和脚均为黄色，具有冠羽，这是区别于乌鸦的明显之处。八哥的羽毛虽不很艳丽，但容易饲养，不但善于模仿其他鸟的鸣声、学人语，还能仿效喇叭声、歌声，而且八哥的歌声动听、音调又富有旋律，所以深受人们喜爱。

2. 八哥的生活习性

八哥性喜集群，常成群栖息于大树上，或成行站立在屋脊上，也常落在水牛背上。常夜宿于竹林、大树或苇丛中，常与椋鸟或乌鸦混群共栖。繁殖季节为4—7月，大多数于5月产卵，繁殖期可延至炎热的夏天。营巢无固定的处所，多在古庙和古塔墙壁的裂隙中或屋檐下或树洞内营巢，有时利用喜鹊或黑领椋鸟的旧巢。巢以稻草、松叶、苇茎、棕丝、羽毛或废屑等堆集而成。一窝产4~6枚卵，卵多为玉蓝色。

二、 八哥的训练

1. 八哥的选择

八哥的选择主要注意以下五点。

（1）选择当年头窝、早出窝的雏鸟 一般来说，当年的头窝（4~6只）雏鸟，均由体质健壮的雄雌成鸟交配、产卵所孵出的，而且以头窝中最早出窝的雏鸟质量最优。因此，有经验的养鸟者在雏鸟刚上市时即去购买，或在此时到八哥窝中捕捉这种雏鸟，最好是选刚齐毛的幼鸟。齐毛幼鸟的体质比雏鸟更强壮，容易人工饲养，成活率高。相对来说，第二窝的雏鸟体质比头窝的差些，训练的成功率比头窝也要低些。

（2）选择"五白" 根据经验，质量上乘的雏鸟应具备"五白"特征。翅膀上白色羽斑明显，为"一白"；尾羽上的白色羽斑多而明显，为"二白"；两腿胯之间肚（腹）部羽毛呈灰白色，为"三白"；两胯间灰白色羽斑向胸前延伸，为"四白"；头顶、两眼上方两侧有浅灰白色羽斑，为"五白"。但这"五白"齐全的雏鸟往往是很难得的。尤其是两眼上方两侧的浅灰白色羽斑更是极少见到。

以上"五白"，在雄鸟表现得更为明显。雌雏鸟翅上和尾部的白色羽斑少而不明显，胯腹部几乎是黑色。此外，鸟爪全白是品质优良的标志（称全白脚爪为"玉脚玉爪"），它也是紧凑细致型体质鸟所具有的特征。凡是"玉脚玉爪"、紧凑细致型体质的鸟，多聪明机灵，活泼好动，反应迅速，容易调训成功。相反，凡黑脚黑爪（俗称"铁脚铁爪"）为疏松粗糙体质鸟，表现为天性笨拙呆板，反应迟缓，不容易调教成功。

（3）选择树窝中的雏鸟 八哥的窝址有两类：一类是树窝（或以喜鹊旧窝作窝）；另一类是洞窝，如在岩洞、树洞、旧屋檐等处。这两类窝中孵化出的雏鸟质量是不同的。在树上做窝的成年鸟，大多是体格健壮的优质成年鸟，它们表现为作巢能力强，精力充沛，活泼有神，鸣声高昂多变，抗争能力也强，它们作出的鸟窝非常精细，孵化出的雏鸟品质也比较好，但捉取比较困难。在岩洞、树洞等处作窝的成年鸟，作窝能力比较差，精力与鸣声都不如在树上作窝的成年鸟，抗争力也差。它们作的鸟窝比较简陋，孵化出的雏鸟品质也比较差，但捕取雏鸟比较容易。

（4）雏鸟性别的选择　雄雏鸟与雌雏鸟哪个更好，目前说法不一。多数认为雄雏鸟优于雌雏鸟。首先，雄雏鸟活泼好动，精力充沛，在繁殖季节勤于鸣叫和模仿人语，叫声响亮，且鸣叫和仿讲人语的频率高于雌雏鸟。其次，从外形看，雄鸟体较大，头较大、略扁，颈粗而长；全身羽毛浅黑色，身上的"五白"特征明显等。雌雏鸟则比较文静，虽也能学会人语，但叫声低沉，且学人语的套路也比雄雏鸟少，还不太会模仿其他鸟鸣叫和动物的叫声（一般称无"巧口"）。另外，雌鸟白色羽斑部分不明显。

（5）购买成年八哥的要求　①外形上必须是全身羽毛带有黑色金属光泽，紧贴而不蓬松，尾羽不散开，短而自然下垂，尾羽腹侧的端部有清晰白点；两翼腹侧的"八"字形白斑洁白而明显；站立时昂首挺胸，精神饱满。同时个头较大、身材修长、矫健有神、"五白"特征明显，具有火红朱砂色的眼和玉白色的嘴。②不但能仿学许多套人语，而且能会简单的对话，或会几句简单的外语。此外，它还能仿犬、猫和其他鸟的叫声。③品格上无缺陷，行为上无恶癖。品格上有缺陷者，将会影响种鸟的整体品质和形象，常常会给饲养的主人带来遗憾。另外，绝不能购买会说脏话的鸟。④选择口腔较大且舌多肉、柔软而呈短圆形的八哥，同时应具备性情温顺易驯、不羞涩的特点。

2. 八哥的调教

（1）八哥的调教包括两方面的内容　学说人语和其他鸟的鸣叫或兽叫声；出笼玩养。

（2）调教前的准备

①驯熟：在教学前要使八哥在笼内或架上能安定地生活，不易受惊并很驯服，愿意接近人。八哥驯服以允许人的手抚摸它的头或前背，放开脚链它也不飞走时为最好。

②捻舌：八哥的舌头较硬，外面附有硬壳，捻舌后才能学人语。捻舌又称为修舌，是训练八哥说话的技术措施之一。简单的说，捻舌就是将鸟舌用剪刀修剔成圆形。

③捻舌方法：主要有三种。一是手指捻动法，二是香灰烙烫法，三是剪刀修理法，但多是采取手指捻动的方法。捻舌一般由两人配合进行，捻舌前准备好草木灰或香灰。一人先将鸟握住，另一人以左手将鸟嘴掰开，同时以右手的拇指和食指沾些草木灰或香灰包裹鸟舌，然后握住鸟舌轻轻捻动，直到舌尖的硬壳即舌壳脱落为止。捻动时注意不要用力过猛。舌鞘脱落后，如果舌部有微量血，可涂少许紫药水或云南白药。捻舌4h以后，可以喂水喂食，但不宜喂硬料，最好喂黄粉虫或软性混合饲料等。

④捻舌时间：第一次捻舌的时间，最好是当年的齐毛幼鸟开始学习发音的最初期，一般在7月中旬左右。由于这时幼鸟的角质硬膜还比较嫩软，与舌头的附

着还不太牢靠，因此，捻舌时比较容易将角质硬膜分离和取下。

第一次捻舌后，由于舌头在活动与采食时常处于摩擦状态，新生的角质硬膜又开始慢慢地形成并延伸生长，使舌尖由钝圆状逐渐转变为尖锐状，这个过程需一个月到一个半月。这时就要进行第二次捻舌。此后，约经一个半月左右，可进行第三次捻舌，但要视具体情况而定。如果经第一次捻舌后鸟仍体力充沛，神气活泼，相距 20d 即可；如果第一次捻舌后，鸟显得筋疲力尽，体力虚弱，相隔的时间应当长一些，最好待其体力恢复后再进行。

3. 八哥的人语训练

首先是选准训练时间和时机。训练八哥学话应从幼鸟开始，而训练八哥学话语宜在八哥换毛以后半年左右开始。

训练八哥学话语时，选择女性的高音或童音训练比低音域的人训练效果更好；每天训练选在清晨空腹时或洗澡后效果最好。原因在于鸟的鸣叫在清晨最为活跃，加之鸟尚未饱食，所以教学效果好。另外在傍晚太阳落山前的一段时间里，鸟也非常活跃，也是训练的好时机。

其次是选择安静的训练环境，不能有嘈杂声和谈话声，否则易分散鸟的注意力，也容易使鸟学到杂口。所以必须选择在安静的室内进行。

训练分三步进行。

（1）单调训练　开始时要选择简单的教学内容，如"您好""欢迎""再见""拜拜""谢谢"等。注意发音准确、清晰、缓慢，不用方言，最好用普通话。每天反复教一样的话语，学会后还要巩固。如用录音机播放效果会好些，也比较省力。一般一句话教 1 周左右鸟即能学说；能学说后巩固几天，再教第二句。对于反应较灵敏的鸟，还可教以简单的歌谣。在教学期间，应避免让鸟听到无聊或不适当的语句。鸟的学语有一段短暂的时间特别敏感，这时对外界的各种声音极易仿效。一旦发现这一敏感期，应及时抓住好好利用。

（2）待客训练　八哥学会简单的人语以后，还可以训练八哥代主人接客。训练时要由两个人配合，一个人与鸟在关着门的房内，另一个人在外边敲门。房内的人对鸟说："进来"，门外的人及时推开门，并对着鸟笼里的鸟讲"你好"，房内的人接着回答："欢迎，欢迎"。敲门是给鸟发出信号，提醒其注意；脸对着鸟是使它意识到主人在教学。这样多次反复，让鸟练习。经过 10～20d，鸟就可以学会。

（3）向其他鸟学习　八哥一般没有自己特有的音韵，应注意创造条件，使其学习其他鸟的鸣叫声。学习鸣叫的最好时间是在每天的早晨，此时的鸟异常兴奋，能专心地学习，效果比较好。学习时，应把"教师鸟"笼与八哥笼挂在一起，并把笼衣放下，使鸟看不到外界，能集中精力听和学"教师鸟"的鸣叫。也可以将"教师鸟"笼挂得高些，学鸣鸟笼挂得低些。八哥学其他鸟鸣叫，如学百灵、画眉、沼泽山雀等鸟的鸣叫，一般经 2～3 月就可学会。一只聪明的八哥可以学会十余种鸟的鸣叫声。但要注意不要随意更换"教师鸟",学会一种"教师鸟"的鸣叫之后,需巩固一段时间再换"教师鸟"学另一种鸟鸣。

4. 八哥的放飞训练

八哥的放飞要求听从主人的口令或手势,主人走到哪里,鸟就跟着飞到哪里,或在主人的指挥下,在手上、肩头与主人玩耍。八哥放飞训练要从幼鸟开始,大体分三步进行。

(1)训练上杠与下杠 从八哥入笼饲养即开始训练,每次喂食之前,主人发出"上杠""下杠"的口令,同时配合手势的指令,如果八哥按指令去做,就给予食物奖励。这样经过2~3周的训练,每当主人发出口令或手势的指令,即使不给食物它也会完成上杠、下杠的动作。

(2)训练进笼与出笼 待八哥初步领会上杠、下杠手势的指令后,就要训练八哥进笼与出笼。出入笼的训练,开始在室内进行。训练前应先将房子的门窗关闭好,以防八哥不辞而别。主人手持八哥爱吃的虫子或爱吃的食物在笼外引诱,把笼门打开,同时向八哥发出出笼的口令或手势,当它出笼时,就奖励其食物;然后,手持食物转入笼内引诱,同时发出入笼指令,八哥入笼立即给予食物奖励。用这种方法反复训练,使之听从主人的指令出笼与入笼。

(3)放飞训练 待八哥已能熟练地按其主人指令出入笼以后,就可以进行放飞训练了。训练要遵循先室内后院内,先近后远,先在安静人少的地方,后到人多嘈杂的地方的原则。先训练八哥由笼门飞到主人手上,再令其飞回笼内;或将其放入笼内,使其逐渐习惯主人的指令而飞到手上,飞到手上即奖励食物。这样反复训练,待建立条件反射后逐渐地可越飞越远。

放飞时,注意放飞的时间不宜太长,最初放飞以不超过15min为好。如果开始放飞的时间太长,就可能使之因自由而忘记返笼。另外,也可能因鸟在笼外自由惯了,对笼中生活产生厌烦感,不利于今后的饲养。有经验的养鸟者,能根据鸟放飞时"领取"奖励食物的状态,有效地掌握放飞的时间,及时令鸟入笼休息。

单元十一 | 鸽子概述

一、 鸽子的起源

在几万年以前,野生鸽子成群结队地飞翔,以峭壁岩洞为巢,以植物的种子、果实为食。现在的鸽子就是由野生的原鸽、岩鸽和林鸽长期驯养而培育出来的一种可观赏和利用的物种。

鸽子的饲养历史悠久。在古希腊,最早利用信鸽把奥林匹克运动竞赛优胜者的名字告诉周围城市；在巴格达、苏丹，最早建起一个以信鸽为主的邮政系统；比利时号称鸽子王国，鸽子竞翔比赛早已成为全国性的体育运动项目；在法国，信鸽为法国在第一次世界大战时立下了不可磨灭的战功，为了纪念信鸽的功勋，特意在里尔建立了一座宏伟的信鸽纪念碑；在英国、美国、俄国等国家，信鸽都表现不凡。达尔文的《物种起源》一书介绍：埃及第五王朝驯养鸽子大约在公元前3000多年；公元前2700年埃及就有了描绘鸽子的浮雕。达尔文不仅是伟大的科学家、生物学家，他本来还是一位养鸽的好手。

我国养鸽有着悠久的历史。据《越绝书》记载，"蜀有苍鸽，状如春花"。长沙马王堆汉墓出土的帛书《相马经》中就指出"欲如鸽目，鸽目固具五彩"。由此推测，在春秋战国时代的中国南方已经有了目色不同的鸽子。秦汉时期，宫廷和民间都醉心于各种鸽子的饲养管理。隋唐时期，在我国南方广州等地已开始用鸽子通信。明朝时，我国的养鸽已具相当水平，据《鸽经》记载，明朝正统年间在淮阳，一日大风雨，有鸽坠落在主人屋上，十分困乏。被捉之后，正准备杀吃，忽见足上有一油纸封裹的信函，看封面题字，知道该鸽是从京师来的，时间仅有三天。从这段记载可以看出，从淮阳到京师只用三天，空距700多千米，足见当时信鸽的竞翔水平之高。清朝时，养鸽业更是繁荣发展，这时我国已从国外引进了大批的优良名鸽品种。尤其到了清末，无论达官显贵、八旗子弟，还是走卒贩夫、顽童老翁，养鸽放飞者大有人在，少则饲养一二十只，亦有多至数百只者，这时的养鸽者非常喜爱给鸽佩哨（给鸽尾带上哨子）。人们不但可以看到鸽子在蓝天上翻飞，而且还能享受到美妙的天空雅乐。目前我国的信鸽运动被视为社会主义精神文明和物质文明建设中不可缺少的一部分，也被视为社会稳定、人民生活祥和的象征，尤其是在北京举办的大型庆典活动中的信鸽放飞，曾多次受到党和国家领导人的肯定和表扬，深受广大群众的喜爱。

二、 鸽子的分类

鸽子的分类有多种形式。据日本《万有百科大事典》记载，鸠鸽种的鸟类多达550种。当今人们公认的鸽子类群主要包括通信鸽、肉用鸽、观赏鸽三大类。

1. 通信鸽

通信鸽简称信鸽，现代称竞翔鸽、赛鸽，是用于通信的鸽子。通信鸽是人们根据鸽子的强烈归巢欲，经过精心选育、培训，利用它传递消息承担通信使命重任。通信鸽包括航海通信鸽、商业通信鸽、新闻通信鸽、军事通信鸽和民用通信鸽等。在通信工具不发达的年代，通信鸽起着非常重要的作用。直至近代高科技电子业的出现，通信鸽的通讯使命逐渐被现代通信设备取代，其功能以竞翔比赛为主，成了国防体育项目之一。信鸽有了竞翔比赛的功能，又受到了不少人的青睐，世界各国都正在积极地开展着各种竞翔比赛活动，并且竞翔比赛越来越受人们欢迎。所以说，现代的通信鸽，不仅仅限于通信的单一含义，也包括参加国际、国内竞翔比赛的赛鸽了，而且对其的要求更高、更严、更美、更标准。通信鸽具有强烈的归巢性和辨认方向的能力。翅膀宽大，飞行耐力持久，飞行速度快，飞行距离远，机灵、敏锐，知觉和视觉较好，嘴爪绝大部分都是角质色，极个别的也有肉红色的。

2. 肉用鸽

肉用鸽又称肉鸽、食用鸽、菜鸽、地鸽。其特征：体型大、生长速度快、成熟早、肉质好、繁殖率高、抗病能力强、适应性也很好。但是，由于个体笨重，不能高飞，也不能远飞。虽然有一部分个体比较小的肉用鸽也能自由地翱翔于蓝天，但是仍不能放飞，因为其归巢性差。

3. 观赏鸽

观赏鸽是专供人们观赏玩耍的鸽子。其品种繁多，羽色多样，有的体态古怪；有的鸣声奇异；有的经过训练后，会杂技表演；有的喜欢高飞；有的很笨重，不能飞翔。

本节将主要介绍信鸽的技艺训练。

三、 鸽子的生理特点与习性

1. 恋巢性

恋巢性是鸽子的基本特征。对绝大多数鸽子来说，它的出生地就是它一生生活的地方。尽管居住条件差异很大，但鸽子不会因为自己的居住条件差而去寻找安逸舒适的地方。鸽子眷恋着已经熟悉了的周围环境，在那里安居繁衍后代。这就使它形成了一种特性，不愿在任何生疏的地方逗留，时刻都想快速返回到自己的"家乡"。根据鸽子的这种特性，数百年来，人们对其进行了筛选、训练，培育成了今天的信鸽、赛鸽等。

2. 遗传性

优良血统的鸽子能将基因遗传给后代，其后代多为优良品种。

3. 抗寒耐热性

鸽子的心脏容量大，脉搏跳动快，平均跳动 244 次/min，且具有较高的血压，成年鸽一般为 14000 ~ 18000Pa（105 ~ 135mmHg）。这些特点，保证了鸽子具有旺盛的新陈代谢和高而恒定的体温（42℃），可适应 ±50℃的气候条件。天气寒冷时，鸽子紧裹羽毛保温御寒；天气炎热时，它会松开羽毛散热，进行自我调整。所以，中原一带的鸽子，除了病鸽一般没有被冻死或热死的情况发生。

4. 具有"双重呼吸"与"双重循环"的特点

鸽子既能用肺完成呼吸作用和调节体温，又有气囊协助呼吸和调节体温。这就是"双重呼吸"最显著的特点。鸽子的另一个显著特点是血液循环有时可不通过心脏而通过肾脏进行。这就保证了鸽子的耗氧量在最低的限度，使鸽子具有很强的高空适应性。即使用飞机把鸽子带到 16000m 以上的高空放飞，它也不会因缺氧而窒息死亡。

5. 其他行为特性

（1）霸道　凡是鸽子占据的地方（包括巢、饮食器具和活动场地），除其配偶和未离开它们的幼鸽外，统统不让其他鸽子靠近，一靠近便往外驱逐。特别是雄鸽更霸道，因此对它们要进行调教，采取强制的方法让它们学会和平相处。

（2）残忍　虽然鸽子是比较温柔、和平的鸟，但是它也有残忍的一面。鸽子打架经常是打得头破血流仍不休战；还有极个别的鸽子专去偷袭别窝小鸽，当别窝老鸽不守窝时，将小鸽啄得遍体鳞伤。

（3）疯狂　鸽子的疯狂性表现在追蛋时，不让雌鸽出窝，只要雌鸽一出窝，就猛追猛撵，禁止进食进水，狠狠啄击雌鸽的头部，甚至在空中也如此。

（4）多疑　鸽子多疑好斗，警惕性较高。它在吃食、饮水，或在站、卧时，别的鸽子一靠近，就立即做出准备"格斗"的姿势，防止别的鸽子袭击自己。

（5）记仇　鸽子记仇，如果因为犯错主人惩罚它，它会记恨在心，长时间疏远主人。如果在它们打斗时主人偏向一方，被偏向者会主动靠近主人，而另一方会躲远，不再亲近主人。所以，一般情况下不要随便去惩罚鸽子。

（6）欺软怕硬　"软的欺，硬的怕"，多数的鸽子都有这样的特性。相互打斗后，斗输的弱者会溜之大吉，但是，如果遇到比它更弱者，它就又成了欺负更弱者的"行家"了。对这种好侍强欺弱者，可采用隔离法，将其在笼内关几天，就可以大大地打击它的嚣张气焰。这样做可以稳定鸽群。

单元十二｜鸽子的技艺训练

饲养信鸽的根本目的是为了放飞、竞赛和使用。要想获取理想的信鸽，除了精心选育良种、搞好优种选配及科学饲养管理外，更重要的是科学的训练。"种、养、训、管"相辅相成，缺一不可。训练的基本原理是根据信鸽的生物学特征及行为学特点，经过训练使之形成条件反射。训练的根本目的在于通过培养、锻炼提高信鸽的素质，发挥其固有的生物学特征与特长，从而具备完成各种通信和竞翔任务的基本要素及条件。训练的内容一般包括：基本训练、放飞训练、竞翔训练、适应训练和运用训练。训练原则是要从幼鸽开始，由简到繁、由近及远、由白天到夜间、基础训练与专业训练相结合进行。

一、基本训练

训练目的在于培养信鸽对驯养者服从并形成强烈的归巢意识。训练内容包括喝水、亲和、熟悉巢房、熟悉信号等。

1. 喝水训练

幼鸽刚出壳 1~2d 内不吃食并无大碍，但不饮水却会有生命危险。因此，首先要教会它们使用饮水器。方法是用一只手轻轻持鸽，使其喙部接触饮水器水面。如果恰逢它渴了，自然会大口饮水。这样逐只调教至所有的幼鸽都能喝水，重复多次训练，它们就能学会使用饮水器喝水的方法。

2. 亲和训练

幼鸽离开母鸽后会怕人，不敢和饲养者接近，也不敢大胆啄食。因此，在开始训练之前，必须让幼鸽与饲养者接近、亲和。逐步解除信鸽对主人的恐惧心理，养成其对主人的服从特性，从而驯服地接受训练。

亲和训练的方法是以食物作诱饵，让幼鸽主动跟随并接近主人。主人利用幼鸽的求食欲接近幼鸽。每日可饲喂幼鸽 2~3 次，但只在最后一次饲喂时使其吃饱，迫使信鸽始终对主人有一个依附感和求饲欲。控制食物是控制幼鸽的有力武器。开始时幼鸽总是害怕陌生人，主人进入鸽舍喂食，给以特定的信号，如呼唤或口哨等，并将少量的食物撒开让幼鸽都能吃到，然后逐渐将食物撒到主人身边，这时如有主动接近主人的鸽子，就予以奖励，以鼓励其他鸽子主动接近主人。喂食的同时，配以亲切的呼唤并用手亲切抚摸，经过一段时间的训练后，就可以以食物为诱饵，引诱鸽子飞到主人的手上吃食。当幼鸽可以飞到主人头上、肩上，主人可任意捉拿某只幼鸽而幼鸽不受惊吓时，主人就成了幼鸽完全可以信赖的伙伴，即使在不喂食的时候听到召唤幼鸽也能招之即来，亲和训练即已完成。注意在亲和训练时也要训练幼鸽的恋巢行为。

3. 熟悉巢房训练

熟悉巢房训练主要包括对舍内和舍外环境以及出入舍门的训练。训练采用先适应舍内环境，再出入舍门，最后适应舍外环境的步骤。

（1）适应舍内环境　让鸽子在舍内互相熟悉、群居、记住舍内环境，包括熟悉巢房位置以及饮水器、食槽、散步台和各自巢穴的位置。使鸽子在舍内安详地、不慌不忙地、自由自在地飞上飞下，表现出愉快的表情。此过程一般需要 3~5d。

（2）出入舍门　舍内熟悉训练结束后，即进行出入舍门训练。饲养者用小粒饲料作诱饵，在舍外给予固定的信号，引诱幼鸽从出口门到舍外。然后将出口门关闭，打开入口门，到舍内给予固定的信号，同时撒一些饲料在入口门附近，使它们在啄食时不知不觉地穿过活动栅进入舍内，这样引诱鸽子熟练进出舍门。如此反复多次就可形成条件反射。

（3）熟悉舍外环境　训练的前一天应让鸽子少吃或者不给予喂食。训练时，主人在舍外降落台前发出信号引诱鸽子出舍，同时撒适量小粒饲料让鸽子安静地啄食，此时要保持环境的安静，不能让人围观并防止其他动物进入。待鸽子都到达舍外后，关闭出口门，打开入口门，让鸽子边吃食边熟悉舍外环境。每隔

15min 左右发一次信号，让鸽子入舍并喂以少量的饲料，接着再发信号呼唤鸽子出舍熟悉环境，经过反复训练即可。此过程需 5~6d。

4. 熟悉信号训练

训练目的是为了使鸽子能领会主人的意图，懂得不同信号的含义，从而形成条件反射，按照主人给予的各种信号准确的进行行动。主人可根据自己的情况自行规定各种不同的信号意义。但必须做到信号不随意改动或滥用，以免混淆，使信号失去作用。常用信号一般分为声响（哨子或口哨）、颜色旗两大类。饲养者可以根据自己的情况灵活掌握，几种不同的信号可以结合使用。

二、 放飞训练

训练目的是为了增强信鸽的翼力、体力，锻炼信鸽的体质，提高其飞翔的耐力，为将来远距离放飞和竞翔训练打下良好的基础。此项训练又可分为基本功训练及归巢训练、诱导训练、四方放飞训练、定向放飞训练、调教训练几个方面。

1. 基本功训练及归巢训练

幼鸽熟悉鸽舍周围环境后，不久便可以在鸽舍附近作短距离飞翔，这时每天上下午都要将信鸽放出让其任意飞翔。到 3 月龄左右即可开始进行强制飞翔训练，飞翔训练时间要由短到长、距离要由近及远。从 30min 增加到 1h，并逐渐延长至 2~4h 连续飞翔。由于基本飞翔训练非常重要，因此每天早上和中午必须迫使鸽子坚持 1~2h 的基本功训练（每次不少于 1h），并且要让它们起顶，即高空不着陆飞行，不能擦屋面飞行，也不能时飞时停，这样才能达到训练目的。飞行距离要从 1km、2km、4km 逐渐增加到至少 20km 之后坚持 1 个多月的训练即可。另外，飞翔训练的方向也要由单一方向到多个方向，并适应各种气候条件。通过一段时间的基本飞翔训练后，信鸽的体质会逐渐健壮起来，在飞翔时间、适应性等方面都会得到提高。

归巢训练目的是为了让鸽子养成放飞后能够顺利归巢入舍的习惯。方法是在舍内放食物，将出口门关闭，打开入口门，再让鸽子飞翔训练。待鸽子一回来入舍就有食，长期坚持，就会养成放飞归巢入舍的习惯。

2. 诱导训练

根据鸽子固有的群居生活和求偶等生活习性，通过雌雄配对和老幼配对，进行多方诱导。因原有的鸽子对地形、环境都熟悉，可让其带新引进的鸽子进行诱导训练，如用原来饲养的一只雌鸽同新引进的一只雄鸽配对，配对成功后，就可用雌鸽诱导新引进的雄鸽进行飞翔以及归巢训练。此外，主人还可以利用喂食的机会，以食物作诱饵，进行诱导训练。

3. 四方放飞训练

此项训练的目的是为了提高信鸽的记忆力，能够准确识别方向并顺利归巢。四方放飞训练一般是在基本飞翔训练完成之后进行的。方法是按照训练计划（包括目的地、距离、方向、在上空盘旋的圈数和返回的时间长短等）将信鸽用运输笼送往距鸽舍若干千米以外的地方放飞，让它们自己辨别方向返回巢穴，并不断变换方向、延长距离，从而达到放飞训练的目的。

训练时，一定要循序渐进、由近及远，待一个方向熟悉后再改变方向，不能操之过急。在训练过程中，从第 1 次到第 2 次放飞，应以 2 ~ 4 只为一组同时放飞。这对于那些没有经验的幼鸽，可以互相帮助，从而达到觅途归舍的目的。这种训练不能表现每只信鸽的能力，也不能锻炼它们独立辨认方向的本领。但等待一段时间后即可开始单羽放飞训练，之后开始训练幼鸽独立觅途归舍的能力，并对每只幼鸽起飞后的情况做详细的记录。包括放飞后，观察鸽在上空盘旋的圈数，据此可初步判断其识别的能力。

4. 定向放飞训练

四方放飞训练完成之后，幼鸽已到 5 ~ 6 月龄，新羽已基本换齐，身体发育已趋成熟，幼鸽已能从比较远的地方单独飞返鸽舍，对其性能也基本上有所了解，此时的训练要求必须更高一些，但只需从将来要使用的方向延长距离即可。例如延长到 80km、100km、200km、400km 等。这个阶段训练的时间可根据鸽子体质状况而定，训练时间也不宜超过 3 个月。放飞的距离也要根据信鸽的年龄、体重、饲养状况、训练条件等合理确定。一般幼鸽不宜超过 600km，1 ~ 2 岁可增加至 800 ~ 1000km，2 ~ 3 岁的信鸽可进行 1000km 以上的放飞和竞翔训练。当训练距离延长到 150km 时，劣等鸽早已淘汰；到 300km 时，未满 1 周岁的信鸽已达到标准。此后应在 100km 以内多次定向飞翔以代替早晨出舍飞翔，但不增加距离，这样可以为第二年做更远距离的放飞训练创造有利条件。60 ~ 150km 训练每次均以 2 ~ 4 只为一组放飞，200 ~ 300km 以上放飞时均应集体放飞。另外，训练幼鸽应注意使用目的，如准备训练成单程通讯信鸽，应在鸽舍四周经常放飞训练；训练准备参加竞翔比赛的赛鸽，则应多做短距离定向放飞训练。

5. 调教训练

为了保持信鸽通过训练养成的归巢能力和持久的飞翔力，必须经常在不同的时间、不同的地形以及不同的气象条件下做调教训练，以便信鸽随时都能按照主人的意图准确行事。训练方法要因鸽而异，既要注重对原有素质的巩固、提高，又要针对薄弱环节进行调教。例如，对于辨别方向较慢的信鸽，就要多变换方向放飞。

三、 竞翔训练

对于通过以上多方面的训练已练好基本功的信鸽，就可以根据其年龄、素质特点安排参加春、秋两季的竞翔。参赛一方面可进一步提高信鸽的素质，另一方面可检验训练成果。一般情况下 1 岁之内的信鸽，只能参加短程竞翔；1.5 岁左右的信鸽，参加中程竞翔较恰当；2 岁以上，最好是满 2.5 岁的信鸽，参加远程赛或超远程比赛较为理想。但在信鸽参加竞赛之前，仍要进行一些重要训练，如提高飞翔速度训练，隔夜训练，黎明起飞、傍晚续航训练等。这些训练都有助于使信鸽尽快归巢，取得竞赛胜利。

1. 提高飞翔速度的训练

（1）诱导法　信鸽属于"一夫一妻"式，对于这些过着舒适安逸、愉快安静生活的信鸽，参加放飞训练或竞翔时，不要将雌雄信鸽同时放飞，应单独放飞，放一留一，至于放雌还是放雄，可依个人的习惯而定，参加竞翔的信鸽则只能将其配偶留在家里。这样，鸽子思偶心切，会迅速寻路回家"团聚"。

（2）饥饿法　在放飞或竞赛前不饲喂信鸽，让其空腹，训练时，它就会因急于充饥而迅速完成任务返飞归巢，但平时一定要喂一些高能物质，比如油菜仔、花生米之类的饲料。因这些饲料含有较丰富的脂肪，一方面可以补充信鸽飞翔时体内能量的消耗，另一方面脂肪在鸽子体内代谢过程中会产生大量代谢水，可减轻信鸽的口渴现象。

（3）占巢法　对参加放飞或竞翔的鸽子，在前10d应刺激它们的占巢欲。方法是：在趁黑夜放飞或竞翔鸽的舍内偷偷将另外一只鸽子轻轻放入它们的巢内。天亮后"主人鸽"见有"不速之客"占据它的巢房，就会拼命地驱逐。反复几次之后信鸽就会产生一种恐惧心理，唯恐其他信鸽占据了它的巢房。在这种情况下放飞或竞赛，它就会拼命地往回赶，看看自己的巢房是否又被别的信鸽占据了。这样就能大大加快其返回速度。

（4）寡居法　将非育雏期间的雌雄信鸽分棚饲养，每天放飞时间也分先后，避免它们互相接触，赛期将近时，才让它们合棚配对。这期间"夫妻"感情格外亲切恩爱，准备生儿育女。为了放飞速归和竞翔获胜，可让其孵假蛋，再将雌鸽或雄鸽拿去放飞或竞赛，均会奋力迅速归巢。如果已有雏，而且育单只，让其参加放飞或竞赛，也会取得同样的效果。

2. 隔夜训练

训练远距离放飞或竞赛的信鸽不可能当天归巢，途中要夜宿。如果是没有经过训练的信鸽，很容易与沿途的鸽子合群"借宿"而被捕捉或被伤害，造成损失。隔夜训练的目的就是让信鸽通过体验野外夜宿的生活，学会夜间寻找地方栖身和在野外安全过夜的本领，为远距离放飞或竞翔做好准备，当远程竞赛或放飞时能在途中野外安全过夜。隔夜训练的方法是：傍晚将信鸽带到远离鸽舍的地方放出，因天色已晚，辨认方向困难，不得不在野外就地寻找栖身之所，待天亮归巢；另一方法是利用无月色的夜晚，将信鸽带到郊外轻轻赶出鸽笼，让它就地过夜，体验夜宿生活，待第二天早晨归巢。这样训练几次后，信鸽就能掌握夜宿本领。

3. 黎明起飞与傍晚续航（黄昏、夜间飞行）的训练

信鸽习惯于白天活动，但不等于夜间不能飞行。进行这种训练必须让信鸽白

天休息，夜间飞行。通过这种训练，信鸽在竞翔或返飞途中，傍晚前不必寻找地方栖息，而是在夜色朦胧之中仍鼓翼奋勇前进。训练时，最好在鸽舍内安装电灯，黄昏时将信鸽带到几千米外放飞。

四、 适应训练

训练目的在于巩固基本训练的成果，为更好地进行训练和竞赛打下基础。主要是进行在不同气象、地形、时间条件下的适应放飞训练，以及防猛禽训练。

1. 适应不同气象条件的训练

信鸽远距离飞返鸽舍途中不会总是一帆风顺的，经常会遇到各种恶劣的气候条件。为了使信鸽能够适应各种恶劣的气候条件，平时一定要起早贪黑进行训练。不论什么样的恶劣气候条件都要坚持，迫使它们克服困难飞翔，使之形成牢固的条件反射。例如，信鸽从雨中飞翔归来入舍就食时，是检查羽毛的好机会，这时观察每只信鸽的羽毛上粉尘的多少和被雨水打湿的情况，可察知羽毛的质量。如羽毛上面的粉尘厚则羽毛不易打湿，说明这类信鸽更适于在雨中飞行。据此作为选择参赛信鸽的依据。可以按信鸽的使用范围，根据气象预报，加强在各种气象条件下的适应训练，培训出"全天候"信鸽。

2. 适应不同地形地貌的训练

我国境内地形地势非常复杂、各具特点，对信鸽竞翔有很多不利的影响。如高山和强磁环境会影响信鸽导航；深山峡谷影响信鸽视野，使其难于辨认方向；平原上村庄密集，需要确定明显目标才能有利于熟悉地形环境；海洋和大河面积广，极易引起局部的强气流，也会增加信鸽归巢难度。凡此种种，为了使信鸽在任何地形下都能准确归巢，在适应性训练中需要分别在各种不同地形条件下进行放飞训练。

3. 适应不同时间的训练

一天中的上午、中午、下午、黄昏、日落这几段时间，因阳光照射的反射角度不同、参照物阴影、倒影等变化，都会给信鸽造成错觉；夜间飞行，如无月光，也会在飞行时产生错觉或迷航现象。因此，在适应训练中也应注意安排不同时间的放飞，以使信鸽在任何时间放飞均能归巢。

4. 防猛禽的训练

鸽子的天敌是鹰、隼之类的猛禽，它们对信鸽的威胁最大。所以飞翔训练千万不要在鹰、隼经常出没的地方进行，并且有必要创造条件训练信鸽防鹰、隼的本领。经过严格训练的信鸽，在遭遇鹰、隼时，也能顺利完成通信传递、竞翔任务。因此在适应训练中，防猛禽训练是不可忽视的项目。鹰、隼类属猛禽，性情凶猛、视力敏锐，足趾上长有锐利的爪，具有俯冲速度快、空中抓捕能力强的特点。但它们也有自己的弱点，即翅翼狭窄，飞行时是盘旋上升，速度慢；而且它们喜欢单独活动捕食，飞行中如果遇到鸽子，追捕 2～3 次还捕捉不到，就会放弃。如果一只鹰或隼追捕到一只鸽子，遇到其他鸟类或乌鸦，它们就会来争食。而信鸽虽然有翼宽、下降阻力大、速度慢的弱点，但它有能扶摇直上、飞行速度快等这些为鹰类所不及的优点。因此，可以利用信鸽的优点和鹰、隼的弱点来训练信鸽的自我防护能力。

五、 应用训练

应用训练属于比较高等而且复杂的训练，饲养和训练信鸽的目的就是提高它们的使用价值并为人类服务。竞赛就是应用训练的一种，而通信则为信鸽的重要使用价值之一。利用信鸽通信古已有之，它有时可以完成人类较难胜任的工作，特别是在交通、通信不发达地区，以及在一些非常情况下（如战争等）。通信训练也称传递训练，一般分为单程传递、往返传递、移动传递、留置传递和夜间传递几种。

1. 单程传递训练

每天都要在两次喂食前强制信鸽做持续飞翔训练，每次 1~3h，以提高飞翔能力。利用信鸽的"圆周型辐射视线"具有开阔视野的特点，训练信鸽在复杂的环境和气候条件下，以及在不同的时间、地点能准确判断鸽舍方位，迅速找到归途。其原理是信鸽在空中飞行能够按照飞行点的前、后、左、右的视野角度构成一个圆周型辐射状视线。这与应用训练的范围、距离的远近及熟悉程度密切相关。因此，正确掌握和利用信鸽的圆周型辐射视线，逐步扩大放飞范围，增加放飞距离，是一项重要的训练内容。但应注意训练时要由近及远，近距离多放，以60km 的训练放飞代替早晚的舍外飞行运动；对迟归信鸽应在近距离增加训练次数，直到基本上能直线归巢后再延长距离。训练时还应根据信鸽素质以及地形、气候条件决定放飞范围和距离。训练必须坚持两个原则：一是从易到难和由熟到生的原则。即训练时先到信鸽熟悉的方向、地形放飞，再到不熟悉的方向、地形放飞；二是集体初次放飞与单只复放相结合的原则。集体初次放飞就是在新距离、新地段做首次飞行时，以集体放飞为宜。这样可以充分利用信鸽的群居性和合群性，让素质好的带素质差的，既能提高鸽群素质，又能减少损失。单只复放，就是在集体初次放的基础上，再做一次单只放飞。这样，既能对每只信鸽作出检验，又能提高信鸽独立飞翔的能力，从而达到个别使用的目的。但应注意，由集体到单放训练，应以后者为重点，以适应使用。加强"四向"和"三不同"的放飞训练：为了使训练与使用不脱节，不形成固定的规律性，保证信鸽在任何情况下都能顺利、准确、迅速地完成传递任务，在应用训练中必须加强在"东南西北"4 个方向和"不同地形、不同气候、不同时间"的 3 个不同条件下的训练，要有意识地选择恶劣气候进行近距离训练，由集体到单只，在地形复杂的地方应多次训练，并对训练情况做详细记录。

2. 往返传递训练

这种训练更为复杂，即饲养于甲地某鸽舍（简称宿舍）的信鸽，经过训练后，每日能飞往乙地某鸽舍（简称食舍）就食，食后仍飞返宿舍栖息，并在此产卵、育雏。如此风雨无阻，天天往返于两舍之间，人们利用其往返之便携带书信，在甲乙两地担负起有规律的通信传递任务，这种训练称之为往返传递训练。往返传递适用于通信设备少的山区、海岛、草原、人员少而又分散的点与点之间的通信联系。

（1）训练前的准备工作　训练往返传递鸽至少需要两个鸽舍，先确定双方的传递点，然后分别在甲、乙两地选择固定栖息鸽舍和喂食鸽舍的位置。一般应以原饲养鸽舍作为甲地建立栖息舍，以另一通信地作为乙地建立喂食舍。两地鸽舍的样式最好相同，舍内外所需各种设备均应齐全，但舍内没有产卵、育雏的巢房，只有栖架，以备信鸽飞来采食时暂时休息之用。甲地管住不管吃，乙地管吃不管住。鸽舍位置不宜过低或隐蔽，以便信鸽尽快熟悉两处的鸽舍。如果有 3 个以上的地点需要使用往返传递的信鸽进行通信，则应选择一个中心点作为食舍，其他各地为宿舍，使食舍成为中心站，与其他各地相互联系，从而形成一个通信网。如以宿舍为核心，其他各点则均应设食舍，并以不同颜色的色环装在信鸽脚上，以区别它们来自不同的食舍或宿舍。此外，尚需颜色相同、式样一致的工作服若干件以及运输笼若干个，以便训练时应用。训练距离：甲乙两地间的距离一般在 50km 以内为最佳。若两地距离过长，可在甲乙两地之间设中转站，使点与点之间连接成通信网。训练时坚持"集体初次放""单只复习放""困难地形多次放""目标显著少次放"的原则，使信鸽充分熟悉两地间的情况和归途中的各种标记。

（2）训练方法　训练往返信鸽，主要是利用采食和繁殖（栖息）这两种生物学特性来控制和训练的。原来信鸽在同一个鸽舍内就可获得食宿，现在硬是把食、宿这两个生存的必需要素分开，致使信鸽被迫往返于两舍之间才能满足食和宿的需要，从而完成生存及繁衍后代的目的。因此，要让准备训练成往返传递鸽的成年信鸽成对地在宿舍里安居，每对占一巢房，经过训练可以安定鸽舍内的秩序，再和训练幼鸽一样完成各种基本训练，进而训练它们能分别从食舍所在地迅速飞返宿舍栖息。

①成年信鸽轮流孵卵习性训练法：首先应进行亲和训练，每日喂食均采用手喂法，让信鸽接近主人，为以后在食舍训练创造条件。正式训练前几天均不要喂饱，约喂日采食量的 1/3，而且在训练往返的前一天停止给食。训练雄鸽的方法是：雄鸽于上午 9 时进巢房代替雌鸽孵卵，让雌鸽离窝活动；下午 5 时左右，雌鸽开始孵卵至翌日上午 9 时，又由雄鸽接替，如此轮流，天天不变。根据这一习性，可以在早上送雄鸽前往食舍，让它们熟悉食舍周围的环境并熟悉进出口位置，上午 8 时半唤它们进舍，喂食量只是平日的 2/3，然后打开出口，让它们到

舍外活动，但不要赶它们起飞，关闭进出口。这时已经到了雄鸽孵卵的时间，由于急着回家，雄鸽会赶快起飞向宿舍飞去。训练雌鸽的方法是：雌鸽离窝后，也送它们到食舍，训练方法同雄鸽。下午4时半喂食，只给日采食量的2/3，然后让它们在舍外活动，此时由于急着回家孵卵，雌鸽会迅速飞返宿舍。

无论在宿舍还是在食舍，均应全天供应清洁干净的饮水、保健沙。翌日及第3天重复上述两项训练，训练飞往宿舍；第4天一早送雄鸽至食舍附近放飞，然后呼唤它们降落，因前几天的喂食量加起来等于少了1d的定量，训练之前每天还少喂了并停喂了1d，前后合计少吃了几天的食量，此时处于饥饿状态的信鸽，若发现食舍而又听到呼唤，一般会降落下来入舍，因为这时会吃到食物。如果不降落而是飞返宿舍去接替孵卵，则它们一天均不能得食。紧接着如上所述，送雌鸽前往食舍附近训练；第5天重复第4天训练，赶雄鸽起飞，虽然宿舍内有它的配偶正在孵卵，但是因几天均未饱食，腹中饥饿，加上接连5d均从食舍飞返宿舍，已经熟悉了食舍的位置和环境，同时知道那里有食物，于是会顺利地飞往食舍。鸽入舍后，喂食至饱，然后放它返回宿舍里孵卵。如果它们还记不清航线，飞后不入食舍而进入宿舍，应再送它们飞回宿舍。用同样的方法训练雌鸽。从第7天开始重复第6天的训练，直至雌、雄鸽均能从宿舍飞往食舍为止，来往传递信鸽即基本训练成功。

②利用亲鸽育雏行为训练法：训练方法同与前法相似。不同点在于：只留一只幼雏在巢房里，作为诱饵增加信鸽的恋巢性，一旦训练成功，即应淘汰幼雏；其次在停食1d后，翌日早晨将宿舍内的信鸽无论雌雄均送往食舍，训练它们熟悉食舍的位置和周围环境，并学会进出食舍。一直到下午4时才慢慢给食（采食量为日粮的2/3）。食后让它们飞返宿舍育雏。由于一整天都在食舍内，信鸽对环境的适应时间较长，因此可以缩短训练日期。而前者为雌雄分批训练，且每天在食舍逗留的时间较短，所需时间较长。这两种方法各有利弊。

③移动宿舍或食舍训练法：幼鸽先在宿舍内完成基本训练，然后开始进行在宿舍和食舍之间的往返训练。把一个与宿舍相似的鸽舍作为食舍，放在宿舍对面，让两舍的降落台靠在一起，两舍屋顶均有运动场。宿舍里有巢房而食舍里有栖架，这是两者唯一的不同之处。训练幼鸽往返于两地之间时，早晨让幼鸽出舍飞翔，然后关闭宿舍的进出口，并打开食舍的进口。鸽降落后只能进食舍进食。喂食少许，然后移动食舍位置，使两舍之间相距10m，再把屋顶运动场装好，让幼鸽在屋顶熟悉环境。下午先拿掉饮水器再喂食，食后让它们飞返宿舍饮水。翌日，放鸽出舍飞翔，并在食舍附近呼唤它们，如果不肯飞来，就让它们进入宿舍饿1d。第3天，重复前一天的训练。信鸽进入宿舍后把它们送往食舍，并喂少许食物。再移动食舍，使两舍相距30m，再让它们在运动场内熟悉新环境。下午喂食给水后，赶它们飞返宿舍。如此反复，并逐渐增加移动食舍的距离，直至宿舍移至目的地为止。这种移动食舍的训练方法，也可用先固定食舍的位置只移动宿

舍的方法来进行，重要的是当位置移动后，一定要让在舍内的信鸽有机会观察熟悉新的环境。还可以将甲地饲养的单程传递鸽，用轮流移动宿舍或食舍的方法，使其成为乙丙两地往返传递的信鸽。

④雌雄幼鸽分别饲养于食舍或宿舍训练法：将雌雄幼鸽分别饲养于食舍或宿舍内，雄鸽占据一个巢房宿舍，雌鸽占据一个食舍，同时对它们进行基本训练。之后再训练雄鸽和雌鸽分别由食舍、宿舍飞返它们各自相对的宿舍和食舍内，进一步训练它们单独觅途返舍的能力。雏鸽性成熟后，把雌鸽送往宿舍与雄鸽配对，并训练雌鸽认识巢房，让雌鸽由舍内到屋顶运动场去熟悉鸽舍周围环境，并能随雄鸽飞进巢房。

上述各项训练完成后，在宿舍内停止喂食，次日放鸽出舍，让它们飞翔。雌鸽在宿舍内的日期不多，还记得食舍，它会向食舍飞去，但是又受到雄鸽牵制；雄鸽恋其配偶，特别在赶蛋期更会追赶雌鸽，可是又恋自己住惯了的宿舍。因此会暂时发生混乱。如果发生有雄鸽因追赶雌鸽飞往食舍，或者有雌鸽快要产卵却又跟着雄鸽在宿舍降落等情况要作好记录，以便进行相应的处理。飞往食舍的信鸽要奖给食物，对没有去的信鸽只能让它在宿舍饿上一天。在食舍里的信鸽吃食后应强行把雌鸽再送往宿舍并赶雄鸽离开。此后的训练可以概括为几个字，在宿舍方面是："放、赶、送"；在食舍方面是："喂、放、赶、送"。如此反复，直至它们能自动地由宿舍飞往食舍，食后自动返回宿舍，训练便告成功。

⑤分组往返训练法：培养出一批往返传递鸽以后，要及时分组进行往返训练。每组2~4只，按照性别以及素质的好坏合理搭配，并佩带不同的颜色环加以区别。每组的放飞时间应根据季节而定，组与组之间的放飞要有间隔，但时间要相对固定，不可随意改变。

（3）单程与往返的优缺点比较　单程传递鸽有三个明显的缺点：第一，费时费力。使用单程传递鸽时，必须先用运输笼把信鸽送往某地，暂时把它关在小笼子里饲养，不让它看到周围环境，以避免养熟而不飞归。使用时装上通信筒，然后放回鸽舍，这样小笼子里就少了一只。如此重复用完之后，又需专人送鸽子前往某地备用，费时又费力，十分不方便。第二，使用不便。由于信鸽被关在笼子里缺少运动，经常这样势必影响到信鸽的素质。信鸽归巢后需休息几天，以恢复体力，不能天天使用。第三，使用时每对之中应留一只静候配偶归巢。因此，单程传递信鸽每次能真正使用的只占全部信鸽的一半以下。如果遇上恶劣的气候条件，其传递的效率也会受到影响。而使用往返传递鸽就可以克服上述弊端。虽然在训练期间需训练者往返两地比较辛苦，但在训练成功后，训练者就不必再往返奔跑。已训练成功的往返传递鸽天天来往于甲乙两地，天天受到锻炼，使用的时间越长，它们对两地之间的山川地形就越熟悉，即使遇到恶劣的气候条件，也不会阻止它们的往返传递。

往返传递鸽虽比单程传递有很大优越性，但也有一定有的局限性。因为往返传递鸽每日来往于两舍之间，两舍相隔不能太远。飞行距离以 2h 以内较为合适。如果按照信鸽飞行的时速 50km 计算，两舍间的距离不能超过 100km。距离远了，信鸽就不能胜任，这就是它的局限性。而使用单程通信鸽的距离就不受上述条件的限制，这是往返传递鸽所不及的。

因此，单程传递鸽的优点正是往返传递鸽的缺点，但单程传递鸽的利用率远不及往返传递鸽。因此，两者是相辅相成的，使用时应按需选择。

3. 移动传递训练

训练目的在于培训出的移动传递鸽能准确认识鸽舍（移动）和信号，不受地形、自然环境限制，即使鸽舍在一定范围内迁移后仍然能够准确识别鸽舍的移动。这种信鸽在军事、地质勘探、草原放牧以及航海等方面都具有较高的应用价值。要培育出高素质的移动传递鸽，应从刚出巢的幼鸽中挑选并进行严格的训练。

训练前的准备工作：把制作好的移动鸽舍安装在移动车上，然后把幼鸽从固定鸽舍移到移动的鸽舍内。先进行亲和、舍内熟悉、出入舍门、熟悉移动车、熟悉信号等基本训练，然后再按照不同距离和方位进行移动传递训练。

第一位置：就地采取三角形移动或其他形式的移动做辨认不同方向的方位训练。一般训练 3d 左右。

第二位置：向不同方向做小移动方位训练，移动距离在 50m 以内，训练 2d。

第三位置：在 50m 以外的新位置训练，训练时间为 1d。

第四位置：在 200m 的范围内做不同方位的移动训练，训练时间 2d 左右。

第五位置：在 3km 的范围内做三角形方位移动训练，训练时间 4d 左右。

第六位置：在 3~5km 的范围内传递训练，训练时间 3d 左右。

第七位置：做 500~5000m 范围内的综合移动训练，训练时间 6d 左右。

结合担负移动传递任务的信鸽做带飞训练也是诱导训练的一种方法，要求与正式执行任务的信鸽相同。

4. 留置传递训练

留置传递就是将甲地饲养的信鸽送往乙地长期留置使用，一旦需要能马上进行传递使用的方法，是使单程传递鸽发挥出更大作用的一种训练方法。

（1）留置传递鸽应具备优良单程传递鸽所具备的素质　包括在黑暗和隐蔽处饲养，经过 1 个月到半年以上仍不丧失飞翔力的特殊体格；在黑暗处关养也能正常进食饮水，且不乱叫或煽翅；耐粗饲、适应恶劣环境、定向好、归巢心强，无论在任何时间、地点、气候条件下放飞均能顺利归巢。必须重点注意的是，在乙地关养时，一定不能让它们看到周围的环境，因为一旦信鸽熟悉了乙方的环境，放飞后往往在上空盘旋不去，误认为是这是它居住的家了。因此，既不能让信鸽认识乙地环境，也不能让它在乙地做飞翔运动。每天只能供给有限的食物，即使这样会在一定程度上影响信鸽的体质。信鸽在甲地生活时，能天天在广阔的天空中飞翔、能和其子女天天同处。而后禁闭乙地时，除了吃喝外，其余什么都得不到。在这种条件下，留置的时间越长对它的情绪影响就越大，归巢性就越强。这样既能让每只信鸽均有机会传递信件，又减少了管理员往返两地的辛劳。但管理员必须了解每只鸽子的性能，如训练成绩、使用情况以及健康、配偶、育雏等情况，在使用时才能灵活选择。让更健康、更能出成绩的信鸽多闲置些时日，先使用那些体质较差、成绩一般者，才能更好、更顺利地完成任务。

（2）留置传递鸽的训练　留置传递鸽的训练要在按照单程传递鸽的基本训练、应用训练和适应训练的基础上再进行特殊训练，也可将单程传递鸽直接实施"留置训练"培训成留置传递鸽。训练科目及要求按留置传递鸽应具备的素质安排实施训练计划。训练在舍区以外进行，离舍区的距离及留置时间应由近及远，由短到长，由白天到黑夜，留置条件也由简到繁。培训留置通信鸽要严格进行挑选，侧重于对改变饲养环境条件的适应性训练。

5. 夜间传递训练

训练目的在于培训具有夜间飞行和传递本领的夜航信鸽。训练距离在50km左右，实际使用距离50km以内，应用方法与单程传递相同。

（1）训练前的准备工作　此项训练与夜间飞行训练有相似之处。先将鸽舍顶和降落台刷上白色涂料，以便鸽群夜间识别。舍内要安装光线较弱的电灯，以不刺眼又能看到喂食为宜。舍外安装红、绿、白三种颜色的彩灯作夜间训练的指挥信号。夜航信鸽的生活习性要完全改变，白天应用黑布遮住鸽舍，让信鸽在舍内休息，黑夜打开训练。关养夜航鸽的降落台要宽，方便信鸽起降。同时，鸽舍周围灯光要少，以防与指挥灯信号混淆。还要注意鸽舍附近不要有电线杆、树林等障碍物，以防鸽群撞伤。

（2）舍内及网内训练　上午用遮光的办法在舍内进行亲和、舍内熟悉、出入舍门等基本训练。拂晓和傍晚在网内进行熟悉周围环境及降落台的训练。每天训练3~5h，一直到信鸽改变生活习性、适应夜间飞行为止。这段时间大约需1个月。

6. 飞翔和放飞训练

先在拂晓到日出前这段时间训练，然后变为傍晚练习。飞翔时间逐渐由每次10min延长到1h，这一科目要训练到鸽群能集体在夜间自由飞翔为止，大约需20d。放飞训练时，先作近距离的四方放飞，然后再一个方向一个方向地作应用放飞。距离逐渐延长，开始在明月下放飞，然后在有微弱月光的条件下放飞，最后在黑夜放飞。

六、 训练及竞翔中应注意的事项

1. 建立完整的信鸽记录表

自幼鸽出生开始时就要做好详细的记录，掌握好信鸽的年龄、品种以及放飞训练和竞翔归巢等方面的情况，科学选留或淘汰，同时不断提高饲养管理技术水平。

2. 不要过早放飞幼鸽

虽然希望幼鸽早日练就一身好本领，但过早地进行放飞训练可能会造成不必要的损失。由于幼鸽的发育不成熟、记忆力不强，放飞后会迷失方向。

3. 为信鸽配制营养全面的日粮并科学饲喂

对参加竞翔的信鸽要给予蛋白质和脂肪含量较高的日粮，如油菜籽、豌豆、碎花生米或芝麻粒等，以满足其在长途飞行过程中能量的需要。同时注意在放飞前不要喂得太饱，以免影响其归巢欲。

4. 为竞翔信鸽选好配偶

为避免信鸽之间争夺巢舍，要及时关闭其巢舍，并防止其配偶与其他信鸽配对，使竞翔鸽保持良好的竞翔状态。

5. 适当休息

参加竞翔的信鸽，归巢后无论是体力还是精力消耗都很大，需要有一段时间安静休息，以恢复体力。

6. 减少孵抱幼鸽，避免因为体质下降而影响竞翔

对于参赛的信鸽，不能让它孵抱幼雏，或只允许少孵幼雏，以保证信鸽的体质健康。为避免孵雏过多而影响其体质，可以采取抱假蛋的方法，也可采取白天将雌、雄鸽暂时隔开的办法，这样可以避免雌鸽多产蛋。

7. 保持原有的鸽窝和配偶

对于参加竞翔的信鸽，一定要保持原有的鸽窝和配偶，在这个时期绝对不能挪动或改变鸽窝，更不要将雌、雄鸽拆开，防止因情感创伤而影响其归巢的速度。

8. 为竞翔信鸽的起落和归巢创造条件

保证信鸽起飞时能够扶摇直上，降落时能够方便入舍。

思考与练习

1. 作为宠物饲养的观赏鸟主要分几类？各有什么特点？
2. 驯鸟有哪些要求？训练的科目有哪些？主要用哪些方法？
3. 哪些鸟适于手玩训练？如何训练鸟放飞？
4. 鸟鸣叫的原因是什么？如何解决？
5. 简述一只上品百灵鸟应该具备的条件。
6. 叫口应具备哪些条件？何为压口？百灵鸟压口常用哪些方法？
7. 训练八哥为什么要捻舌？八哥的高级人语调教分为几步？如何进行训练？
8. 鸽子分为几类？简述鸽子的生理特点和行为习性。
9. 鸽子应用训练通常有几种方法？如何进行鸽子的往返传递训练？

情境八
其他宠物的驯养

随着人民生活水平的不断提高，饲养宠物的种类和品种也在不断丰富。除了传统意义上的犬、猫、鸟等宠物外，饲养鱼、龟、蛇、蜥蜴等作为宠物的人也屡见不鲜。

单元一 | 宠物鱼的驯养

目前作为宠物饲养的鱼类主要是金鱼，但近年来海水观赏鱼类和热带淡水观赏鱼类的饲养也有逐年增多的趋势。

一、 金鱼

金鱼又称"金玉"或"金余"，象征着和平、幸福、快乐、名贵。"千姿百态添情趣，一缸金鱼满堂春"，观赏体态玲珑、游姿优美、性情温和的金鱼，确实令人心旷神怡。久而久之，可促使人体内去甲肾上腺素分泌，改善精神状态、促进大脑与身体各部分之间的协调，保持身心健康。

（一）金鱼的习性

1. 金鱼的食性

金鱼刚从卵中孵化出来时不吃食物，靠吸收腹部卵黄囊中的营养维持生存，2～3d后才需要从外界环境中获取食物，用以完成生长、发育和繁殖等生命活动。金鱼属杂食性动物，藻类、水草、浮萍、植物种子、米饭粒甚至面包屑等植物性原料均可以作为饵料，而浮游动物、水蚯蚓、鱼虾碎肉、内脏等动物性原料也是金鱼的上佳饵料，但通常状态下金鱼以植物性的饲料为主。

金鱼的仔鱼与成年金鱼具有不同的食性。卵黄囊刚刚消失、开始从外界摄取食物的仔鱼，体长只有1cm多，不但体小、口裂小，新形成的消化系统也很娇嫩，只能以轮虫、草履虫等小型柔软的浮游动物为食。这类小型浮游动物可以人工培育，也可以从冲洗自然坑塘中捞来的红鱼时获得，因为天然坑塘中都有这些小型浮游动物存在，往往和红鱼一起被捞出，把冲洗过红鱼的水用细密白布过滤后即可获取。除小型柔软的浮游动物外，金鱼的仔鱼也可以用煮熟的鸡蛋黄或鸭蛋黄研成细末喂养。

金鱼上、下颌内没有牙齿，但其咽喉部的咽骨上生有咽喉齿，可与其枕骨下方的咽磨配合，压碎切断或磨细比较坚硬的食物。

金鱼的鳃耙大而阔，随食物一起进入口腔的水，便可经过鳃耙由鳃孔排出体外，食物则被鳃耙滤取下来，经咽喉齿磨碎送入肠管被消化吸收。植物性食物有较丰富的纤维质，需在肠管中停留较长时间才能被消化，所以金鱼的肠管较长。

2. 金鱼的成长

水是金鱼赖以生存的生活环境。水的密度比空气大，生活在水中的鱼类不必像陆生动物那样需要消耗很多能量来维持身体平衡和运动，也不需要消耗很多能量维持体温。所以，鱼类从外界摄取的食物营养，可更多地用于身体的生长发育，因此，金鱼的成长潜力很大。一般来说，在放养密度小、饵料充足和温度较高的水域里，金鱼生长较快。

一般金鱼的寿命可长达18年，名贵金鱼容易衰退，寿命要短一些。在同种金鱼中，稀养的、投饵充足的、体形较小的个体，对饲养过程中可能遇到的不良刺激的抵抗力也小一些。因此，家庭养鱼切忌投饵过多。

3. 金鱼的发育

金鱼的发育速度十分迅速，一般来说，半年就能达到性成熟并进入繁殖状态。对金鱼发育的快慢、性成熟的早晚影响较大的因素主要是营养、水温和季节（光照）。

温度的高低和光照时间的长短对金鱼性腺分泌影响较大。据观测，金鱼在春季25℃时光照10h即可产卵，而在黑暗的夜晚不产卵。但光照在17h或以上时，会造成其生长发育不正常。

4. 金鱼对水温、水质和光照的要求

金鱼的身体是一个恒温表，即随时可以将体温调节到与环境相同温度的恒定位置。当水温升高或者降低时，很快通过鱼体皮肤中的微血管和鳃血管将这一变化传布全身，使鱼体温度随之发生相应的变化。但是金鱼对水温的适应性又是有限度的。一般认为金鱼生活的最适水温是20℃左右，在12～35℃的水温范围内都能生存。但水温一次突然升降的幅度超过7～8℃，金鱼就很容易患病甚至死亡，因此要求饲养成鱼的水温温差不超过4℃，幼鱼最好不超过2℃。在养殖过程中,室外气温的突然变化或在为金鱼池(缸、盆)换水时应特别注意这一点。

水质的优劣对金鱼影响较大,一般选择天然的泉水和井水为佳,但是通常达不到这种要求,只能采用自来水进行喂养。由于自来水中添加了氯气等消毒剂,这些化学物质对金鱼有不良的作用,可以通过对自来水晾晒来消除这种不良影响。若有条件使用井水时,要注意水温是否适宜。

金鱼最适合在含氧 5.5mg/L 的水中生活。当水中溶氧降低到 1mg/L 时,金鱼即窒息死亡,所以水的含氧量必须达到 3mg/L 以上才能保证金鱼的正常生存。虽然天然水一般含氧 8~12mg/L,远远超过 5.5mg/L,但是值得注意的是,水中的含氧量随着水温的升高会随之下降;相反,水温升高的同时金鱼运动量会随之增加,新陈代谢旺盛,需氧量也随之增加。另外,池中其他浮游生物耗氧量对池水溶氧量也有影响。因此,在饲养金鱼特别是珍贵品种时,应全面考虑各种因素以确定适当的放养密度,提高饲养金鱼的成活率。鱼体大,则放养尾数要少;水温低,则放养尾数可稍多。可按一龄金鱼每厘米身长需水 150mL、二龄金鱼为 800mL、三龄金鱼为 1500mL 推算。家庭玻璃缸不宜饲养身长超过 8cm 的金鱼。

金鱼群居性强,喜欢成群游动,喜欢在亮与暗交替的安静环境中生活,因此保持饲养环境的安静十分必要。

(二) 金鱼的主要品种及其特征

中国是金鱼的故乡,也是金鱼养殖的发源地。目前,中国和日本是世界上两个主要养殖金鱼的国家。通过多年对金鱼的选种、选育,现已形成了大约有 300 多个金鱼品种。依据李璞 1959 年和张绍华 1981 年的分类方法,可将金鱼品种分成四类。

1. 草种金鱼

草种金鱼是金鱼中最古老的品种,也是最接近其原始祖先——金鲫的种类。由于其体质强壮,适应能力强,容易饲养,是目前大面积观赏水体中的主要金鱼品种。

草种金鱼体形特征与普通鲫鱼非常相似,整个身体呈纺锤形,体躯狭长而侧扁,头部扁尖,眼较小,具背鳍,尾鳍呈叉形单叶(见图 8-1)。根据尾鳍形状的不同,草种金鱼有长尾和短尾之分,短尾俗称"草金鱼",长尾称"长尾草金鱼""燕尾"或"彗星"。

草种金鱼种类繁多、颜色各异、色彩艳丽,包括红(包括橙红)、黄(包括金黄)、白、紫、红白花、红黑花、红黑白花、五花等,也有红顶、翻鳃、透明鳞等种类。目前市场上常见的草种金鱼品种主要有金鲫、草金鱼、红白花草金鱼等。

图 8-1 草种金鱼

2. 文种金鱼

文种金鱼又称文种，其体形近似"文"字形，故而得名。文种金鱼的体形稍短缩而略圆，眼球正常，头或小或宽，背鳍发达，尾鳍延伸，分为四叶或更多（见图8-2）。体色多为红色、紫色、蓝色或红白花斑。代表品种有文种、帽子金鱼和珍珠金鱼等，其变种有帽子翻鳃、帽子绒球、红龙睛珍珠、红珍珠翻鳃水泡等。

3. 龙种金鱼

龙种金鱼又称龙睛，是现代金鱼的主要代表品种。其主要特征是体短，头平而宽，尾鳍四叶，眼球膨大而突出于眼眶之外，似龙眼，故得名龙睛。鳞圆而大，臀鳍和尾鳍都成双而伸长，胸鳍呈三角形，背鳍高耸（见图8-3）。按尾鳍形态可分为蝶尾、凤尾和扇尾龙睛等；按体色分为红龙睛、墨龙睛、蓝龙睛、紫龙睛、朱砂眼龙睛、红白花龙睛、红墨花龙睛、紫蓝花龙睛、喜鹊花龙睛、红头龙睛、五花龙睛等几十种。

图8-2　文种金鱼

图8-3　龙种金鱼

4. 蛋种金鱼

蛋种金鱼头钝，体短而肥，呈卵圆形，主要特征是绝大多数无背鳍，有成双的尾鳍和臀鳍，鳍的长短和形状差异较大（见图8-4）。一般丹凤、翻鳃、红头等的鳍条较大，绒球、水泡、虎头等的鳍短小而圆，但个别的品种例外，如大尾虎头等鱼的尾鳍的长度往往超过体长。蛋种金鱼的品种极多，如红蛋、蛋球、凤蛋、宝石眼、元宝红、裙边红、齐鳃红、粉面、隐矽红、宝石印、翻鳃、狮子滚绣球和水泡眼等，其中不乏极其名贵的鱼种。

（三）金鱼的繁殖与性别鉴定

1. 繁殖

金鱼繁殖季节集中在4—5月，春暖则早，春寒则迟。雌性金鱼孵出年内即可达到性成熟，进入繁殖期。选择亲鱼最好是2～3龄、体态适中、健康无病、游态优美、活动力强的优良个体。1对种鱼一年可繁殖1万～2万尾鱼苗。

在我国，金鱼的产卵期因各地的气候不同而异，华南地区在春节前后，华东地区在清明前后，长江以北则延迟到谷雨左右。繁殖期的金鱼，体色艳丽，精神饱满，鳍展开，喜游动。雌鱼腹部增大，呈短圆形；雄鱼的胸鳍和鳃盖上逐渐出现凸起的追星（即白色小颗粒）。近产卵时，通常会有2~3尾雄鱼连续追逐雌鱼，俗称"追尾"。雌鱼与雄鱼在水中不断相互追逐，甚至会跃出水面。为防止亲鱼在追

图8-4　蛋种金鱼

逐过程中伤害到雌鱼的腹部，同时为了提高受精率，一般将亲鱼事先选配好，有条件的可以将不同对的亲鱼分开喂养。应尽快将产卵后的亲鱼转移到别的地方饲养，并加强亲鱼的营养，使其尽快恢复体质，同时，将受精的鱼卵进行人工孵化。

2. 金鱼的性别鉴定

一是看体型：雄性金鱼通常体细长，腹部突出不明显，从背部观察尾柄较粗。雌性金鱼体短而圆，腹部比较膨大并突出，从背部看雌鱼的尾柄较细。

二是看体色：同一品种的金鱼，雄性色泽比较鲜艳，颜色较深，到了秋季鳃盖下部和尾上、鳍上略带淡黄色。雌性金鱼色彩较淡较浅，到了秋季鳃盖下部和尾鳍是纯白色。

三是看胸鳍：观看同一品种、大小和年龄的金鱼，雄性的尾鳍、胸鳍、背鳍长一些，而雌性的尾鳍、胸鳍、背鳍略短些。龙眼雄金鱼的胸鳍刺硬，且有些弯曲，雌鱼的胸鳍是平直的。

四是看追星：雄金鱼在繁殖季节有十分明显的第二副性征的标志，鳃盖及胸鳍的第一根鳍条出现很多白色的小突起，称为"追星"。追星的出现表示生殖腺已经成熟。

五是看游态：雄性金鱼胸鳍较长，游泳速度快，对外界刺激的反应也比较灵敏。在生殖季节，凡是游泳活泼、主动追逐其他鱼的，一定是雄鱼。

六是看腹部：在非繁殖季节，雄鱼的腹部较硬，雌鱼腹部较软。到了春季繁殖期，雌鱼泄殖孔附近的腹部变得特别松软，雄鱼仍然是硬的。

七是看泄殖孔：观察金鱼的泄殖孔形态是鉴别雌雄最可靠的方法。雄性金鱼泄殖孔较小、较长，如针状，泄殖孔凹陷，或者是平的。雌性金鱼泄殖孔略大且圆，外凸明显。

（四）金鱼的选购

1. 外部特征

品质较好的金鱼，其发育良好，体态均匀，品种特征明显，可从头部、鳍、

眼、鳞片、鼻孔的特化等外部特征区别品质的优劣。

（1）头部特征　头部一般分为正常头型（平头型）、鹅头型、虎头型和狮头型。正常头型的金鱼，应端正且左右对称。平头型的草金鱼，头部较小，略呈三角形，头部长度与全身之比为1:5，头部光滑平坦，不能长任何凸起的肉瘤。鹅头型金鱼，头部较大，略呈长方形，有肉瘤生长，肉瘤只生长在头的顶部且丰满发达者即为上品，而面积太大或偏生者为次品。虎头型金鱼，头部发达的肉瘤应延至颊颚，但覆盖的肉瘤比鹅头型的薄且平滑。狮头型金鱼，头部应大而圆，头部肉瘤特别发达，头顶部和两侧颊颚的表皮上都生长着肉瘤，形似草莓，头部长度与身体全长之比约为1:3。

（2）眼睛　分为正常眼型（如草金鱼）、龙睛型、水泡眼型、望天眼型（又称朝天眼）、蛤蟆头眼型（又称蛙眼、小水泡眼）。各种龙睛的眼球要突出于眼眶之外，并且左右对称，眼应大而圆，以似算盘珠状突出于眼眶、左右对称为最佳，苹果眼次之，以圆锥形眼最次。水泡眼应大而圆且匀称，水泡柔软透明，左右对称无任何倾斜者为佳品，水泡小、左右不对称者为次品。望天眼的眼球应突出于眼眶骨，大而圆，向头顶部平翻90°，朝向天空，眼圈圆润闪光，以左右对称者为佳品，若眼球向前或向后倾斜，或左右斜下，或单眼朝天者，或眼圈不亮者均为次品。蛤蟆头眼，头形似蛙，眼球正常，但眼中的半透明液体较少，小于水泡眼者，一般只要左右对称即不失为佳品。

（3）鳞片　金鱼的鳞片分为正常鳞、透明鳞和珍珠鳞。若为正常鳞片，应无损伤，不残缺，排列紧密而整齐。透明鳞应是"看似无鳞实有鳞"，体表鳞片光滑而明亮，无色素沉集，看起来犹如一层玻璃，基本看不见鳞片分布。珍珠鳞片应粒粒向外凸起且清晰，排列整齐，色泽明亮；珍珠鳞片覆盖全身者为上品，若珠鳞不整齐，有鳞片脱落者为次品。

（4）绒球（鼻隔膜特化）　以鼻隔膜发达的肉叶长成球形，球体致密大而圆，且左右对称。当鱼游动时绒球略有摆动，像花束装饰在头部，非常雅致者为上品；球体小、左右匀称者次之；球体疏松、大小不一者为次品。

（5）鳃盖　分为正常鳃盖和翻鳃两种。正常鳃盖要求闭合自如，左右对称；翻鳃鱼左右两个鳃盖的后部由后缘向外翻转，鳃瓣、鳃丝裸露明显者为佳品，如左右翻转不对称，或一侧翻鳃一侧不翻鳃的是次品。

（6）鳍　①背鳍：文种金鱼应具有完整无残缺的背鳍，背鳍高而长者为佳品。蛋种金鱼则无背鳍，以背脊光滑平坦，无残缺，无突起，身躯端正左右对称者为佳品；若长有残鳍、结疤，俗称"扛枪带刺"，这是一种"返祖现象"，是蛋种金鱼的大忌。②尾鳍：尾鳍分为单尾、双尾（四尾）、三尾（上单下双）、垂尾、扇尾（展开尾）、蝶尾（尾展开且往上翘）、长尾、中长尾和短尾。双尾展开、左右对称、无残缺者为最好；不对称、卷曲或缺损者为次品。文种金鱼尾鳍要更长，其长度超过躯干长度者为佳品；蛋种金鱼，尾鳍小而短者较佳。③胸鳍、腹鳍：金鱼的胸鳍、腹鳍变异不大，一般只有长短之分，要求左右对称、无缺损即可。④臀鳍：金鱼的臀鳍分为单臀、双臀、上单下双、残臀和无臀，臀鳍若左右对称且双臀为上品，残臀和无臀为次品。

（7）体型和体长　一般认为，体型圆凸且短的金鱼为佳品，体型细长的为次品。

2. 色彩

色彩是选择金鱼的重要指标之一。一般而言，色泽艳丽、色彩鲜明、颜色纯正者为上品。单色鱼要色纯而无瑕斑，双色鱼要色块相间、杂而不乱。全身红色的品种，以从头至尾全身通红似火为上品，红黄色或黄色的次之。黑色鱼要乌黑如墨，永不褪色为上品。蓝色、紫色鱼颜色比较稳定，很少褪色。五花鱼要求五花齐全。各类红头金鱼要求以全身纯白，仅头部为红色且端正对称者为上品。一般脱色早的金鱼质量较好，如脱色较晚，尽管体型优美，也应及时淘汰，更不能留种。

3. 游动姿态

金鱼的游姿也是鉴赏的重要指标之一。选好品种和体形后，需要观察金鱼的游姿。金鱼的游姿应雍容华贵、雅艳并收、翩翩起舞、姿容秀美。

4. 健康状况

健康的金鱼主要表现有：体型肥壮，游动有力，色泽鲜艳，鳞片、鳍条完整，摄食正常且不浮头。

总之，对初养金鱼者，应选择体质健壮，觅食和抗病能力强，对低氧等对不良环境抵抗力较强、容易饲养的品种，如龙睛鱼、鹤顶红等，另外，这些鱼种体态也较为美观，颜色比较丰富，挑选余地也较大。

（五）金鱼的管理与运输

金鱼是低等变温动物，它的生存一是需要适宜的水温和清新的水质，二是充足的氧气和适宜的空间。

1. 管理

饲养经济价值和观赏价值较高的金鱼，养殖者应掌握投饵、添水等日常管理技巧，并把握好各个饲养管理环节。只有掌握了养鱼操作技术的要点，才不会碰伤鱼体，也就不会有损于金鱼的形态美。比如特别珍贵的品种的珠鳞、绒球等碰掉后不能再生，如果水泡碰坏，虽可设法恢复，但技术难度也很大，不易掌握，且极易导致泡体变小或左右不对称，从而大大降低鱼的观赏价值。此外，碰伤鱼体还易使其感染疾病而引起死亡。

2. 运输

运输时，如果两地距离不太远，1～2h能到达目的地，可用刷洗干净的鱼虫桶装运，也可用较大的塑料袋装运。如用塑料袋装运，袋内应装少量的水（约占总体积的1/3），留一定量的空气，扎紧袋口，装入平整的厚纸箱内，以便搬运。

如果金鱼数量较多，路途又远，运输时间又长，要采用尼龙袋充氧密封后启运。到达目的地以后，不能立即将金鱼放入养殖池中，应该让其有一个适应水温的过程，以防水温的剧烈变化给金鱼带来不良的影响。

二、热带海水观赏鱼

海水观赏鱼主要来自于印度洋、太平洋中的珊瑚礁水域，其品种很多，体型各异，体表色彩特别鲜艳，花纹丰富，善于藏匿，具有原始古朴神秘的自然美，极具观赏价值。常见产区有菲律宾、中国台湾、日本、澳大利亚、夏威夷群岛、印度、红海、南海及非洲东海岸等。

热带海水观赏鱼分布极广，它们生活在广阔无垠的海洋中，许多海域人迹罕至，还有许多未被人类发现的品种。热带海水观赏鱼是全世界最有发展潜力和前途的观赏鱼类，代表了未来观赏鱼的发展趋势。热带海水观赏鱼包括雀鲷科、蝶鱼科、棘蝶鱼科、虾虎鱼科及隆头鱼科等许多品种，其中著名的品种有女王神仙（额斑刺蝶鱼）、皇后神仙（主刺盖鱼）、皇帝神仙（甲尻鱼）、红小丑、蓝魔鬼等。热带海水观赏鱼的许多品种都有自我保护的本性，有些体表生有假眼，有的尾柄生有利刃，有的棘条坚硬有毒，有的体内可分泌毒汁，有的体色可任意变化，有的则善于模仿，林林总总，千奇百怪，充分展现了大自然的神奇魅力，观赏价值极高。

（一）常见品种

1. 雀鲷科

全世界的雀鲷科鱼的种类多达200种以上。在自然界中，雀鲷科鱼为了避免受到大鱼的攻击，通常在浅礁洄游，一旦感觉到危险就会迅速躲入珊瑚林中。所以人工饲养时，最好在水族箱中设置珊瑚，不论是遭遇危险还是夜晚休息时，雀鲷均会躲进掩蔽所中，并改变身体的颜色。雀鲷的争斗性强，饲养雀鲷无论是与其他鱼一起或是同种一起饲养，必须经常清点数量，以免死在岩石或珊瑚中而未能察觉，影响了水族箱的水质。常见品种有小丑鱼、黄肚蓝魔鬼、三点白（见图8-5）、蓝魔鬼等。

饲养管理要点：饲养的水温26~27℃，海水相对密度1.022~1.023，海水pH 8.0~8.5，水硬度2.4964~3.2097mmol/L。饵料有海藻、丰年虾、冰冻的鱼肉、海水鱼颗粒饲料等，多饲养在有珊瑚、海葵的水族箱中。

图8-5　三点白

2. 蝶鱼科

蝶鱼科常见的品种有黄火箭（见图8-6）、

红海黄金蝶、黑白关刀、虎皮蝶、月光蝶等。

　　饲养管理要点：饲养水温 27～28℃，海水相对密度 1.022～1.023，海水 pH 8.0～8.5，海水中亚硝酸盐含量要低于 0.05～0.3mg/L，海水中含铁量 0.05～0.1mg/L。饵料有冰冻鱼肉、贝肉、蟹肉、水蚯蚓、海水鱼颗粒饲料等，喜欢啄食软珊瑚等无脊椎动物，水质要求稳定。

　　3. 虾虎鱼科

　　虾虎鱼科常见的品种有雷达、草莓、喷射机和双色草莓（见图 8-7）。

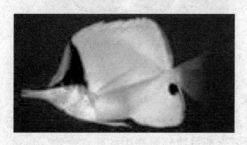

图 8-6　黄火箭　　　　　　　　　　　图 8-7　双色草莓

　　虾虎鱼科饲养管理要点：饲养水温 27～28℃，海水相对密对 1.022～1.023，海水 pH 8.0～8.5，海水硬度 2.4964～3.2097mmol/L。饵料有丰年虾、鱼虫、切碎的鱼肉、贝肉、蛤蜊肉、海水鱼颗粒饲料等，可与活珊瑚、海葵等无脊椎动物混养。但饲养双色草莓的水温为 24～27℃，海水相对密度为 1.020～1.025，pH 为 8.1～8.4。双色草莓能不断地在底面爬行捡吃剩饵，是很好的"清道夫"。

　　4. 隆头鱼科

　　常见的品种有红横带龙（见图 8-8）、红龙、古巴三色龙、黄点龙、尖嘴青龙和粉红龙等。

　　饲养管理要点：饲养水温 27℃～28℃，海水相对密度 1.022～1.023，海水 pH 8.0～8.5，海水硬度 2.4964～3.2097mmol/L。饵料有冰冻鱼虾肉、水蚯蚓、海水鱼颗粒饲料等。

　　5. 棘蝶鱼科

　　常见的品种有法国神仙（见图 8-9）、金圈神仙、女王神仙、神仙鱼、黄新娘、蓝面神仙、皇帝神仙、六间神仙、马鞍神仙、黄背蓝肚神仙等。

　　饲养管理要点：饲养水温 27℃～28℃，海水相对密度 1.022～1.023，海水 pH 8.0～8.5，海水硬度 2.4964～3.2097mmol/L，海水中亚硝酸盐低于 0.3mg/L。饵料有海藻、冰冻鱼虾蟹肉，较喜欢啄食软珊瑚等无脊椎动物。

　　（二）饲养管理

　　海水观赏鱼对饲养管理的要求较高，特别是海水观赏鱼中的蝶科和棘蝶科鱼类，对水质的硬度、水的循环过滤流量、光照和水温的调节以及饵料品种的选择与需求都比较严格。

图 8-8　红横带龙

图 8-9　法国神仙

1. 饲喂

海水观赏鱼从野生的海洋环境中被移入水族箱中，需要有一个适应的过程，短者需要月余，长者需要数月。当适应了水族箱中的生活环境，就可以引诱它们摄食饵料。饵料可由其熟悉的海洋中的活饵逐渐过渡到海洋中的死亡食物，再过渡到人工配合饵料或当地来源较广泛的食物。这样，海水观赏鱼才会逐渐适应水族箱中的生活环境。

（1）饵料的种类　海水观赏鱼的饵料可分为植物性饵料、动物性饵料和人工配合饵料。饵料多以卤水性饵料为主，可以是海洋中的活饵，或是冰冻的海洋鱼类等。植物性饵料有海藻、海菜或陆地上的青菜等，但纯粹以植物性饵料为主的品种很少。动物性饵料有小鱼、小虾、牛肉、牛心、鸡心、血虫、水蚤、水蚯蚓、孑孓及冰冻的鱼虾肉或海洋中的甲壳类动物等，但冰冻的饵料需加工切碎后再喂，以动物性饵料为主的品种较多。人工配合饵料有高蛋白营养麦片、汉堡、颗粒饵料等。

（2）投饵　海水观赏鱼的投饵应少量多餐、适量投喂。投饵量以在 1~2min 内食完为限，每天上午喂一次即可，但饵料品种要定期更换。素食性海水鱼类多以海藻为主食，也可投喂切碎的青菜等，投喂量以在半分钟内食完为好，每天投喂 1~2 次。此外，水族箱中置放的软体动物（如气泡珊瑚、枝状珊瑚、海星、海参、海螺等）也要投放饵料，如鱼虫、蛤蜊肉汁等，每周适量投喂 2~3 次。也可在水族箱中培养黄藻、蓝藻、褐藻等作为软体动物的饵料。

2. 水质调控

高盐度鱼类（如海水观赏鱼类、珊瑚、海葵等无脊椎动物）对海水的水质要求较高，海水盐度在 30% 左右，海水相对密度在 1.022~1.023。低盐度鱼类（如石斑鱼、花斑海鳗、花斑虎鲨等），要求海水盐度在 20% 左右，海水相对密度在 1.017~1.020，而暗色东方鲀、绿河鲀、金鼓、绿鼓等喜欢生活在半卤半淡的水质中；它们中有些品种亲鱼在淡水中繁殖，盐卤水中生长；有些品种亲鱼在盐卤水中繁殖，但幼鱼是淡水中生长的。人工海水可采用人工海水盐配制。

水质调控应注意以下几方面。

（1）定期轮换水流方向 海水观赏鱼一向生活在流动的活水中。它们饲养在水族箱后，可在水族箱的两侧各安装一台内循环过滤泵，使水族箱中的水呈循环流动状态；或用两台潜水泵安装在水族箱的两侧，每隔6h启动一台潜水泵，同时关闭另一台潜水泵，这样水族箱中的水每6h变换一次方向。

（2）生物过滤系统的培养 生物过滤系统是指利用水中的硝化细菌，将海水中所含的有害的氨、亚硝酸盐转化为无害的无机氨和水。水族箱中的生物过滤系统主要是高效能的生物过滤球。生物过滤球是一种中空的、表面积很大的硬质塑料球体，可以容纳数目可观的硝化细菌，并在上面生长繁殖。当海水流过时，水中的有机物就会被吸附，并进而转化成无害的硝酸盐，当硝化细菌的数量足够多时，生物过滤球就会变为黑色球体，海水中的氨、亚硝酸盐则降到最低水平。为了尽快培养生物过滤系统，可在生化过滤箱中添加活硝化细菌作种并添加液态肥料或有机物残屑，也可放一尾死鱼等来作为硝化细菌的营养液。生物过滤系统一旦正常运转后，海水中的有机物（如剩余饵料、鱼的排泄物等）都会被分解消化，使水质达到一种高性能的生态平衡，对海水鱼类的正常生存极为有益。安装了生物过滤系统的水族箱，应尽量不要向其中泼洒药物（如硫酸铜、抗生素等），以免影响生物过滤系统的正常运行。

（3）水质保养 饲养海水鱼的水温一般维持在 26~32℃，饲养珊瑚、海葵等无脊椎动物的水温应维持在 26~30℃，因此，水温多控制在 28℃左右，对鱼类、无脊椎动物饲养均有利。

饲养海水鱼的海水 pH 宜控制在 8.2~8.4。调解 pH 的方法主要有两种，当 pH 超过 8.4 时补充米醋溶液或 CO_2 予以调节，当水的 pH 低于 8.0 时，用小苏打溶液进行调整。

水的硬度应维持在 2.4964~3.2097mmol/L。在饲养无脊椎动物的水族箱中，若出现水质硬度经常降低的现象，可采用 CO_2 扩散器向水中缓缓补充 CO_2，既可作为无脊椎动物的营养，也可有效稳定水质的硬度。

微量元素铁参与海水中无脊椎动物的新陈代谢活动，可以保持鱼类色泽的艳丽，所以水中的微量元素铁的含量应控制在 0.05~0.10mg/L。当水中铁含量过低时，应及时补充液态铁。

海水中氨、亚硝酸盐的含量应控制在痕量状态。若海水中的氨、亚硝酸盐出现了微小的含量，表明水族箱中生物过滤系统负担过重，不能有效地硝化和分解海水中的氨和亚硝酸盐，此时应及时更换部分饲水，并减少投饵量。

3. 日常观察

（1）恐惧感观察 海水观赏鱼饲养于狭小的水族箱内，由于品种不同、习性差异，加上饲养密度较高，易使鱼产生恐惧感，导致相互之间的斗殴、撕咬，甚至发生凶猛鱼吃斯文鱼的现象。所以须细心观察，以便尽早发现问题，及时采取妥善的防范措施。

（2）食欲观察　可在投饵时观察食欲状况，如发现离群、食欲减退或拒食的鱼，应及时找出原因，加以解决。

（3）夜间观察　夜幕降临后，海水观赏鱼都有各自的栖息领地，有的隐藏于岩石洞穴中，有的隐藏于珊瑚中，有的横卧于珊瑚沙上，但当开启灯光后，鱼群则活跃起来，如果发现有异常现象，应采取相应的处理措施。

（4）粪便观察　海水观赏鱼每天排粪 1～2 次，粪便颜色和形态因品种不同而异，有的品种（如蓝倒鲷、人字蝶和红小丑等）粪便呈白色液状，有的品种（如珍珠狗头和皇后神仙等）的粪便呈碎屑状，有的品种（如花斑海鳗等）的粪便呈颗粒状，每天应多次观察粪便的状况是否正常，及时解决发现的问题。

4. 水族箱的清洁卫生

水族箱内的海水在使用前是洁净透明的，但在饲养一段时间后，由于鱼类的排泄物会使蓝藻类大量繁殖，水族箱的内壁或底部会滋生一层蓝色或褐色的藻类，随着海水的老化以及藻类繁衍的日趋旺盛，仅靠生物过滤系统的作用不可能根除藻类，从而影响水族箱的观赏效果。因此要定期对缸底置景物、玻璃缸内外壁、珊瑚沙等进行清洗，并通过光照和投饵量的调控来控制藻类的繁衍速度及鱼类的排泄物。

三、 热带淡水观赏鱼

热带淡水观赏鱼，一般狭隘概念上是指栖息于热带地方的淡水水域（河川和湖沼）的淡水鱼，其中观赏鱼有数千种。它和栖息于珊瑚礁的海水鱼是有区别的。热带淡水鱼的主要产地分布在近赤道的南美亚马逊河流域、非洲、印度、东南亚和澳大利亚等地。具有代表性的鱼类有鳉科、鲤鱼科、慈鲷科和斗鱼科等，它们大部分都姿态优美、色彩鲜艳、善于变形、生性有趣，令人喜爱饲养。近年来鲶鱼类的珍奇鱼种极受欢迎，而且来自东南亚、非洲、美洲大陆的珍贵品种不断涌现。

1. 鳉科

鳉鱼（见图 8-10）原产地为美洲，因被广泛饲养和繁殖，产生了许多美丽的变种，目前分布于世界各地。鳉鱼有卵胎生鳉鱼和卵生鳉鱼两科，小型鱼居多，喜欢弱碱性水质，容易饲养。代表品种主要是产于圭亚那、委内瑞拉、巴西等地的孔雀鱼，产于墨西哥、危地马拉的剑尾鱼和月光鱼。

鳉科鱼类性情温和、活泼可爱；食性杂，各种人工饲料都能饲喂，小鱼主食浮游生物。适和与其他的小型鱼混养。适宜硬水，pH 可在 7.0～7.5，饲养水温在 20～28℃，只要不低于 15℃ 就可以生长良好。由于最易饲养和繁殖，所以是初养热带鱼的入门品种。

2. 脂鲤科

原产地主要在南美洲的亚马逊河流域、圭亚那等地，主要代表品种是食人鲳（见图 8 - 11），另外还有玻璃灯、虹绿灯和银屏灯等。

图 8 - 10 鳉鱼

图 8 - 11 食人鲳

食人鲳别名红肚食人鲳，属水草卵石生鱼类。原产于亚马逊河、圭亚那、委内瑞拉等地。体征：体长 20 ~ 30cm，卵圆形侧扁。全身灰绿色，腹部大片红色，臀鳍鲜红色。体格健壮，下颌发达有刺，有锐利的牙齿，掠食迅速，以凶猛闻名，在原产地又有食人鱼之称。习性：饲养水温 20 ~ 26℃，水质要求不严格，饲养容易。饵料有鱼虫、水蚯蚓、小活鱼、鱼肉、虾肉等。繁殖：繁殖水温 26 ~ 27℃，亲鱼性成熟年龄 18 个月，雄鱼体色鲜艳，个体较小，雌鱼体色浅淡，个体较大，属水草卵石生鱼类，雌鱼每次产卵 2000 ~ 4000 粒。

3. 鲤鱼科

全世界各地均有分布，种类繁多，该科鱼体型大小有异，颜色鲜艳美丽，在水族箱里也可以繁殖，比较容易饲养。鲤科观赏鱼不一定都是热带鱼，生活在亚热带、温带甚至寒带的也很多。主要品种有斑马鱼（见图 8 - 12）和红鳍银鲫鱼。

图 8 - 12 斑马鱼

斑马鱼属水草卵石生鱼类，原产于印度、孟加拉国，体长 4 ~ 6cm，纺锤形。体侧从头到尾有数条银蓝色花纹。雄鱼活泼好动，鱼体狭长，腹部平坦，臀鳍是蓝纹间夹着深黄色的条纹，雌鱼臀鳍的条纹是蓝白相间的。饲养水温 22 ~ 23℃，水质要求不高，饵料以鱼虫为主。繁殖水温 22 ~ 24℃，雌鱼每次产卵 300 粒左右。性情温和，容易饲养，繁殖能力强，幼鱼 4 个月可达性成熟，每年可繁殖 6 ~ 8 次，是初学饲养热带鱼的首选品种。

红鳍银鲫鱼原产于泰国、马来西亚、印度尼西亚等。体长 30 ~ 35cm，体形侧扁，体色清灰。成鱼体色银白，背鳍、尾鳍鲜红色，背鳍边缘黑色，尾鳍上下边缘黑色。饲养水温22～28℃，水质要求不严，饵料有鱼虫、红虫、水蚯蚓、黄粉虫等。繁殖水温27～28℃，繁殖方式类似于淡水鲫鱼。

4. 慈鲷科

慈鲷科鱼主要分布在美洲和非洲，大型鱼种较多。大部分性格暴躁，喜欢打

图8－13　马鞍翅鱼

斗，排它性强，但对自己的后代却呵护有加，极其慈爱，故称其为慈鲷鱼科。主要品种有血鹦鹉、马鞍翅（见图8－13）、火鹤鱼和七彩神仙鱼。其中代表品种为血鹦鹉。

血鹦鹉体形似金鱼，体长10～12cm。体幅宽厚，呈椭圆形。幼鱼体色灰白，成鱼体色粉红色或血红色，虽体态臃肿，但满身红艳，讨人喜欢。饲养水温22～26℃，喜弱酸性的软水。饵料有鱼虫、水蚯蚓、黄粉虫等。

亲鱼性成熟年龄为6～8个月，雄鱼体色血红，雌鱼体色较淡，卵生，每次产卵300～500粒。

单元二 | 宠物龟的驯养

一、 龟的生物学特性

1. 龟的身体结构

龟是爬行类动物的一种特化，具有坚硬的外壳，俗称"龟壳"。头、颈、尾、四肢均可缩入甲壳内（平胸龟、海龟类等少数种类的龟例外）。其外部形态与其他爬行动物有着显著的区别，龟的身体可分成头、颈、躯干、四肢及尾五部分。

2. 龟的生活习性

（1）生活环境　现存的龟分布在世界上除空中以外的所有地方，无论是江、河、湖泊，还是池塘、沼泽、海洋、陆地，到处都有它们的足迹。按它们的生活环境不同，可分为水栖龟类、半水栖龟类、海栖龟类和陆栖龟类四种类型。

龟的陆栖与水栖是相对的，陆龟也常到浅水水域里饮水、洗澡，但不能下水游泳；水栖龟类也常到陆地休息晒壳、产卵等。有些水栖龟可以在岸上生活4～5d，甚至更长时间。

（2）休眠　龟是变温动物，它对周围环境温度变化很敏感，当温度降低到

一定程度时，龟就会进入休眠状态，以保证生命的维持。龟通常在10℃左右进入冬眠状态；温度上升至15℃左右，部分龟开始活动，有的已能进食。25℃以上为龟的摄食、活动正常值，30℃为最佳温度值。

（3）食性　龟的食物多种多样，有动物性饲料、植物性饲料和人工混合饲料等。

动物性饲料：动物性饲料主要包括家畜、鱼类、昆虫、软体动物等。小鱼、小虾、泥鳅、猪肉、猪肝、黄粉虫（面包虫）等，是家庭饲养时养龟者常用的饲料。

植物性饲料：以树叶、水果、蔬菜、花草等植物为主。树叶包括槐树、桑树、白杨树、桦树的树叶及葡萄叶等。但龟的食物多以瓜果蔬菜为主。

人工混合饲料：混合饲料是科研人员用鱼粉、矿物质等原料专门研制而成的饲料。对龟而言，它营养全面且丰富，对饲养者来说，获取容易。目前，宠物市场出售的人工混合食物种类多种多样，主要包括水龟饲料、陆龟饲料、全价营养饲料等。

（4）防御　龟是自然界中最与众不同的类群，对付外来侵略最主要的手段为"龟缩"，即龟的头、四肢、尾均缩入龟壳中，按龟缩程度的大小可分为半龟缩和全龟缩。当龟缩时，上下壳完全封闭，不留任何一点点皮肉和缝隙，背甲和腹甲形成了一个整体。

除此以外，某些龟在遇到紧急情况时，皮肤上的麝香体还会释放麝香味，雌性眼斑龟身上的狐臭味等也可以协助其逃脱敌人的侵害。另外，有些龟的尾部上的鳞片可以抽打对方，并辅助用嘴咬的方式攻击敌人。

二、　水栖龟类

水栖龟类品种较多，如平胸龟、中华花龟、眼斑龟、乌龟等。

1. 平胸龟

平胸龟又名鹰嘴龟、大头龟、鹰嘴龙尾龟、三不像或鹦鹉龟。主要分布在我国的安徽、福建、广东、云南、贵州、重庆、江苏、湖南、江西、浙江、海南和香港特别行政区，国外主要分布于泰国、缅甸、越南等。威武、凶猛的平胸龟，颇受青少年的喜爱（见图8-14）。

平胸龟是较古老、原始的龟类。虽被发现已有100多年，但人工繁殖较匮乏，目前市场上出售的平胸龟大多来自野外。

平胸龟对温度要求不高，能忍耐低温环境，甚至短时间处于水温0℃以下也不会被冻死。水环境温度10℃左右时冬眠，水温

图8-14　平胸龟

14℃左右时少活动，最适宜水温为25～28℃；但水温超过32℃以上时龟有少食、少动现象。平胸龟喜食动物性饵料，尤喜食活物，如幼金鱼、蚯蚓、蜗牛、蠕虫等。平胸龟生性粗野强悍，常相互撕咬四肢、尾部。若饲养者抓起平胸龟，平胸龟立即张嘴欲咬，但其颈部不能伸缩，故饲养者不易被咬到。平胸龟能借助尾部攀壁爬树，抽打入侵者。

平胸龟分布广，适应能力较强，但它们的野性较大，逃逸性强，所以平胸龟宜饲养于面积较大的玻璃缸或四壁光滑的容器中。

平胸龟雌龟尾部较短，泄殖腔孔位于背甲后部边缘之内；雄龟尾部较长，泄殖腔孔位于背甲后部边缘之外。

平胸龟6—9月产卵，每次1～3枚。卵小，椭圆形，卵长径31～35mm，短径19～20mm，重10～11g。

2. 中华花龟

中华花龟又名花龟、草龟、斑龟或珍珠龟（见图8－15）。主要分布于我国的福建、广东、广西、海南、浙江、江苏、台湾、香港特别行政区。越南、老挝也有分布。

图8－15　中华花龟

中华花龟幼体缘盾的腹面具黑色斑点，似一粒粒珍珠，故又名珍珠龟。在风和日丽的时候，中华花龟特别爱"晒壳"。水温10℃左右时进入冬眠期；水温15℃左右时略有爬动；水温20℃左右可活动、进食；水温22℃以上活动量、食量增大。食性杂，如植物嫩叶、水竹叶、蛹、双翅目的幼虫、螺等均可采食。中华花龟性情和善、胆小，经驯化易接近人。

中华花龟的雌龟较大，泄殖腔孔位于背甲后部边缘内；雄龟较小，尾部粗且长，泄殖腔孔位于背甲后部边缘外。

中华花龟的雌龟每年3—5月产卵，每窝7～17枚，孵化期2个月。目前已能大量人工繁殖，尤其在我国台湾地区人工繁殖量较大。

3. 眼斑龟

眼斑龟又名眼斑水龟（见图8－16），主要分布于广东、福建、广西、贵州、海南、江西、安徽、香港特别行政区。

眼斑龟喜生活在黑暗处，不爱"晒壳"。适宜水温20～32℃；水温低于10℃，龟沉入水底冬眠；水温高于18℃，能少量摄食；水温超过32℃，躲藏在阴暗处，活动少。杂食性，人工饲养条件下，喜食小鱼、虾、昆虫，也食人工混合饲料。性情温和，但龟受惊后，排出尿液的异味和腋下散发出的狐臭味，只有涂抹风油精方能清除。

眼斑龟的雄龟眼睛红色，颈部条纹为红色；雌龟眼睛黑色，颈部条纹为黄色。

眼斑龟的繁殖习性尚未被人所知。

4. 乌龟

乌龟又名草龟、香龟、泥龟、臭龟、金龟、长寿龟或金线龟，是中国龟类中分布最广、数量最多的一种（见图8-17）。乌龟集食用、药用、观赏为一体，深受人们喜爱，现已大量人工繁殖并出口。除我国的南方外，日本和朝鲜等地也有分布。

图8-16 眼斑龟　　　　　　　　　　　图8-17 乌龟

乌龟适应性强，水温10℃左右冬眠，能忍受6个月之久的冬眠期；水温15℃以上能爬动、摄食；18~32℃时活动、摄食最活跃。

乌龟食性杂，喜食鱼、虾、螺、瘦猪肉等动物性饵料，饥饿时也食瓜果、蔬菜、米饭等。乌龟性情温和，雌龟比雄龟胆小怕人。长期饲养易驯化并具有灵性。

龟体重100g以下时，较难识辨性别。雄龟150g左右时，头、颈、四肢、尾、背甲、腹甲逐渐变为黑色，龟年龄越大，黑色越深，最终眼睛也变为黑色。成体雄龟体小，体重一般在300g左右，尾粗且长；而雌龟头、颈、四肢为灰绿色，眼睛、颈部有黄绿色镶嵌的条纹，背甲棕色，每块盾片间有黄色条纹（有的个体无），腹甲棕色，有大块黑斑，尾短。

乌龟每年4—10月为繁殖期，雄龟有腥臭味。每次产卵1~8枚，可分批产卵，产卵前有停食的征兆。孵化期为57~75d。

三、 半水栖龟类

半水栖龟类品种较多，如地龟、黄缘盒龟、黄额盒龟、锯缘东方龟、锯缘龟等。

1. 地龟

地龟又名金龟、十二棱龟或枫叶龟，观赏性高，深受宠物爱好者欢迎（见图

8-18）。主要分布在广西、广东、海南，是我国二级保护动物。国外主要分布于日本及苏门答腊岛。

地龟喜暖怕寒，在气温28℃时适宜，气温20℃左右时能少量摄食，气温低于18℃环境时冬眠。食性杂，性情温和，胆小怕惊动。

雄龟尾部较长，尾根部粗，泄殖腔孔距背甲后缘较远；雌龟尾较短，泄殖腔孔距背甲后缘较近。地龟每年7月为繁殖季节，每次产卵1枚。

2. 黄缘盒龟

黄缘盒龟又名断板龟、夹蛇龟、夹板龟、黄板龟、食蛇龟或黄缘闭壳龟（见图8-19）。我国主要分布在安徽、江苏、浙江、广西、广东、福建等地。国外主要分布于日本。

图8-18　地龟

图8-19　黄缘盒龟

黄缘盒龟不怕寒冷，长时间生活在气温3～34℃的环境中都能存活（但是低温时环境必须潮湿，否则有脱水死亡的危险）。最适气温为25℃，18℃时少动，气温降至10℃时开始冬眠。

黄缘盒龟食性杂。人工养殖一个月后可与主人互动。若对着龟讲话，龟会表现出注意倾听，饿时会咬主人手指讨食。幼体的黄缘盒龟体色鲜艳，性情活泼，聪明可爱，非常适宜女性饲养。

雌、雄龟腹甲均平坦。雌龟背部隆起较小，腹甲后缘略半圆形，尾较短；雄龟背部隆起较高，尾较长，尾基部较粗，泄殖腔孔距背甲后缘也较远。

黄缘盒龟每年4—6月底为交配期，5—9月为繁殖季节，每次产卵2～4枚，可分批产卵。卵呈椭圆形，卵长径40～46mm，短径为20～26mm。

3. 黄额盒龟

黄额盒龟又名金头龟、越南黄额盒龟，主要分布在广西、广东、福建及越南（见图8-20）。

黄额盒龟喜欢温暖的环境，适宜生活在气温22℃以上的环境中，气温降低时龟少动，在15℃左右停食。杂食但以肉食为主，性情温顺，胆小害羞，但较难饲养。

雌、雄龟腹甲均平坦。雌龟背甲较宽，泄殖腔位于背甲后部边缘内，尾较短；雄龟背甲高，尾较长，泄殖腔位于背甲后部边缘外。每年6—10月底为繁殖期，卵呈椭圆形，白色，卵长径56.9mm，短径为29mm。

4. 锯缘东方龟

锯缘东方龟又名太阳龟、刺东方龟、多刺龟、蜘蛛巨龟或齿轮龟（见图8-21）。性格温顺、胆小、较害羞，主要分布在泰国、缅甸、马来西亚、印度尼西亚。

图8-20 黄额盒龟

图8-21 锯缘东方龟

雄龟腹甲凹陷，雌龟腹甲平坦。幼体背甲橘红色，背甲周围边缘布满刺状缘盾，俗称刺龟，又因其背甲周围的刺似太阳，又名太阳龟。成体龟背甲无缘无刺，背甲颜色随年龄增长变成棕黑色。

锯缘东方龟不能长期生活在气温15℃以下的环境中，在气温20℃以下的环境中活动开始减弱，气温25℃左右开始捕食、活动。杂食，肉类、蚯蚓、蚂蚱、菜叶等均可采食。

5. 锯缘龟

锯缘龟又名方龟、八角龟或锯缘箱龟。主要分布在湖南、海南、广西、广东、云南等地。越南、印度也有分布。

锯缘龟外壳呈橘黄色，背甲后部边缘为锯齿状，是濒危物种，具一定的观赏价值。喜暖怕寒，气温25℃时能正常进食、活动，气温19℃左右时活动减弱，随温度逐渐降低而进入冬眠。冬眠期间环境必须保持湿润。喜食腥味动物，尤喜食活物，如蝗虫、蚯蚓等。性格较鳄龟温顺，较乌龟凶恶。

雌、雄龟腹甲均平坦。雌龟眼睛黄棕色，尾部较短，背甲较宽，泄殖腔距背甲后部边缘较近；雄龟眼睛橘红色，尾较长，泄殖腔距背甲后部边缘较远。

四、 陆栖龟类

陆栖龟类包括豹龟、希腊陆龟和印度星斑陆龟等，但由于豹龟体型较大，不宜家养。

1. 希腊陆龟

希腊陆龟又名欧洲陆龟或刺股陆龟（见图8－22）。主要分布在欧洲西南部和非洲北部。

希腊陆龟生活于干燥、四季分明的地域。气温22℃时能活动、摄食，18℃左右活动量减少，并逐渐进入冬眠期。人工饲养时，冬眠期勿超过2个月。长期生活于气温8℃左右环境中有患病危险。希腊陆龟属草食性，以植物的花、果实和茎叶为主。性情较活跃，喜爬动。体型较小，适宜家庭饲养。

希腊陆龟雄龟的腹甲凹陷，尾长且粗，雌龟腹甲平坦。繁殖季节为4—7月，每次产卵2～7枚。卵长径30～42.5mm，短径24.5～35mm。

2. 印度星斑陆龟

印度星斑陆龟又名印度星龟（见图8－23）。主要分布于印度、巴基斯坦、斯里兰卡等地。

图8－22　希腊陆龟

图8－23　印度星斑陆龟

印度星斑陆龟背甲具星状花纹，观赏性极强，深受养龟者喜爱。属亚热带龟类，喜暖怕寒，适宜于生活在略湿润的环境当中，适宜气温25～30℃；气温20℃以上也能爬动，但会出现排稀粪、流鼻液症状。气温18℃左右活动量减少。食植物如茎叶、瓜果菜叶。喜爬动，易接近人，适宜家庭饲养。

印度星斑陆龟的雄龟腹甲凹陷，尾长；雌龟腹甲平坦，尾较短。繁殖季节为4—11月，每次产卵2～10枚。卵长径38～52mm，短径27～39mm。

五、　龟的驯养

目前我国宠物龟中以乌龟最为常见，在中国分布最广、数量最多。下面以乌龟为例介绍宠物龟的驯养。

乌龟，又称草龟、泥龟等。龟全身都是宝，龟肉、龟卵味道极其鲜美，蛋白质含量高，同时还具有补心强肾的作用。龟最大的价值是药用。龟甲、龟板为传统的名贵药材，富含骨胶原和蛋白质、钙、磷、脂类、肽类和多种酶，具有滋阴降火、潜阳退热、补肾健骨之功效，龟胆、龟骨、龟皮、龟血、龟尿等，也有药用价值。但是，近年来龟作为宠物的观赏价值越来越受到人们的重视。

龟在自然条件下生长非常缓慢，繁殖率很低，特别是由于人为滥捕和滥用化肥、农药等的危害，以及河道、湖泊、水库和农田的改造，使龟的生态环境遭到严重破坏，野生的龟资源日益枯竭。

龟的人工养殖，目前在国外尚未见到有较大规模发展的报道，而我国在20世纪80年代初，一些省市就利用野生资源及其性成熟个体，开展龟的人工繁殖，并在池塘环境条件下进行龟鱼混养；进入20世纪90年代后，龟养殖在湖南、湖北、江西等省迅速发展，为我国龟的养殖与发展积累了不少经验。今后龟养殖及产品的深加工，将是我国发展特种水产的新兴产业。

（一）形态特征

龟由龟壳和躯体两大部分构成。龟壳由稍拱起的背甲以及甲桥构成。躯干短宽而略扁，背面呈椭圆形，聚集着全身主要器官。龟四肢粗短，为五指形，位于侧体，能缩入壳内。尾细长，可伸出、缩入壳内。口中有锋利的啄板，能咬碎螺、贝等。其体色可随时间或环境颜色的变化而变化。

（二）生活习性

（1）栖息环境 龟主要用肺呼吸，是水陆两栖生活的爬行动物，喜欢栖息于江河、湖沼、池塘旁边杂草丛生的潮湿地带，也常栖息在树根下、石缝中、岩石缝中等比较安静、阴暗的地方。白天栖息于水中、水边树枝上，或在岩石边上晒背；夜晚常在水边或稻田中寻食。

（2）胆小、喜静 龟胆小，喜欢安静环境，若遇到威胁或听到什么响动，便立间滚到水里或立即将头、尾、四肢缩进龟壳中，过一会又会慢慢伸出头来东张西望，当确定安全时，才肯伸头露尾，继续爬行且动作迟缓。

（3）食性杂食 以吃动物性饲料为主，在自然环境中，以蠕虫、蚯蚓、蜗牛、蝼蛄、螺、蚌、蝇蛆、小鱼、蚯蚓等为食，也摄食植物的茎叶。在人工饲养条件下，可食谷物籽实、蔬菜、畜禽屠宰废弃物等，也可食配合饵料。龟尤其喜食玉米、稻谷、蜗牛、螺蛳、青蛙、黄粉虫、蚯蚓和黄鳝等。龟忍耐饥饿能力很强，几年不食也不至于死亡。

（4）变温 龟是变温动物，体温随着环境而变化，生活节律也随着外界温度的变化而变化。一般从10月底，当气温下降到10℃以下时，即静伏于水底泥土中不食不动，进行冬眠。到翌年4月中旬，当气温回升到13～15℃以上时，开始出穴活动，寻找食物，并在阳光下行日光浴——晒背，以杀死身上的寄生虫。龟最适生长温度为28～30℃。

（5）繁殖 卵生，性成熟年龄受自然气候影响，为3～6龄不等。性成熟的龟常在春季或秋季交配，每年6—8月是龟繁殖盛季，夜间掘洞，产卵。龟卵为长椭圆形，平均在6.5g左右，常见一穴4~7枚，最多发现有15枚，最少1枚。龟为多次产卵类型的动物，每只产卵2~4次，野外自然孵化，龟卵孵化需65~75d。

(三) 饲养与管理

龟在其生命过程中，不同的发育阶段有不同的生长特点。一般对龟的不同生长阶段有如下划分：自孵化脱壳之日起至个体重30g阶段称为稚龟阶段；个体重30~180g阶段称为幼龟阶段；个体重180g以上称为成龟（商品龟）阶段。其中400g以上的雌龟、150g以上的雄龟、用于繁殖的性成熟个体又称为亲龟。

1. 稚龟的饲养管理

刚孵出来的稚龟很娇嫩，不能摄食，因此不用立即喂料，应将其放入养殖器皿中，让其在一薄层水中自由活动。待稚龟脐带干枯后，再用10%的盐水，或用1:10000的高锰酸钾溶液对龟体进行浸泡消毒。消毒后2d，可以喂些煮熟的蛋黄，经过1周后再放入稚龟池中饲养。饲养密度为40只/m²左右，最多不能超过70只。

稚龟饲料要求易消化且营养价值高，如小鱼虾、瘦肉或蚯蚓等，不宜投放脂肪过多的饲料，投喂量每次应为稚龟体重的5%左右。投喂时间一般为上午、傍晚、晚上各一次。此后每天喂1~2次即可。饲料要保持清洁卫生，以防感染疾病。池水要保证水质清新，水温适宜，一般应每天换水一次，最多不超过5d，水温保持在25~30℃为宜。环境需保持安静，防止蛇、鼠、鸟、兽及蚂蚁、蚊子等危害。此外，要勤检查，发现病龟就要立即采取措施进行隔离治疗。

2. 幼龟、成龟的饲养管理

幼龟和成龟的饲养管理除放养密度不同外，其他措施和要求基本相同。

(1) 放养密度　稚龟经25~30d饲养，体重达10g左右，即可转入幼龟池饲养。幼龟在水面的放养密度为20~50只/m²。对于2个月以上、体重达50g以上的幼龟，即可转入成龟池饲养。成龟在水面的放养密度为10只/m²左右。如果采用流水，龟的放养密度可提高50%左右。

(2) 分群饲养　同龄龟的个体生长不同，有的差异甚大，且雌龟比雄龟长得快。将个体相差悬殊的龟养在同一池里，极易造成大龟吃小龟的现象。所以，每次转池时，除了根据龟龄，还要根据龟体的大小进行分池饲养。也就是在转池时，将龟体大小相近的个体放在同一个饲养池里。

(3) 饲料　幼龟和成龟的可食的饲料与亲龟、稚龟的种类基本相同，只是幼龟和成龟的饲料配合时种类更要多样化，比如既要有动物性饲料又要有植物性饲料。进入越冬阶段的幼龟，要增喂动物内脏等动物性饲料，以提前育肥育壮，安全越冬。每年5—8月，是成龟生长最迅速的阶段，必须抓住时机增加投料量，即每天投喂量可达全池龟重的30%。

(4) 勤换水　为使池水经常保持一定的肥度和清新度，一般每3~5d更换池水1次，但是每次只换水1/3左右。

（5）越冬 龟是以陆地生活为主的两栖爬行动物，越冬时既要有水又不能被水长期浸泡，因此一般采取将幼龟或成龟放到亲龟池内让其自行挖洞越冬的方法。采用此法时，要排出部分池水，在池底铺 20～30cm 厚的泥土保持湿润，但必须注意留出通气孔。越冬期间，饲养室的所有门窗必须关闭保温，如温度过低，还要生火加温。龟越冬的放养密度可比饲养时的放养密度大 3～4 倍。

（6）防逃防害 要经常检查防逃设施和防止敌害情况，一旦发现问题要及时处理。

单元三 | 宠物蛇的驯养

蛇属脊索动物门、脊椎动物亚门、爬行纲、有鳞目、蛇亚目。据调查我国现有蛇约 185 种，其中毒蛇有近 50 种，主要分布于长江以南各地区。

蛇是价值较高的特种经济动物。蛇虽小但全身是宝，蛇干和蛇肉有祛风解毒、镇痉止痛的功效，能治疗风湿痹痛、四肢麻木、半身不遂等症。蛇胆具有祛风除湿、明目益肝的功效，可止咳化痰、清暑化寒，用于治疗神经衰弱、小儿惊风、百日咳、风湿、中风和高烧等症。蛇毒制剂可治高血压、癌症、各种神经痛、小儿麻痹及其后遗症、椎体外神经麻痹症和血友病等。蛇肉和蛇蛋可以食用，味道鲜美，营养丰富。此外，蛇蜕可入药，蛇皮可制作皮包、皮鞋等生活用品和制作乐器。近年来也有许多宠物爱好者将蛇作为宠物饲养，而且有逐渐增多的趋势。

一、 蛇的形态

蛇的身体细长，呈圆筒状，通身被鳞片，大致可分头、颈、躯、尾。头较扁平，颈部一般不明显，躯干较长，尾部细长如鞭或侧扁而短，或呈短柱状。四肢退化、消失，依靠与椎骨相连的肋骨的活动、肌肉的收缩和腹鳞而运动。蛇无眼睑、耳孔和鼓膜，视力低下，但具有内耳及听骨，对地面振动声极为敏感，嗅觉十分灵敏，常据此觅食和判断环境状况。蛇牙一般呈锥状，且略向内弯曲，有的蛇上颌缘少数牙齿较长，大多为毒牙。具有毒牙的毒蛇，咬物时可以把毒腺分泌的毒液输入被咬对象的伤口内。蛇身斑纹色泽因种类不同而各异，一般毒蛇鲜艳者居多。

二、 蛇的种类

（一）主要的有毒蛇种

1. 银环蛇

银环蛇俗称银蛇、寸白蛇、百节蛇、48 节、金钱白花蛇、银包铁等（见图

8 – 24），是当前人工养殖的主要蛇种。其主要产品为 7 日龄幼蛇加工的"金钱白花蛇"入药，生产周期短，成活率较高，经济效益也高。银环蛇全长约 60 ~ 160cm，初生幼蛇体长 25 ~ 34cm，头呈椭圆形，体背具有黑白相间的环带，黑色环带较宽，白色环带较窄，尾末端尖细，黑白环带更密更明显，躯干至尾部约有白色环带 37 ~ 61 个，腹两侧全为白色，散布淡灰褐色斑。背鳞 15 列，脊背正中一列鳞扩大呈六角形。具有前沟牙，毒腺中含剧烈的神经毒，被这种蛇咬伤后的死亡率较高。

银环蛇栖于平原、宅舍与丘陵地带的近水处。主要分布于广东、广西、湖南、湖北、安徽、浙江、福建、云南、贵州及台湾等地。

2. 金环蛇

金环蛇俗称黄金甲、铁包金、金脚带，是与银环蛇相类似的剧毒蛇（见图8 – 25）。金环蛇体躯粗大，通身有黑黄相间的环纹，黑环与黄环约等宽，环纹围绕背腹面一周。背脊隆起时呈明显的棱脊。尾梢呈三角形，末端扁而圆钝。背鳞通身15 行，有别于其他无毒蛇。

图 8 – 24　银环蛇

图 8 – 25　金环蛇

金环蛇主要栖息于山地、丘陵近水处或潮湿地带。金环蛇、眼镜蛇与灰鼠蛇合称为"三蛇"，是著名食用蛇种。所谓"三蛇药酒"就是用这三种蛇浸泡制成的酒。"三蛇胆"是中成药原料。金环蛇主要分布于广东、广西、福建、云南等地。

3. 眼镜蛇

眼镜蛇俗称扁颈蛇、饭铲头、吹风蛇、扇头风、瑟瑟蛇等（见图 8 – 26）。全长 10 ~ 200cm，头部椭圆形，背面黑褐色，常有均匀相间的白色横纹，颈部背面有一对眼镜状白斑纹。被激怒时，可竖立前半身，颈部肋骨扩张而膨扁，眼镜状白斑更明显，同时，发出"呼呼"的声音，向外喷射毒液。毒液可喷射 1m 多远，如射入人的口鼻及眼睛，可导致中毒而死亡。

眼镜蛇常栖息于山地、丘陵、灌木林或山脚水边。主要分布于广东、广西、湖南、湖北、福建、浙江、安徽、江西、云南、贵州及台湾等地。

4. 眼镜王蛇

眼镜王蛇俗称大扁颈蛇、大眼镜蛇、过山风等（见图 8 - 27）。颈部扁平膨大，前半身可竖立，与眼镜蛇相似。但不同于眼镜蛇的地方是，体躯长可达 2 ～ 3m，最长达 6m 左右。颈部无眼镜状环纹，只有"八"形斑纹，头部颅顶鳞片后多一对大形的枕鳞。由于局部体鳞边缘色黑，使身体形成黑色波纹状横纹，体躯后半部尤为明显。分布同银环蛇，但蛇量少。

图 8 - 26 眼镜蛇　　　　　　　　图 8 - 27 眼镜王蛇

5. 五步蛇

五步蛇俗称蕲蛇、尖吻蝮、翘鼻蛇等（见图 8 - 28）。头部呈明显三角形，最突出的特征是吻上翘。此外，体躯粗短，尾短而尖，尾尖最后一枚鳞片侧扁尖长，俗称"佛指甲"。背鳞具有强棱，背面深棕或棕褐色，体背中央有一行 20 多个方形大斑纹。体长 1m 左右，最长达 2m 以上，粗如细锄把。卵生，毒型为血循毒。白天常盘卷在岩洞中或阴凉的岩石上，喜欢在久晴的雨后活动，傍晚常栖息于水边。主要分布于北纬 25°～31°的长江中下游地区和台湾省南部。

图 8 - 28 五步蛇

6. 蝮蛇

蝮蛇俗称草上飞、七寸子、地扁蛇等。头部略呈三角形，头背有一深色倒"V"形斑纹。体背灰褐，有两色深色圆斑，斑纹变异较大，尾粗短，体长 0.4 ～ 0.9m。卵胎生。毒型为混合型。蝮蛇是我国分布最广，数量最多的毒蛇，除青藏高原、广西、广东及云贵地区外，均有分布。

（二）主要的无毒蛇种

1. 王锦蛇

王锦蛇又称为棱锦蛇、松花蛇、王字头、菜花蛇、麻蛇、王蛇、黄蟒蛇等（见图 8－29）。在我国分布比较广泛。王锦蛇体形较大，体长一般 170～190cm，也有长达 200cm 以上者。体重 1～1.5kg。生活在山地、平原及丘陵地区，活动于河边、水塘旁、玉米地或干河沟内，偶尔也可在树上发现它们的踪迹。

王锦蛇行动迅速，性较凶猛。其头部及体背鳞片的四周黑色，中央黄色，头部前端具呈"王"字形的黑色花纹；体前半部具有 30 条左右较明显的黄色斜斑纹，至体后部消失，仅在鳞片中央具油菜花瓣状的黄斑，腹面黄色。

图 8－29 王锦蛇

图 8－30 百花锦蛇

2. 百花锦蛇

百花锦蛇是广西、广东地区的大型无毒蛇，当地又称其为白花蛇、百花蛇、菊花蛇或花蛇（见图 8－30）。其体长一般为 160～190cm，也有的可达 210cm 以上，生活在海拔 50～300m 的石山脚下、岩石缝穴之中，有时在河沟或河边的乱石草丛中、在人畜的居室内也有它们的足迹。此种蛇昼夜均较活跃，但以晚间 8—10 时最为活跃。百花锦蛇体色美丽，头背赭红色，唇部灰色，体背呈灰绿色，具有三行略呈三角形的深色大斑块，两侧的斑块较小。因其部分鳞片边缘是黄白色或白色，使整体略呈白花状，故有白花蛇或花蛇之称。

3. 灰鼠蛇

灰鼠蛇又称为黄梢蛇、索蛇、过树龙、上竹龙、黄肚龙等（见图 8－31）。分布于云南、贵州、江西、湖南、福建、台湾、广东、广西和海南等地。体长 70～160cm，体重 300～500g，生活在海拔 1000m 以下的山区、丘陵和平原地带，常活动于河谷、农田、路边和河边的草坡、灌木林下，也栖息于树木上，能在树梢上爬行，有时盘在树枝上，故而有"过树龙"之名。雨后常在近水处活动，昼夜均活动。灰鼠蛇头长圆，眼大，头及体背棕灰色，每片鳞片的中央为黑褐色，各鳞前后缀连呈黑色的细纵纹，唇缘及腹部呈黄色，腹鳞两端与体色相同，体后部及尾部鳞缘为黑色，呈细网状花纹。

4. 滑鼠蛇

滑鼠蛇又称水律蛇、水南蛇等（见图8－32）。主要分布在我国西藏、四川、云南、贵州、湖北、安徽、浙江、江西、福建、台湾、广东、广西和海南，是我国所有无毒蛇中体型较大者，体长可达200cm以上，体重一般为1～2kg，是著名的食用蛇。生活在平原、山区和丘陵地带，白天常在近水的地方活动。滑鼠蛇行动比较敏捷，性凶猛，当捕捉它时能迅速回头，只有抓住靠近头部时，才能使它不能回头咬人。滑鼠蛇头背部黑褐色，唇鳞淡灰色，后缘黑色，腹鳞前段后缘及尾下鳞后缘黑色，背部棕色，体后部有不规则和黑色横斑，至尾部形成黑色网状纹。

图8－31 灰鼠蛇

图8－32 滑鼠蛇

5. 乌梢蛇

乌梢蛇又称乌蛇、乌风蛇（见图8－33）。分布在我国的河北、河南、陕西、甘肃、四川、贵州、湖北、安徽、江苏、浙江、江西、湖南、福建、台湾、广东和广西等地。体长150～250cm，体重0.5～1.5kg，生活在平原、山区和丘陵的田野间，常在路边、农田附近或近水旁的草丛中活动。乌梢蛇是无毒蛇，性情较温和，行动敏捷，但一般不主动袭击人。乌梢蛇体背青灰褐色，各鳞片的边缘黑褐色，背中央的两行鳞片黄色或黄褐色，外侧的两行鳞片黑色，纵贯至尾，身体背方后半部黑色，腹部白色。

图8－33 乌梢蛇

三、 蛇的生物学特性

（一）栖息环境

蛇是变温动物，其栖息环境因种类的不同而各不相同，喜欢栖息于温度适宜（20～30℃）、靠近水源、觅食方便和隐蔽性好的环境中，常见于落叶下、树枝上、岩洞内、石堆、草丛、山区水沟边、坟地及田野中，以洞穴（鼠洞、坟墓、岩洞）为安身之所。冬天温度较低，多在洞中或地下温度较高的地方蛰伏过冬。人工养蛇要创造一个适合蛇类生活的自然生态环境。

（二）活动规律

蛇的种类不同，其活动规律有明显的差异。有的喜欢白天活动觅食，如眼镜蛇、眼镜王蛇等，称为昼行性蛇类；有的昼伏夜出，如金环蛇、银环蛇白天怕强光，喜欢夜间出来活动觅食，称为夜行性蛇类；五步蛇、蝮蛇喜欢在弱光下活动，常在傍晚和阴雨天出来活动觅食，称为晨昏性蛇类。

蛇的活动与外界气候有密切关系，一般是春末出洞，夏秋活动频繁，冬季入蛰休眠。

（三）食性

蛇为肉食性动物，喜吃活体动物。大多数蛇喜食蛙、泥鳅、黄鳝、蚯蚓、鸟、鼠及昆虫等。蛇的食量大，一次可吞下为自己体重两倍的食物，一次饱餐后可以10d乃至半个月以上不进食。7—9月是蛇捕食频繁期，5月与10月是旺食期，这与进行繁殖和体内蓄积营养越冬有关。蛇口可张大至130°，能吞食比自己头大几倍的食物。蛇的消化能力和耐饥饿能力都很强，被其吞食的鼠类、鸟类等除毛以外，连骨头都能消化掉，在有水无食的情况下，几个月不进食也不会饿死，但无水无食时，耐饥饿的时间大大缩短。

（四）蜕皮

蜕皮是蛇类的一大特点，从头到尾，蜕去皮肤的角质层。蜕去的皮呈长管状，中医称为蛇蜕或龙衣。蜕皮后，蛇的身体便随着长大。蛇每年蜕皮3次左右，年幼的蛇或食物丰富时，生长速度较快，蜕皮的次数也较多。

（五）冬眠

一般气温降至13℃以下蛇就开始冬眠，进入冬眠的时间还随性别、年龄不同而异。冬眠的场所一般都在冻土层以下（离地面1m以下），干燥的洞穴中。蛇冬眠时以一条、几条、十几条乃至几百条群居在一起，不食不动，缓慢消耗以脂肪形式贮存于体内的营养物质来维持生命的最低需要。蛇群居冬眠可以保温和维持蛇体湿润，对提高蛇的成活率和繁殖率均有益处。

四、 宠物蛇的饲养管理

（一）饲养场地

饲养地应水源充足、环境幽静。用砖砌成高 2 ~ 2.5m 的围墙，内壁用水泥抹光，内角做成弧形，使蛇无法攀缘，墙基 0.8m 以上。内部可分为蛇窝、水池、假山等设施，使蛇有游戏、觅食、栖息与繁殖的场地。蛇窝要适合于蛇的活动和冬眠，窝内可铺些沙土茅草，且能防水、通气、保温。一般此类大小的蛇窝可饲养中等大小的蛇 10 ~ 20 条。水池内种植水草，放养泥鳅、鳝鱼、青蛙之类，供蛇自由捕食；池顶需架设阴棚，以防池水晒热，并保持水质清洁卫生，供蛇洗浴和饮用。

（二）饲养管理

1. 食物与投饵

保证丰富的饲料是养好蛇的关键。蛇的食性虽广，但不同蛇种的食性也不尽相同，应根据养殖蛇种的食性，结合当地具体条件选择食物。如银环蛇喜食黄鳝、泥鳅、蚯蚓、昆虫；眼镜蛇喜食青蛙与其他小蛇；五步蛇喜食蛙类、蟾蜍、蜥蜴、鼠类和鸟类。投喂时间随蛇种的活动规律而定，如金环蛇喜欢夜间活动，应在夜间出洞前将饵料投在蛇窝附近，让蛇容易找到。

根据国内外经验，把粗蛋白、粗脂肪、粗纤维、钙、磷矿物质等，辅以维生素 A、维生素 B_2，调以适量水灌入肠衣，制成香肠，是多数蛇喜食的食物。一般可每周投饵 1 次，吃剩的食物应及时清除，以免腐烂发臭，食后中毒。对捕食能力差、不肯捕食的蛇，必须进行人工填喂。

多数蛇类对食物需求量大的月份是 5 月、7 月和 10 月。5 月是怀卵期，对营养要求高；7 月是产卵期，产完卵后，身体虚弱，需大量进食滋补身体；10 月处于冬眠前夕，需要蓄积营养御寒和越冬。满足这三个阶段的营养需要是养好蛇的关键。

大、小蛇应分开管理饲养，避免出现大蛇吞食小蛇的现象。

2. 越冬与过夏

蛇是变温动物，最适宜的温度为 20 ~ 30℃，温度过高或过低对蛇的生长都不利，特别是低温对蛇的影响，如果管理不当常常会造成死亡。因此，越冬管理非常重要。越冬应注意以下方面的工作。

（1）入冬前做好蛇的增膘复壮工作，让蛇多吃、吃饱、吃好，体内沉积更多脂肪。

（2）给蛇窝、蛇房加土和干草，封闭窝房门洞，严防贼风侵袭。

（3）群居过冬。把同种蛇十几条、几十条聚集在一起越冬，窝上盖上较厚的土层和稻草、麦秸等保温物，使蛇窝处于冻土层以下。群居越冬能使蛇体温提高 1 ~ 2℃。平时不去惊动蛇，使蛇冬眠进入最佳状态。

（4）窝内放一盆清水，既可调节湿度，又可供蛇苏醒时饮用。越冬环境的相对湿度维持在50%为宜。

外界气温在−5℃以上的条件下，一般均能安全越冬。若气温更低，应进一步采取防寒保温措施，但窝房温度不宜超过8℃。窝房温度不能骤高急降，否则会使蛇时而出蛰（苏醒）、时而入蛰（冬眠），从而导致大量死亡。

此外，春回大地，蛇类复苏出洞的时候，也是容易死蛇的阶段，应特别注意防风、防寒、保温，及时供给饮料和饮水。

但目前人们饲养的宠物蛇已打破了蛇类冬眠的规律，蛇可以长年生长。当天气炎热，外界气温超过35℃时，应有遮阳设施，或喷洒凉水防暑降温。

3. 卫生与安全

蛇窝要经常打扫，清除食物残渣、粪便等，注意饲料、饮水卫生，发现病蛇要及时隔离治疗。搞好安全防范措施，不宜徒手捕捉，以防被蛇咬伤；应常年备有蛇伤急救药品，一旦被蛇咬伤要及时治疗，切勿延误。更要注意防止毒蛇逃走，以免伤人。

单元四 ｜ 宠物蜥蜴的驯养

一、 蜥蜴的种类

蜥蜴属爬行纲，是爬行动物中分化比较成功的一类动物，也是爬行纲动物中数量最多的一个类群。全球蜥蜴类动物约3000种，分20科，300余属，占爬行纲动物总数的1/2左右。除加拿大北部、亚欧大陆北部、南极洲和挪威北部较少分布外，其他地方均有分布。我国目前已知的有150余种，8个科，36个属。其中我国特产的约50种，多为无毒种类。大多分布在热带和亚热带，其生活环境多样，主要是陆栖，也有树栖、半水栖和土中穴居。多数以昆虫为食，也有少数种类兼食植物。蜥蜴是卵生，少数卵胎生。蜥蜴种类分布最多的是云南省，其次是广东、海南、广西、西藏、台湾和新疆，最少的是黑龙江、吉林和山西。我国的蜥蜴种类均无毒性，唯一有毒的蜥蜴种类是毒蜥科中的两种蜥蜴，不过仅见于北美西南部的墨西哥等地。毒蜥的唇腺变成了毒腺，开口于下颚毒牙的沟中，毒性很强。

蜥蜴类动物的身体一般分为头、颈、躯干、尾4个部分。身体表皮为革质鳞，有些种类在鳞下还有小骨板，如石龙子、蛇蜥等。蜥蜴类动物牙齿细小，舌的形状、长短随品种而异。眼睛较发达，有些种类还有颅顶眼，除多数壁虎外眼睑多能运动外，穴居类型的眼睛多隐于皮下。其耳、鼓膜多显露，鼓膜发达。左右下颌骨以骨缝相联合，因此口不能张过大。多数蜥蜴有四肢，但有的只有前肢或后肢，指、趾末端有爪，有胸骨。

蜥蜴的种类繁多，形态特征有较大差异。常见的宠物蜥蜴种类中，金蛇全长16~22cm，尾巴细长，占身体的2/3。草蜥躯干长度最大达6cm，尾长可达躯干长的2~3倍，背部以棕色为主，鳞片有明显突起。鬣蜥的种类较多，身体表面有齿状的鳞片，背部有刺状突起。有些种类的鬣蜥喉部长有一个气囊袋。变色龙的皮肤会根据周围环境变化而改变体色，有超出体长的舌头和利于攀援的脚掌和尾巴。石龙子是在蜥蜴类动物中最广为人知的一种，身体很长，呈圆筒形，鼻尖，尾长，鳞细且平滑，腿小到几乎看不到。丽纹攀蜥体型中等，性格活跃，适应性强。壁虎的种类繁多，体型特征有较大差异。大多体型较小，身体扁平，四肢短，眼睛大而突出但不能闭合，脚趾顶端长有数百万根绒毛般的细纤毛，并以数千根为一组，使得其脚趾具有很大的吸附力，从而使其擅长攀爬。

二、 蜥蜴的生物学特性

1. 蜥蜴的生活习性

蜥蜴已经进化为真正的陆生动物，爬行迅速，生活与栖息环境多样。有生活于水中的、有栖息于沙漠的、有潜藏于地下的、有攀爬于树林的，甚至可以在空中飞翔，而且由于环境的差异而演化出各种不同形态，比如，攀爬能力强、脚趾长有吸盘的壁虎，以皮膜在空中滑行的飞蜥，四肢退化而形态极像蛇的蛇蜥，适应树栖环境而体色随之变化的变色龙，适应地底穴居生活的石龙子等。

蜥蜴类动物原产于热带和亚热带，所以喜热怕冷，需要经常晒太阳，也需要经常洗澡和饮水。蜥蜴作为宠物饲养时，最好每天都让蜥蜴晒阳光或照射紫外线，这样既能提供能量又能提高钙等营养物质的吸收，为其身体所利用。另外，适当的温度变化还可以促进它的消化和吸收功能，增强免疫能力。饲养时蜥蜴白天给予最适宜的温度30~32℃，最高可提至38℃，晚上降到24~27℃。睡觉时要给予黑暗环境，以满足生理需要。

蜥蜴白天捕食，夜间住在洞穴里。大多以昆虫，如蛛形类、蠕虫和软体动物等作为主要食物，也食小老鼠和一些动物的肉片或碎肉。少数蜥蜴如石龙子等品种，也食植物性饲料，如蔬菜、水果等，也可以喂给全价配合饲料。

蜥蜴仍是变温动物，有冬眠的习性。蜥蜴大多是卵生，少数是卵胎生（如蓝舌石龙子、蛇蜥）。

2. 适应陆生生活

蜥蜴的形态结构和生理特点决定了它们能够很好的适应陆生生活。蜥蜴有颈，从而头能灵活转动，便于在陆地上更好地寻找食物、发现敌害。而其四肢比较短小，适于在陆地上爬行。它的尾圆长、末端尖锐，遇到敌害尾自动断落，还能作屈曲运动，可吸引敌害注意，蜥蜴趁机逃跑，断尾后还能重新长尾。蜥蜴生殖时是体内受精，完全摆脱了水的限制，而且蜥蜴生的受精卵较大，卵内含的养料多，外面有坚韧的卵壳保护，加之把受精卵产于沙土里，能更好地接受阳光的照射，这些特点都有利于受精卵的孵化，幼蜥蜴刚出壳就能独立生活。另外，蜥蜴的皮肤干燥、粗糙，皮肤表面覆盖角质化的鳞片，可以减少体内水分的蒸发。蜥蜴的肺泡数目很多，因此，能比较好地完成气体交换，满足整个身体对氧气的需要，不需要皮肤的辅助呼吸。因此，蜥蜴能生活在比较干燥的环境。

蜥蜴的心脏有两心房一心室，心室中出现隔膜，心室中动、静脉血有一定程度的分开，从而血运输氧气的能力比两栖类动物更强。但与鸟类和哺乳动物相比还有一定差距，所以蜥蜴的陆生生活也有一定的局限性。

三、 宠物蜥蜴的饲养管理

1. 饲养场所

饲养蜥蜴的场所应该足够宽敞，其长度一般为蜥蜴体长的 2 ~ 2.5 倍。如果用密封的玻璃箱或者缸饲养，要在旁边设置通风孔。用笼子饲养时要注意保温。

2. 饲养环境

每天应该让蜥蜴照射一定的阳光。几乎所有的蜥蜴类都需要通过照射紫外线来合成维生素 D_3，促进钙的吸收，减少患"佝偻症"或"软骨病"而死亡的机会。阳光不但可以提供紫外线，还可以提高环境的温度。但要根据天气情况决定照射时间的长短，否则会因温度过高而导致蜥蜴死亡。在室内饲养时不易照射到太阳光，可采用灯来照明保温，并补充紫外线。在使用太阳灯时，每日照射10 ~ 12h。若用紫外线灯补充紫外线，每日照射 10 ~ 20min 即可。壁虎类大多为夜行性动物，害怕强光，不需要紫外线，而且要缩短日照时间和太阳灯照射时间。

养殖环境要注意保温。蜥蜴类动物喜热不喜寒，环境一定要保温。保温设备可采用如白炽灯、热垫等，一般设置在蜥蜴饲养箱的一角，使箱内产生一种有温度梯度变化的环境，更适宜蜥蜴类动物的生长发育。一般情况下，箱中最冷的位置要在32℃左右，热点处最好要有38 ~ 40.5℃。一般来说，热带雨林的蜥蜴一天至少需要有10h的内部温度在38℃左右，这样才能保证它可以进行正常的消化功能。另外，不要把照明灯或加热灯直接放到箱内，否则蜥蜴容易爬在灯上导致烫伤。

3. 食物选择

饲养蜥蜴应根据不同的品种选择食物。肉食性蜥蜴，应配合蜥蜴从中型到大型的不同体型选择各种大小的老鼠饲喂。老鼠来源不足时，可喂食一般的肉类、动物肝脏等食物，还可喂食面包虫、剔除骨头和刺的小鱼或鱼肉。小型蜥蜴可以喂食蟋蟀，如果吞食能力较强，可以给予刚出生的小老鼠。另外，还可喂动物的肉、肝脏，或用昆虫、蚯蚓等。对于植食性蜥蜴，可喂树叶、花、蔬菜、水果，如芙蓉属植物、旱金莲属植物和蒲公英的花，胡萝卜、笋瓜、南瓜、西葫芦等蔬菜的碎粒，以及草莓、桑葚、覆盆子、芒果、木瓜、猕猴桃、甜瓜、苹果（去籽）、仙人掌等水果。但对植食性蜥蜴，应少量喂食或不喂含有草酸、单宁酸等难以消化的、致甲状腺肿的食物。

4.饲喂量和次数

饲喂食物的量根据蜥蜴的不同体重合理掌握，以九成饱为宜。饲喂次数一般按体长70cm划分，体长大于70cm的蜥蜴每天饲喂1次，70cm以下的蜥蜴每天饲喂2次。

四、常见品种蜥蜴的饲养

目前，家庭饲养的宠物蜥蜴主要有壁虎、绿鬣蜥、变色龙三大类，虽然都属于蜥蜴类动物，但它们的饲养方法差异较大。为此，对三种宠物蜥蜴的饲养分别进行介绍。

1.壁虎（见图8-34）的饲养

（1）饲养箱 养殖壁虎的饲养箱可以用多种材料制作，如木板、玻璃等材料均可。饲养箱的长度要做成其体长的1.5~2倍，高度要尽量高一些，并且要有箱盖。大型的类型也可以用铁丝网作成鸟笼状，但要注意保

图8-34 壁虎

温、保湿。饲养设备的底部要用布、石头、树皮或落叶等搭建出可以隐蔽的场所。几乎所有的壁虎都不需要紫外线灯，但要接触一定的阳光。

（2）食物 壁虎为食虫性动物，喜欢吃多种活的小昆虫，如蝇、蜘蛛、蚊子等。

（3）投食方法 一般将活的昆虫投入壁虎箱内让其自由捕食，大型的也可以用手投喂，但要配戴手套，防止被其咬伤。投喂次数为隔日1次。饮水可以放置水盘让其自己饮用，也可以在箱壁上每周3次喷适量的水供其舔食。

2.绿鬣蜥（见图8-35）的饲养

（1）饲养箱 大多数人常使用容易买到的鱼缸作为绿鬣蜥的饲养箱，但通风较差。绿鬣蜥的饲养箱可以用木头制成再加设玻璃

图8-35 绿鬣蜥

窗，也可以用铁丝网做的笼子来饲养，但要注意保温。饲养箱的大小一般做成长、宽、高与它身体全长相当或略长和略高一些。如果有足够的空间，尽可能地提供大的饲养箱，空间太小会使饲养的绿鬣蜥食欲减退、精神萎靡。箱中要提供几根比绿鬣蜥的身体粗一点的树枝，沿对角线摆放，让它可以攀爬。并安装照明和加温设备，配置紫外线灯，还要有可供躲藏的盒子或洞穴。选用厚纸等便于清理和干燥的垫材，但不要用木碎、沙子等容易误吞的物质。

（2）食物　在野外，绿鬣蜥吃大量的绿叶、幼芽、花以及质地较软的水果，在春季它们还会摄取豆类植物的叶以获得丰富的蛋白质。人工饲养条件下，不但要提供一些花、树叶、水果和蔬菜等植物性饲料，也要饲喂少量的肉类，才能满足绿鬣蜥的蛋白质需要。

（3）投食方法　应该为绿鬣蜥尽量提供多样化的食物，但不要喂给富含草酸的蔬菜，如菠菜、甜菜、芹菜等。喂食时将食物切碎，充分混合，防止其挑食而导致营养不良。投食时间一般在每天早晨，每天1次或隔天1次。另外，为了防止维生素和钙缺乏，应该在食物中补充适量的维生素和钙粉，每周2~3次为宜。绿鬣蜥的水分主要从食物中获得，很少见其饮水，但也要随时准备清洁水，避免缺水。

3. 变色龙（见图8-36）的饲养

（1）饲养设备　变色龙饲养设备可用铁网、纱网、玻璃或木材制成，约70cm×60cm×100cm大小。变色龙习惯在树上生活，箱内应放适量植物和树枝，底部铺上报纸、泥土或人造地毯。在箱内安装加温设备及紫外线灯。最好能饲养在户外的铁网笼子内（可制做的大一些），这样能更好地满足变色龙的生活需要。

图8-36　变色龙

（2）食物　变色龙是肉食性动物，且只吃活物，主要以昆虫如草蜢、蟋蟀、蝇等为食，大型的变色龙也吃鸟类和小老鼠。

（3）投食方法　在喂变色龙时，要用夹子夹住食物饲喂，每天投食1次，在饲喂时不要挑逗变色龙。食物要经常更换，如果长期给予同样的食物，变色龙会出现拒食现象。变色龙一般不会饮用水盘中的水，饮水方式采用滴水方式或喷在植物叶上让其自然流下供其饮用。另外，每周还要直接喂水2~3次，预防其口渴。

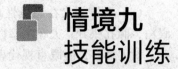
实训一　犬行为（表情、情绪、动作）的观察

【技能目标】掌握观察犬表情的方法；初步学会根据犬的脸部表情和肢体动作判断犬的情绪。

【教学准备】

1. 犬的选择

（1）教学时首选成年犬（可在课后继续对老犬、幼犬进行观察）。

（2）选择不同状态、不同性情特点的犬。

2. 教学前的准备

（1）观察前准备好犬喜欢的点心、玩具等。

（2）在教学前要使犬在笼内或架上能安定地生活，适应训练并与驯犬人员建立良好的互信关系。

【实训内容与方法】

犬的喜怒哀乐等心理感觉可通过丰富的表情和形体语言来表达。

一、犬的表情与语言器官

1. 犬的脸部表情

（1）唇部　可向后卷露出牙齿，露齿有时意味着攻击性，但是有些犬在很高兴的时候也会露齿嬉笑。犬表现攻击性时唇部全部向后卷，犬齿明显外露，表现出凶悍状态。

（2）耳朵　有活动性，可追随声音转动。长耳犬也可转动耳朵到警戒位置。

（3）眼睛　也有表情，犬高兴时眼睛明亮，当感到惊异或困惑时会抬眼帘甚至会倾斜头部，显出夸张的表情。

（4）瞪眼　犬在恐惧性攻击时会露出野性的眼神，脸部皮肤向后收缩露出眼白，瞳孔张开；犬在主宰性攻击时，瞳孔收缩，瞪着眼瞄准攻击对象的一举一动。对犬而言，瞪眼直视代表挑战，通常情况下，人们瞪着犬时，犬会避开视线接触而突然呈现顺从。驯犬员注意不要用眼睛瞪着犬，除非有把握能应付犬的突然攻击。

2. 犬的肢体语言

犬与狼的肢体语言很相似，在安静平和时，犬身体姿势放松，脸部表情平和，耳朵停留在正常位置（品种有别），尾巴下垂，身躯不会拱起或提升，眼睛微闭，唇部与颈部肌肉松弛。当犬很有信心并要向另一只犬显示他的权威与优势地位时，身躯可随时拱起并准备采取行动。

3. 犬的尾巴

犬的尾巴会显示它的情绪与意图。尾巴夹起表示心里害怕，竖起来摇晃表示高兴，向下直伸表示忍无可忍，自然屈伸摇摆则是摇尾乞怜。高举的尾巴显示犬有信心、兴奋或强势。摇尾巴表示高兴与兴奋。尾巴高举竖直并做小幅度高频率的摇动表示犬在显示它的强势（或主导优势）。尾巴下垂作慢节奏的摇摆表示犬"不确定"。

4. 犬的声音

犬的声音的表达范围很广，有婴儿哭声、警戒低吼、高亢吠叫、要引人注意的叫声、嚎叫、痛苦的低吟、尖叫与快乐的呻吟等，有些犬会有类似狼的嚎啸吟唱。

犬的声音可由呼啸、低吼到咆哮。犬用声音表达感情，高音调或高音量显示受挫折或激动。吠叫不代表攻击性，常常是表示"快一点来游戏"及"很高兴看到你"；低吼在成犬具有攻击意味，有些犬喜欢玩"低吼"声，但它的态度是明确的，有些犬可在"低吼"声中抑扬顿挫，具攻击意味的低吼其身体也同时呈现攻击姿态。

二、综合判断，把握犬的情绪变化

犬的表情很丰富。犬高兴的时候耳朵下垂，愤怒时耳朵也下垂；尾巴也有表情，高兴时摆动，愤怒时也摆动，而高兴和愤怒是两种完全相反的情绪变化，这时我们就必须借助于犬的叫声、眼神及身体其他部分的状况来综合判断，只有这样才能正确地把握犬的情绪变化。

1. 高兴时的表情

犬使劲摆动尾巴，不断跳跃，这是最常见的一种表现方式。如果看到犬鼻上堆满皱纹，上唇拉开，露出牙齿，眼睛微闭，目光温柔，耳朵向后伸，轻轻地张开嘴巴，鼻内发出哼哼声，身体柔和地扭曲，可以认为犬在笑。

2. 愤怒时的表情

犬在愤怒时脸部表情几乎和笑的时候的表现完全一样，鼻上提、上唇拉开、露出牙齿，不同的是两眼圆睁、目光锐利、耳朵向斜后方向伸直。同时会用力踩四脚，一般嘴巴不张开，发出呼呼威胁的声音，身体僵直，被毛竖立，尾巴陡伸或直伸，与人保持一定距离。如果两前肢下伏，身体后坐，则表明即将发动进攻。

3. 恐惧时的表情

犬感到恐惧的时候，尾巴下垂或夹在两腿间，两眼圆睁，浑身颤抖，耳朵向后伸，全身被毛直立，呆立不动或四肢不安地移动，或者后退。

4. 哀伤时的表情

犬感到悲伤时，两眼无光，垂着头，向主人靠拢，并用乞求的目光望着主人。除以上几种表情外，有时卧于一角，变得极为安静。犬摆动尾巴，身体平静地站立，两眼直视主人，表示等待、期望；头部下垂，躯体低伏，匍匐爬过来表示屈从和敬畏；尾巴高伸摆动，耳朵竖起，头部摆动，身体拱曲，有时还伸出前爪，则表示与人亲热，要求玩耍。

三、观察方法与过程

与犬游戏玩耍，引逗犬做出各种反应，在此过程中详细观察记录犬的各种表情及其情绪表现。注意不要激怒犬，防止遭到犬的袭击。

思考与练习

1. 高兴时犬有哪些表情特征？
2. 愤怒时犬有哪些表情特征？

实训二　奖励、惩罚与犬行为的训练

【技能目标】学会用奖励、惩罚的方法对犬进行训练。

【教学准备】

1. 犬的选择

（1）因老犬反应迟钝，应选择幼年或成年犬作为教学对象。

（2）饥饿时是犬接受训练的最佳时机，进行训练的犬应处于饥饿的状态。

（3）具备性情温顺易驯、不羞涩的特点。

2. 教学前的准备

（1）准备好犬喜欢的点心、玩具等。

（2）在教学前要使犬在笼内或架上能安定地生活，适应训练并与驯犬人员建立良好的互信关系。

【实训内容与方法】

在训练犬时，需要经常地鼓励，而不应该采取体罚手段。点心、玩具以及主人的抚摸和口头称赞都是有效的奖励。当犬犯错误时应立刻进行适宜的惩罚如孤立、训斥等。

一、奖励

1. 奖赏食物

将奖励犬的食物举到犬鼻子上方，以吸引它的注意，当犬饥饿时这种方法最有效。

2. 安抚

在训练中，对犬进行身体奖励很重要。沿着犬的身体长时间的抚摸，犬会认为是在表扬它。

3. 奖励玩具

作为一种鼓励方法，可以向犬出示它喜欢的玩具。有些犬更喜欢带响声的玩具。但是，如果犬带着玩具逃避控制，这个玩具下次训练时不能使用。

注意，最好少采用食物鼓励的方式，因为经常给犬奖励食品容易造成贪吃、偷食的毛病，可以采取口头表扬或抚摸其耳背、颈背、头顶或颈下方的方式，这种精神奖励的效果其实并不比物质奖励的效果差。

另外，在动作未完整完成之前不宜奖励，在对某一动作熟练之后，就要考察它的综合运用能力，不应该在无足轻重的环节上给予奖励，最好等到整个动作连续完成之后再予嘉奖，即由单项奖励过渡为综合奖励。这样，犬就能够在完成下一系列动作中处处仔细，而不会只着意于一两个动作。

经过几天训练后，可对犬逐步减少供给食物的次数和身体奖赏，但应该经常给予口头表扬，使它尽快适应单独的口头表扬。

二、惩罚

1. 孤立

当犬犯错误时，可以把它单独关起来数分钟。因为大多数犬喜欢与人相伴，这种惩罚方式很有效，但要注意与人隔离时间不要过长，只能持续几分钟，随之立刻平静地释放它。

2. 严厉的语言

当犬犯错误时，也可口头训斥，或采用出其不意的、但无伤害性的方法如水枪喷射等进行惩罚。

注意：对犬的奖惩应做到及时、当场褒奖。尤其是当犬做错事时，必须及时训斥几句。如果过了这段时间再训，它会记不起自己是因为什么事受斥。褒赏也是如此，如果过了这个时候，可能达不到褒赏的目的。

思考与练习

1. 如何采用奖励的方法进行犬的训练？
2. 在训练时，对犯了错误的犬应如何惩罚？

实训三　命令与犬行为的训练

【技能目标】学会向犬发出口头和手势等命令的方法进行犬的训练；培训犬理解主人发出的语言和形体命令及其组合命令。

【教学准备】

1. 犬的选择

（1）因老犬反应迟钝，应选择幼年或成年犬作为教学对象。

（2）饥饿时是犬接受训练的最佳时机，训练前不喂食，让犬处于饥饿的状态。

（3）选择性情温顺易驯、不羞涩的犬。

2. 教学前的准备

在教学前要使犬在笼内或架上能安定地生活，与驯犬人员建立良好的互信关系。

【实训内容与方法】

一、简短而坚决的语言命令

犬对人的语言理解能力有限，他们对短而清楚的语言反应敏感。为避免命令的混淆，应给犬取单音节或两个音节的名字。不要连续重复某一个命令，因为这容易使犬迷惑不解。选择简单的词语如"过来""过去""不""好"等作为命令。

1. 吸引注意力

呼唤犬的名字，以引起它的注意，然后发出命令。让犬蹲立于主人身旁，使其注意力集中于主人，并以食物奖赏作为鼓励。

注意下命令时的声调变化及面部表情。主人满意时应微笑，如果犬任性违背主人的命令，应怒目而视。

2. 坚决说"不"

"不"是驯犬最重要的词语之一，因为它可以阻止犬做出危险的事情，适时下达命令以及知道何时说"不"是驯犬的关键。当犬做错事时应坚决说"不"。

注意说"不"时要压低声音果断地说出。

二、身体语言命令

1. 表示欢迎的身体语言

做出一种欢迎的姿势以鼓励犬服从于主人。用一种友好、兴奋的声音召唤它，微笑着张开双臂欢迎它。

2. 严厉的身体语言

当犬犯错误时，应向其作出威胁性的姿势。而且，当发出否定命令"不"时，应表现出很生气。

3. 手势

培训犬理解主人发出的手势命令，注意语言和手势结合。如果犬离主人较远，可召唤其名字予以控制，并作出明确的手势。

1. 当犬犯错误时，应当如何制止？
2. 当犬离你较远时，如何发出召唤命令？

实训四　犬配带牵绳的训练

【技能目标】掌握训练犬配带牵绳的方法，让犬具有配带牵绳的服从性；学会通过拉动牵绳随时调整犬行进的步伐和速度。

【教学准备】

1. 犬的选择

性情温顺，不羞涩的幼年犬。

2. 教学前的准备

项圈和牵绳。

【实训内容与方法】

一、训练要求

在训练中、日常散步途中以及为了犬只的安全，佩带项圈和牵绳必不可少。

注意，项圈和牵绳应该是主人和犬之间一条看不见的纽带，而不是用来压迫和驯服犬只的工具。在给小犬配带牵绳时，应让犬感觉到很舒服。如果小犬进行反抗，就要想办法转移它的注意力（例如通过玩耍或者给予奖赏的方式），然后轻轻地把牵绳给它套上。也可以给小犬套上 1 m 长的牵绳，然后对它发出"走"的命令，这样就开始了最基本的训练课程——配带牵绳的服从性。

还要注意的是，对幼犬来说，一根结实的皮质牵绳松松地带在脖颈上是比较合适的。要让小犬了解，在带上牵绳后，如果它不断地反抗，就会很不舒服。此外还应注意，人和犬都要养成一个习惯，即犬总是走在人的左侧。

二、配带牵绳的服从性

几乎所有的犬类协会都要求配带牵绳的犬在主人发出"走"的命令后不论是慢走还是小跑，始终在主人身体的左侧。具体的要求是：犬只的肩部和牵犬人的左膝之间构成一条无形的直线。在练习的时候可以通过发出"走"的命令并简短有力地拉动牵绳随时调整。如果犬走的过快就向后拉动牵绳；如果犬走的离人过远就向右拉动牵绳；如果犬走的太慢牵犬人可以用左手轻轻敲击犬的左后上肢，示意它做出正确的动作。注意，每次犬改掉了错误的动作后，应及时给予鼓励，如轻轻抚摩并辅以"真乖"等口头夸奖。

此外，在整个过程中应不断地变换步伐和速度。

三、让犬配带着牵绳进行"坐""卧""过来"的训练

让犬采取基本姿势（犬是坐姿，在驯犬人身体的左侧），发出"卧"的命令。然后驯犬人转身，和犬面对面地站在犬的前方。牵绳握在右手中，尽量不要引起犬对牵绳的注意。在发出"卧下，别动"的口令后，驯犬人做出相应的手势让犬倒下，自己慢慢地向后方倒退。如果犬试图改变自己的位置，应立刻予以纠正，可能的话再从头开始练习。在离开犬有一个牵绳的长度后，犬始终安静地保持卧姿，而且没有试图站起来，就可以发出"过来"的命令，此时命令声音要大，而且拉长，犬跑过来后，要及时给予夸奖，并让它坐在驯犬人身体的左侧（即基本姿势）。

思考与练习

1. 如何通过拉动牵绳随时调整犬行进的步伐和速度？
2. 如何让犬配带着牵绳进行"坐""卧""过来"的训练？

实训五 犬的坐、立、卧与行走训练

【技能目标】学会训练犬坐、卧、行走的基本方法；练习驯犬坐、卧、行走。

【教学准备】

1. 犬的选择

（1）选择幼年犬、成年犬作为教学对象。

（2）选择具备性情温顺易驯、不羞涩特点的犬。

2. 教学前的准备

（1）在教学前要使犬在笼内或架上能安定地生活，适应训练并与驯犬人员建立良好的互信关系。

（2）设备与材料 脖套、牵绳、食物。

【实训内容与方法】

一、坐及坐的基本姿势训练

"坐"的训练就是要养成犬坐在驯犬者的左侧的习惯。这样可以增进犬对于训练者的感情和注意，有利于驯犬工作的顺利进行。开始这项训练的基础是犬已经习惯于配带牵绳行动。

驯犬者左手指压犬的腰角（下背部）示意犬做"坐"的姿势，口中频频下达"坐"的命令，同时用右手向上拉动牵绳。如果犬摆出了坐姿，尽管很不标准，也要及时给予夸奖和鼓励，应该注意在接受赞扬的时候，犬还应保持着坐的姿态。不断地重复这项训练，直到犬听到命令后很快地坐下。反复多次训练后，犬就能学会此动作。也可以在训练幼犬时，先给食物，并命它坐下接食。多次训练后，犬也能自然地养成这种"坐"的姿势。

训练要求：主人发出"坐"的命令犬能立刻坐下，直到听到主人发出"站"或"走"的命令时才站起来，而主人此时可以站在犬的身边或者继续往前走。

基本姿势：犬在牵犬员身体的左侧，采取坐姿，其头部的方向与牵犬员头部的方向一致。

二、立的训练

如果让坐下或者卧倒的犬站起来，要发"立"的命令，同时右手轻提项圈，左手轻轻托起犬的后腹部，使它站起来。动作完成后，立即给予奖励。发出命令时主人和犬的距离可在训练中慢慢加长。

三、卧的训练

卧下的训练从基本姿势开始，当发出"卧"的命令后，牵犬员借助手中牵绳的帮助，让犬卧下。刚开始练习时，犬可能会对此做出反抗。此时，驯犬员可以弯下腰对它说"好，就这样待着"，同时轻轻地按压它的臀部，直到犬安静下来。在以后的重复训练中，发出的口令要简短而有力，为了表示支持和帮助可以把左手放到犬的肩膀部位。

如果要犬在左侧卧倒，可以先让犬在左侧坐下，发"卧"的口令，左手朝前面向下拉项圈，右手拿食物，从犬嘴前面慢慢向下移，诱使它前腿卧倒，动作完成后，立即给予奖励。

如果要犬在正面卧倒，可以让犬在正面坐下，用同样的方式诱使它前腿卧倒。动作完成后，立即给予奖励。

对待不听话的犬可以把它的前肢向前方拉动，这样它很自然地就摆出了卧的姿势。此时需要注意的是不要马上给予鼓励和夸奖，否则犬的反应是立即高兴地站立起来，应该让它保持卧姿再待上一会儿。之后，驯犬员可以从蹲的姿势慢慢站起来，而且口中不断地重复"卧（下）"的命令。尽量注意不要牵动绳子，不要刺激犬也想同时站起来。

下一个步骤是远离犬只。在犬保持卧姿的时候，把牵绳尽量放长，此时可以在犬的身边来回走几步，这个动作可以不断地重复，直到可以在犬的身边来回绕圈时，犬还是保持卧着的姿势。逐渐地可以在犬的正前方用倒退的步子缓缓走动，手中拿着牵绳，在牵绳快拉直的时候再向犬走过去。这样重复几次后，如果犬还是保持卧姿，就可以让犬站起来，并且给予夸奖和鼓励，例如给它一些食物或者和它一起玩耍。

四、行走训练

1. 前进

前进是指训练犬根据主人命令，前进到某一地方。可先让犬坐下，主人走出 20m 左右的距离，做出好像放了一个东西的姿势，然后迅速返回。左腿微跪，右手手掌向里，手臂向前平伸，指向刚到的地方，令犬前进。当犬到达目的地时命令犬坐下，马上给予奖励。

反复的任务训练后主人可以不再亲自前去目的地，而是只用手势和命令指导犬完成到达目的地。

2. 随行

训练犬按照命令牵引随行，应该让犬在左侧，右手在腰部左右轻轻牵引，直到犬到达适当的位置，下达"走"的口令。动作完成后，用左手拍拍它以示奖励。

训练犬在没有牵引的情况下随行，应该在牵引随行成功后去掉牵引带。让犬在稍后的位置跟着走，下达"走"的口令，边走边引导。表现正确时可以奖励一下。

在训练中如果犬不能正确地完成或离开正确地位置，应立即制止，并发出"走"的口令纠正。

3. 过来

当犬在无目的游荡时，应该叫犬的名字，然后说"来"，同时轻拉绳链，向后退，使犬跟着到主人身边，然后让它在主人左侧坐下。完成动作后立即给予奖励。

熟练后可以再慢慢增加发出命令时主人与犬之间的距离。

4. 过去

让犬坐下，主人走到距犬 20m 左右的地方放下一件物品然后马上返回，发出"去"的口令，左手轻拉项圈，右臂平伸，手掌向里指向放东西的方向，使犬向物品走去。当犬走到物品前时，让它坐下，然后奖励它。

这个训练需要经常反复地进行，距离可慢慢加大。熟练以后可远距离指挥，让犬自己前去。

思考与练习

1. 如何进行犬的坐、卧训练？

2. 如何进行犬的行走训练？

实训六　猫调教训练中刺激法的运用

【技能目标】掌握猫训练中刺激法运用的方法，学会用机械刺激、食物刺激等非条件刺激驯猫，学会用口令、手势、哨声和铃声等条件刺激驯猫。

【教学准备】

1. 猫的选择

（1）选择幼猫、成年猫，老猫因反应迟钝一般不作为教学对象。

（2）选择性情温顺易驯、不羞涩的猫。

2. 教学前的准备

（1）在教学前要使猫在笼内或架上能安定地生活，适应训练并与训练人员建立良好的互信关系。

（2）设备与材料　食物和铃声等。

【实训内容与方法】

一、驯猫的刺激方法

猫调教训练的刺激方法有两类，即非条件刺激和条件刺激。

二、非条件刺激

非条件刺激包括机械刺激和食物刺激。

机械刺激是指训练者对猫施加的物理手段，包括拍打、抚摸、按压等。机械刺激属于强制手段，能帮助猫做出相应的动作，并能固定姿势、纠正错误。机械刺激的缺点是易引起猫精神紧张，对训练产生抑制作用。

食物刺激是一种奖励手段，效果较好，不过所用的食物必须是猫喜欢吃的。只有当猫对食物发生了兴趣，才会收到良好的效果。训练开始阶段，每完成一个动作，就要奖励猫吃一次食物，以后逐渐减少，直到最后不给食物。在实际训练中，将两种刺激方法结合起来应用，效果更佳。

三、条件刺激

条件刺激包括口令、手势、哨声和铃声等。

常用的条件刺激是口令和手势，特别是口令是最常用的一种刺激。在训练中，口令和相应的非条件刺激结合起来，才能使猫对口令形成条件反射。各种口令的音调要有区别，而且每一种口令的音调要前后一致。

手势是用手做出一定姿势和形态来指挥猫的一种刺激，在对猫的训练中手势有很重要的作用。在手势的编创和运用时，应注意各种手势的独立性和易辨性。每种手势要定型，运用要准确，并与日常惯用动作有明显的区别。

思考与练习

在猫的实际训练中，食物刺激法有哪些注意事项？

实训七 鹩哥的说话训练

【技能目标】初步学会训练鹩哥说话的方法。

【教学准备】

1. 鹩哥的选择

（1）准备教学的鹩哥要选取当年羽毛已长齐的幼鸟（一般要小于 6～7 月龄）。

（2）驯养鹩哥应选择嘴呈黄玉色、脚呈橙黄色、全身羽毛光滑有光泽的品种。

（3）口腔较大，且舌多肉、柔软而呈短圆形。

（4）具备性情温顺易驯、不羞涩的特点。

2. 教学前的准备

（1）首先要确定鹩哥最喜欢的食物作为诱饵。可以备些虫子，如果有的鹩哥不喜食虫子，可用切成细条的生牛肉或其他食物试喂，当确认鹩哥喜欢之后即可选作诱饵。

（2）选择要训练的鹩哥应该是不怕人、能上手吃食物者，这样可以缩短训练的时间。反之需要在训练中逐步培养，相对来说需要的时间要长，且训练时要求鸟处于异常饥饿的状态。

（3）设备与材料 适宜的食物（虫子、牛肉等）。

【实训内容与方法】

鹩哥一般对清脆的声音比较敏感，所以要用好听、清楚、悦耳的声音作鹩哥的示范音。人工饲养的鹩哥，较早习惯人讲话的声音，比较容易训练。训练鹩哥学讲话一定要有耐心，持之以恒，与鹩哥说话的时间越多，就能学得越快。

鹩哥说话的训练时间最好选择在清晨，因为此时鹩哥的鸣叫最欢，并且在喂食前进行训练效果更好。选一个环境较安静的地方，每天清晨和其他固定时间用同样的话语向鹩哥反复灌输，几天之后鸟就会有相同反应。训练时注意要用短词句，在鹩哥能成功的模仿短词句后，再继续连贯下去。另外，用清脆的女声录音带有节奏地反复播放，训练效果更好。

注意进行鹩哥说话训练时，主人最好也在鸟笼旁边，以提高鸟的适应性。一般来说聪明的鸟 7～10d 可学会一句短词，一个月可学会几句短词句。

思考与练习

简述训练鹩哥说话的方法步骤。

实训八 八哥的语言模仿训练

【技能目标】掌握八哥捻舌方法；初步学会训练八哥说话的方法。

【教学准备】

1. 八哥的选择

（1）选取当年羽毛已长齐的幼鸟。

（2）选择嘴呈黄玉色、脚呈橙黄色、全身羽毛光滑有光泽的品种。

（3）口腔较大，且舌多肉、柔软而呈短圆形。

（4）具备性情温顺易驯、不羞涩的特点。

2. 教学前的准备

（1）在教学前要使八哥在笼内或架上能安定地生活，不易受惊并很驯服，愿意接近人。八哥要能驯服到允许人的手抚摸它的头或前背，放开脚链它也不飞走的程度。

（2）设备与材料 诱饵、剪刀、香灰（蚊香灰、香烟灰等）、适宜的食物、安静的教室。

【实训内容与方法】

一、捻舌

八哥需经捻舌后才能教以人语。捻舌就是将鸟舌用剪刀修剔成圆形。操作时最好两人合作：一人用手轻握鸟体，另一人用左手从颈部向前握住鸟头，并用左手食指和拇指从鸟嘴角两边插入，将鸟嘴撑开。嘴张开以后，在右手食指上沾些香灰（蚊香灰、香烟灰都可以）用香灰包裹鸟舌，随后两指左右捻搓，用力由轻到重，舌端会脱下一层舌壳，并会微量出血（此属正常现象），涂些紫药水后将鸟放回鸟笼，捻舌后可用蛋黄蒸粟米作为饲料饲养。相隔半月以后再用上述方法进行第二次捻搓，但这次仅能捻下极薄而不完整的一层膜皮。再休养半个月后，即可进行话语教学。

二、训练方法

（1）训练准备 八哥学话须从幼鸟开始。

（2）训练时间 因鸟的鸣叫在清晨最为活跃，这时鸟尚未饱食，教学效果好，所以训练时间最好选择清晨。

（3）训练环境 要求安静，不能有嘈杂声和谈话声，否则易分散鸟的注意力，也会使鸟学到不应该学的声音，因此最好选择在安静的室内进行教学。

（4）训练内容 开始时要选择简短的词语，如"您好""欢迎""再见""拜拜""谢谢"等。注意发音准确、清晰、缓慢，最好用普通话，不用方言。每天反复教同一词语，学会后还要巩固。还可用录音机辅助，并且反复播放。这样不仅效果更好，而且也省力。一般一句话教1周左右鸟即能学说。能学说后应巩固几天再教第二句。对于反应较灵敏的鸟，还可教简单的歌谣。

注意在教学期间，不能让鸟听到无聊或不适当的语句。鸟学语一般有一段短暂的时间特别敏感，这时对外界的各种声音极易仿效。训练时要注意观察，及时抓住利用好这一敏感期。

思考与练习

1. 什么是捻舌？捻舌有哪些方法和步骤？
2. 如何训练八哥学话？

实训九　捉鸽、握鸽、递鸽和接鸽练习

【技能目标】 掌握捉鸽、握鸽、递鸽和接鸽的方法，学会捉鸽、握鸽、递鸽和接鸽。

【教学准备】

1. 鸽子的选择

（1）准备教学的鸽子要选取当年羽毛已长齐的幼鸟，老鸟因反应迟钝一般不作为教学对象。

（2）具备性情温顺易驯、不羞涩的特点。

2. 教学前的准备

在教学前要使鸽子在笼内或架上能安定地生活，不易受惊并很驯服，愿意接近人。

【实训内容与方法】

捉鸽、握鸽、递鸽、接鸽都有一定的方法，若方法不对，会使鸽受惊、感到难受而扑打翅膀，甚至还会拔掉羽毛或扭伤关节。所以每一个初养鸽者首先要学会捉鸽、握鸽、递鸽、接鸽。

1. 捉鸽

首先确定要捕捉的鸽子，把这只鸽子赶到鸽舍的某个角落。将一只手伸到鸽子的前面，吸引鸽子的注意力，然后另一只手要从鸽子的背部慢慢靠近，快而轻地将鸽子捉住。切忌用力过猛，也不要用双手从正面去抓，因为这样抓鸽子不仅不容易抓到，而且会使它受惊、乱飞乱跑。一旦发生鸽子受惊而从手中挣脱时，千万不能抓其尾部，因为尾羽最容易脱掉。

还有一种捉鸽的方法。用纱布制成100cm×200cm的长方形口袋，袋口用铁丝穿成圆圈，固定在2～5m的竹竿上，用它去套鸽子。这种方法适合用于在地面行走或在高处的鸽子。捉到后，先用拇指轻压在鸽子的背部，其余四指轻握其腹部，并用中指与食指夹住鸽子的双脚，保持头上尾下地从袋中取出。

2. 握鸽

当捉住鸽子以后，要变换手的位置将鸽子握住，不让鸽子挣扎。否则，它会从手中挣脱，甚至损伤它的羽毛。握鸽的方法，用单手和双手都可以。用右手握住鸽子的胸骨和背部，头部朝向握鸽者的腹部，尾部向外，大拇指压住鸽子的背部，食指和中指夹住它的双脚，然后用四指握住鸽子的全身。这样，人的左手就自由了，可以按住鸽子的头部，看眼睛，看头形，或者掰开喙看喉部，或拉开翅膀看翼羽等。

3. 递鸽

递鸽用双手和单手都可以。当要把鸽子递给他人时，用右手压住鸽子的后背和肩部，拇指压住鸽体的左侧，食指按住鸽子两肩的中间，中指、无名指和小拇指在右侧，合掌在两翼上部握住鸽体，将鸽子的双脚夹在无名指和小拇指中间，这样可以方便地将鸽子交给他人。

4. 接鸽

要根据对方持鸽方式决定接鸽方法，如果对方由背部持鸽，要张开大拇指、食指和中指，先将鸽子的双脚放在中指与食指之间，再去握它的腹部，必要时改换由背部去握鸽。对方如果握住鸽子的腹部，应从背部去接鸽。不可用与握鸽相同的方法去接鸽，否则不仅不容易接好，而且会引起鸽子猛力拍动翅膀。

注意上述捉鸽、握鸽、递鸽和接鸽都应顺着鸽子羽毛生长的方向，轻捉、轻握，不可用力过猛，更不能猛追、猛赶，以免惊吓鸽子，影响鸽子同人的关系。

思考与练习

简述捉鸽、握鸽、递鸽、接鸽的动作要领。

实训十　鸽子的放归训练

【技能目标】掌握鸽子定向放飞训练的方法，调教训练鸽子放飞归巢。

【教学准备】

1. 鸽子的选择

（1）准备教学的鸽子要选取当年羽毛已长齐的幼鸟作为教学对象。

（2）具备性情温顺易驯、不羞涩的特点。

2. 教学前的准备

在教学前要使鸽子在笼内或架上能安定地生活，不易受惊并很驯服，愿意接近人。

【实训内容与方法】

（1）在训练之前，首先应明确当年预期达到的目标，制订详细的计划，并按计划实施。每次训练都应有详细的训练记录，如鸽子在上空盘旋的圈数和返舍时间，均应写明，以备复查。

（2）训练时，东南西北各方向，不论先到哪一个方向放飞，都要在熟悉一个方向后再到另一个方向放飞，待四方都熟悉后，再作交替放飞，放飞的距离由近及远，一站一站进行；气象条件应从单一到复杂，这样才能使信鸽逐渐加深对地形、地貌、标记等外界环境的记忆。

训练方法：以鸽舍为中心，60km 为半径，开始时应选择较好的天气让幼鸽觅途归舍。初期幼鸽不能进行长距离训练，只能在 60km 范围内熟悉山川地理形势，为以后长距离训练和竞翔打下基础。

在训练过程中，从第 1 次到第 12 次放飞，均以 2~4 只为一组同时放飞。这样没有经验的幼鸽有伴同飞，能互相帮助，利于觅途归舍。但是因为这种训练不能表现每只信鸽的能力，也不能锻炼它们独立辨认方向的本领。因此，这一时期训练的记录不必太详细。经过 12 次训练后，幼鸽有了 25km 离舍的经验，熟悉了 25km 范围内的山川地形，此后便可开始单羽放飞训练。另外，此段时间训练中，一组幼鸽放飞之后要等它们飞至视力不能及的距离后，才能放飞下一组幼鸽。

自第 13 次放飞训练开始，以训练幼鸽独立觅途归舍能力为主要任务。所以对每只幼鸽起飞后的情况均应作详细记载。如放飞后，观察鸽子在上空盘旋的圈数，可初步判断其识别的能力。有的只需盘旋一圈或不到一圈，即能判断出鸽舍的所在位置而向鸽舍飞去；有的要盘旋 2~3 圈或多至 10 圈尚不能判断鸽舍方位。能迅速判定方向者较为优秀，判断方向能力较慢者要差一些。但也不能因某只信鸽在上空盘旋的圈数较多而断定是劣等鸽而加以淘汰。如有的鸽子在鸽舍东边放飞时，能迅速判断方向并作出决定；如换了一个方向放飞却迟疑不决，判断方向的能力差一些。注意这些情况并详细记录，在挑选信鸽参加比赛时，应根据竞翔路线选择能从这个方向迅速判断鸽舍方位者参加比赛，从而取得较好成绩。

（3）定向放飞训练及四方放飞训练完成之后，幼鸽已到五六个月龄，新羽已基本换齐，身体发育已趋成熟，幼鸽已能从 60km 远单独飞返鸽舍，驯者对其性能已基本上有所了解，此时的训练要求应更高一些，但只需从将来要使用的方向延长距离即可。例如延长至 80km、100km、200km、400km 等。这个阶段的训练时间可根据鸽子体质决定，训练时间不宜超过三个月。当年的幼鸽放飞距离限于体重、饲养、训练条件，不宜超过 600km。1~2 岁可增加至 800~1000km。2~3 岁信鸽可进行 1000km 以上的放飞训练和竞翔。

此项训练当距离延长至 150km 时，劣等鸽早已淘汰；至 300km 时，未满 1 周岁的信鸽已达到训练标准。此后应以 100km 以内多次定向飞翔代替早晨出舍飞翔，但不增加距离，可以为第二年作更远距离的放飞训练创造有利条件。60~150km 训练每次均以 2~4 只为一组放飞，200~300km 以上放鸽时均以集体放飞。另外，训练幼鸽应注意训练用途。如准备训练成单程通信信鸽，应在鸽舍四周经常放飞训练；如准备参加竞翔比赛，应多做短距离定向放飞训练。

（4）调教训练。为了保持信鸽通过上述训练养成的归巢能力和持久的飞翔力，必须经常在不同的时间、不同地形、不同气象条件下作调教训练，以便鸽子随时能按主人的意图准确行事。训练方法要因鸽施教，既要注意原有素质的巩固、提高，又要针对薄弱环节进行调教。例如对于辨别方向较慢的信鸽，就要多变换方向放飞。

思考与练习

简述信鸽定向放飞的一般步骤。

参考文献

［1］李世安．应用动物行为学．哈尔滨：黑龙江人民出版社，1985.

［2］南会林．犬行为原理．北京：群众出版社，2004.

［3］王更生．训犬指南．北京：中国农业出版社，1993.

［4］王书林．实用养犬学．哈尔滨：黑龙江科学技术出版社，1992.

［5］李凤刚，王殿奎．宠物行为与训练．北京：中国农业科学技术出版社，2008.

［6］董润民，于微光．中国四大名鸟．上海：上海科技出版社，2007.

［7］徐明．爱犬训练新概念．沈阳：辽宁科学技术出版社，2002.

［8］于会文，王殿奎．宠物行为与训练学．哈尔滨：东北林业大学出版社，2007.

［9］尚玉昌．动物行为学．北京：北京大学出版社，2005.

参考文献

[1]
[2]
[3]
[4]
[5]
[6]
[7]
[8]